建筑大师设计草图

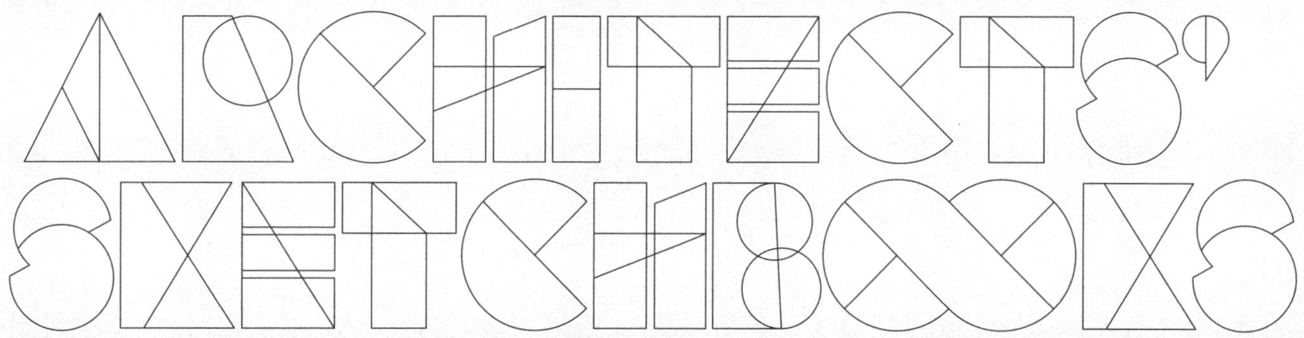

建筑大师设计草图

ARCHITECTS' SKETCHBOOKS

[英] 威尔·琼斯 编著

丁格菲 李鸽 译

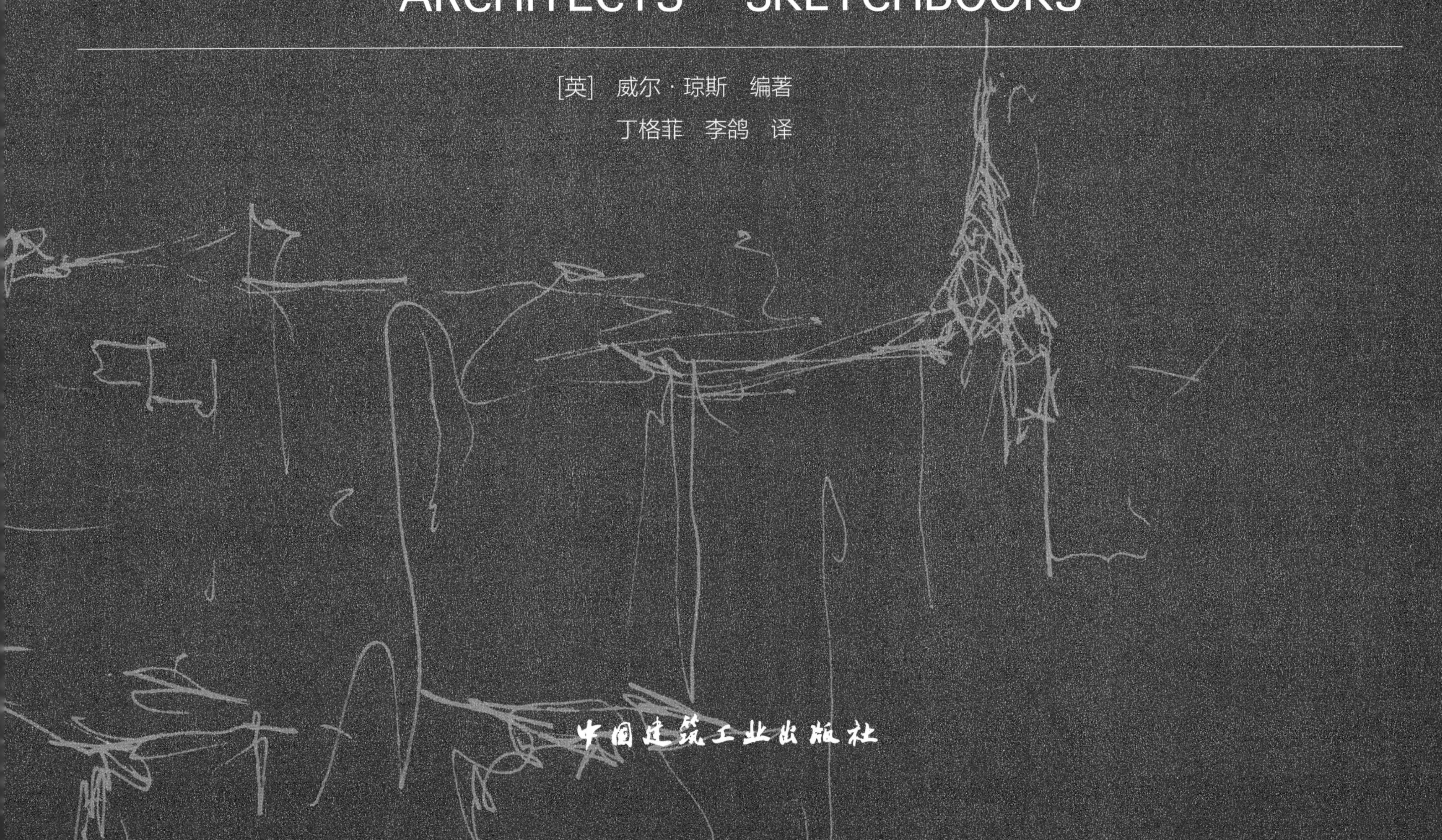

中国建筑工业出版社

序

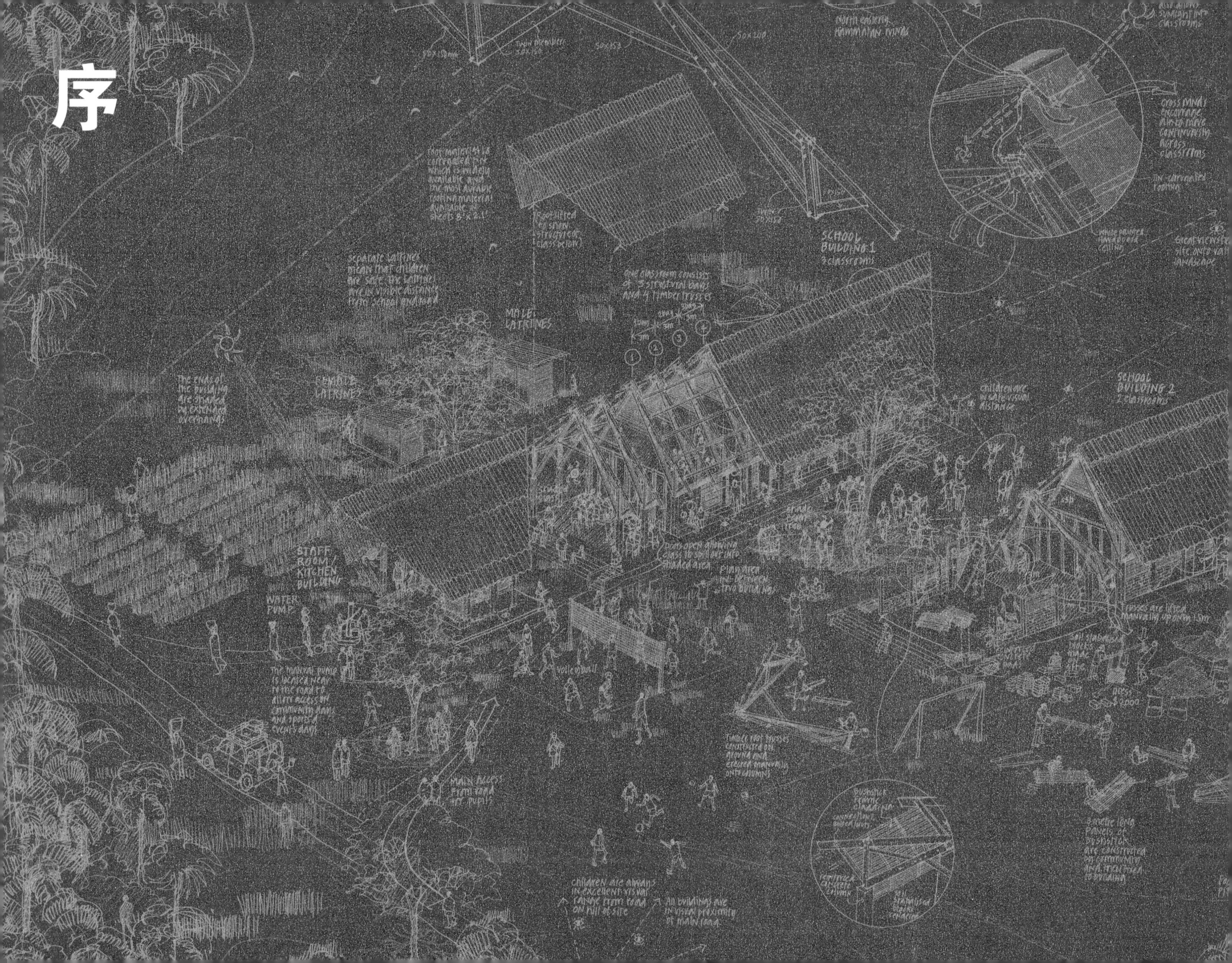

那些让我搁置日常创作和设计实践的人和事时而会让我反思：我该怎么做？而不是我在做什么？对我来说，这个过程往往比最终的结果更令我着迷。建筑的魅力就蕴藏在绘画的语言中，它呈现的是建造过程的片段。

我从三岁开始就一直画画。在我成年和后来的职业生涯中，我画了几千张与几百个项目有关的交流成果和构思草稿。久而久之，像任何一位出色的画家一样，我画画稿的能力足以让我表达我对设计炽热的爱。我已经建立了一套宽泛的视觉设计语汇。我用画稿来讲述我要创作的空间与场所的故事；一座建筑怎样与历史、文化、事件相互作用；以及它在一年四季和每一天中不同时间如何表现。我能用这样的讲述来为观察、记录、寻找灵感，甚至仅是记录午后的随想提供一些指导。画稿成为我用最简单的方式表达纷繁复杂构思的一个工具。

当我们将制图作为一种语言时，我们可以把它看作是一种不确定的、不断演化的手段。通过这种手段来表达、讨论、陈述创意，或者用多种口音和风格甚至是风趣的话讲些轶事。你可以用你喜欢的任何有趣的方式畅所欲言。一幅画稿就是灵感，有时是不完善的构思或还不成熟事物的快速成像。它是一个媒介，不仅要有一个结论，还给我们讨论可能性提供方法。这种临时性的方式，画稿被定义为草图，一种自由探讨的体现。在这本书中占有一席之地的所有建筑师们用他们的草图展示了他们个人思想的光芒，他们经历的故事。如果我们再深入地体会，还能看到他们的个性特点。

有一种误解：建筑师们全用草图来思考，而且存有这种误解的人还不在少数。其实也有很多人从不尝试，但是对于那些画过的人来说，草图能将个人能力淋漓尽致地呈现出来，这可能是最自由的交流方式。我相信，人人都能画画，只要我们中的一些人记得去画就行了。最初的画稿，作为想法构思和计算机模拟之间的铺垫，或者是建筑造型的小启发，往往被人忽略，但往往它才是获得那些褒奖的关键。这令《建筑师草图》这本书中的调查研究过程都更呼应“建筑师的角色介于艺术家和工匠之间的何处？”这个问题。很多资料表明最终的成果来自建筑师的画板，但是却很少有探讨和赞美草图的书和通向最终成果的这个无拘无束的过程。

Architects' Sketchbooks 这本书将草图看作是 21 世纪建筑师的媒介来歌颂。借助建筑创作者和思考者精心收集的画稿和草图，书中就我们思考和创作建筑环境的方式进行了非常必要的综述。很荣幸，我曾与这些人相知相遇，并肩作战。本书呈现了一个绝无仅有的机会来窥视他们富于创造力的图解式交流，这也有力地证明了在建筑创作中，即使是技术上最高级的思想，由脑到手的绘制过程仍占主导地位。

——纳林德尔·萨古（NARINDER SAGOO）

福斯特建筑设计事务所（PARTNER，FOSTER+PARTNERS）

目　录

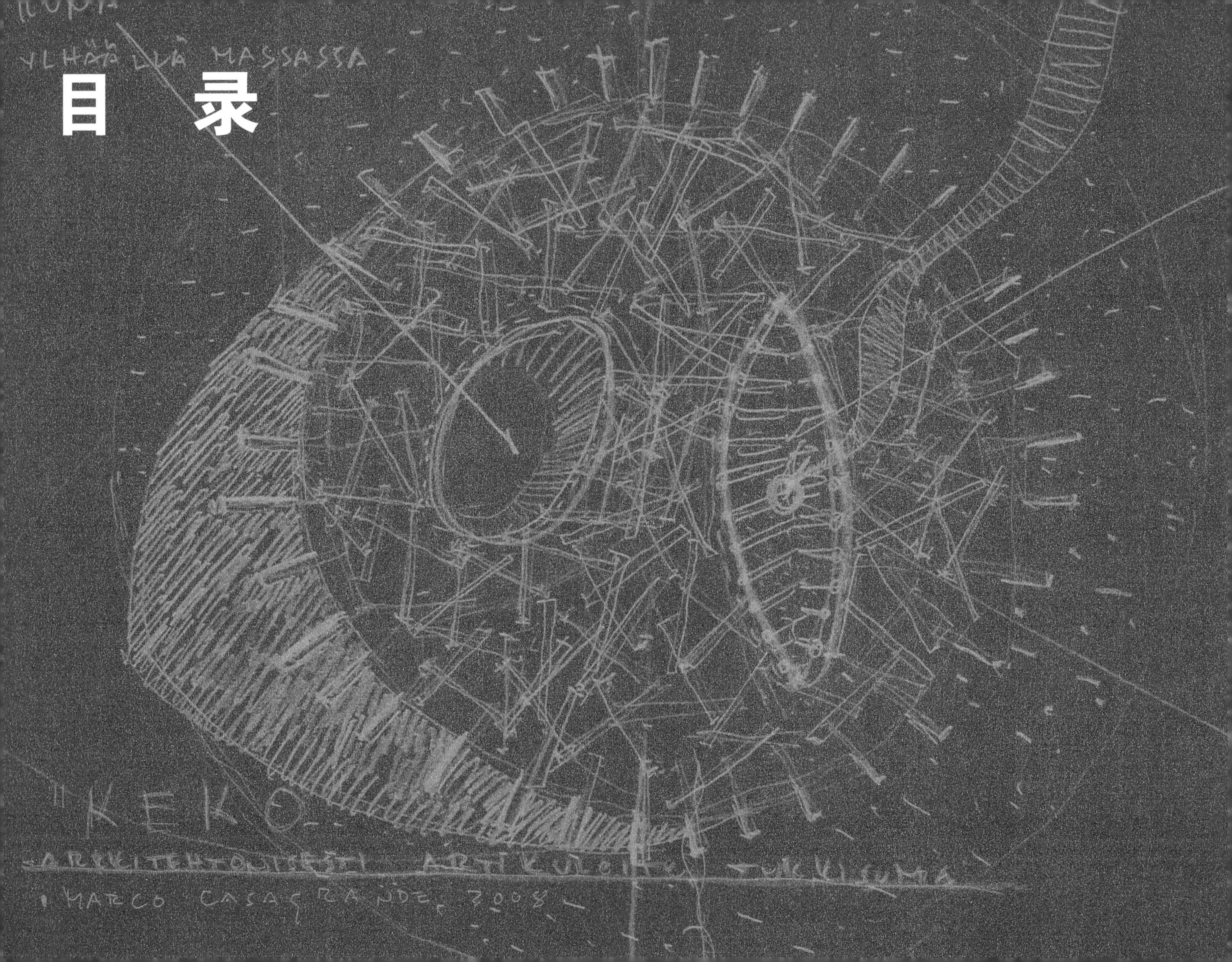

建筑师的血汗
——铅笔引领建筑设计

威尔·琼斯(Will Jones)

建筑师们从何处获得灵感？落在纸上的第一笔看起来像什么？这项将草图变成摩天大楼的非凡任务他们是如何着手的？《建筑大师设计草图》这本书为读者，可能我们应该叫观察者，呈现了独特的创作过程的掠影——由心血与铅笔进入到设计我们置身其中的世界。

这些与图纸、模型相应的草图由来自全世界的85位建筑师提供。他们速写本中的那些草图体现了这些建筑师所思所想、所画和留存的成果。那些草图，从寥寥涂鸦到复杂至美的杰作，表现了风格与载体的综合特点，这些特点展示了每一位建筑师的经历和工作过程中的个人特点和细微差别。书中的每一页，都是一个从笔记本中几根线开始，到以潜在的景观构成变化而结束的一个漫长过程中，一点一滴的图形记录，这些图像尽可能引用建筑师自身的箴言语录加以文本阐释。

本书中收录的草图包括世界知名建筑师诺曼·福斯特（Norman Foster）和拉菲尔·维诺里（Rafael Vinoly）、热衷于建筑实践的激进思想家斯莫特·艾伦（Smout Allen）和石上纯也（Junya Ishigami）、公认的艺术家威尔·阿尔索普（Will Alsop）和C·埃罗尔·巴伦（C. Errol Barron）以及年轻建筑师克里斯托弗·凯利（Kristofer Kelly）和卢克·皮尔森（Luke Pearson）的作品。所有草图都体现出他们不同寻常的、令人兴奋的、有时是非结构化的概念演化设计，在这些概念设计中他们找到灵感并得以产生创造性的思维。尽管个人和方法各具特色，奥地利德迈（DMAA）建筑师事务所与每一个建筑师都相信：

“丰富的想象力是每一个设计的基石。”

虽然这些草图不是最终的作品，但它们凝结了自身的审美价值。美国建筑师迈克尔·莱勒（Michael Lehrer）曾说他终身迷恋劳埃德·赖特（Lloyd Wright）的绘画，如同痴迷于毕加索（Picasso）或伦勃朗（Rembrandt）的画作一样。

“对我而言，这一切都始于弗兰克·劳埃德·赖特。从十岁开始，我就凝视他的绘画，他融入图底、景观、建筑和想象的蜿蜒流畅的线条。我发现它们始终都是令人陶醉并极为诱人的。对我来说它们是美丽的范例。”

不同于艺术，建筑通常被认为是一个精确的科学活动，在某种程度上它承担了专门创建社会必需的建筑环境的重任。即使设计最简单的建筑，也有诸多要遵守的法律、法规和条例，而且建筑规模越大越是要多多考虑社会影响和实用性。建筑不仅仅是被歌颂和赞美，而且是要使用的东西，这一点也同样不同于艺术。澳大利亚建筑师肖恩·葛德赛（Sean Godsell）认为：

> “建筑是最终建造的东西，草图是即有即无的东西。但是在简单的草图中浸染着复杂性、灌输解决设计中细微差别的能力，是建筑开始和草图捕捉到永恒那一刻。”

葛德赛（Godsell）先生总结了建筑师工作的烦恼和幸福。最终被抛弃的草图有可能及时捕获瞬间的灵感，它能够吸纳并记录这一刻，展示艺术家、画家、雕塑家或是诗人，包括建筑师瞬间灵感的能力。建筑师认为他们自己是“创作家”，努力尝试超越既定的束缚最终确定方案。对于建筑，他们看到比四面墙和屋顶更多的东西，路易斯·康简明扼要地解释道：

“一个伟大的建筑一开始一定是不可预知的，设计时必须通过可预知的手段来进行，然而，最终一定是不可预知的。”

一座建筑从想象开始，到完成设计并逐步变成现实时，应该从建造它的纯粹的砖和砂浆中超越出来。建筑师不要沉迷于世俗法规或流于形式，而是应该直面挑战，为创造一个新的设计而兴奋，观察建筑实现的构建形式并且注意建筑是如何鼓舞人们继续使用和体验它。

亨利·马蒂斯（Henri Matisse）曾经说过：

“绘图不是一个特别灵巧的运动，但是表达亲密的感受和情绪的一种最重要的手段。”

建筑师琴尼诺·琴尼尼（Cennino Cennini）鼓励艺术家们：

“不要放弃，只要你坚持每天画画，因为无论它是多么小，它将是值得的，它将带给你一个美好的世界。”

这些充满智慧的话语作为建筑师草图的褒奖听上去真实易懂，精通工艺的建筑师如拉斐尔·维诺里（Rafael Vinoty）和诺曼·福斯特（Norman Foster）理解CAD（计算机辅助设计）和其他数字技术的好处，并在他们的实践中应用它们，同时也都担心新一代的设计师可能不具备使用铅笔和纸的技能或兴趣。福斯特说：

“我担心学生们会觉得复杂的计算机设备的力量已经以某种方式使得简陋的铅笔过时了，或成为二等品。铅笔和计算机非常相似，人们使用它们一样好。”

维诺里（Vinoly）补充道：

“我一直画画，无论我在哪里。因为对我来说这是一种锻炼我的心灵，寻找下一个设计想法的方式。你用计算机做不到这一点——没有如此的自由。”

同样，激进的思想家如佩内洛普·哈拉拉姆彼杜（Penelope Haralambidou）和安娜·罗查（Ana Rocha）哀叹当代设计偏爱用计算机屏幕取代亲自动手，指出数字设计既没有手绘的灵魂也没有它的精神。

因此，本书中建筑师做草图、绘画和模型，因为他们需要吗？毋庸置疑，这些草图和修改图仍然是整个行业的命脉和支柱。这些建筑师画草图，因为他们喜欢吗？当然。在专业的领域，画草图满载着成本、约束、客户压力和逃离现实的机会，即使是几分钟也是无价的。威尔·阿尔索普（Will Alsop）解释说：

“我可以周六早上坐在我的工作室里在一大页纸上找到一些东西，这种感觉就像完成一座建筑那样好。它不是关于设计什么，而是关于发现什么是可能的。”

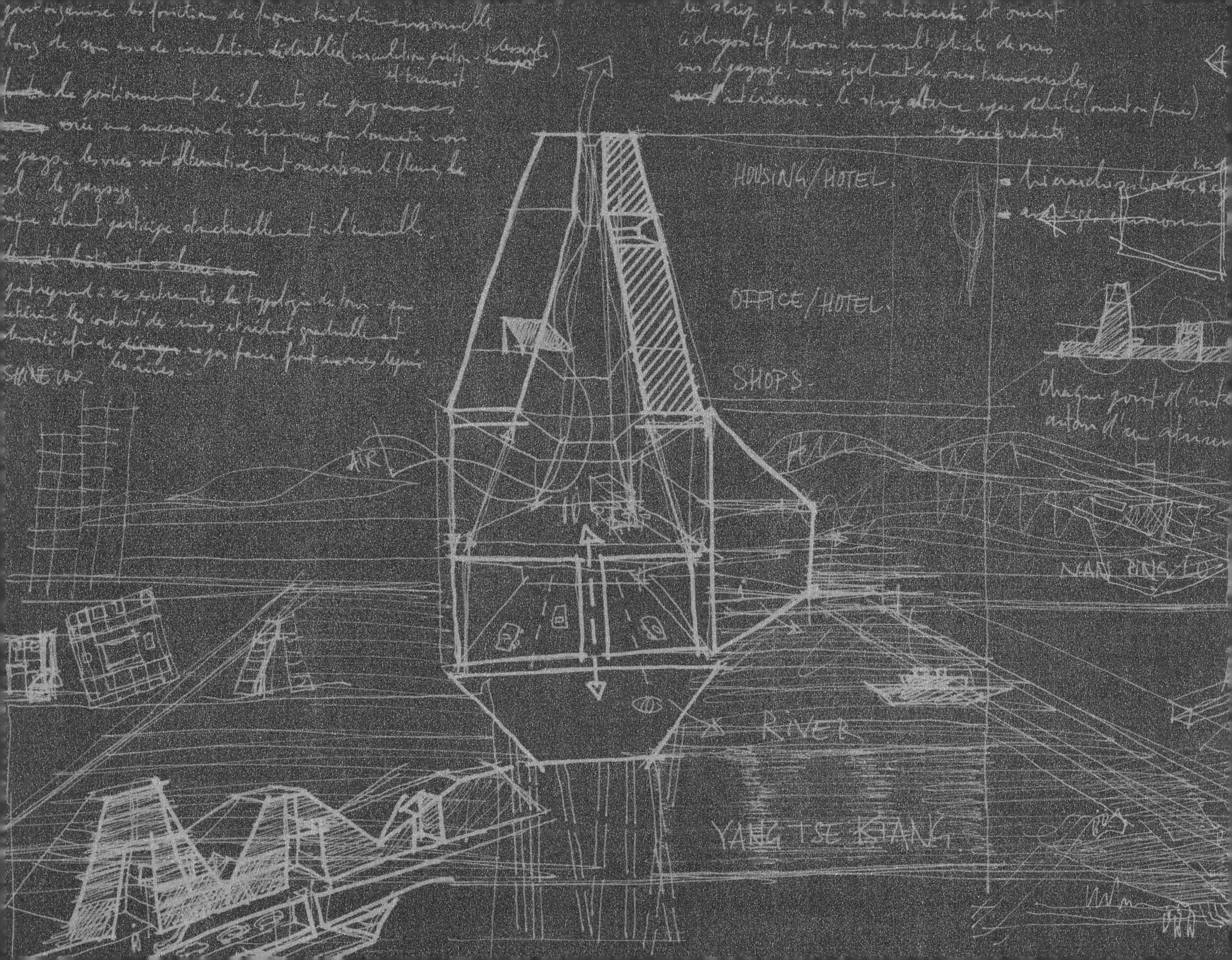

HOUSING/HOTEL.

OFFICE/HOTEL.

SHOPS.

AIR

NAN JING

RIVER

YANG TSE KIANG.

很少有人在他们的工作中经历这种乐趣、奇迹，甚至可以说是一种礼物。因此，这些草图是在纸上发挥出来的半清醒的沉思，在很多情况下在曲折的历程中被遗忘或丢失。在最终建筑建造中结束，应该被视为艺术作品的进步。无数有才华的建筑师，他们的建筑影响我们生活的方方面面，那么，为什么他们的重要草图和图纸从不公开？

也许原因在于草图的功能——它们不是作为终端产品组成，但是朝着实现上述目标前进征途上的第一步。正因为如此，过度依赖或过于崇敬草图中的理念有可能将一个创造性的出发点转变成一个限制因素。一个艺术家漠视自己草图的极端例子：关于雕刻家爱德华多·奇里达（Eduardo Chillida），当被问及奇里达如何对待他作品图纸和草图，他的妻子说他把每张图扔进壁炉里燃烧。采访者吓坏了，但奇里达的妻子解释说，他没有看到留下这些画的必要：

> 他是一个探险家，探险家们不能随身携带太多的东西。
> 如果他们有力量，力量持续到最后。

西班牙建筑师、教授胡里奥·巴雷诺（Julio Barreno）同意奇里达和他的妻子，使用类比来描述自己的工作：

> 建筑师必须是一个探险家……他不知道他的设计将到达哪里。他的旅行背包必须带有有用的工具——能带他去一个有趣的新地方的每一件东西——知识、经验、勇气和直觉。

建筑师草图是关键：不要寻找艺术美，尽管在这里的很多草图中能够找到，但寻找灵感——建筑师的个人探求，存在于在纸上标记的，能看到铅笔线厚度背后的东西。不要看草图、绘画和拼贴画的表面，而是深入思考挖掘出一座伟大的建筑中不可估量的神奇部分。

这些建筑师不是艺术家，而且大部分不承认他们是艺术家，但是他们的图解的和空间的思维是精致细腻的。他们在脑海里所看到的各种各样的变化和记录中寻求灵感，只使用纸和笔。他们得到的不仅仅是一种对于特殊地形的呼应或逻辑的挑战：他们寻求释放想象力的世界。正是这一点使我们深入研究建筑师草图，深入建筑师作图的精神，试图把它们看成是多么伟大而有趣的建筑那样去理解。

图像

展开标题
克里斯托弗·凯利（Kristofer Kelly）

Page 4
卡萨格兰德实验室（Casagrande Laboratory）

Page 6
石上纯也事务所（Junya Ishigami & Associates）

Page 8
纳林德尔·萨古（Narinder Sagoo）

Page 10
威瑟福特－沃森－曼建筑师事务所（Witherford Watson Mann Architects）

Page 12
戴尼西亚·西宾戈（Danecia Sibingo）

Page 14
耶威科建筑事务所（YesWeCan Architecture）

对面图
洛查·汤姆博尔（Rocha Tombal）

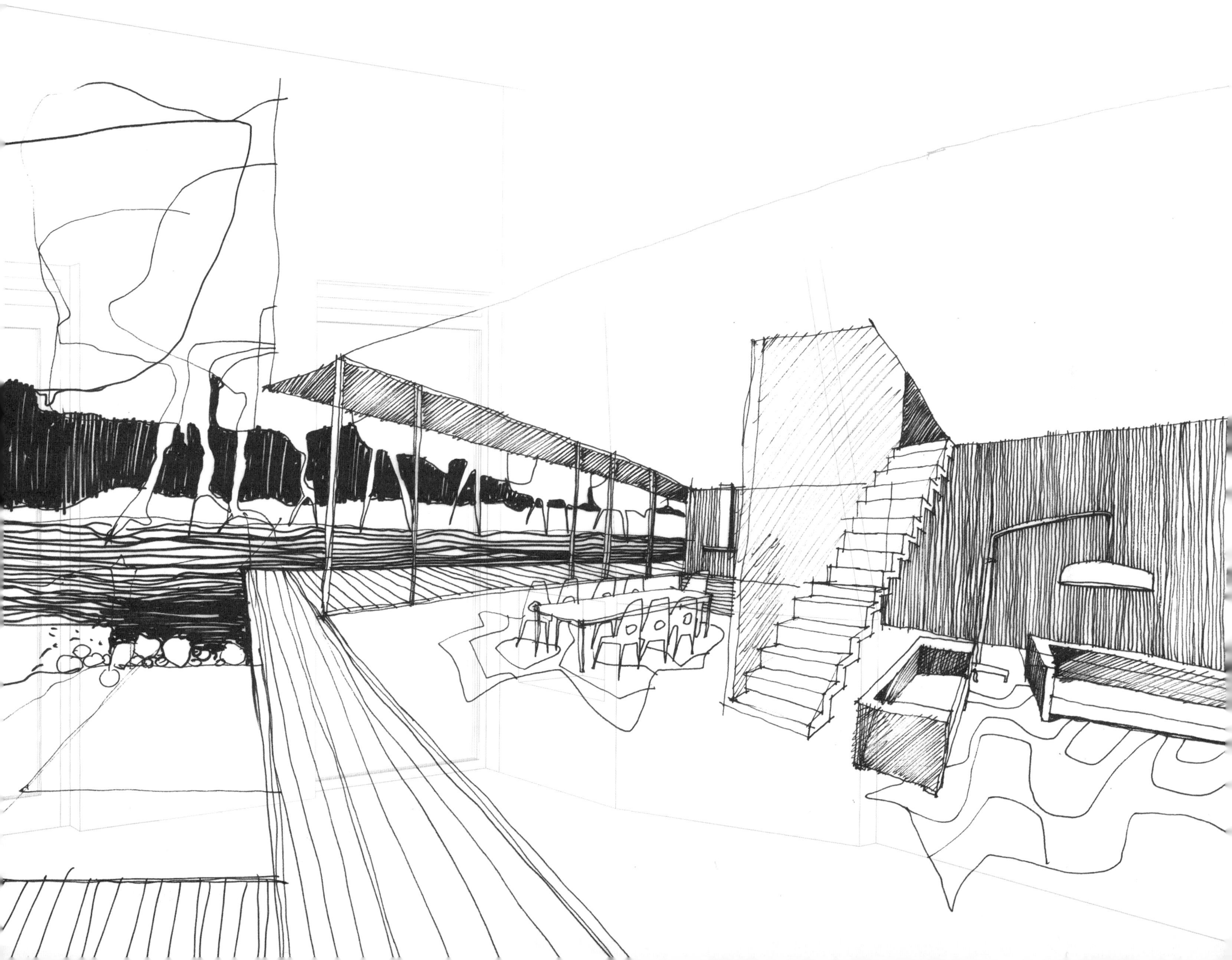

18-19
20-21
22-23

3D事务所（3D ELUXE）

3D 事务所的建筑师们说，“草图，无论是手绘还是计算机绘制，从一开始就扮演重要角色。”图纸用不同的技术、不同型号的铅笔和颜色，然后进一步地数字化处理创造而成。

实际设计推进主要依靠三维软件应用，因为处理复杂的有机形态时，它比制作模型更高效。另外，要制作工作模型来试验结构和材料。尽管如此，草图被认为是首要的和最直接的可视化的构思方法。“你不要尝试用数字过滤器和效果掩饰一个粗糙的设计，或提前结束草稿阶段，草图才能显示出设计的本质。”

在这一系列的设计图纸中可以看出，由最初的草图创意，到彩色图纸和通过数字合成的进步，每个阶段都是助力于推动概念转化成可建造结构向前一步。

与三维模型相比，二维草图是模糊并留有解释空间的。初始草图的可行性必须要使用 3D 照片加以释证。然而，由于许多设计的手绘图被扫描并用图像处理软件优化，对最后的设计产生很大影响。“完成后，我们经常发觉在项目初期阶段我们头脑中出现的草图，——回头来看，最后证明它们很大程度上预见了最终的形态。”

最近，一些设项目草图纸由 LUMAS（一个艺术和照片图像的领先供应商）作成限量版印刷，他们的精品项目选也在柏林的个展中展出。

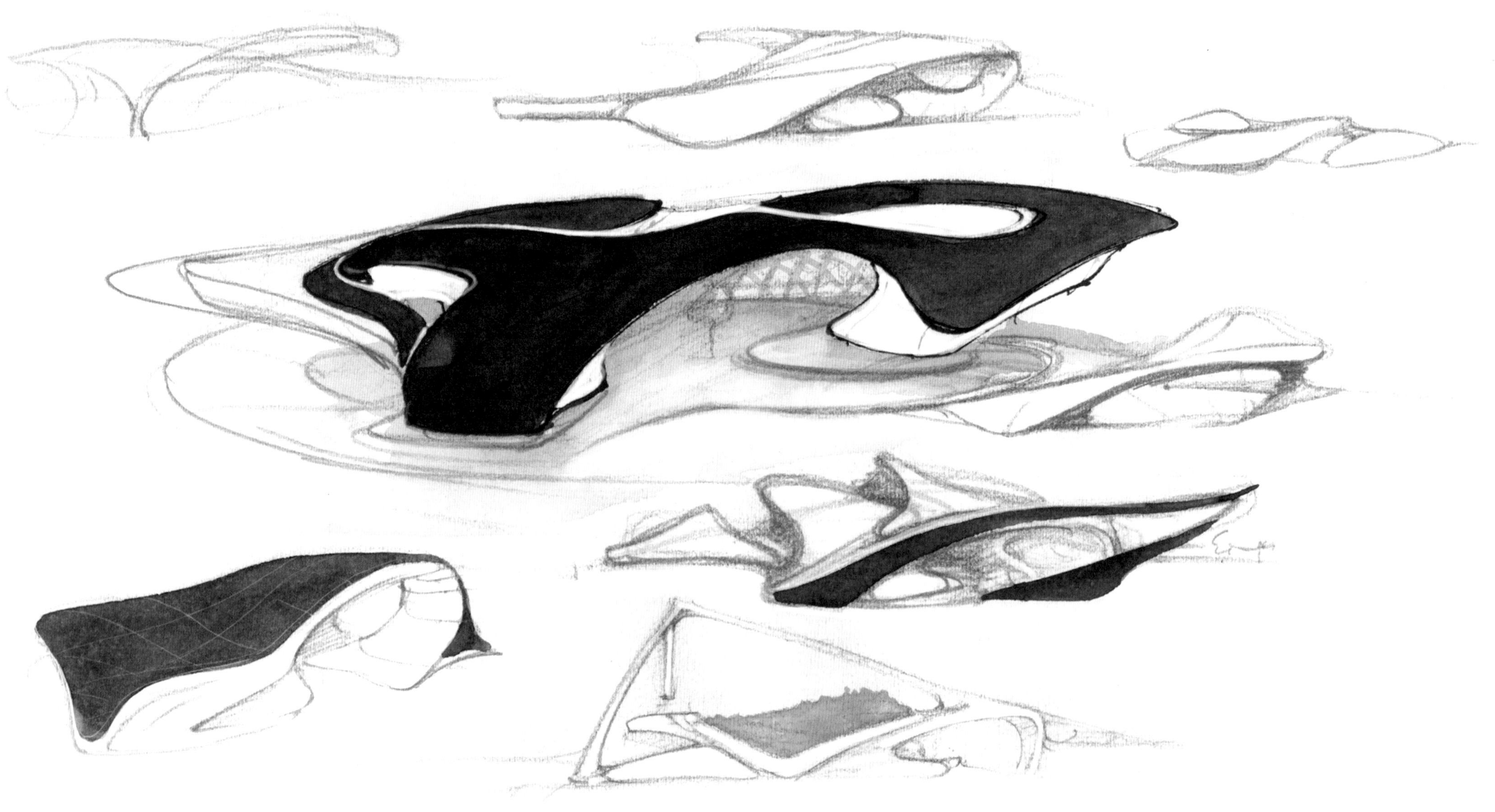

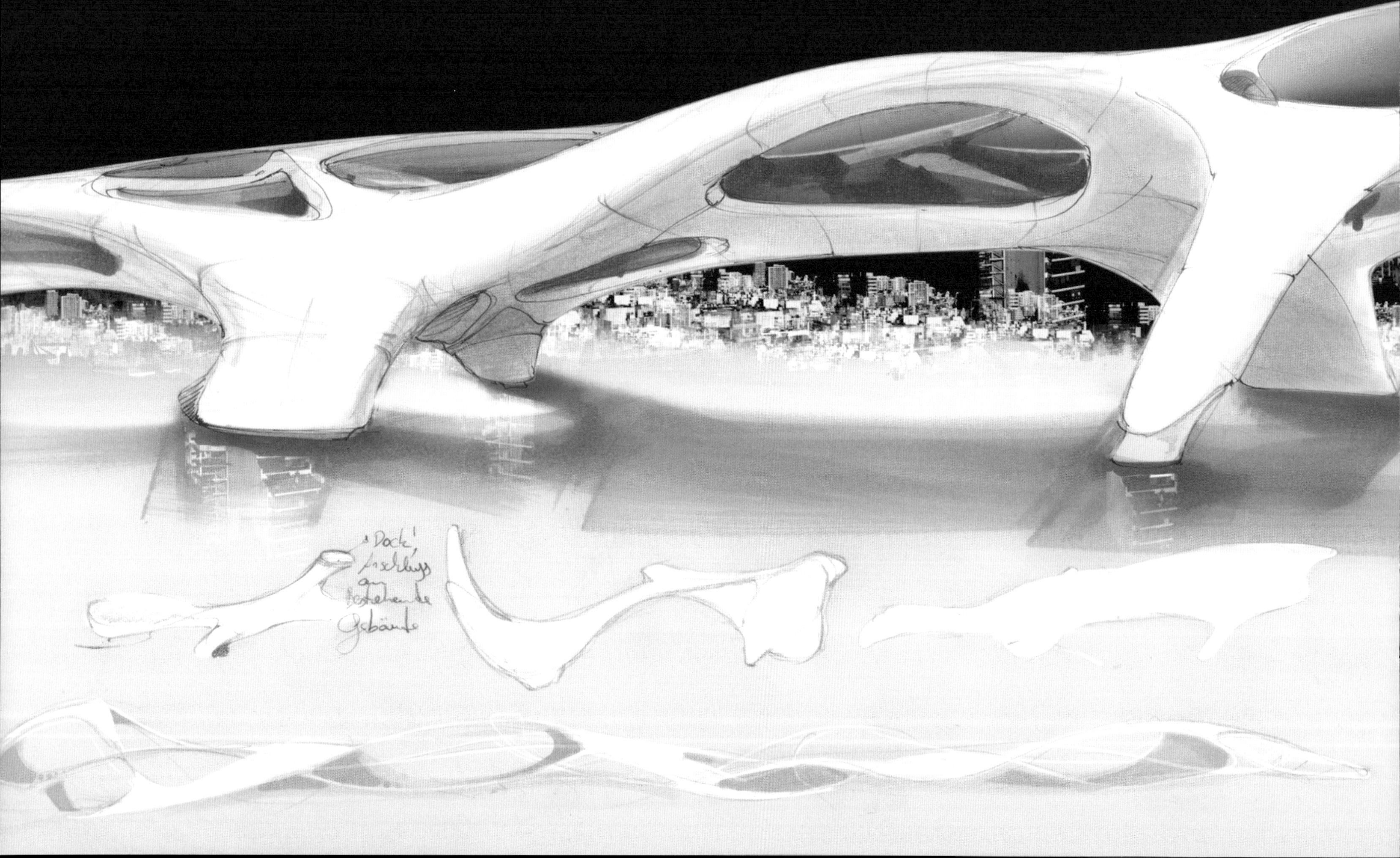
Dock!
Anschluss an bestehende Gebäude

DS / PS
+21.0(+4.80)
+21.6(+5.4)
64 seats
+21.0(+4.80)
+19.2(+3.00)
Multipurpoes Hall
732 seats
kitchens / storage
+23.4(+7.20)
+19.2(+3.00)
+21.0(+4.80)
64 seats
+21.6(+5.4)
+21.0(+4.80)
DS / PS
+23.4(+7.20)

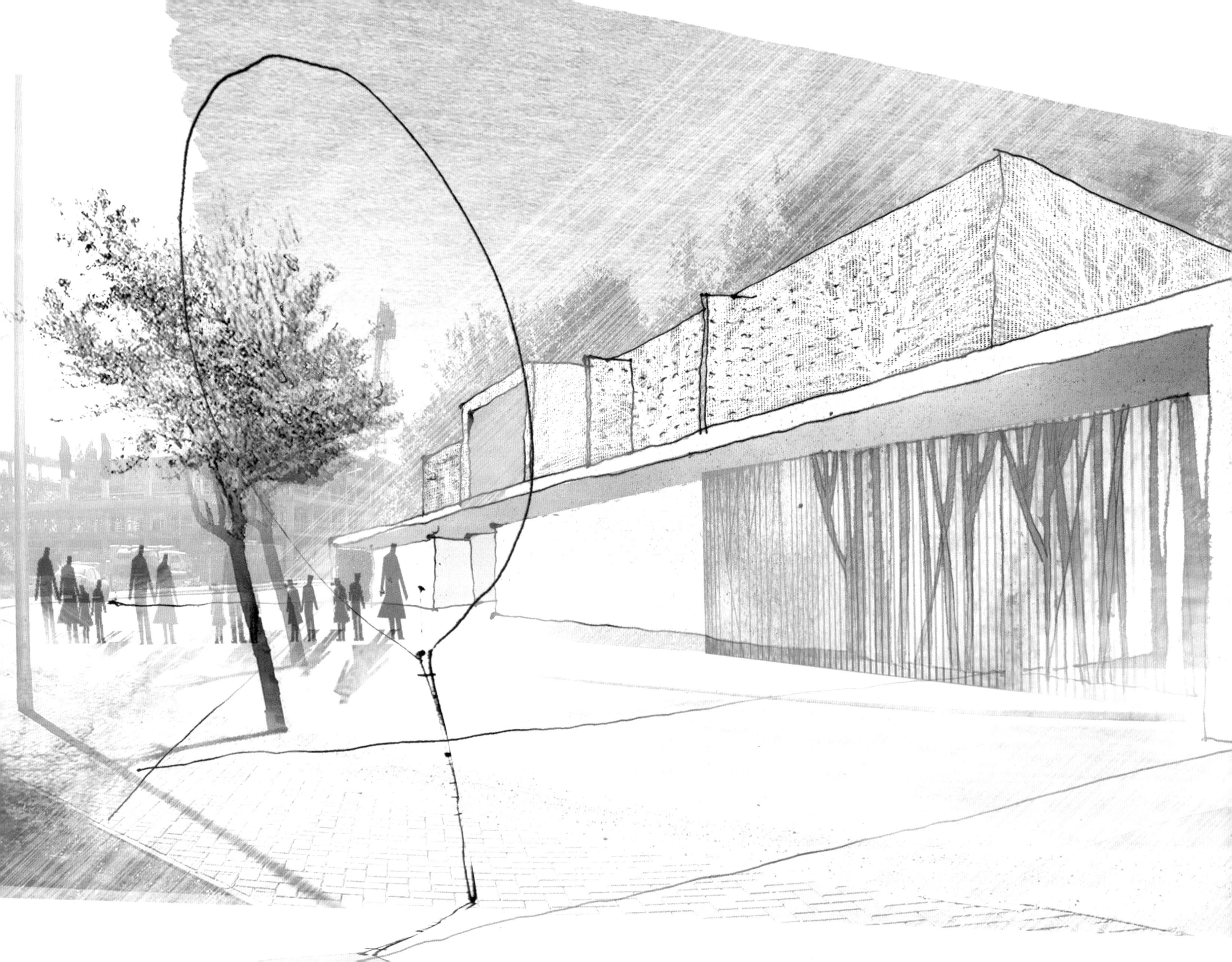

24–25
26–27
28–29

A4 工作室（A4 STUDIO）

这个匈牙利建筑师事务所使用各种媒介创作最初的建筑构思。建筑师说，“我们同时准备实物模型和计算机模型，两种模型交替使用利于我们同时设计建筑外部群体和内部空间。然后，基于这些简单的想法，我们拍照、画草图并加以覆盖拼贴。”

期望的结果是在设计的初始阶段建筑的超现实图形。A4 说，“然而用 3D 模拟核对设计是非常重要的，看看建筑设计是否由总平面图在规模和空间上发展而来。”然而，建筑师承认，没有草图他们不能开始构思精巧的设计过程。“第一次草图是最终正稿的简单初始表达。”接下来，采用剪切和粘贴方法在草图上覆盖建筑模型图像和人物照片。它创建一个超凡的感觉形象，但也帮助客户从使用者的视角理解设计。

A4 坚信无论是否建成，大部分初始设计理念贯穿整个设计。“我们尝试放大生动的手绘图形，这样我们可以可视化我们的作品，不仅服务于专业人士，也可以给予承包商灵感启发。如果在任何项目你想要每个人都和你一样热情地工作，这是非常重要的。”

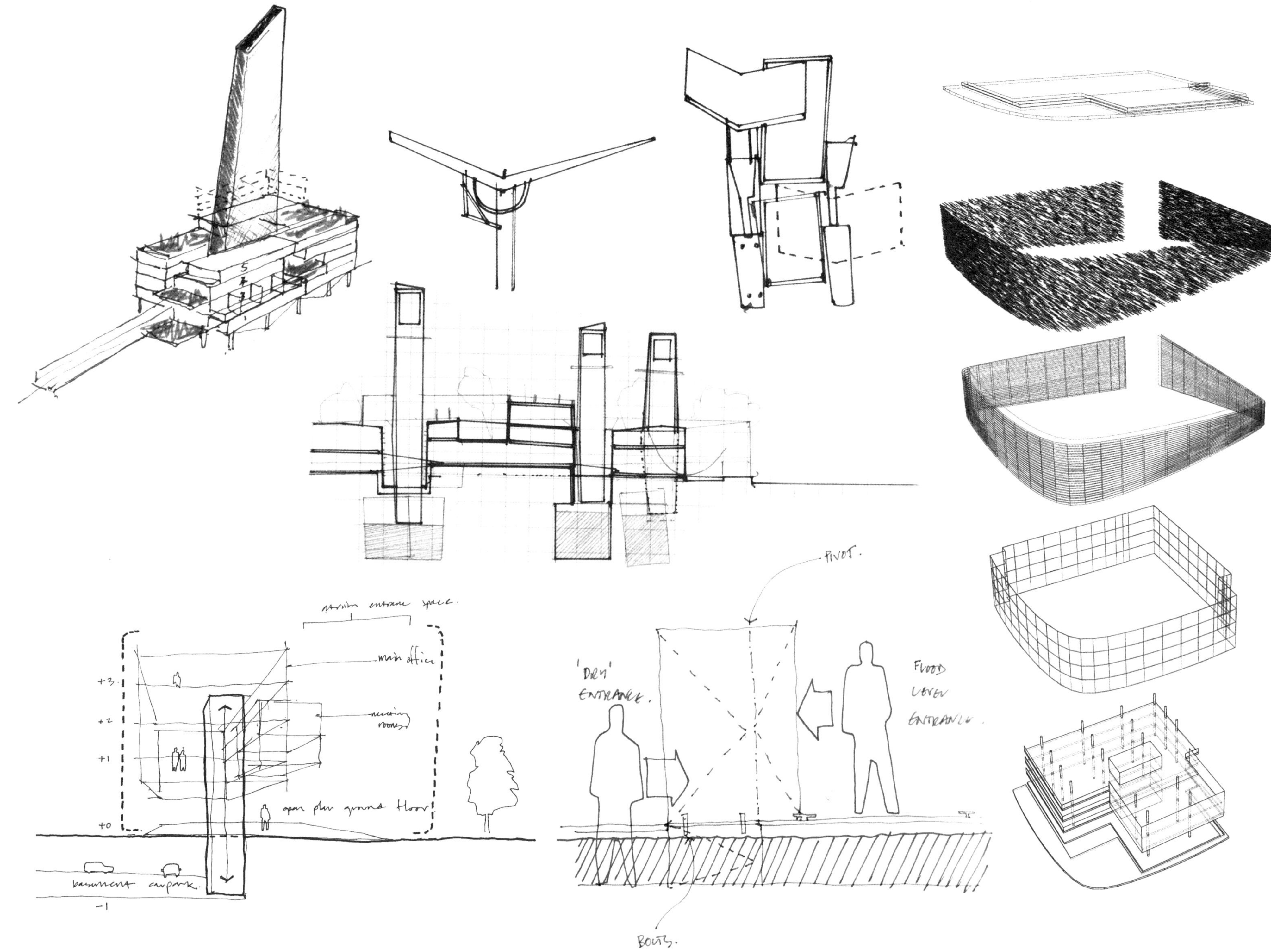

main office
+3
+2
+1
+0
-1
open plan ground floor
basement carpark
PIVOT.
'DRY' ENTRANCE.
FLOOD LEVEL ENTRANCE.
BOLTS.

30–31
32–33

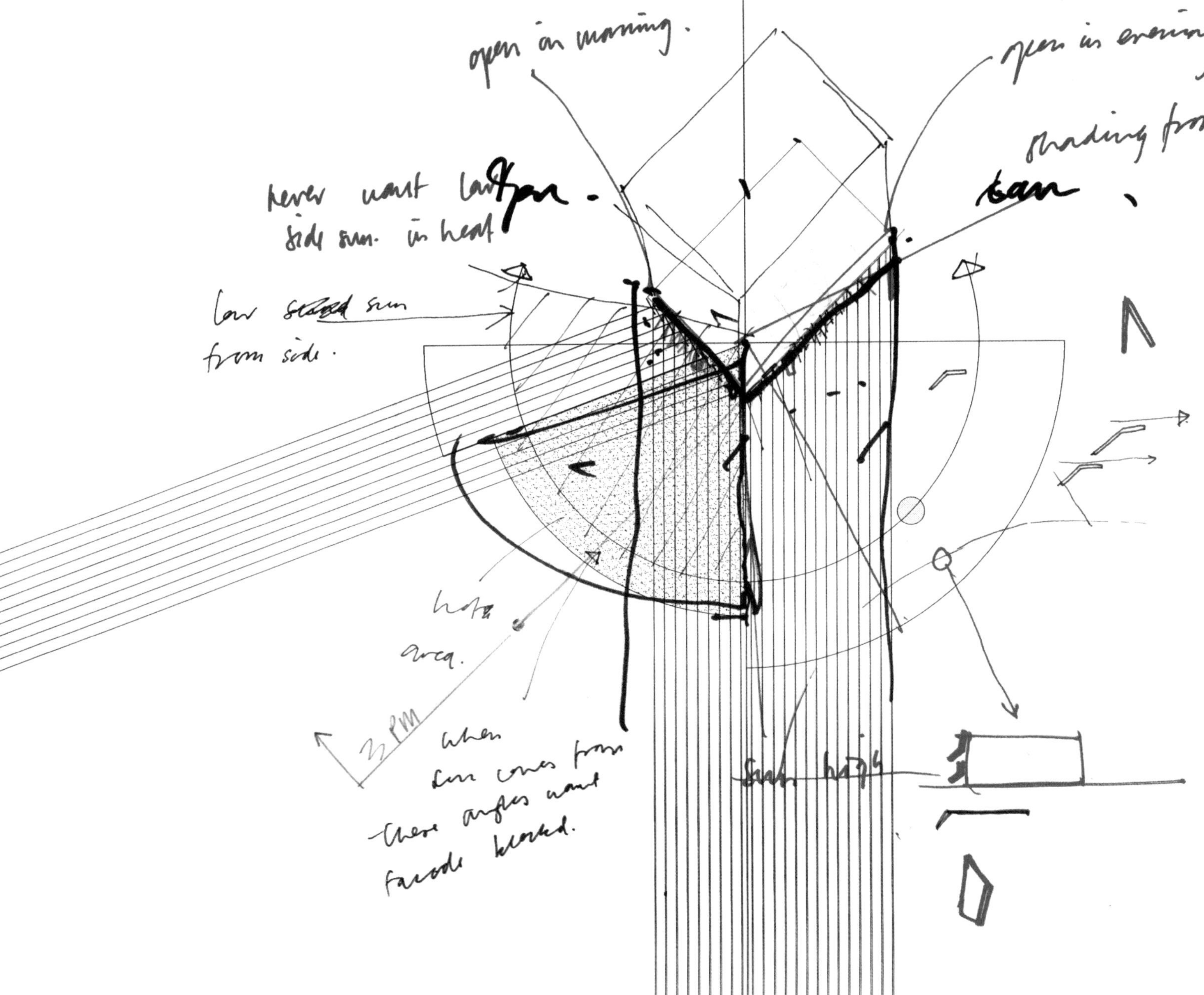

本·阿迪（BEN ADDY）

“想象我的项目，我总是先用钢笔、铅笔和纸”，莫克森（Moxon）事务所所长本·阿迪说，“经常第一次与客户会面，在讨论的过程中，理念将会以一种不复杂的图形化的方式提交。以至于后来的草图为了被理解，需要解释说明，它们是瞬间‘你必须有的’类型。”

在这些页面的涂鸦和草图中，可以清楚看到这种快速的图像可视化创建了应对众多挑战的解决方案[30–31]。然而，阿迪的设计也拓展到非常复杂的街道景观[32–33]，这可以理解为一个整体，而不是抽象的部分。阿迪进行周期性的细化和叠加的过程仍然是大量使用笔、纸，同时也使用计算机进行三维元素的工作。他领会到手动和数字处理之间没有冲突。事实上，阿迪和他的团队通过数码绘图板使用“钢笔”，或他们用脏污的铅笔从三维“雕刻”到打印输出。

“很多想法在初始阶段被提出、修改和丢弃，我们发现它完全不可行。想法的快速讨论、消解和演化是至关重要的，所以在本质上无论与自己，与团队，或与客户，直接表达对确保一个开放的讨论非常重要。”他说。

仍然以这种操作模式，但继第一个原始的想法之后，阿迪发现用三维工作有助于比例调整和试验。为获得正确的原则，我们把很多数字模型当作是“讨厌的工具”。迭代法是至关重要的，我们使用的描述和探索的方法越多，产生的思路和可能性越多。

PRESTONS ROAD E14

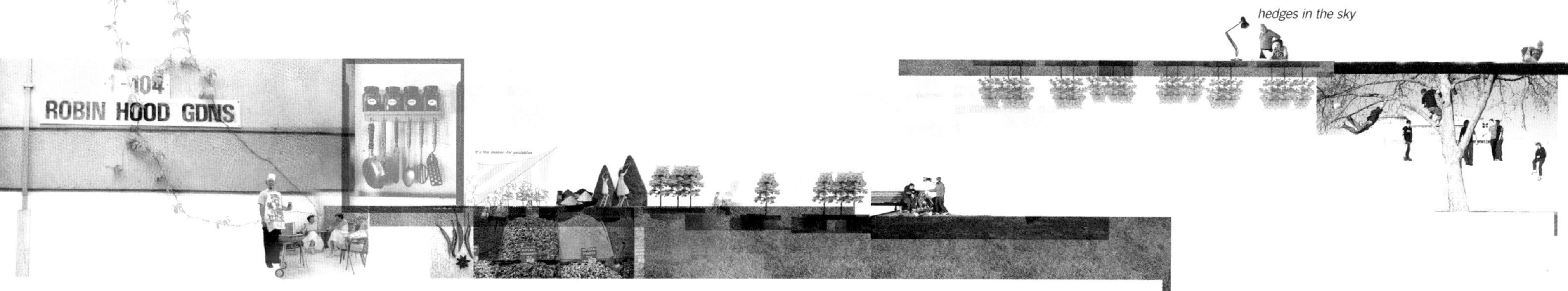
hedges in the sky
1-104
ROBIN HOOD GDNS

202.45
202.45
202.45
202.0

34-35
36-37

AGATHOM建筑公司（AGATHOM CO.）

AGATHOM 建筑公司认为，在每一个项目中最早的设计步骤都是独一无二的，因此每一个主旨必须以开放的态度处理。即使最初的动作是在纸上做一个标记，不久，这个由卡佳·艾格·萨克斯·汤姆（Katja Aga Sachse Thom）和亚当·汤姆（Adam Thom）经营的加拿大实践项目创建了一个草图模型。

亚当·汤姆说，“我们的工程是产生自空间观念而不是图形组成，每个概念的重要部分是创建一个三维草图的考验。我们从草图模型中学习到的比铅笔草图多。我们都有雕塑的背景，因此这是我们本能的方法……由于整个设计过程不间断地进行空间探索，完成的项目必将在空间上引人注目。”

公司负责的简单纸板模型变成详细的、比例精确的雕塑，它们本身就是艺术品。然而，这些并不是最终产品：在设计过程中它们被使用，也经常被遗忘。在这里，一个住宅项目的空间探索包括整个建筑模型［34，36 左，37］，以及特定的空间和细节，如楼梯的实物模型［35，36 右］。汤姆认为，这些早期的模型有助于确定是否一个想法拥有足够的“营养”、“持续性”，或者是否应该重新开始。

“我们认为成功的草图是一个模型或二维图，一定不能被自身的美学绊倒了……真正有用的和漂亮的草图，丝毫也不涉及材料的选择、施工方法或竣工水平。最好的草图完全集中在他们正在探索的空间想法。”

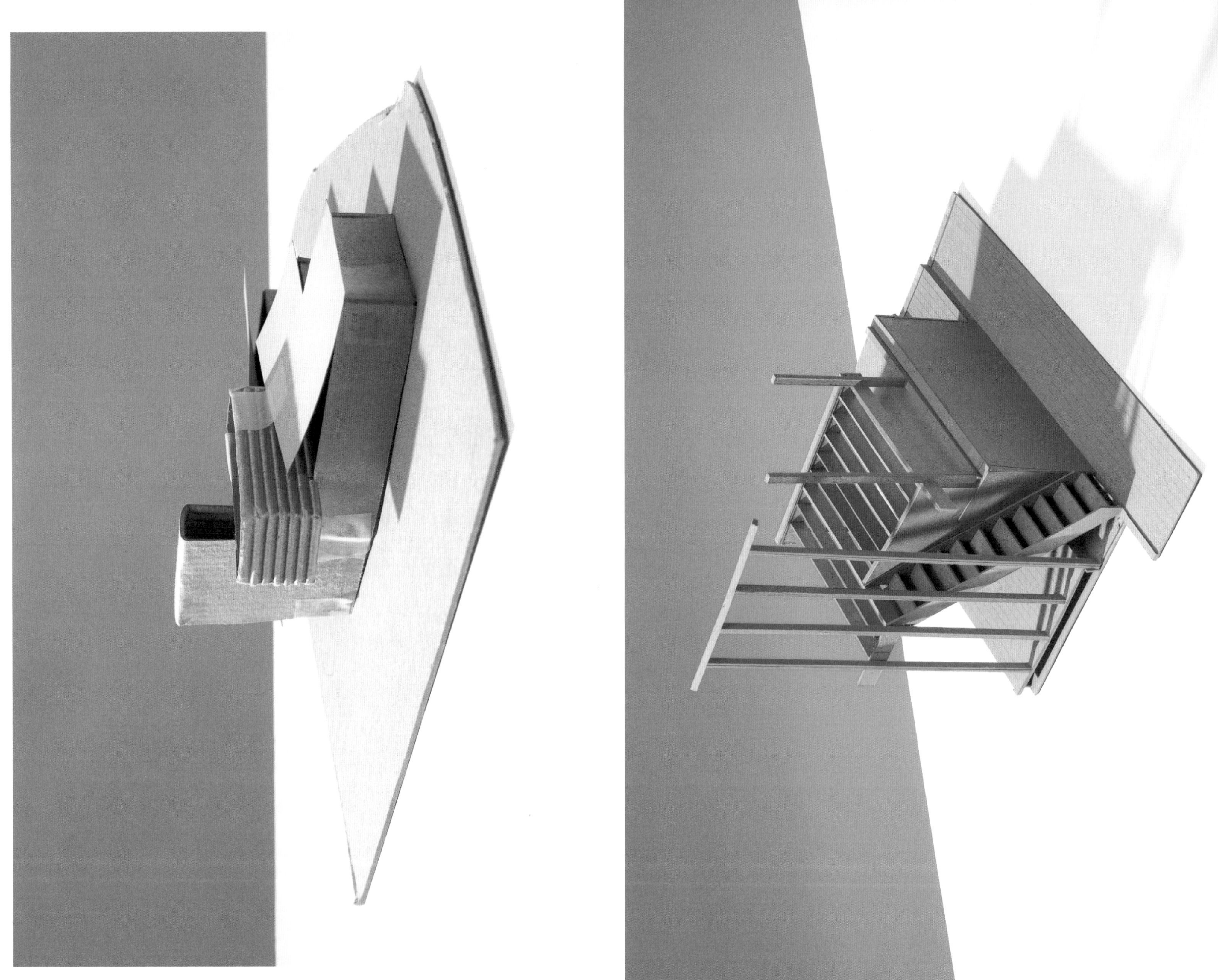

38-39
40-41
42-43

威尔·阿尔索普（WILL ALSOP）

威尔·阿尔索普是英国最著名的建筑师之一，而且他的作品给建筑带来了学科常常缺乏的欢喜和愉悦。

五彩缤纷的、怪异造型的建筑灵感来自于阿尔索普对艺术和绘画的热爱。“绘画对我来说是一种探索建筑的方式。这都是一样的。我可以坐在我的工作室，在一张纸上创造一些东西，而且你获得的感觉和你完成一座建筑一样好。它不是关于设计什么，它是关于发现什么东西可以，我认为这是一个非常重要的区别。”

通过将艺术直接引入建筑的尝试，阿尔索普已经放弃了大众接受的风格的霸权。他曾提出建筑整个进程是一个增加流动性和透明度的过程——对这样一个具体学科来说是一个崭新的坐标。

“我看不出建筑的意义，而只是融入。我与公众一起做了很多的工作，我一遍又一遍地听到的是那标志着它们在地球表面的位置。有这样一个不与他人分享的身份。”阿尔索普说。

这种建筑和艺术之间平行的接近是不寻常的，但阿尔索普认为艺术是一门与建筑密不可分的学科。他的绘画和草图在众多展览中同建筑项目一并展出。

44-45
46-47

安部良建筑师工作室（ARCHITECTS ATELIER RYO ABE）

安部良是一个狂热的抽象影像的收藏家。“我首先从田野或平原、盐滩或城市街道中收集材质，然后我做拼贴画，往往通过拍照，创造新的空间图像。这是通过将它们打印出来，然后手动剪切和粘贴，甚至直接画到图像上。”

安部良积累的这些纹理就像收获的感觉和情绪记忆。“我用这些情感进行设计，创造新的空间。我总是寻找不同的技能，编辑这些情感的另一种方式。”

但建筑师是一个完美主义者，而且他创造的许多照片和拼贴画从未超越草图。安部良说，“我更多的时候倾向于寻找失望，我思维活动的 5% 或更少的部分转化为一个建造的设计。然而，有时我能感受到拼贴画组成的情绪。它是鼓舞人心的，我猜类似于作曲。一旦‘音乐’从空间开始流动，它暗示了光明与黑暗的对比，新空间质感和情绪的重新创造”。

大多数的图像、拼贴画和草图不会立即发展成建筑，它预示着未来。安部良把它们堆在桌子上放在手边，为其他项目作为一个潜在的灵感源泉。

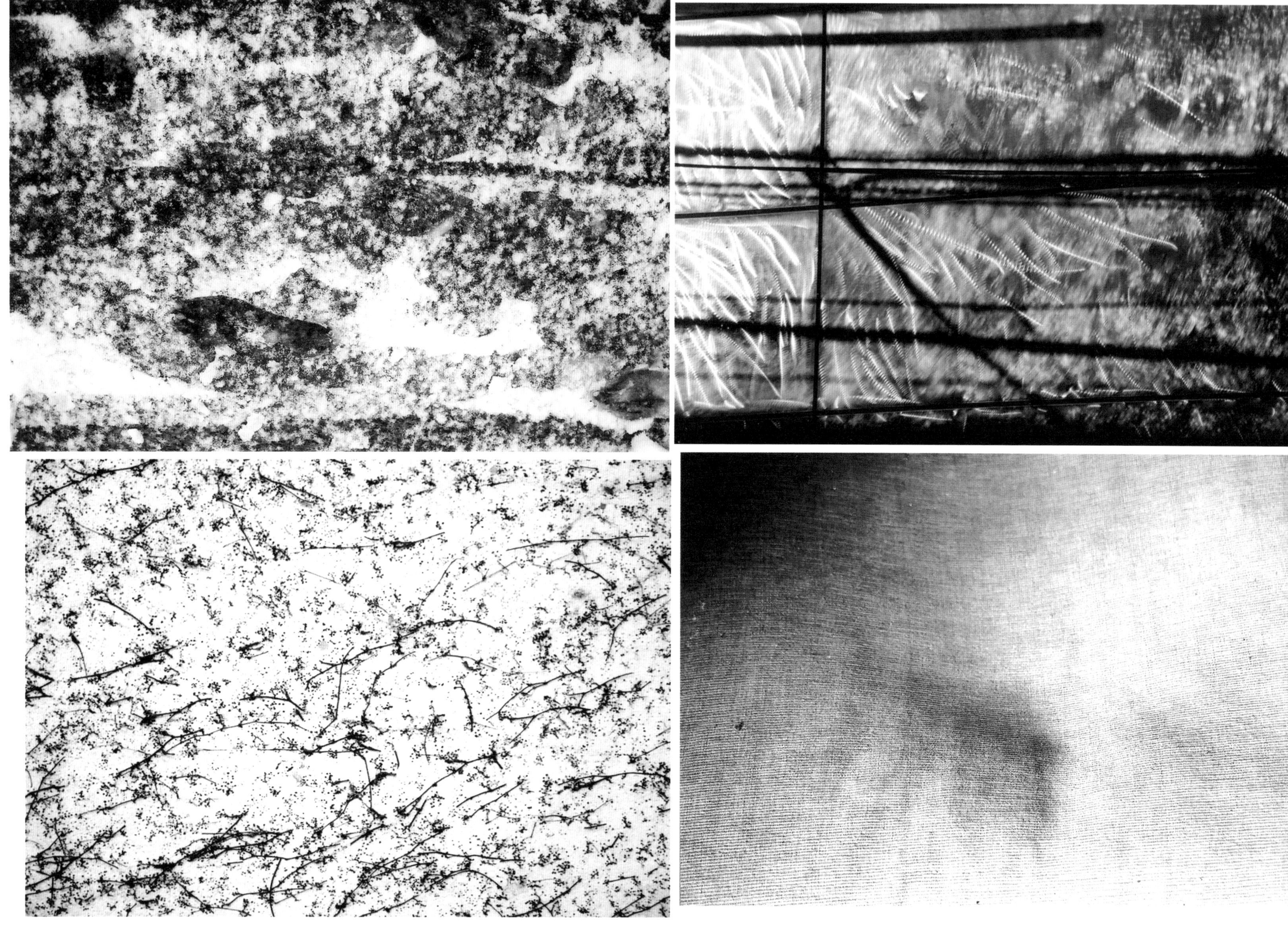

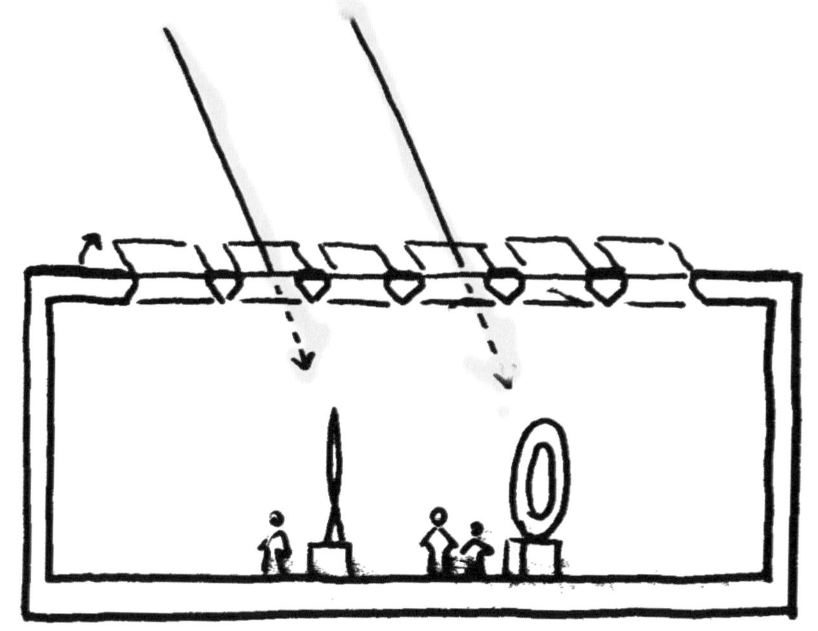
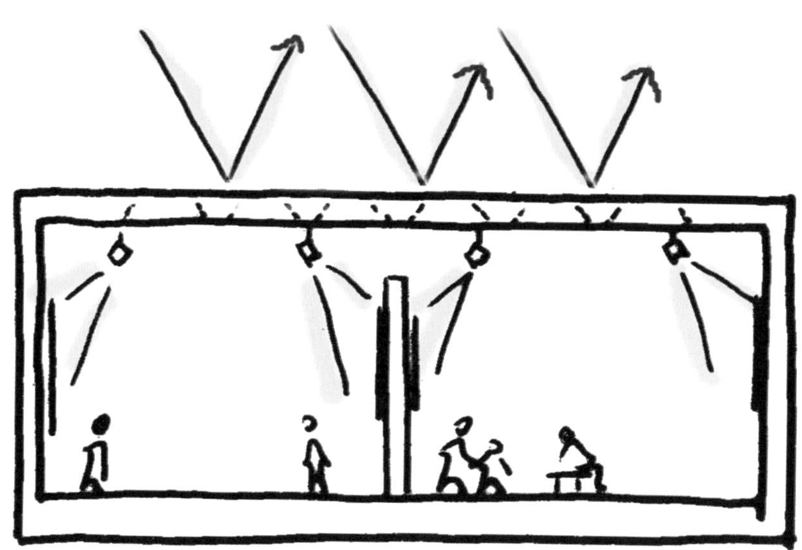
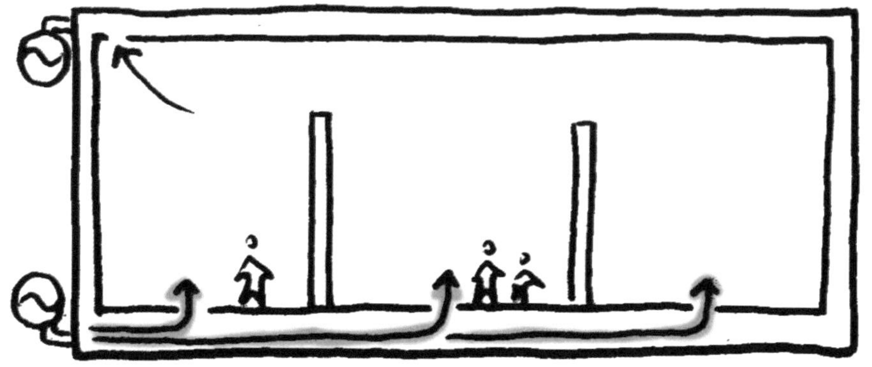

48-49
50-51

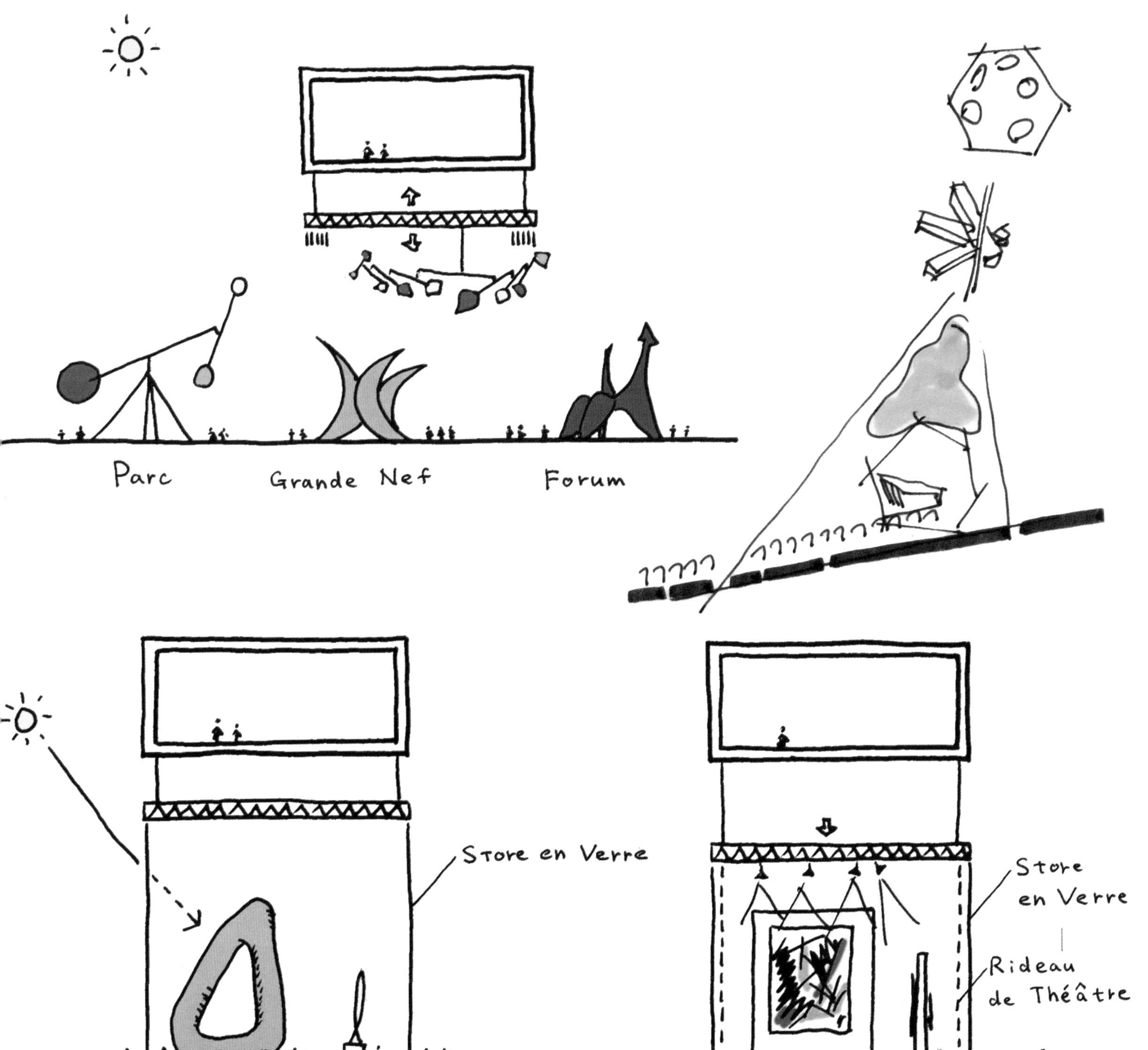

坂茂（SHIGERU BAN）

坂茂出生在东京，在美国受教育，最初入职矶崎新的事务所，后建立自己的事务所。他那激动人心的设计令人啧啧称赞，并且他使用不同寻常的材料和技术令人崇敬，坂茂最新项目之一是法国蓬皮杜艺术中心[50-51]。

坂茂的设计草图是简单并有启发性的。它们或许缺乏其他一些建筑师的设计技巧或艺术天赋，但是取而代之的是专注于设计将如何工作，一些细节，例如创造形式的类型、游客交通流线、视线和日照方位。

梅茨蓬皮杜中心被一个巨大的六角形层叠木板伞状结构的格子屋顶笼罩，灵感来自中国竹编的帽子。但是坂茂的草图集中在廊台、整体的平面布置和气候，如太阳和风如何影响游客现场感受。三个矩形悬臂盒子[48-49]将该中心的永久藏品置于一个小气候得到严格控制的环境中。在这里，这些草图的艺术作用不再是帮助快速提供所需信息的、基本形式的图解。

坂茂和他的团队通过采用可移动的玻璃百叶窗包围建筑整体，加强了该中心与室外的联系，建筑可以向周围的花园和公园开放。他们将一个极为复杂的项目简化为小的图像信息块，使它变得对每一个人从客户到承包商更加易于理解。

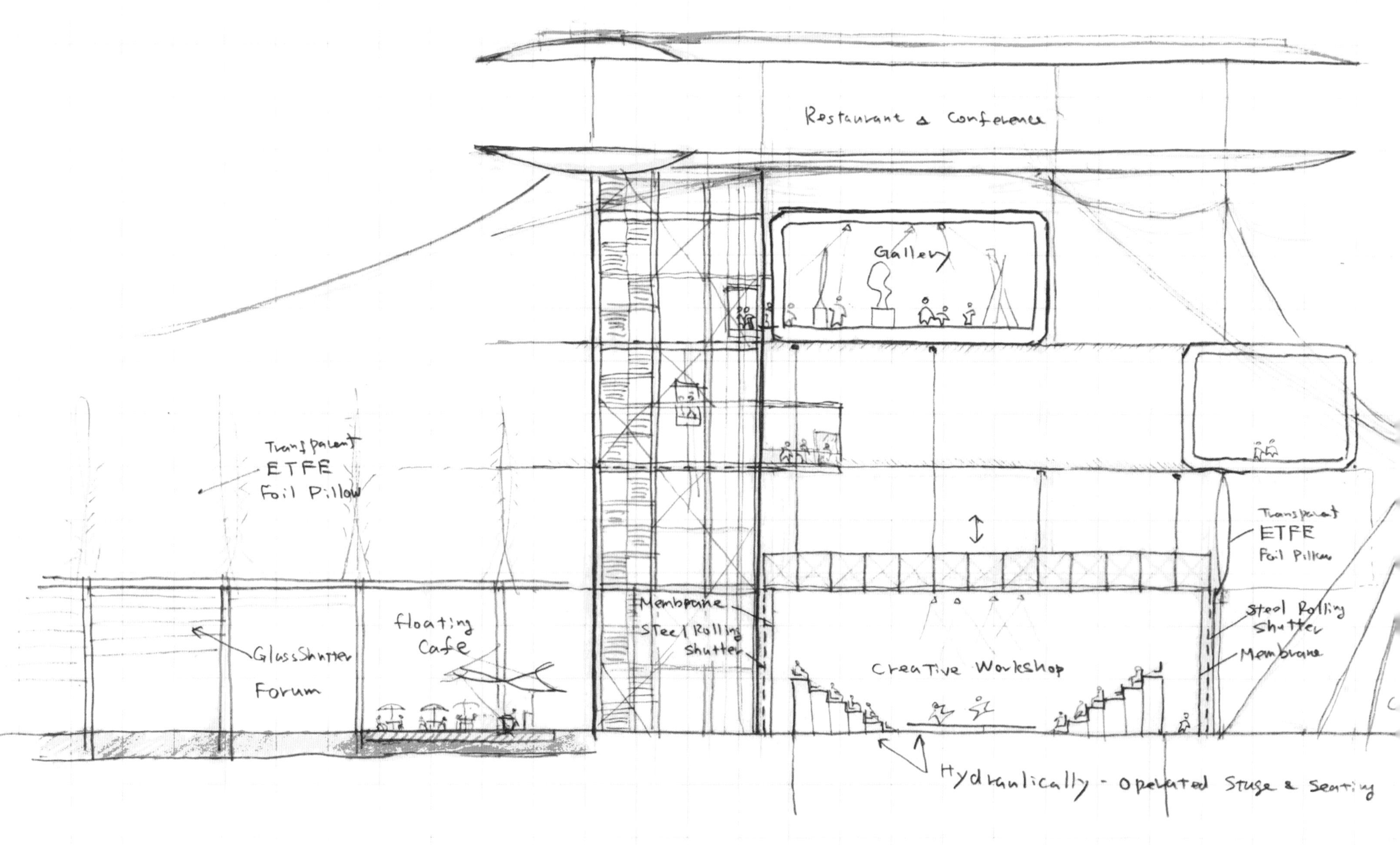

CPM- Creative Workshop 1/300
180803

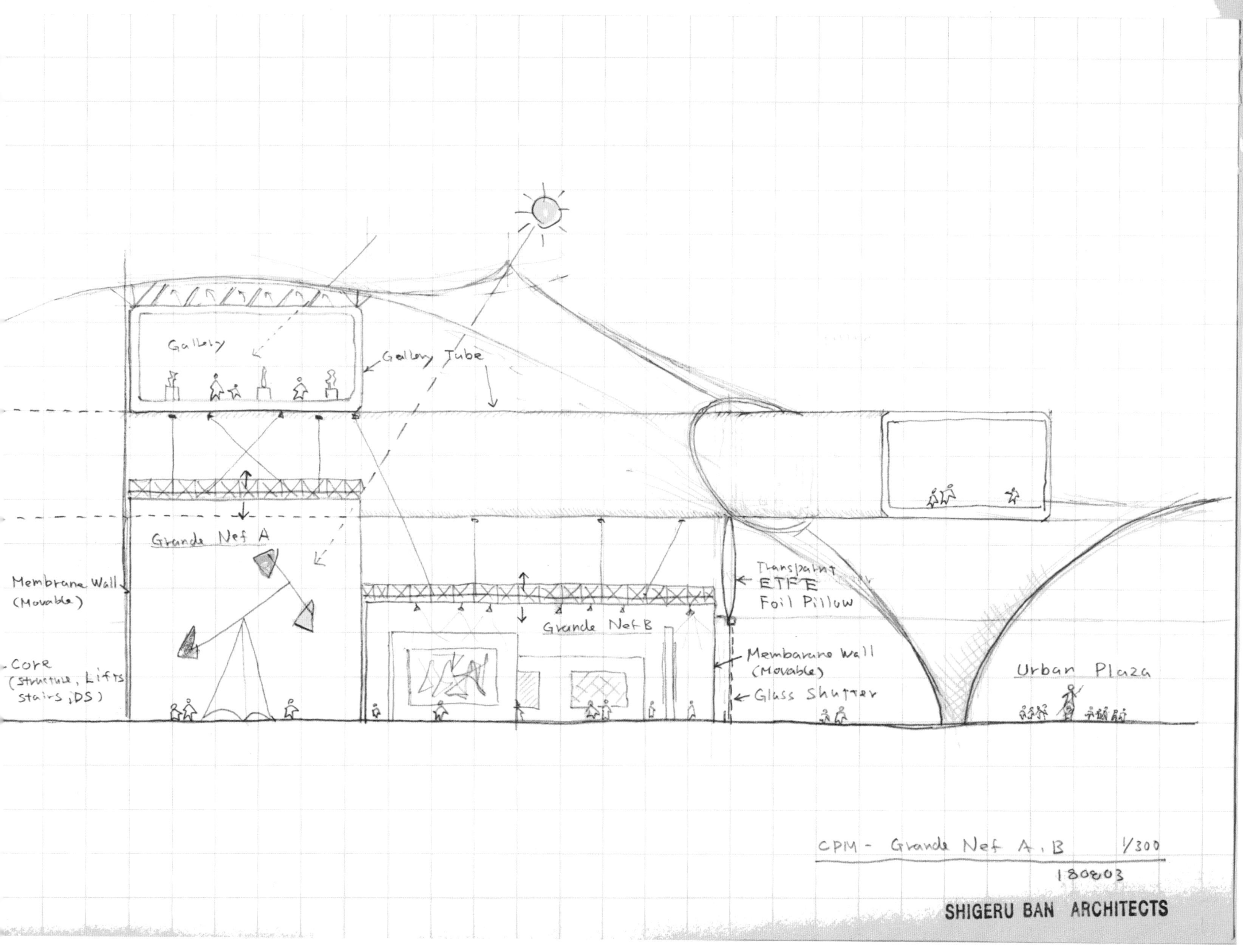
Gallery
Gallery Tube
Grande Nef A
Membrane Wall
(Movable)
Core
(structure, Lifts
stairs, DS)
Grande Nef B
Transparent
ETFE
Foil Pillow
Membarane Wall
(Movable)
Glass Shutter
Urban Plaza
CPM - Grande Nef A.B 1/300
180803
SHIGERU BAN ARCHITECTS

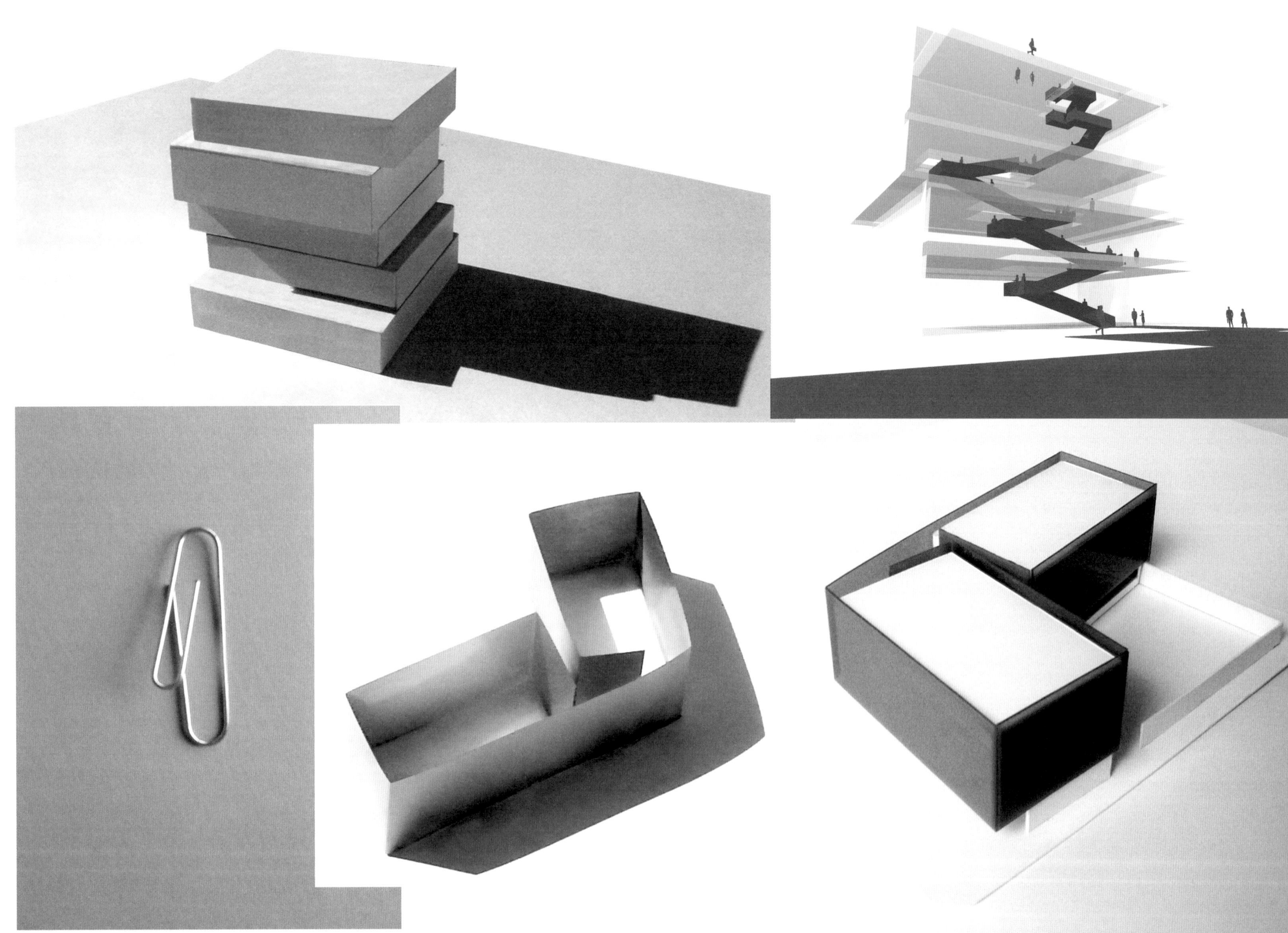

52–53
54–55

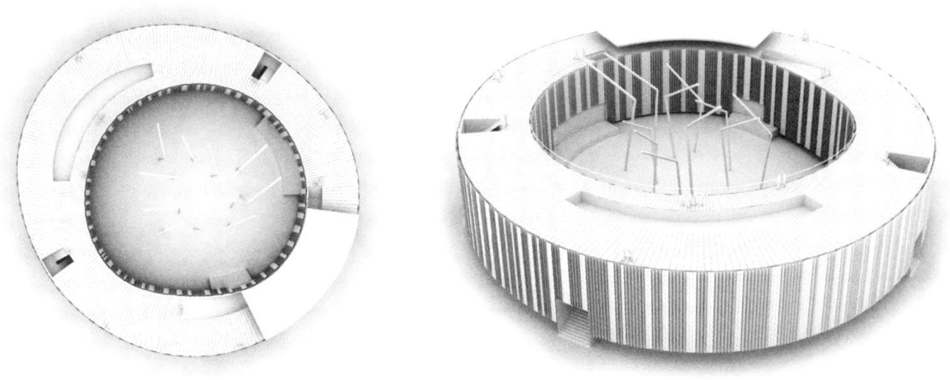

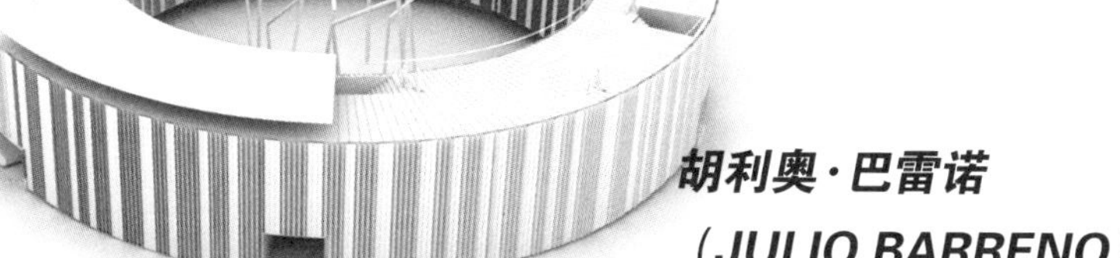

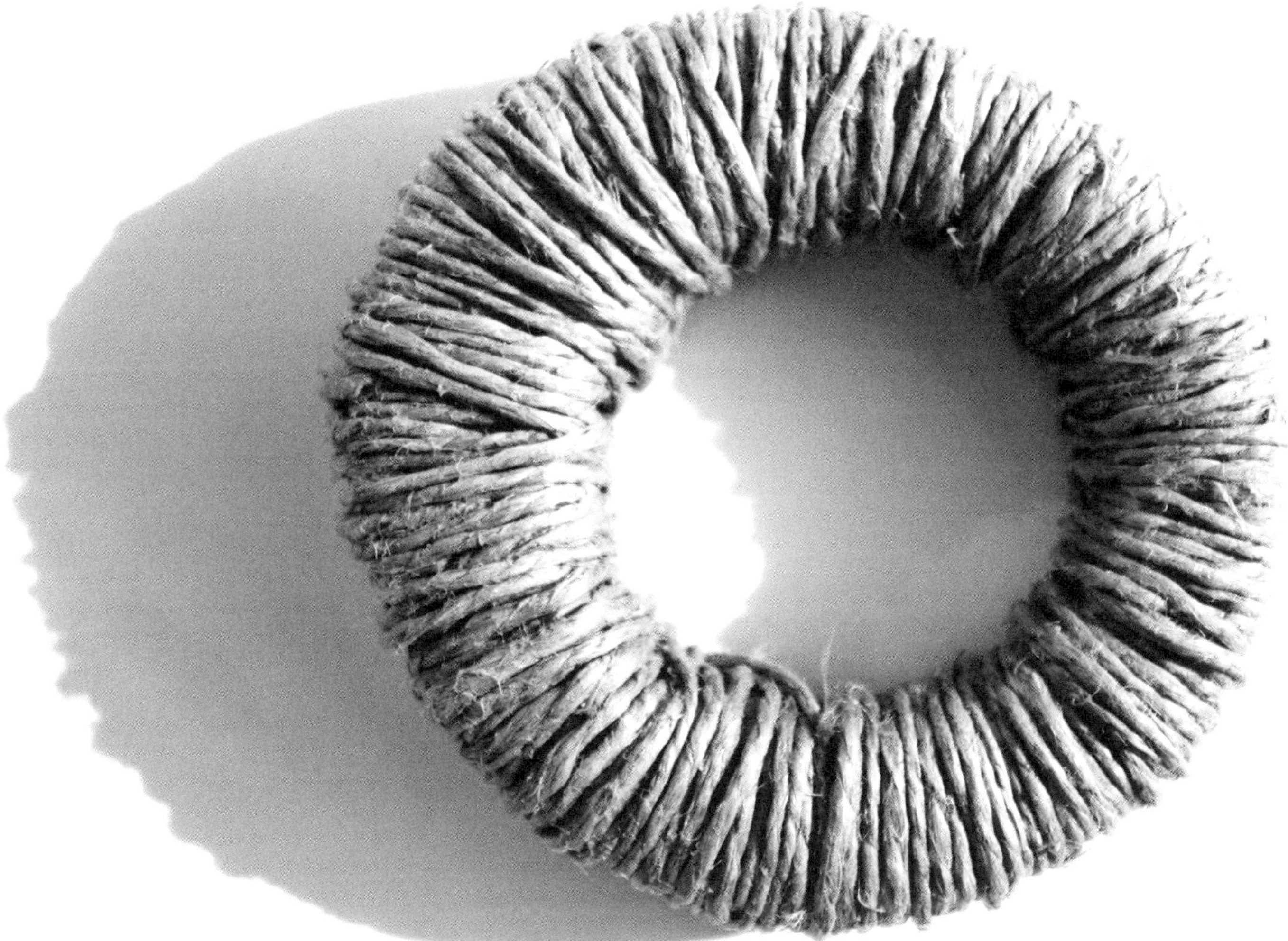

胡利奥·巴雷诺（JULIO BARRENO）

“建筑师一定是探险家而不是导游，建筑师不知道他的设计将到达哪里。他带着一个背包旅行，背包里面装有知识、经验、勇气和直觉这些有用的工具，每一件都能使他到达有趣的新地方。导游不会去一个新地方。”胡利奥·巴雷诺说。

这位西班牙建筑师、教授使用草图和模型共同制定他的设计。他认为每一个不同的使用媒介对于相同的设计释义有所不同。“一个好的设计方法是创建使用一系列的草图和模型，因为在其中你会发现在最终的设计中用到的有趣的东西。”他继续说，例如，一串甜甜圈提供了西班牙巴达霍斯的巴罗斯自由镇（Villafranca de los Barros，Badojoz）的灵感[53]。一个曲别针转化为西班牙韦尔瓦（Viviendas en Huelva）的环状路线[52]。

“不过，直觉是探险最重要的武器，据对现实的深刻观察，经验数据的分析和解释可以迅速启发可行的设计做法。但在这个过程中重要的是要正确地观察现场的每件事并作恰当的分析……知道哪个选项是最好的设计对象。就旅行来说，哪个是最好的路径……？”他说。

巴雷诺认为，就建筑师而言，根据哪个主题更重要，旅程和目的地可以是完全不同的。这就是为什么他反复强调懂得如何仔细观察和分析的重要性。“然后建筑师成为一个过滤器，能够从现实中筛选出所有信息，将其转换为一个真正的设计、一个工程项目和一座建筑物。”

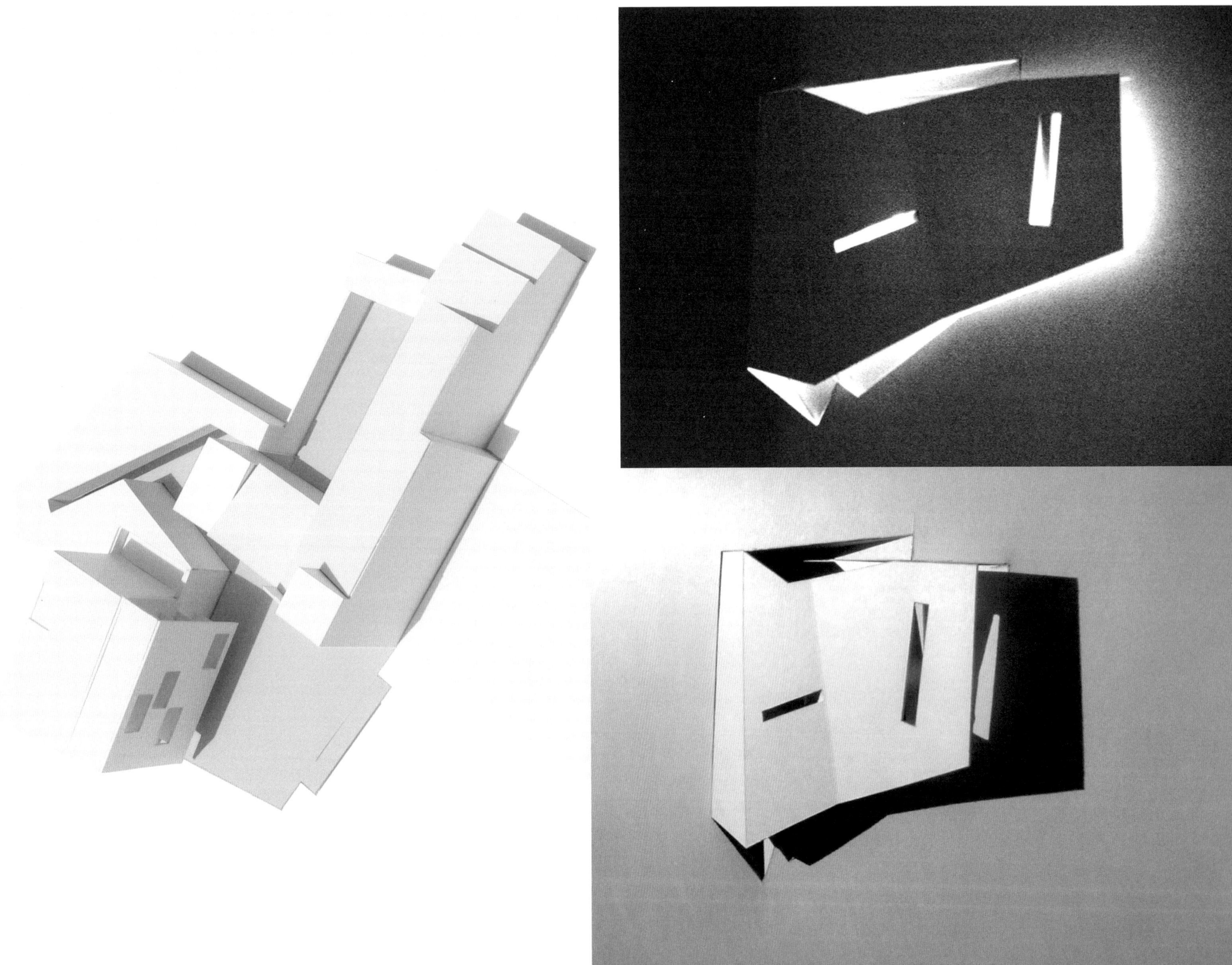

exposition blvd. ~ Audubon Park

C·埃罗尔·巴伦
（C. ERROL BARRON）

C·埃罗尔·巴伦，建筑师、画家、教授和音乐家，至少有25年的绘画经历，记录了来自日常生活的想法、事件和观察。他的古典风格帮助他承担了建筑师和大学教授所有工作，他认为画画是好的建筑教育的基础之一。

巴伦的作品记录各种各样的主题——景观、建筑、实物和人物，提供一个关于创作过程本身以及绘画和建筑之间的联系的独特见解。

巴伦是美国新奥尔良市杜兰大学建筑学教授，埃罗尔·巴伦/迈克尔·图皮斯建筑师事务所合伙人之一，他也是《观察：埃罗尔·巴伦的速写、绘画和建筑》(Observation: Sketchbooks，Paintings and Architecture of Errol Barron，2005)的作者。

最近，在美国田纳西大学艺术和建筑大楼的尤因画廊开了一个题为“在数字时代的手绘”展览，主要展示巴伦的作品。巴伦评论这次展览说：“即使没有人，单单这些画在画廊中就很不错。我被精彩的、明确的价值观所吸引，越走近时越能感受到它们穿过房间的强大气场。”

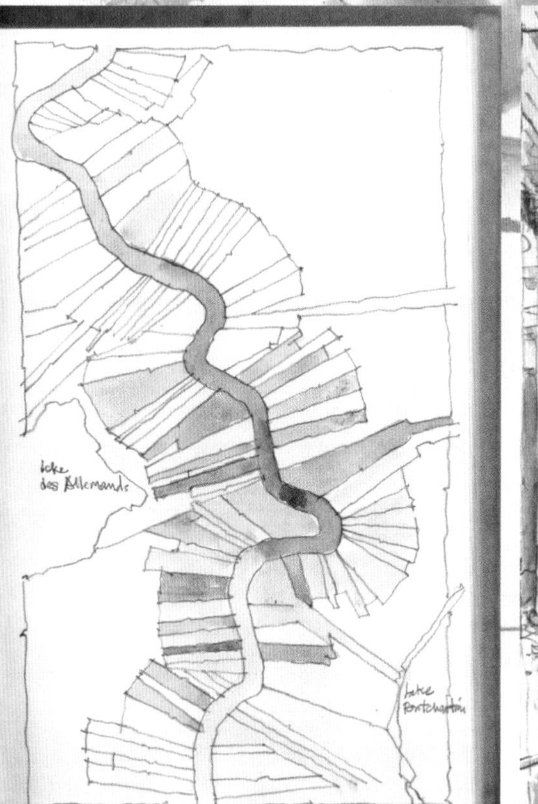

TIPS
LUCKY DOGS

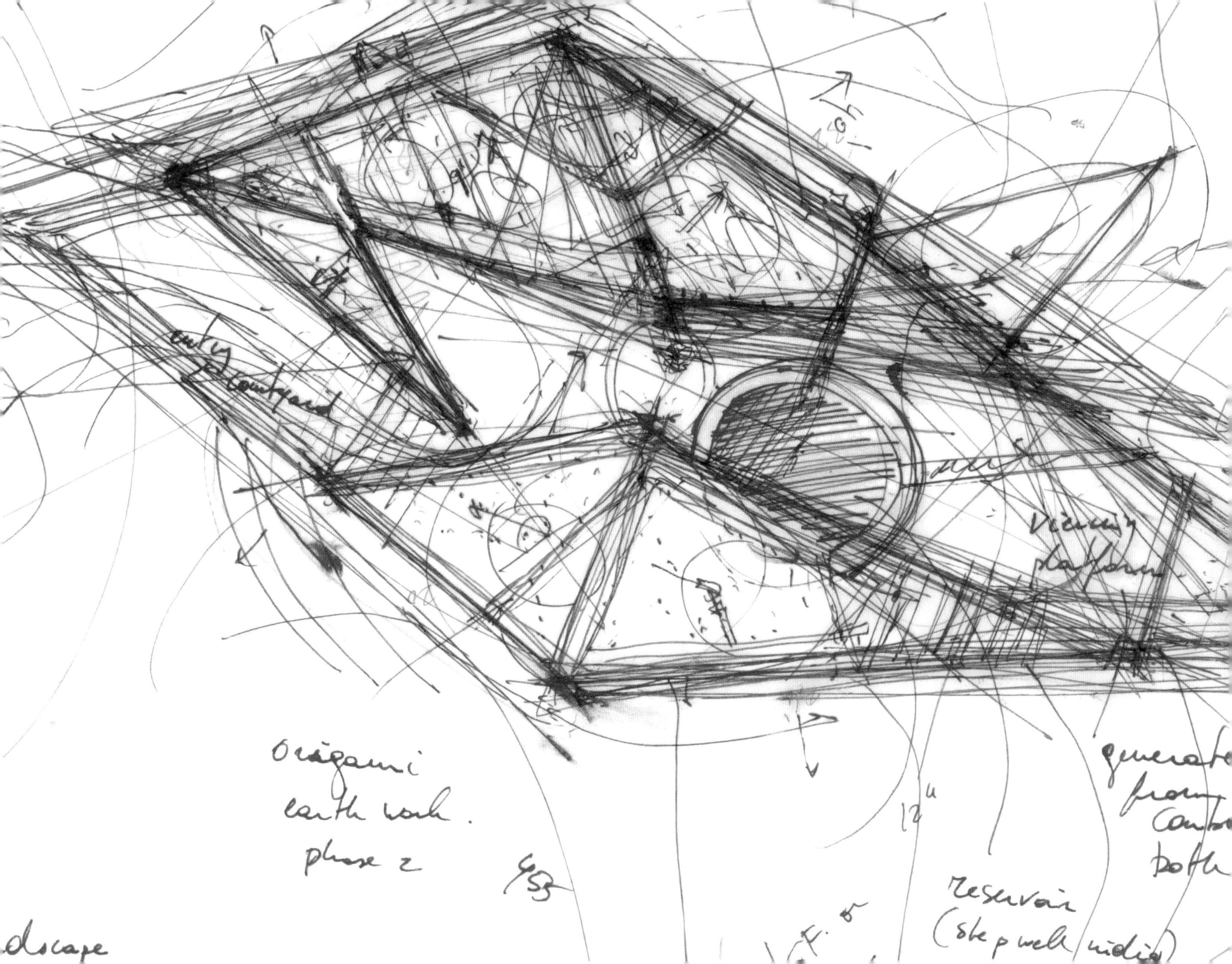
entry to courtyard
Viewing platform
Origami
earth work.
phase 2
12"
reservoir

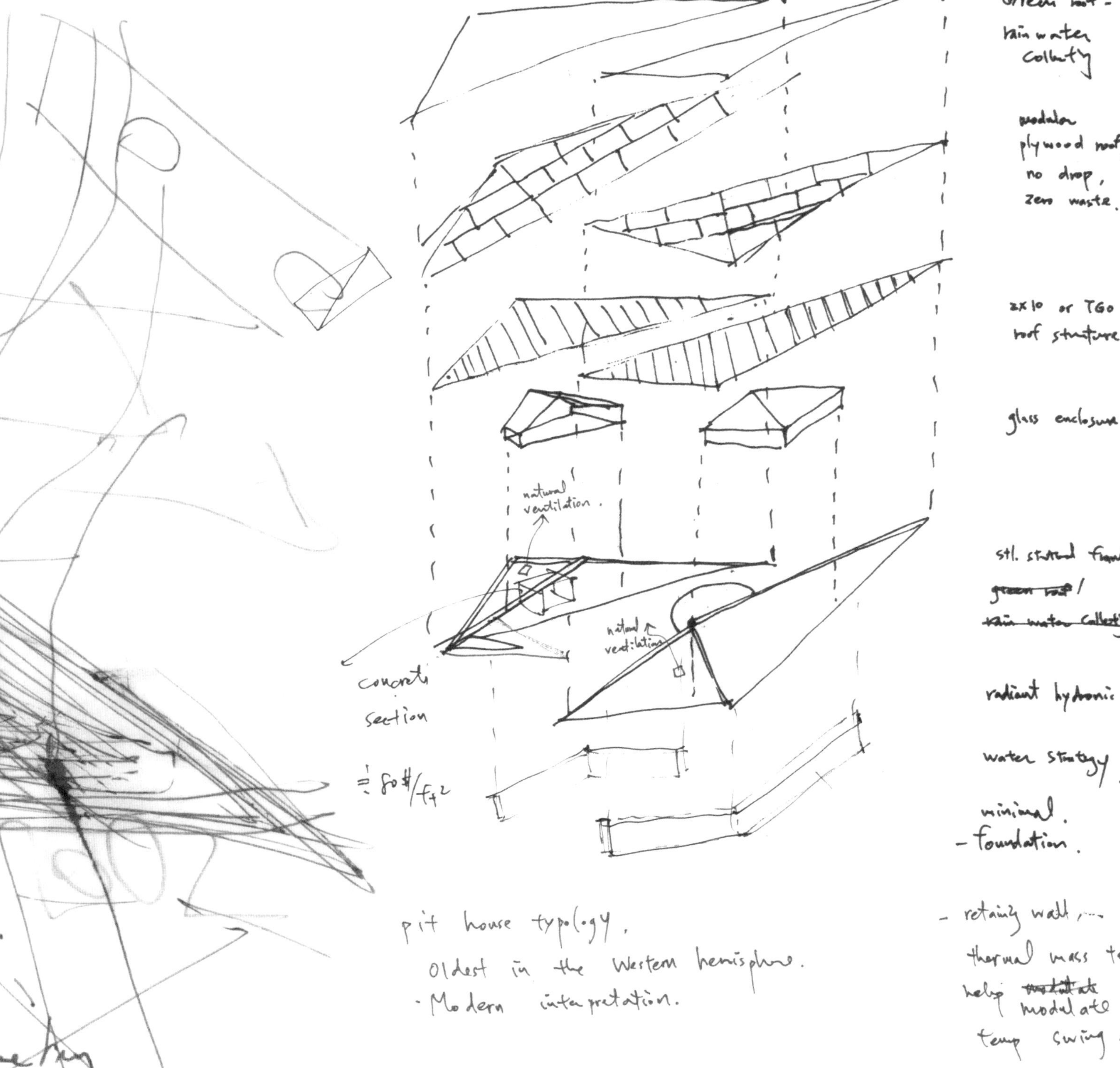

60–61
62–63

贝尔西·陈工作室（BERCY CHEN STUDIO LP）

贝尔西·陈工作室是一个由托马斯·贝尔西和卡尔文·陈创建的建筑和城市规划事务所，位于得克萨斯州奥斯汀。这一对搭档的欧洲和亚洲背景（贝尔西是比利时人，陈是有澳大利亚经历的中国台湾人）为他们的工作注入丰富的多元文化的感受和方法。

“因为是一间设计建筑的办公室，我们的办公室是非同寻常的：我们作为总承建商承担项目的 70%，一个想法的萌发通常不会发生在我们的办公室，而是在现场。因此，项目的原动力可以来自于在施工过程或现场观察中解决问题的直接经验。这种在概念和现实之间的反馈环节是相当富有成效和令人兴奋的。”卡尔文·陈解释到。

贝尔西·陈工作室使用概念草图来捕捉对场地的最初构思和互动。在三维空间中思考，实践最初的草图通常是透视图。“我们将在平面、立面和三维之间来回移动，往往在这个早期阶段也会探讨一个合适的结构系统的构思。”陈解释道。

在这里，接下来的几页，雷德·布拉夫（Red Bluff）[60–61，63]和吉布斯空心住宅（Gibbs Hollow Residence）（都在得克萨斯州）的草图[62]证明贝尔西·陈从一开始就进入设计的细节和想法。即使在早期的设计，材料、能源、流线，所有这些都包括其中。

用墨水笔或铅笔画素描草图，建筑师使用彩色铅笔快速地“填满”设计方案，表示材料、植物和空间。这两个合作伙伴往往也会在彼此的图纸上画草图。“有‘精致的尸体’这样超现实主义的一面，”陈说，“我们从彼此停止的地方接手，这是探索一个想法的多种可能性，降低过早拒绝一个好概念风险的有效方式。”

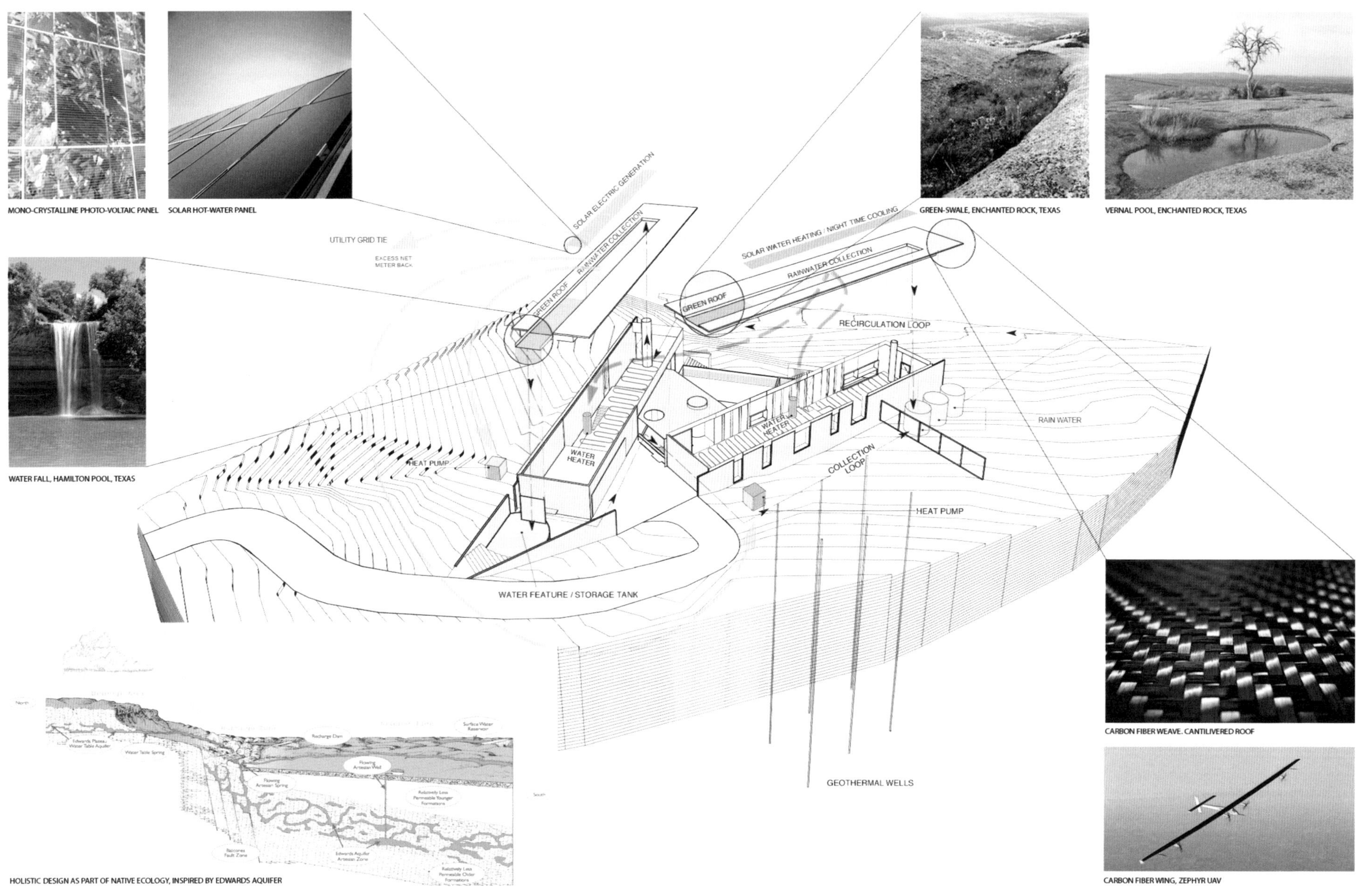

MONO-CRYSTALLINE PHOTO-VOLTAIC PANEL

SOLAR HOT-WATER PANEL

GREEN-SWALE, ENCHANTED ROCK, TEXAS

VERNAL POOL, ENCHANTED ROCK, TEXAS

WATER FALL, HAMILTON POOL, TEXAS

CARBON FIBER WEAVE. CANTILIVERED ROOF

CARBON FIBER WING, ZEPHYR UAV

HOLISTIC DESIGN AS PART OF NATIVE ECOLOGY, INSPIRED BY EDWARDS AQUIFER

to repair damaged landscape

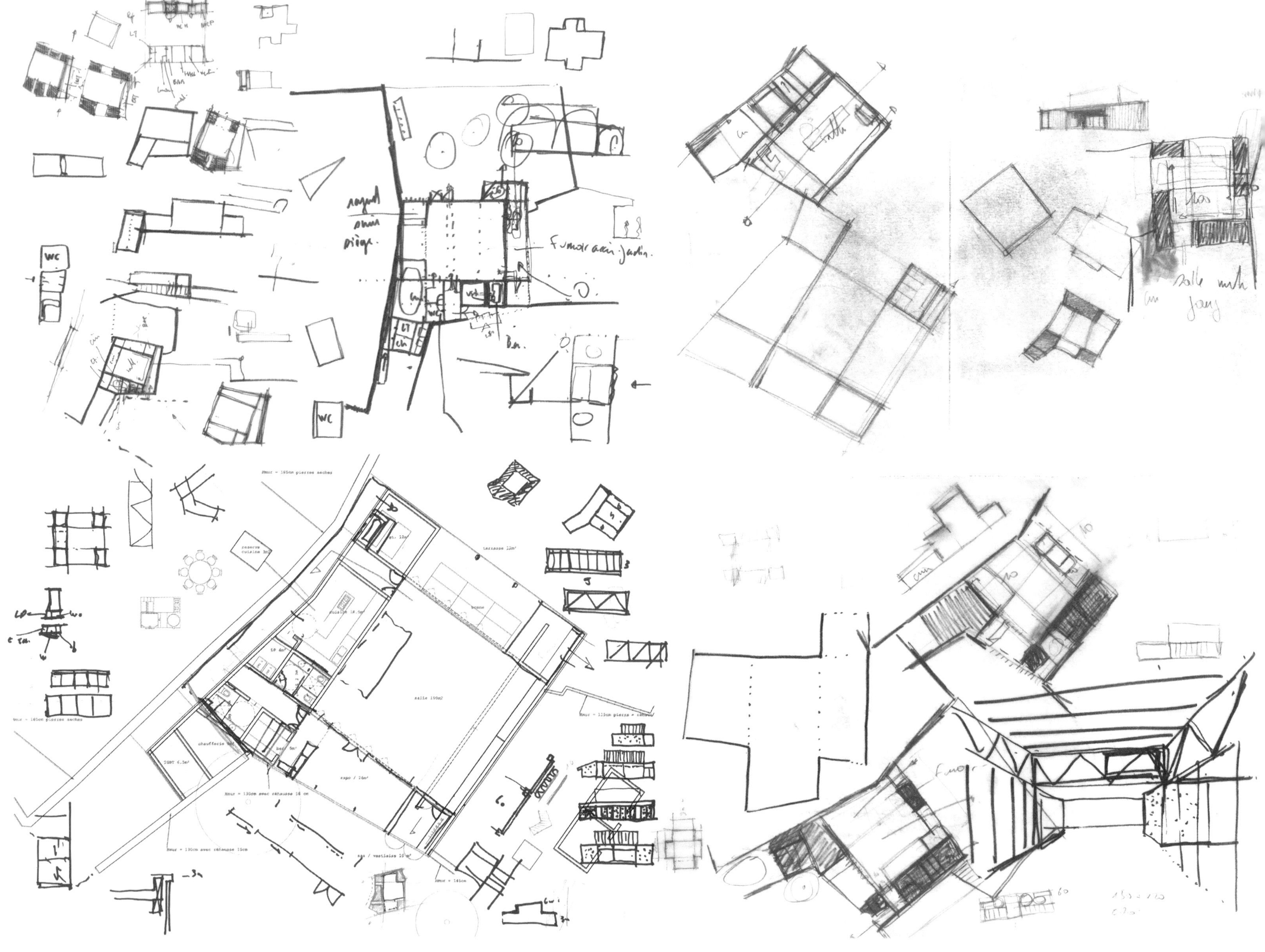

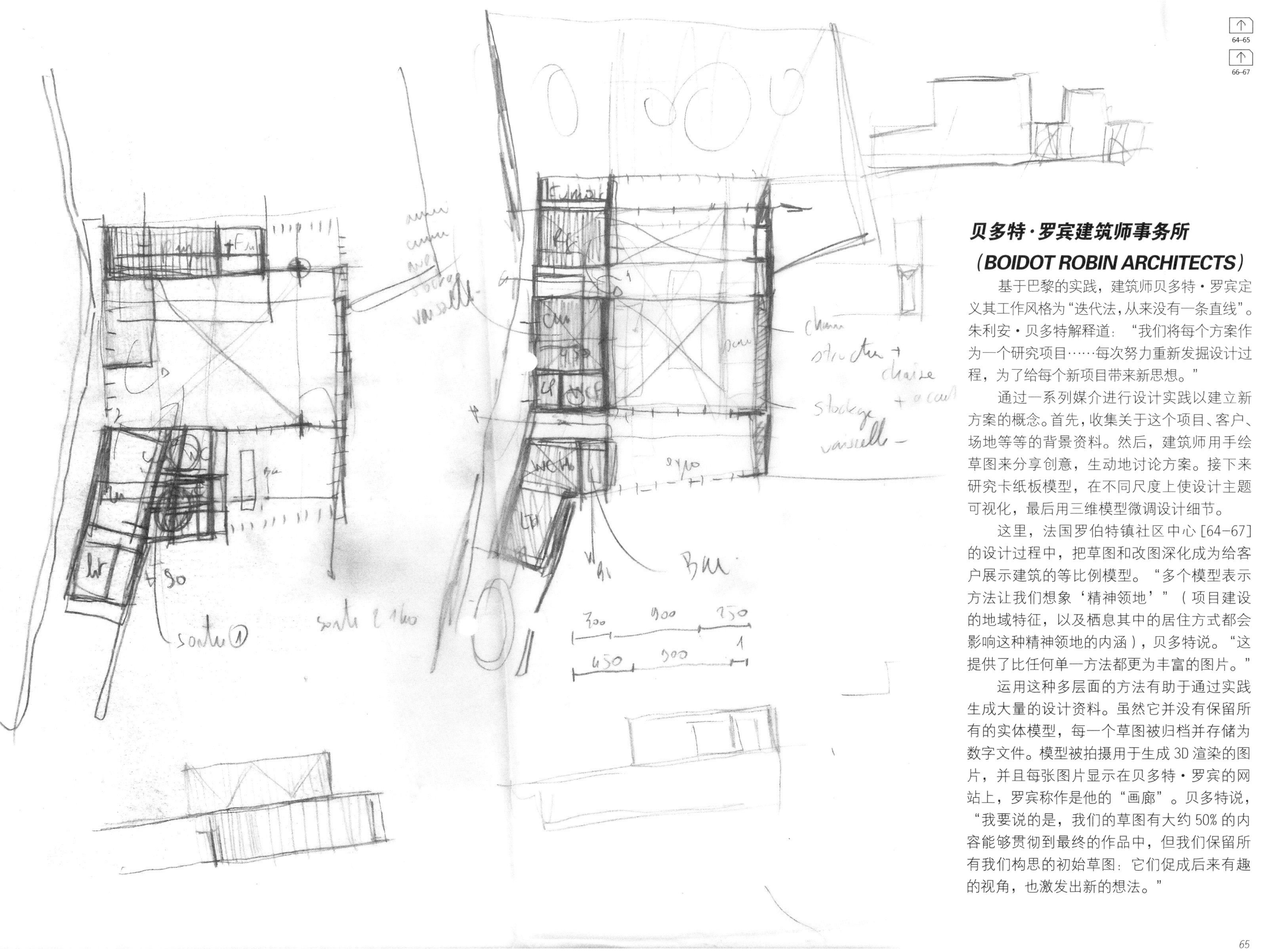

64–65
66–67

贝多特·罗宾建筑师事务所（BOIDOT ROBIN ARCHITECTS）

基于巴黎的实践，建筑师贝多特·罗宾定义其工作风格为“迭代法，从来没有一条直线”。朱利安·贝多特解释道：“我们将每个方案作为一个研究项目……每次努力重新发掘设计过程，为了给每个新项目带来新思想。”

通过一系列媒介进行设计实践以建立新方案的概念。首先，收集关于这个项目、客户、场地等等的背景资料。然后，建筑师用手绘草图来分享创意，生动地讨论方案。接下来研究卡纸板模型，在不同尺度上使设计主题可视化，最后用三维模型微调设计细节。

这里，法国罗伯特镇社区中心 [64–67] 的设计过程中，把草图和改图深化成为给客户展示建筑的等比例模型。“多个模型表示方法让我们想象‘精神领地’”（项目建设的地域特征，以及栖息其中的居住方式都会影响这种精神领地的内涵），贝多特说。“这提供了比任何单一方法都更为丰富的图片。”

运用这种多层面的方法有助于通过实践生成大量的设计资料。虽然它并没有保留所有的实体模型，每一个草图被归档并存储为数字文件。模型被拍摄用于生成 3D 渲染的图片，并且每张图片显示在贝多特·罗宾的网站上，罗宾称作是他的“画廊”。贝多特说，“我要说的是，我们的草图有大约 50% 的内容能够贯彻到最终的作品中，但我们保留所有我们构思的初始草图：它们促成后来有趣的视角，也激发出新的想法。”

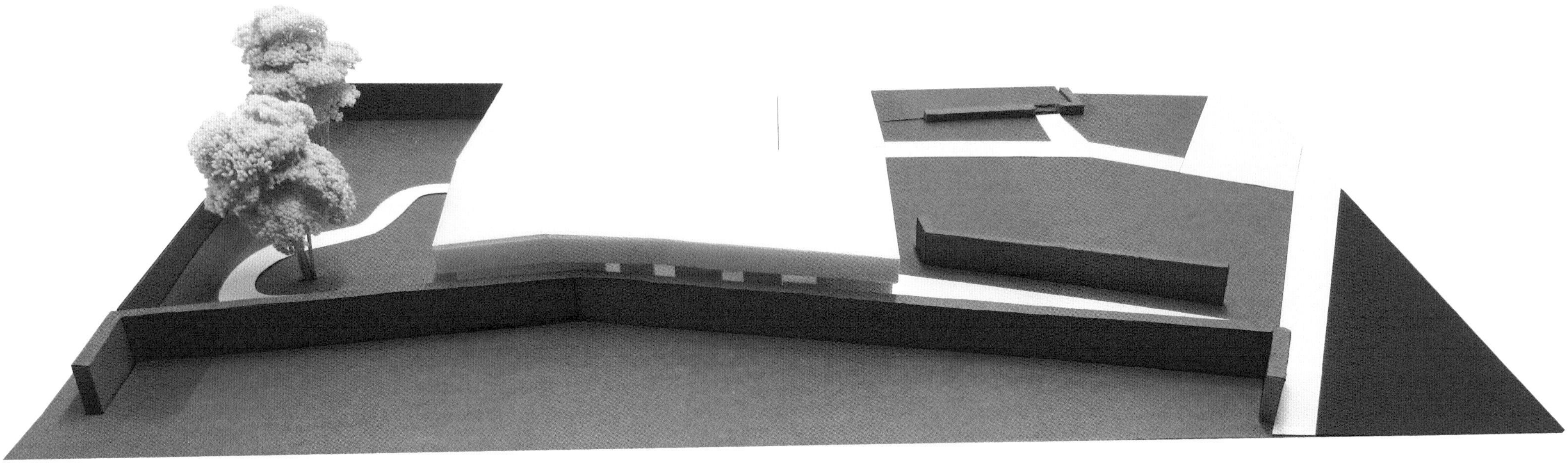

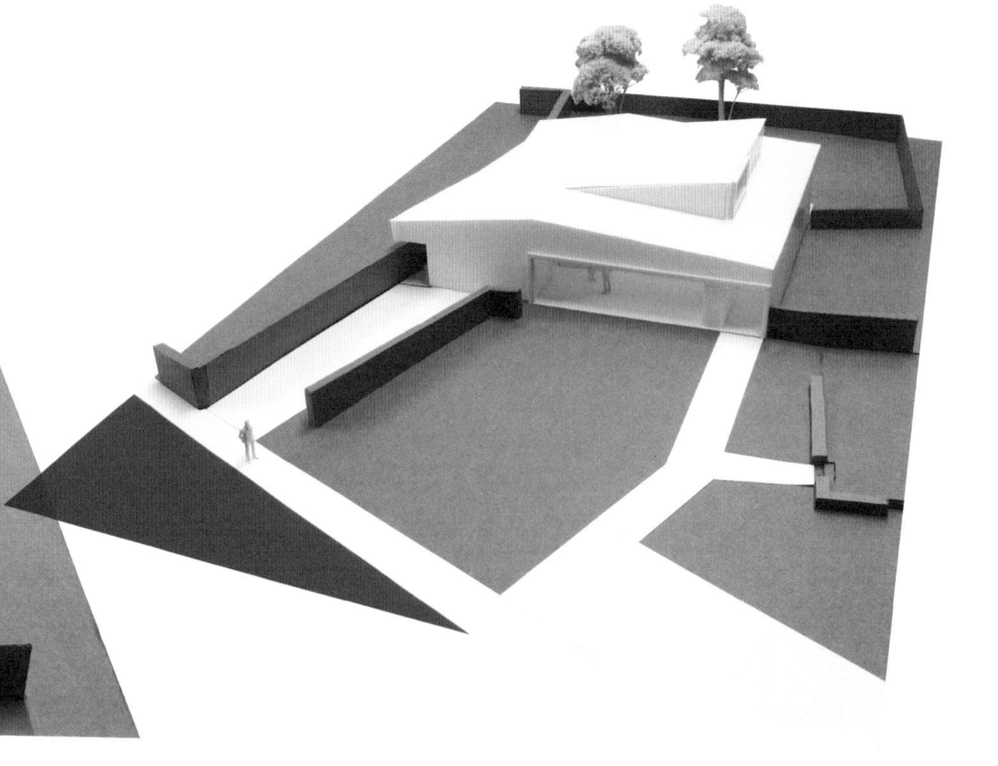

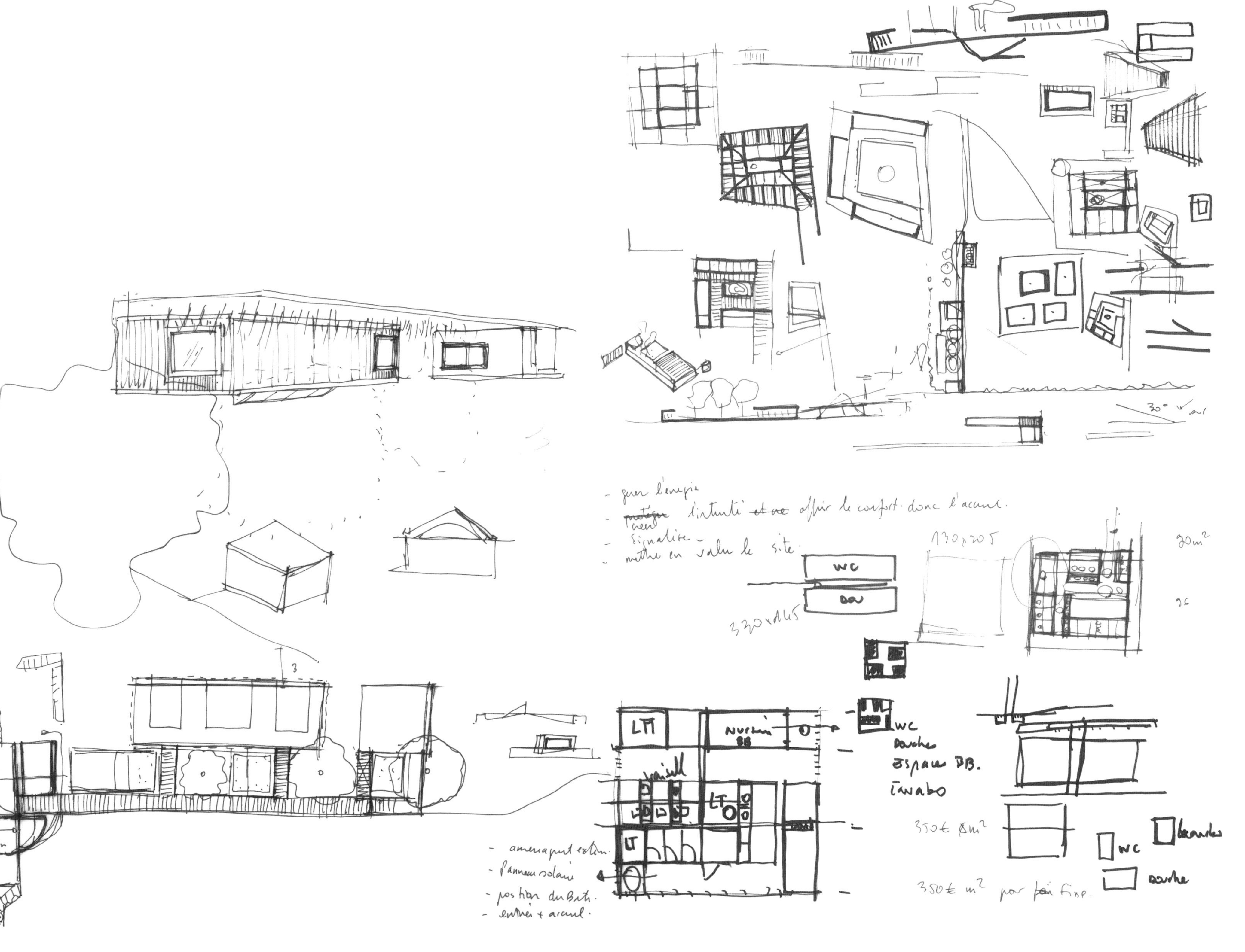
WC
LT
LT
LT
330x445
130x205
30 m²
WC
Douches
Espace BB.
lavabo
350€ m²
350€ m² par fixe.
WC
douche

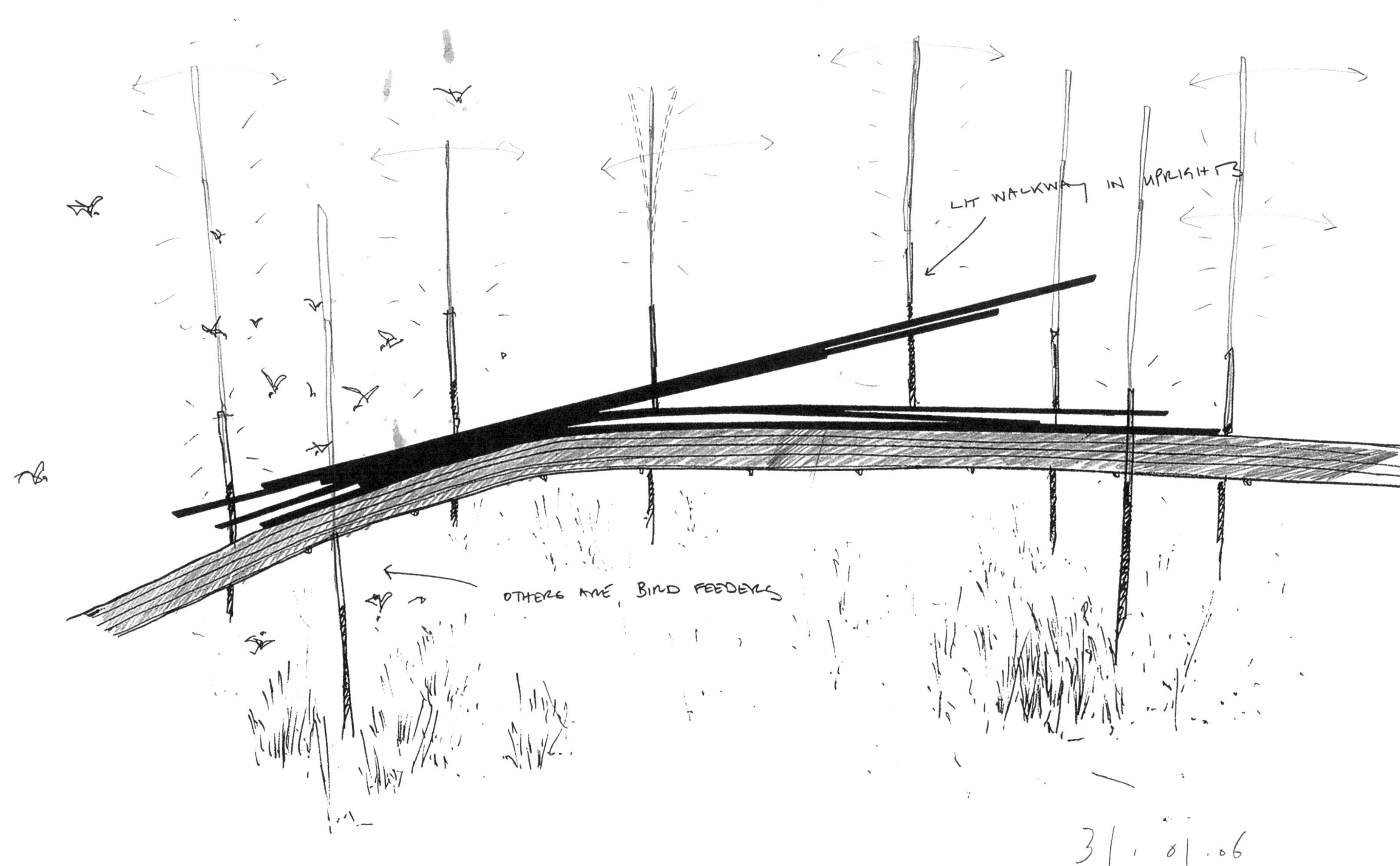
LIT WALKWAY IN UPRIGHTS
OTHERS ARE BIRD FEEDERS
31.01.06

68-69

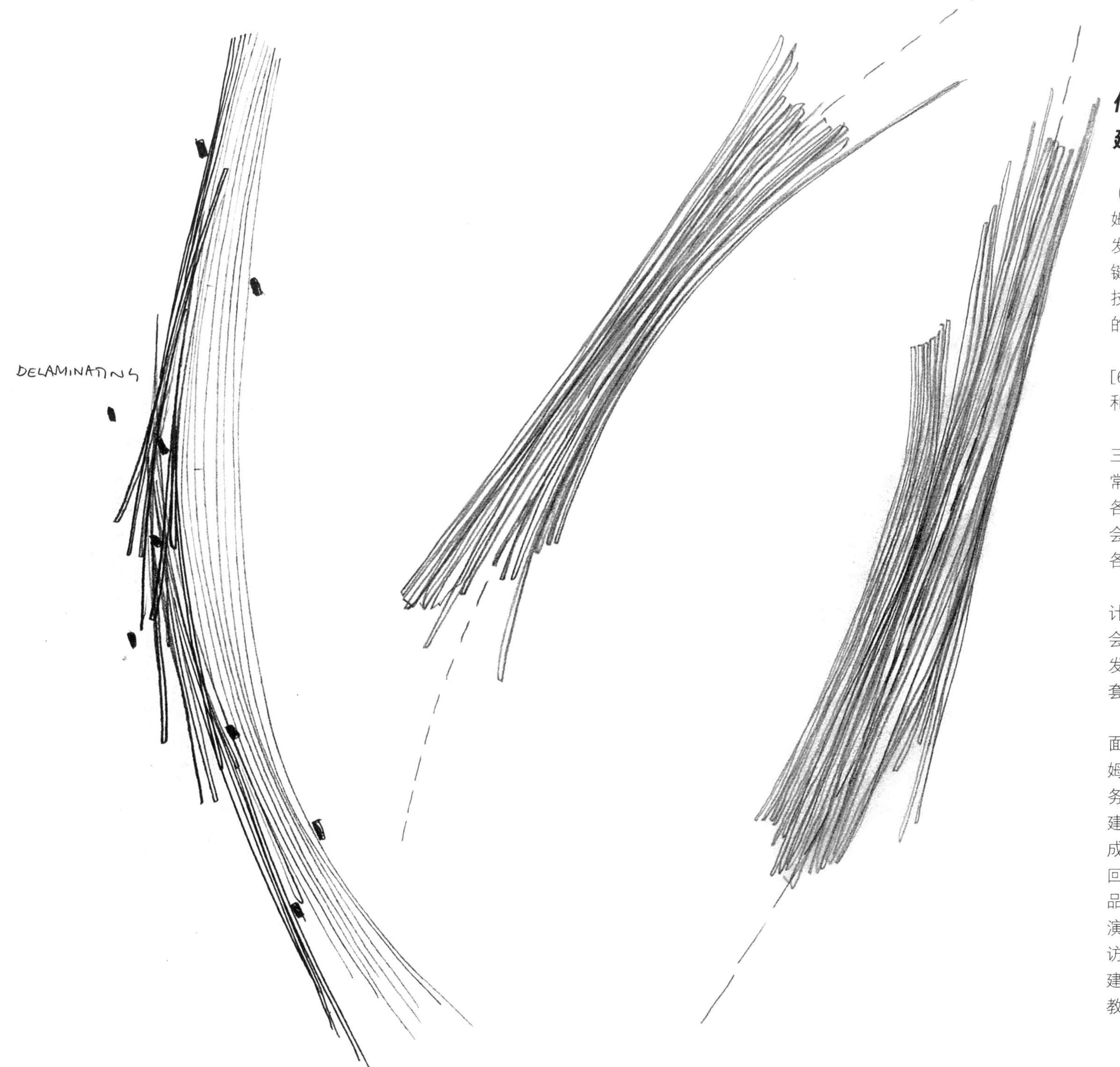

伯兹·波特莫斯·拉萨姆建筑事务所（BPR）

伯兹·波特莫斯·拉萨姆建筑事务所（Birds Portchmouth Russum）的迈克·拉萨姆（Mike Russum）说，“草图是我们的设计发展的关键，我们的工作是通过手绘这一关键设计阶段发展而来。我们运用这门古老的技术快速、高效地工作，形成越来越多精致的设计，直接切入问题的本质。”

抽象的概念，比如这个人行天桥的设计[68–69]，在设计发展过程中演变成草图细节和图片拼贴。

伯兹·波特莫斯·拉萨姆建筑事务所的三个合伙人用钢笔、墨水或铅笔工作，并经常用彩色醒目标出争议部分。设计由合伙人各自构思，然后共同讨论和评价。最终决议会是兼顾每个选项，也尽可能吸纳大量强调各自含义的、理念积极的综合解决方案。

“一般而言，概念草图呈现的是我们设计目标的精华。如果草图是坚定明确的，它会成为设计发展的试金石。在细节层面，开发和激活了设计扩初并丰富了这个项目的配套图纸被我们不断深化。”

“实际上我们的办公室是一个画廊，里面展出我们的许多模型和原始图纸。”拉萨姆补充道。伯兹·波特莫斯·拉萨姆建筑事务所保留所有草图、模型和拼贴画：这些在建的作品已经在世界各地展出。它们的图纸成为 2002 年巴塞尔建筑博物馆中一个重要的回顾展的专题。它们在建过程也包括展出作品和在欧洲、美国、印度、俄罗斯和日本的演讲。许多建筑院校曾经邀请事务所成员为访问评论家，并且伯兹·波特莫斯·拉萨姆建筑事务所伦敦巴特莱特建筑学院设有学位教学单元。

70–71
72–73

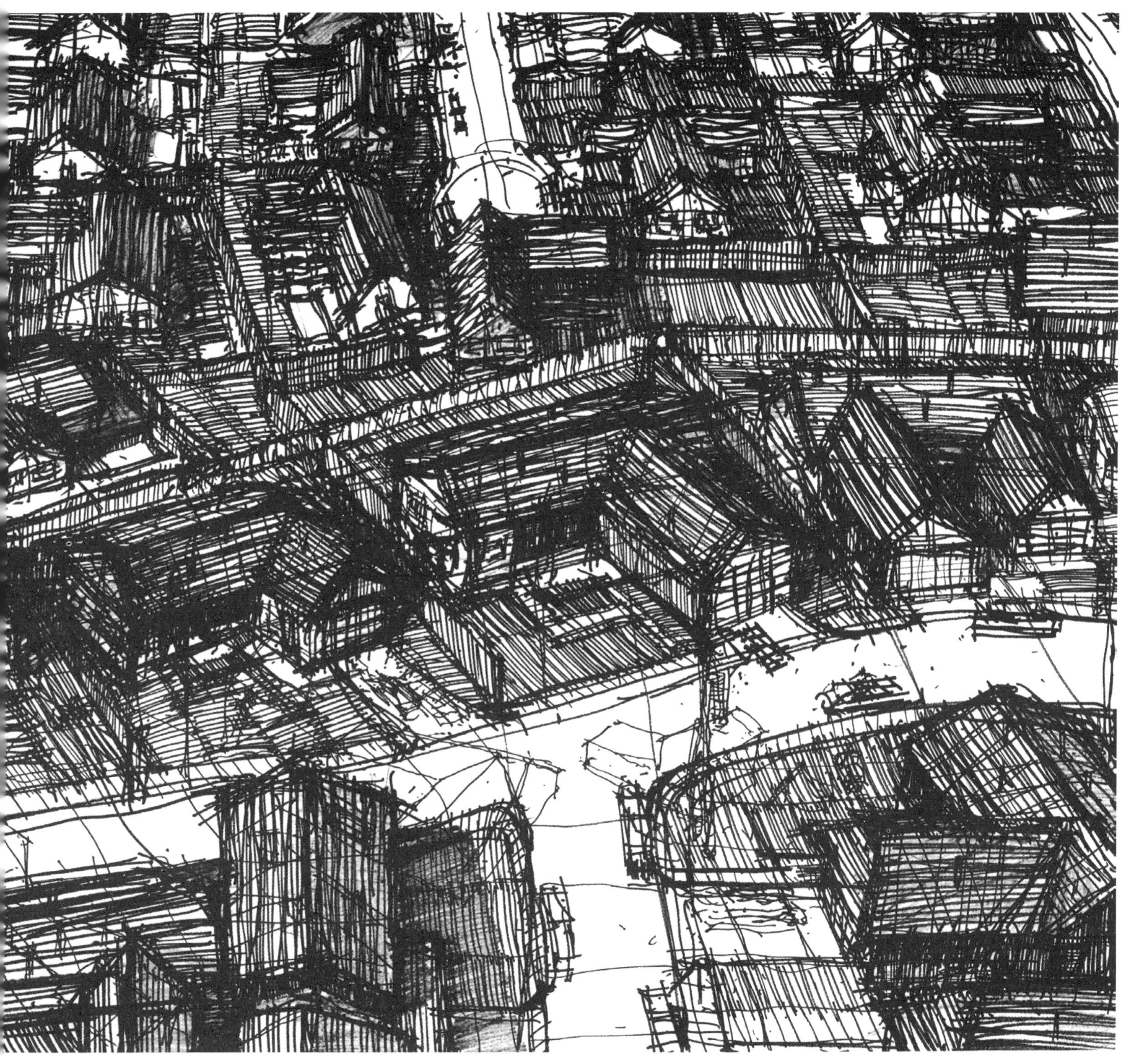

布兰特·巴克（BRENT BUCK）

纽约 TWBTA 建筑事务所的建筑师布兰特·巴克说，“我听说一名建筑师保留了自己设计过程中的每一张草图，并在画廊中展出它们。我一想看到设计从草图到草图的发展过程就很激动，这是一种深入洞察建筑师思想的好办法。”

美国郊区的“巴克风格”设计[70-73]从黑白发展到彩色，从徒手到实测图，但他们从未丧失手绘的品质。

他说，“我发现用手阐述自己的想法是最有用的。工作的尺度小、易控制、机动性强，用描图纸、钢笔和大量的涂改，概念就喷薄而出。我用各种不同的颜色来区分材料——一种直观的快速图解方法。这种组织绘图的方法带来发现——优点和缺点——以及绘图的逐层进展。”

这个过程快速而精准。呈现细节的优缺点时草图是诚实的。巴克将它们作为工具，从中学习如何向前推动设计。“原始草图显示出设计发展方向的踪迹。细节、尺寸等不断被重复检查，并且都在或大或小的改动下完成。我相信如果是在设计进程的早期勾勒出的草图，最终都会有所改进，我相信每个草图都应该可以自由调整。”

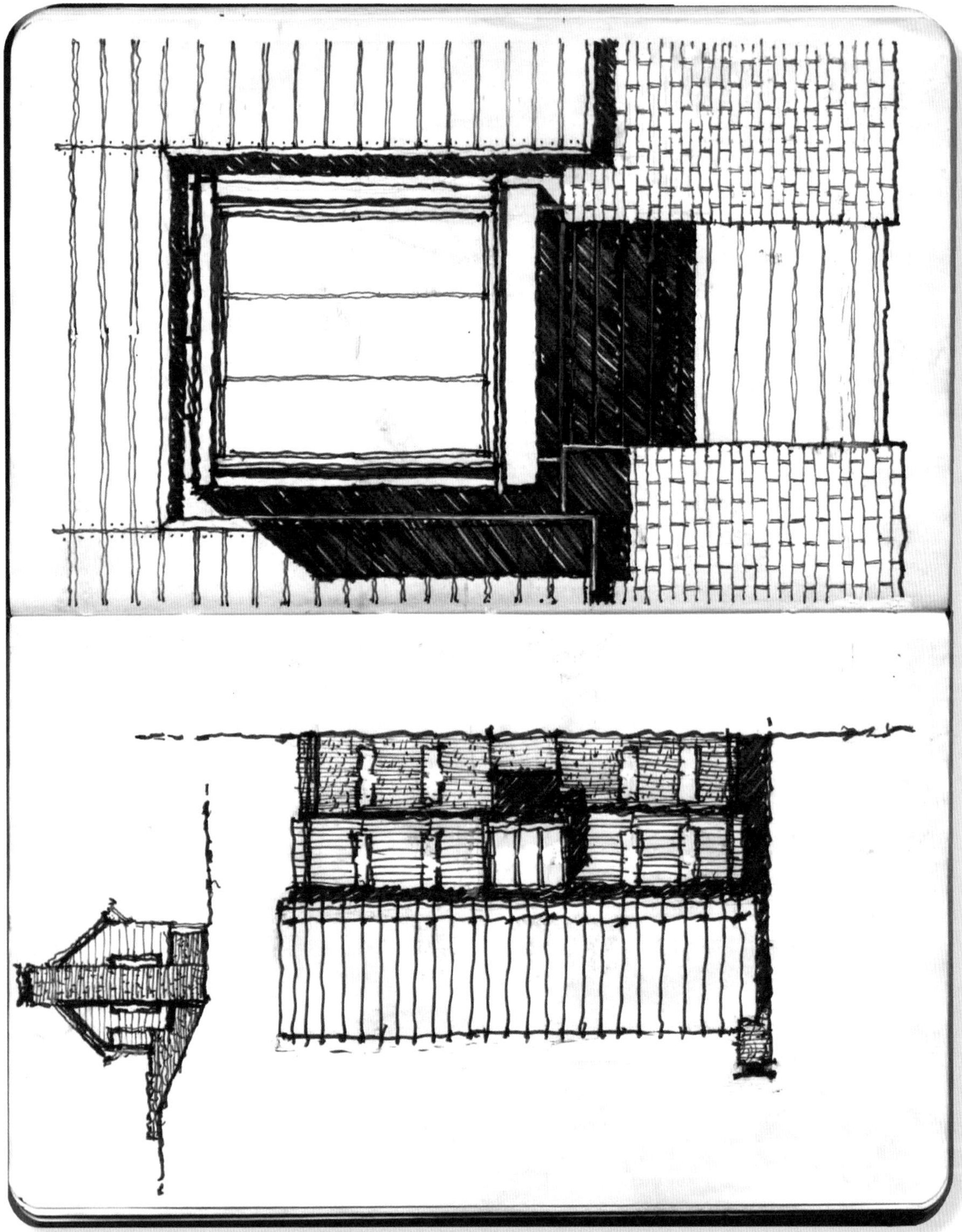

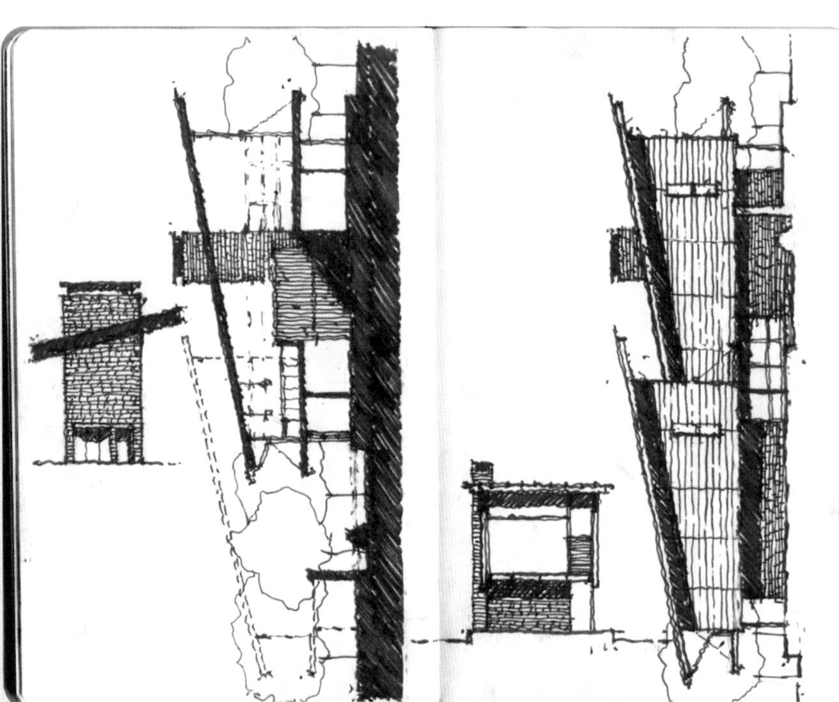

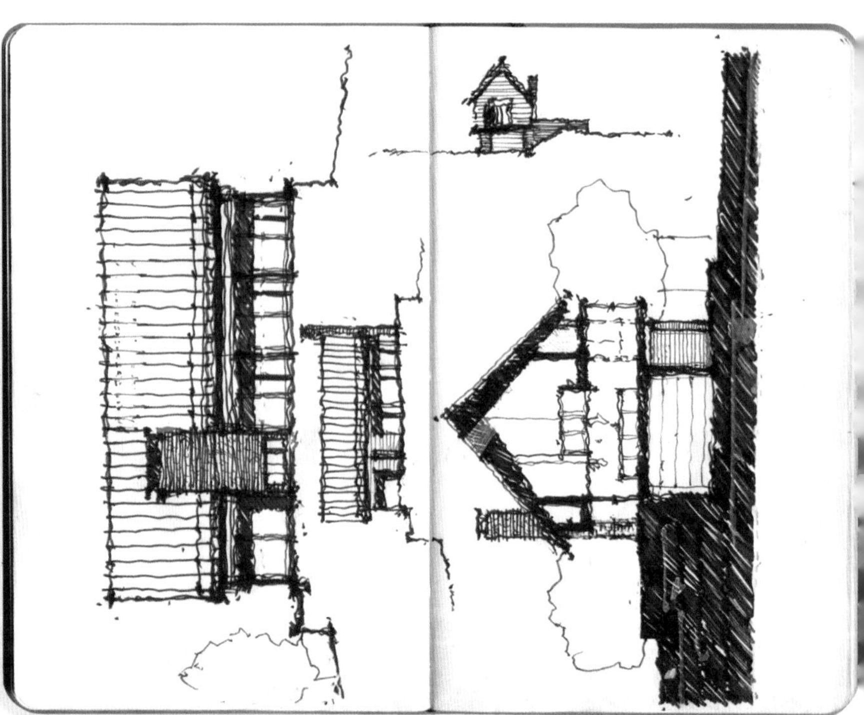

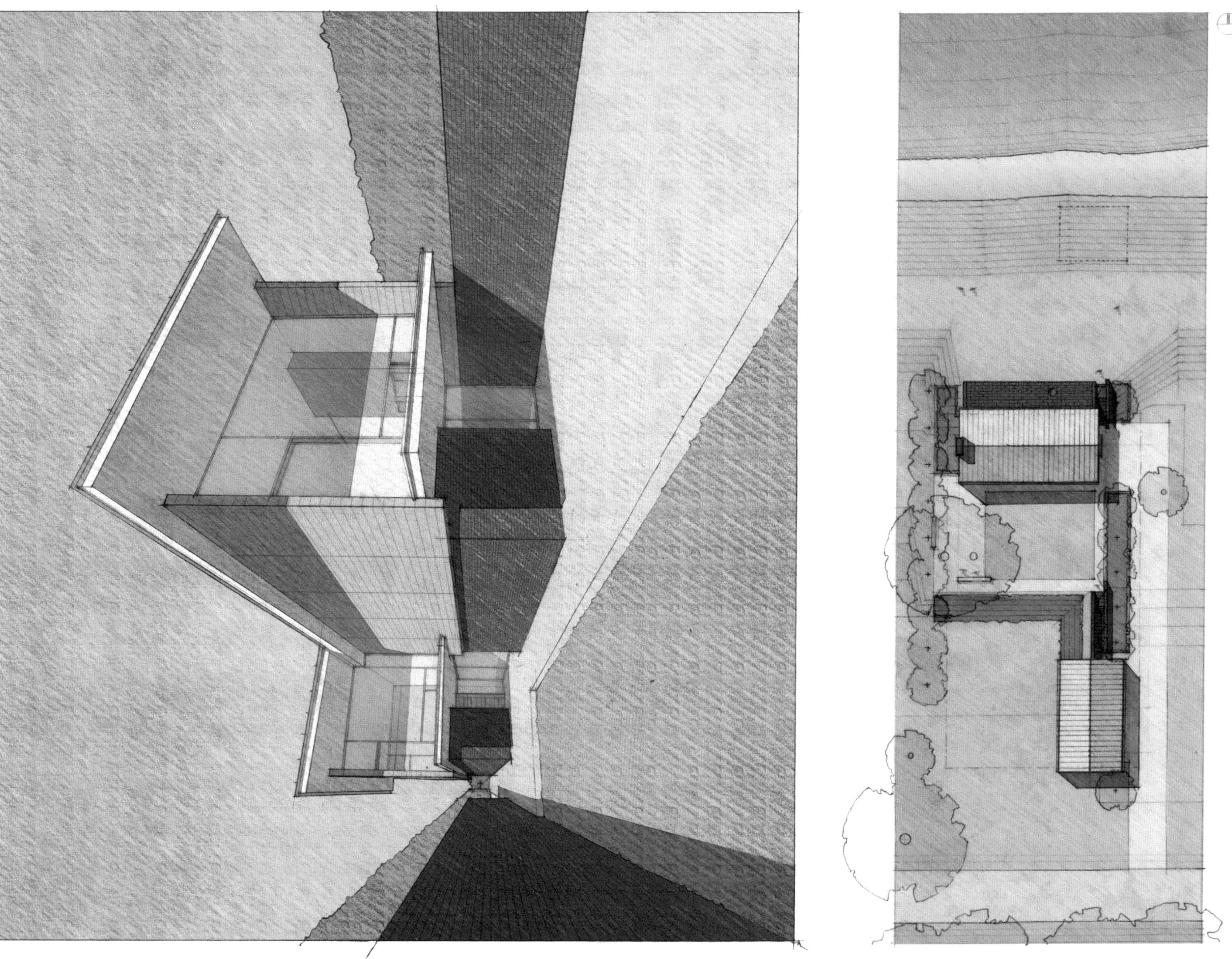

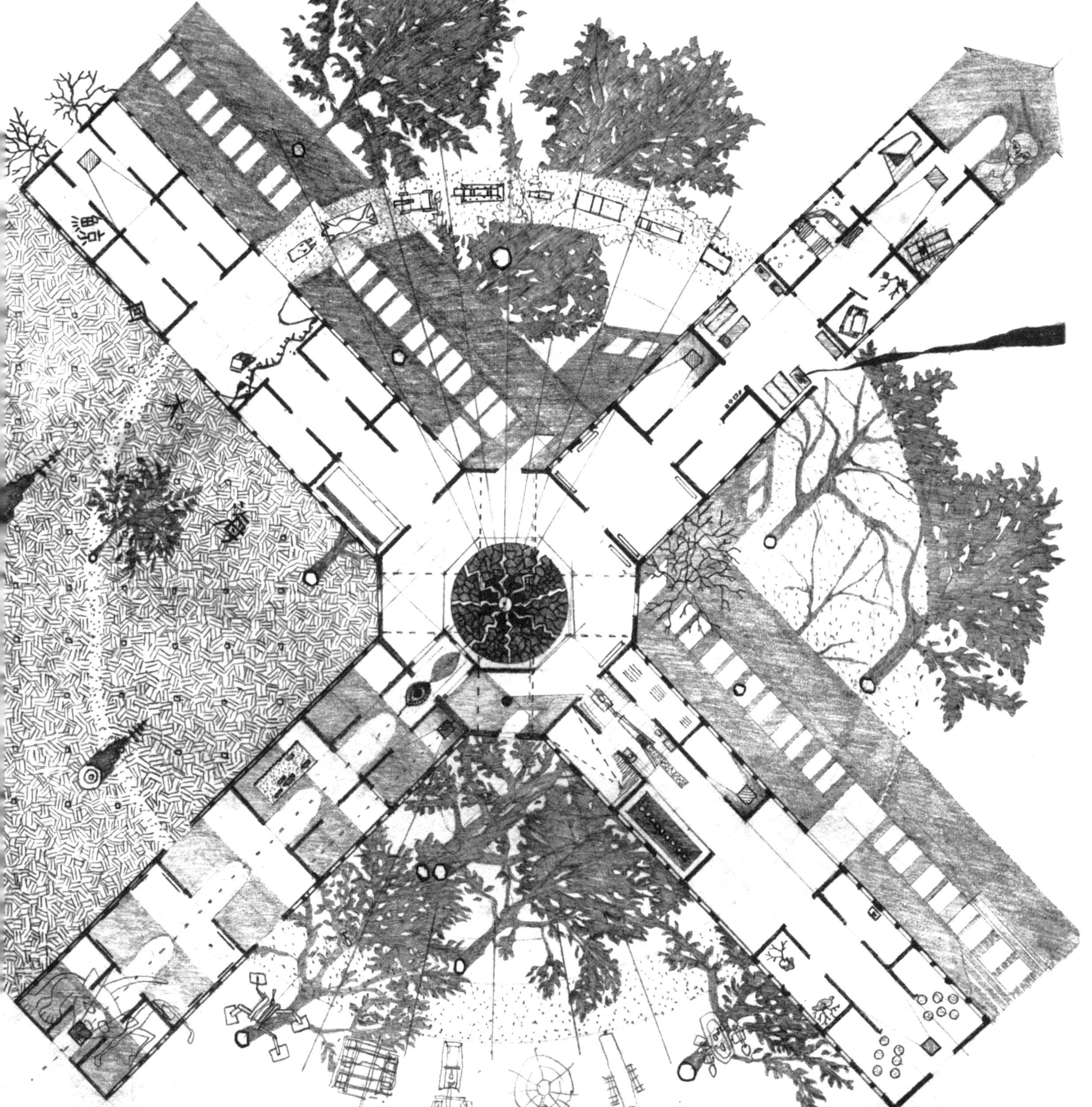

74–75
76–77
78–79

卡萨格兰德实验室（CASAGRANDE LABORATORY）

卡萨格兰德实验室中的马可·卡萨格兰德（Marco Casagrande）说，“我的设计是有机的。我不控制建筑，我使它成长，我需要找到一种建筑在基地中‘在场’的方法。草图有所帮助，但‘在场’是真正的关键。”

这位建筑风格与众不同的设计师以发现不同寻常的方法来解决日常问题而著称，例如“60分钟人”（60-Minute Man）项目[74]。在这里，一个工业驳船变成了“2000年的威尼斯双年展”中种植了橡树的公园，这些橡树被种入这个城市居民60分钟内的排泄物中，并从中获取营养。

“草图是个性的表达……寻找一个理解空间、结构、场所和其他东西的方法。草图是一种梦想，你先有梦想然后建造。而且这种工作方式让我因地制宜。建筑不是一门遥控的艺术。‘在场’是一切艺术的关键。从草图到施工场地，整个过程我需要留在现场。”卡萨格兰德说。在这页上两个都在中国台湾的“后城市规划师的空间”（Chamber of the Post-Urbanist）[76]和城市花园（CityZen Garden）[77–79]项目表明卡萨格兰德的想象力无法控制。

当被问及他的作品得以建成的比率时，卡萨格兰德说，“在他的项目中，它不是一个百分比数量。对于建筑师而言，呈现出来的态度和勇气才是最重要的事。”“有什么秘诀吗？”“你必须有激情，守住建筑创造力的最初的激情。不能从外界输入或借用这种激情，必须在每次工作的现场建立它。最终这就归结为激情，一种取得成功的能量。忘记风格，忘记规则。”

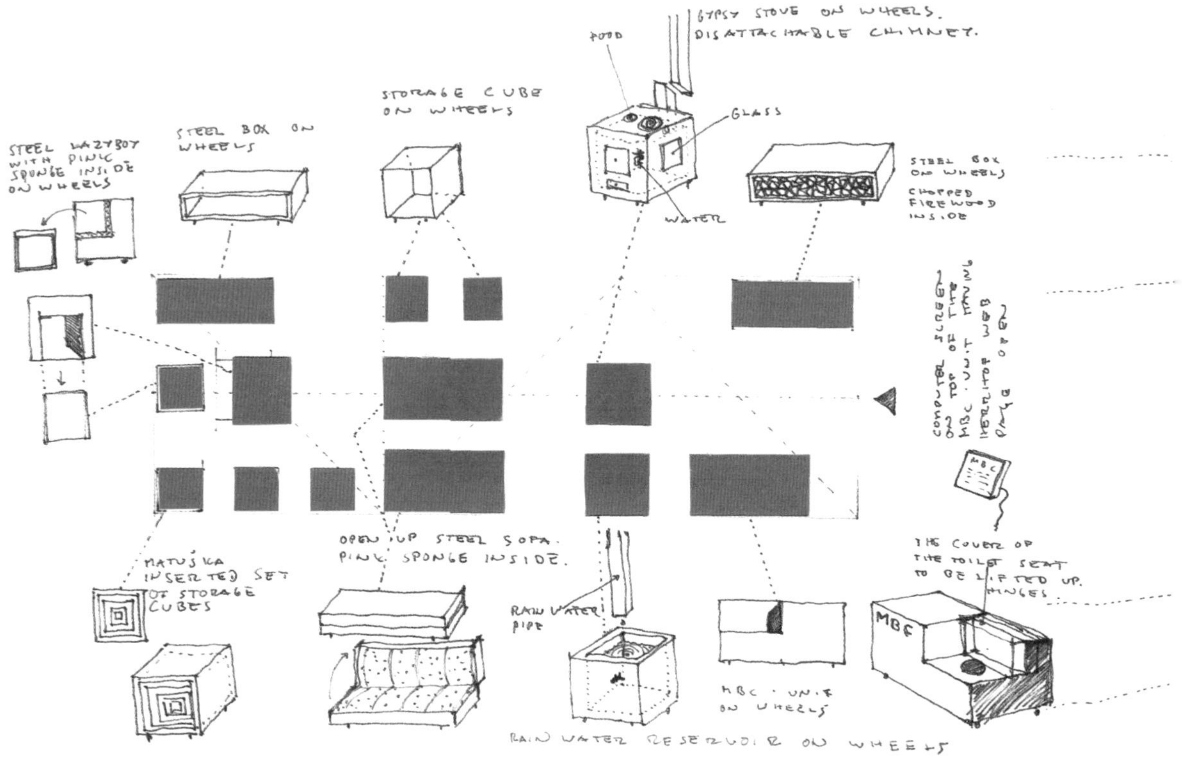

STEEL LAZYBOY WITH PINK SPONGE INSIDE ON WHEELS

STEEL BOX ON WHEELS

STORAGE CUBE ON WHEELS

POOD

GYPSY STOVE ON WHEELS.
DISATTACHABLE CHIMNEY.

GLASS

WATER

STEEL BOX ON WHEELS

CHOPPED FIREWOOD INSIDE

COMPUTER SCREEN
ON TOP OF THE
MBC UNIT RUNNING

MBC

MATUŠKA
INSERTED SET
OF STORAGE
CUBES

OPEN UP STEEL SOFA.
PINK SPONGE INSIDE.

RAIN WATER PIPE

MBC UNIT ON WHEELS

THE COVER OF
THE TOILET SEAT
TO BE LIFTED UP.
HINGES

MBC

RAIN WATER RESERVOIR ON WHEELS

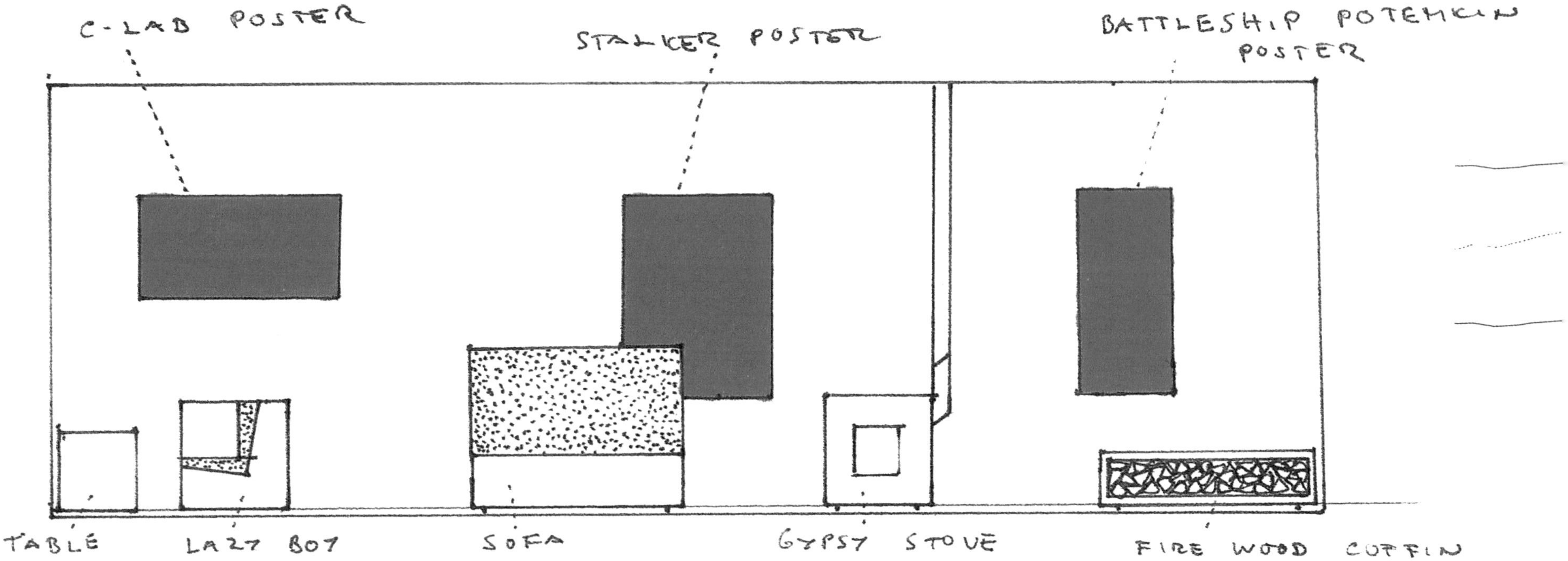

C-LAB POSTER

STALKER POSTER

BATTLESHIP POTEMKIN
POSTER

TABLE

LAZY BOY

SOFA

GYPSY STOVE

FIRE WOOD COFFIN

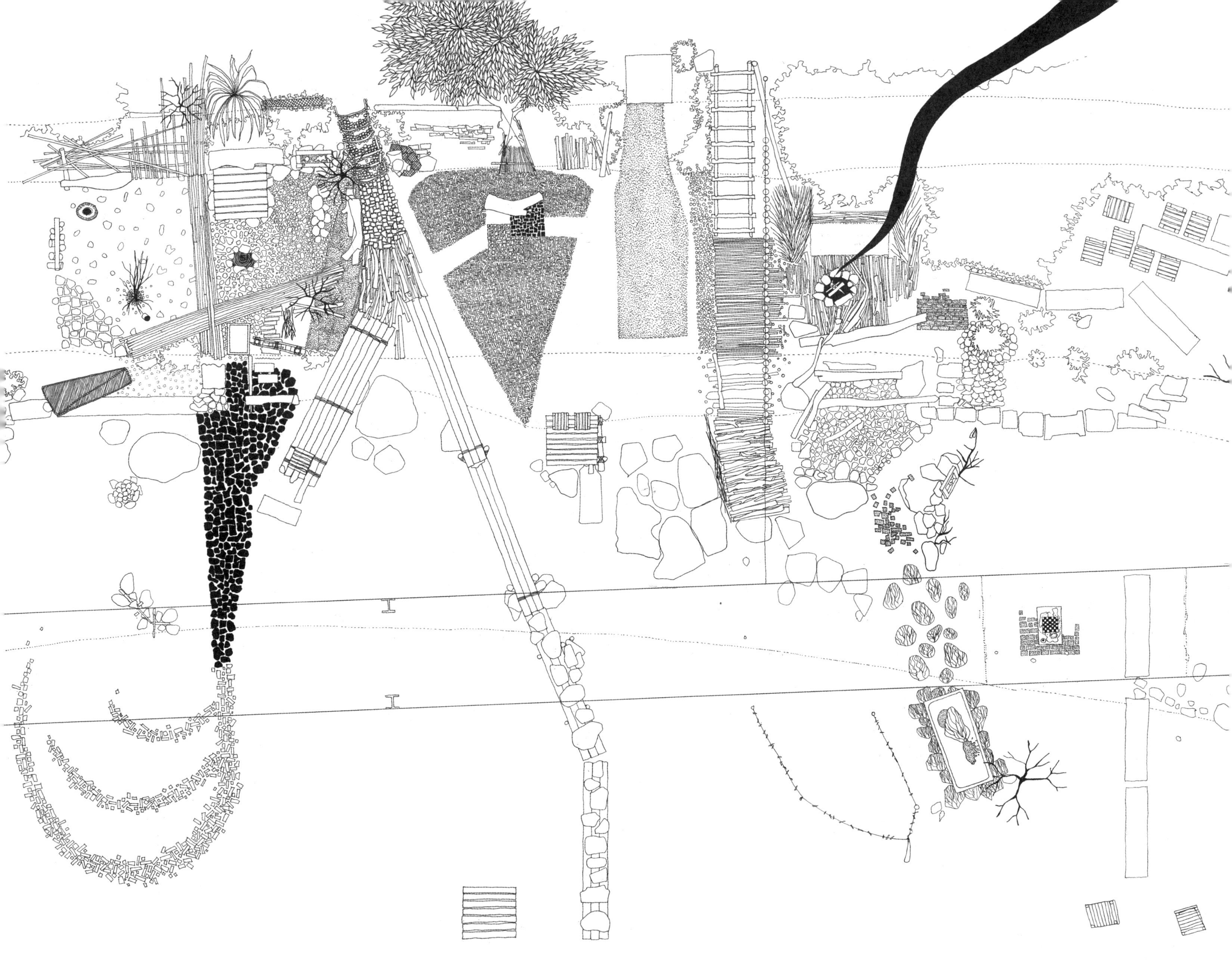

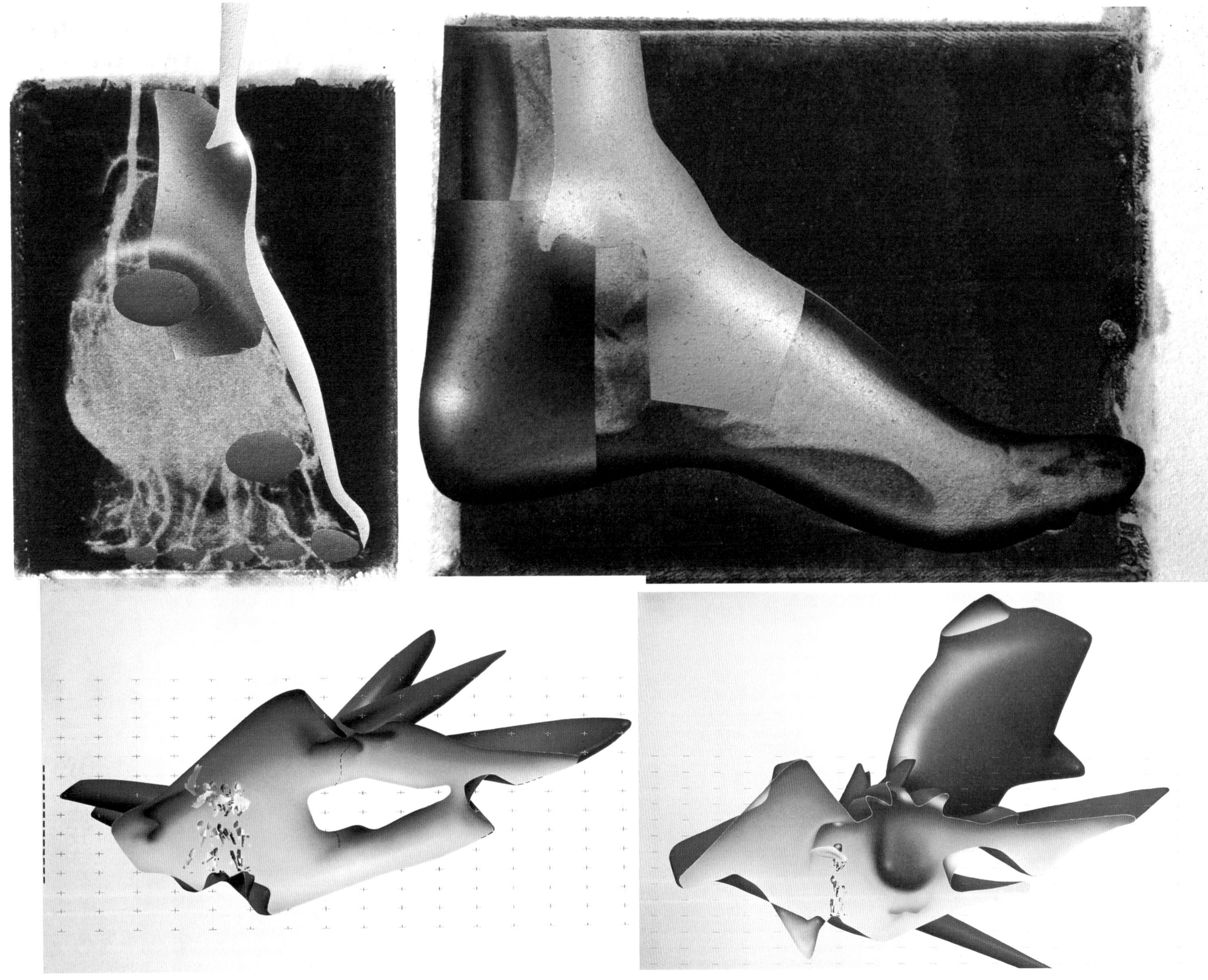

80–81
82–83

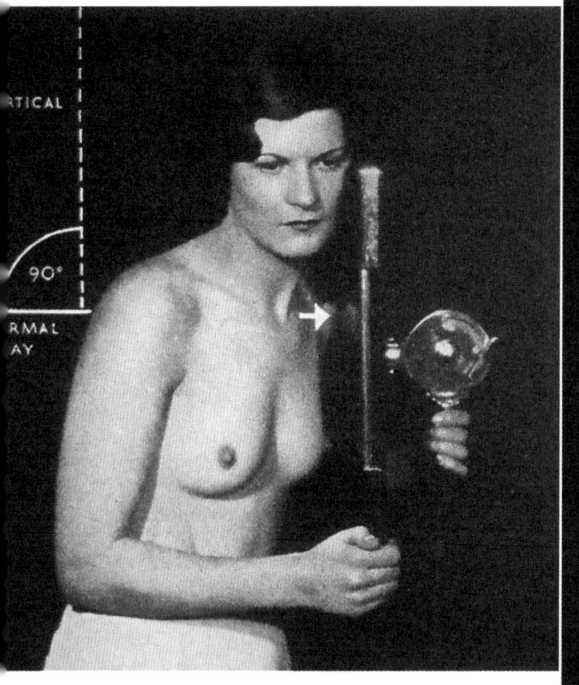

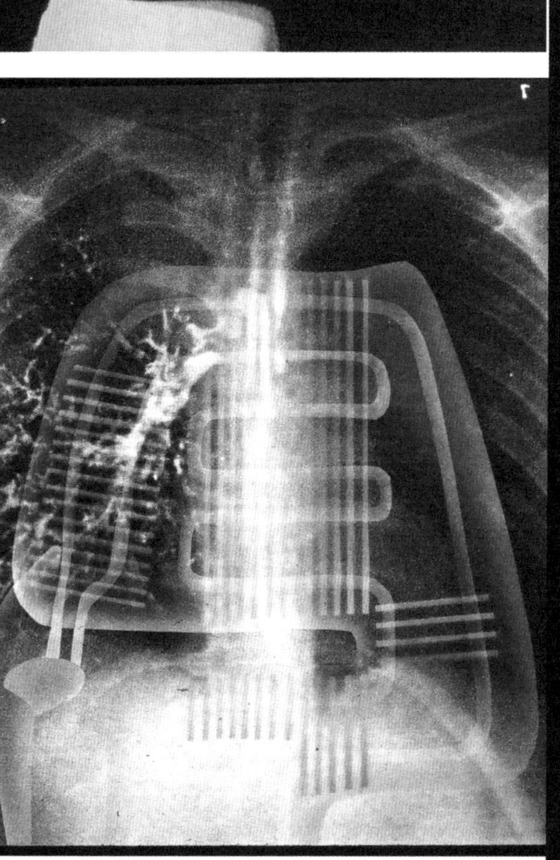

纳特·查德（NAT CHARD）

加拿大曼尼托巴大学（University of Manitoba）建筑系主任，教授纳特·查德认为，当我们画画的时候，使用的工具就有其自身的局限性。

“当我们在一张纸上用铅笔画画时，每一件东西皆有可能是一个令人窒息的困境，但是，一个更加限制性的过程也创造了在特定空间能绘制出什么的可能性。”他说。

查德把他的建筑主体工程 [80-83] 当作立体绘画来创作——当带上立体眼镜，或者斜视看它们时，就能看到一对对能呈现一个三维影像的图像。

查德说，“从二维图中找到三维的分解方式有许多乐趣，不仅仅是被画对象的意义成为它描绘的事物，而且在这个工作中，三维也是使观察者参与绘画的一种空间方法。”

用喷枪画的图像，结合热压水彩纸上一次成像感光乳剂的软化效应，在绘画对象和拍摄对象之间提供了一个合理的等效性。

查德说，“伴随着计算机技术的发展，我也与时俱进，享受没有‘撤销’按钮的快乐和用它去做一些事情的快感，同时也冒着它带来的风险。任何一张草图，最令人失望的结果是我的想象还没开始就已经结束。”

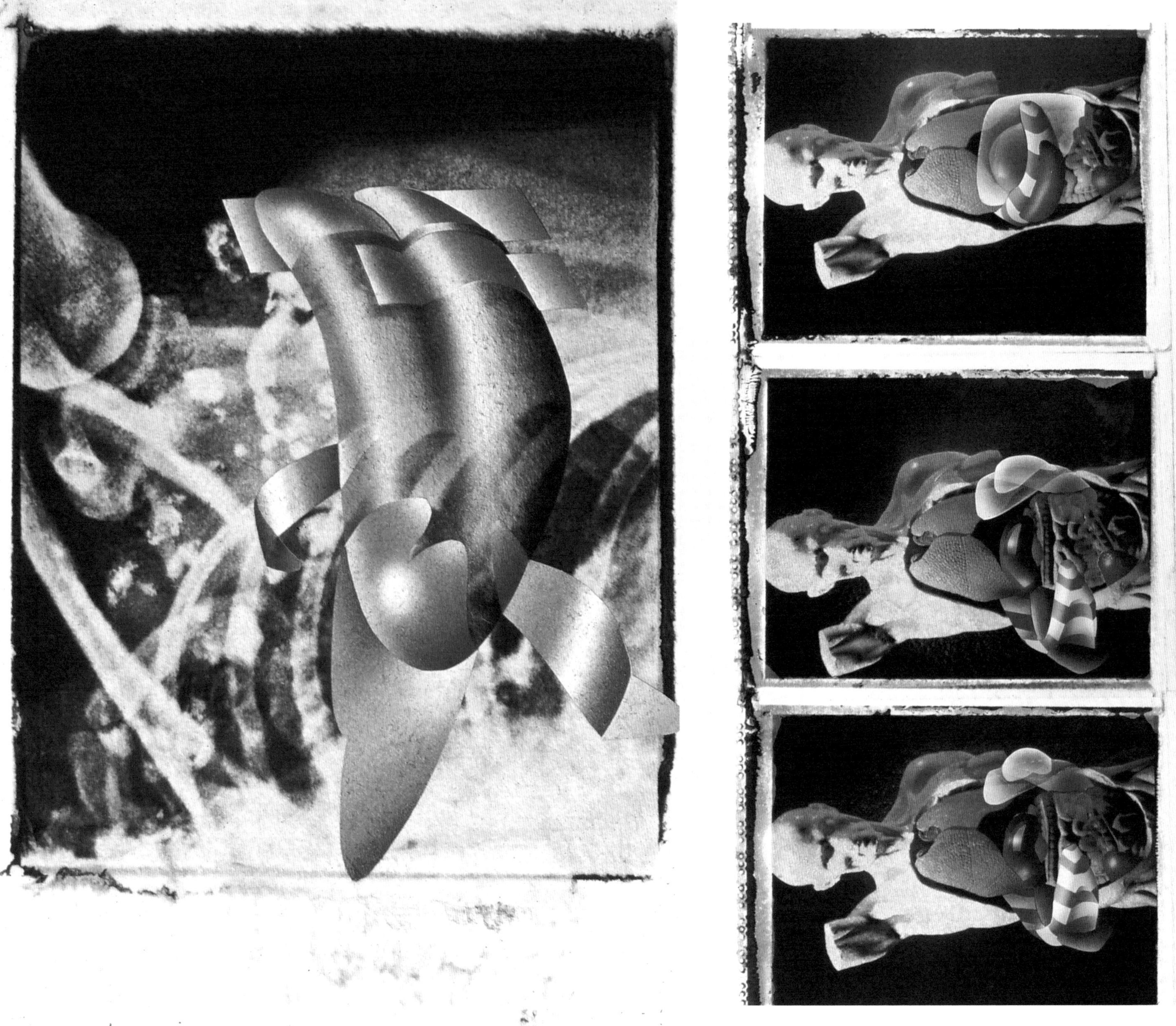

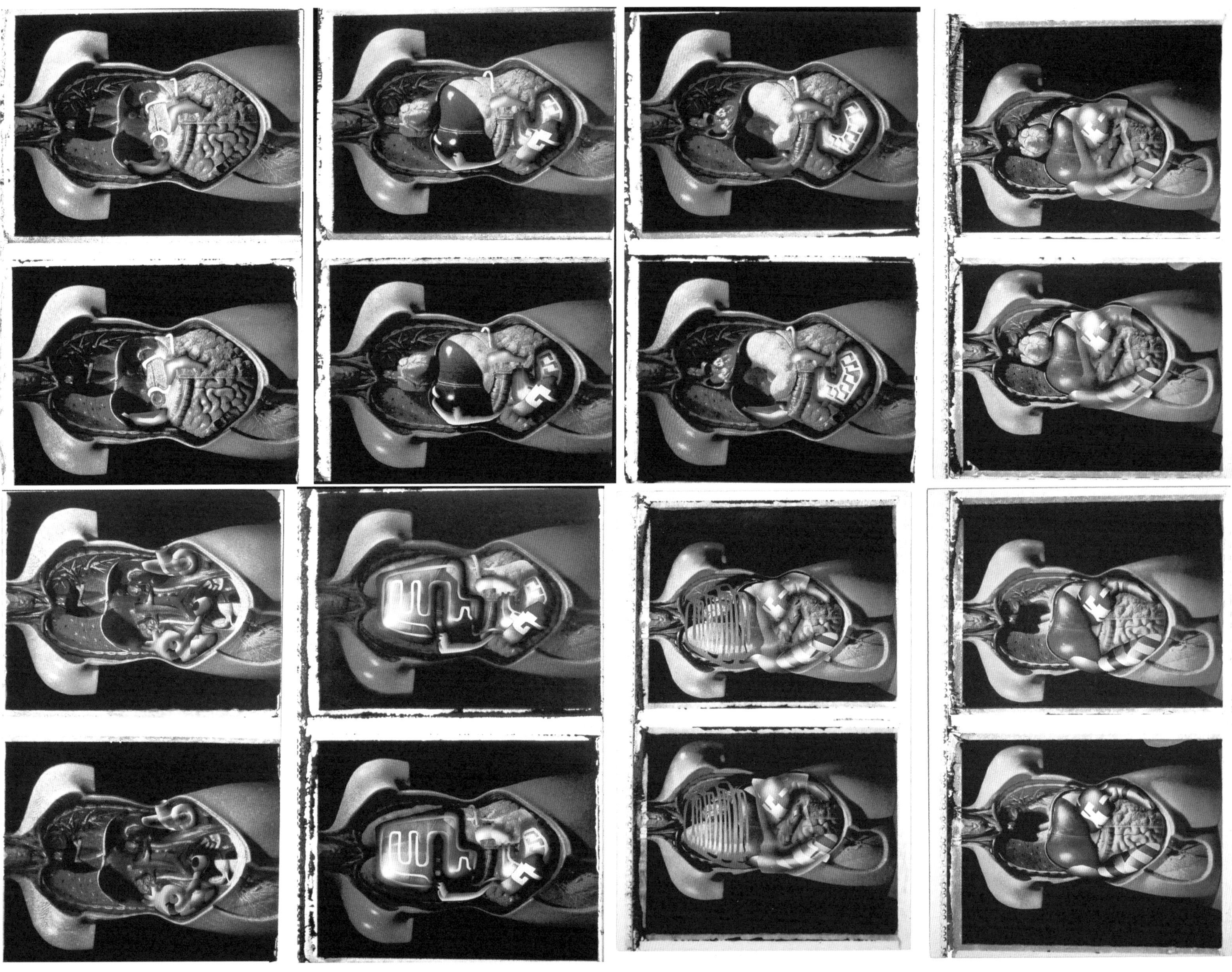

CTION
WC
STAIRCAS
AN
WC
GUEST
ROOM

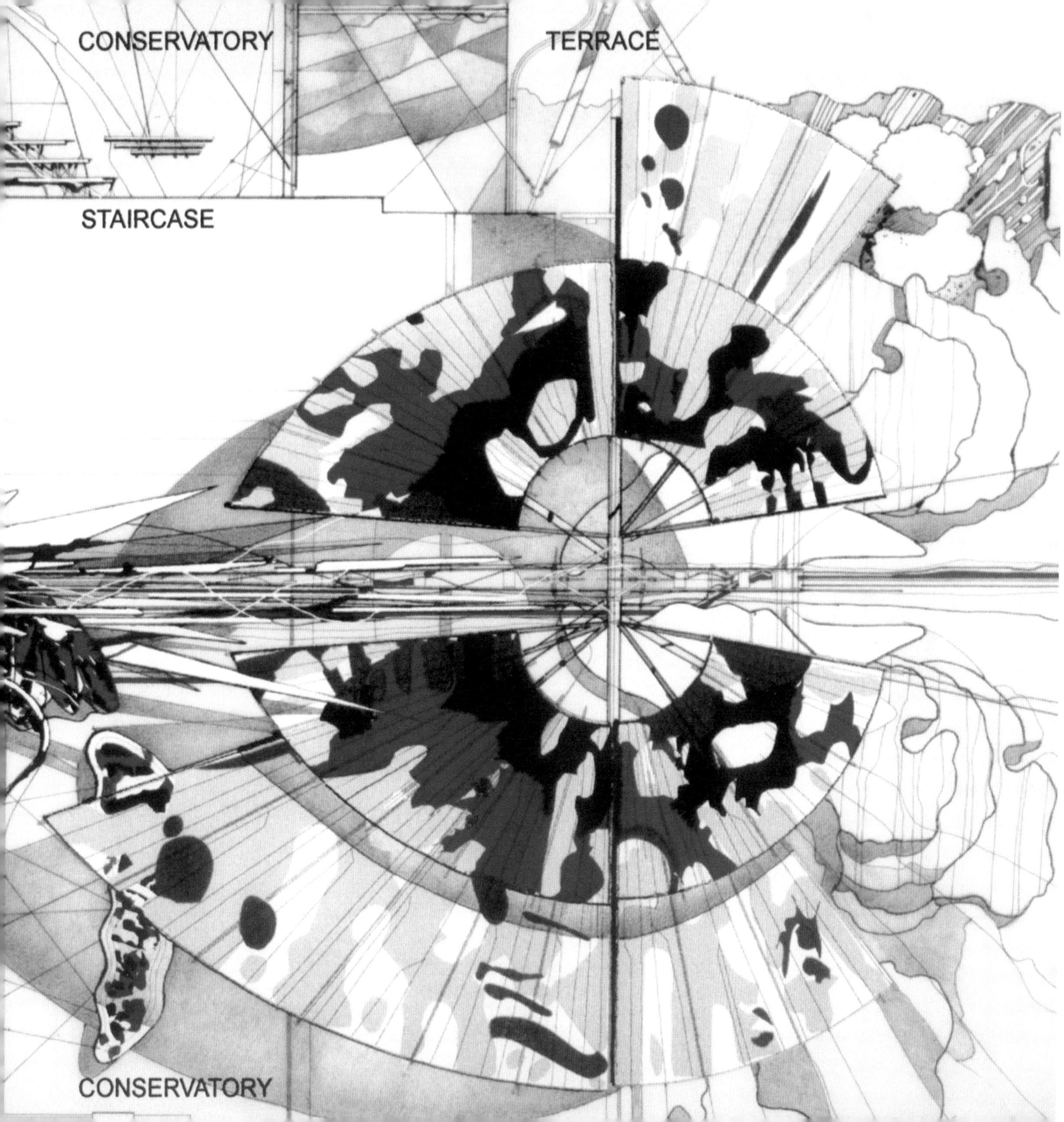

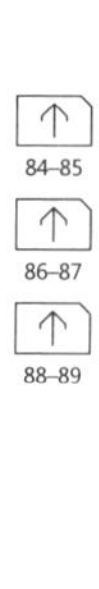

劳里·切特伍德（LAURIE CHETWOOD）

总部设在伦敦的切特伍德事务所的建筑师和设计师，劳里·切特伍德一直抱怨建筑学的学生放弃速写本而偏好计算机。但他不是技术恐惧者，反而觉得 AutoCAD 设计师一代缺乏在多个层面上——功能上和情感上吸引客户、创造建筑的艺术灵感。

实际上切特伍德设计主要是使用数字媒体。他使用快速反应的平板笔记本电脑。他说："它就像一个数字画板，我使用它，因为它像传统的速写本一样便携，但给设计师更多的自由。图片可以以多种方式操作。它比速写本更加灵活多用，而且能更有效地存储信息。"

切特伍德认为设计过程中的草图阶段是一个非正式的思维阶段，设计师可以放松和考虑任何可能性。这里看到的设计包括在英国萨里（Surrey）的切特伍德自宅（Chetwood's Own Home）、蝴蝶住宅（Butterfly House）[84–86]，下一页城市：乌托邦城市（City: Urban Utopias）[87]，一个获胜的概念设计。他说，"草图在项目的开发过程中是最好的时光，真正用你的想象力——它也是分块解决设计者难题的很好的工具！"

切特伍德富于流动感的设计风格，近乎缥缈的设计是一个与他的许多同龄人的现代主义思想截然不同的世界。他认为他的艺术偏好可以概述如下："草图对我来说是非常重要的，应该对所有的建筑师都重要。它与建筑艺术的整体风格休戚相关：你的设计越自由放松，你的作品就越美丽、越令人激动。"

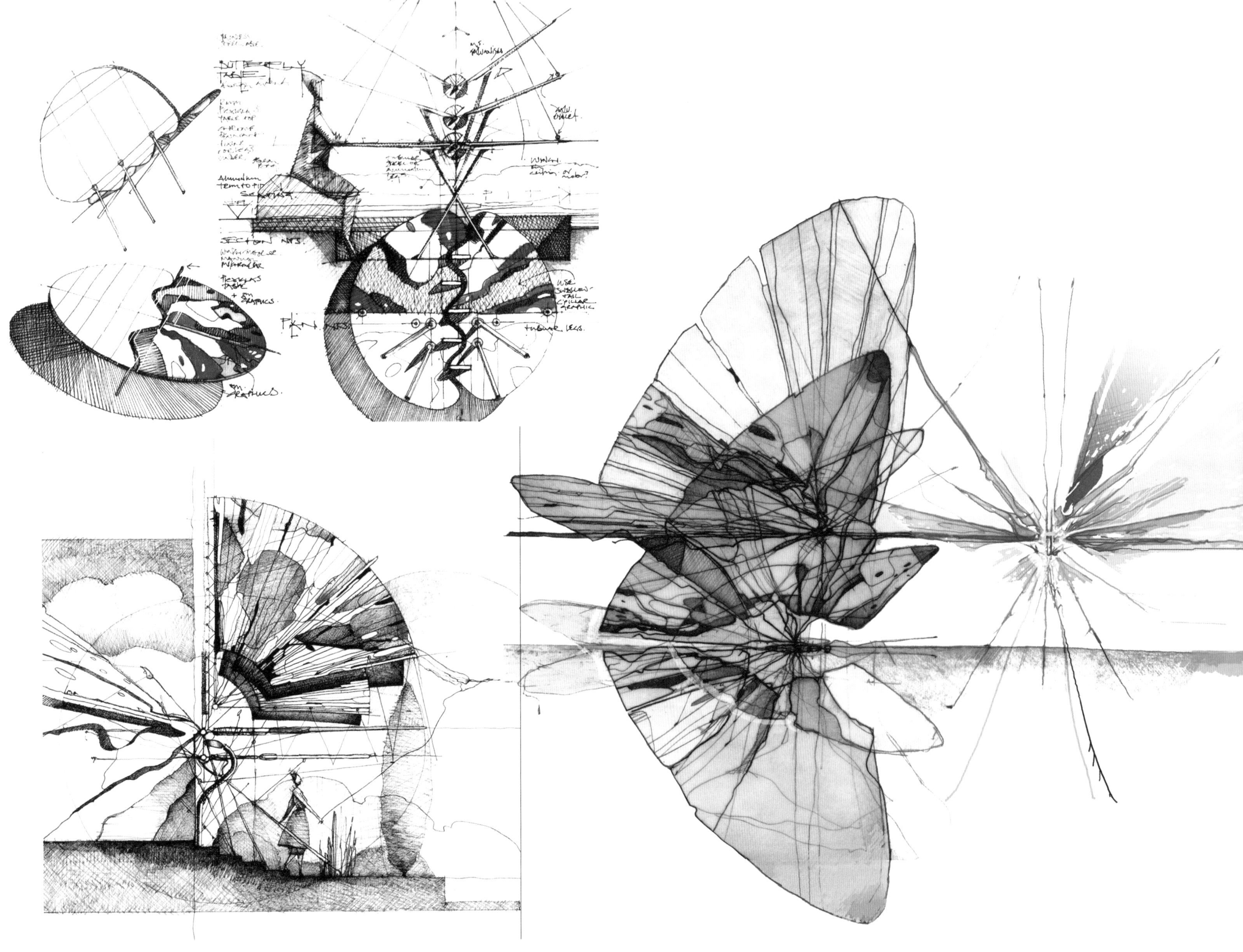
SECTION NTS.
PLAN NTS.

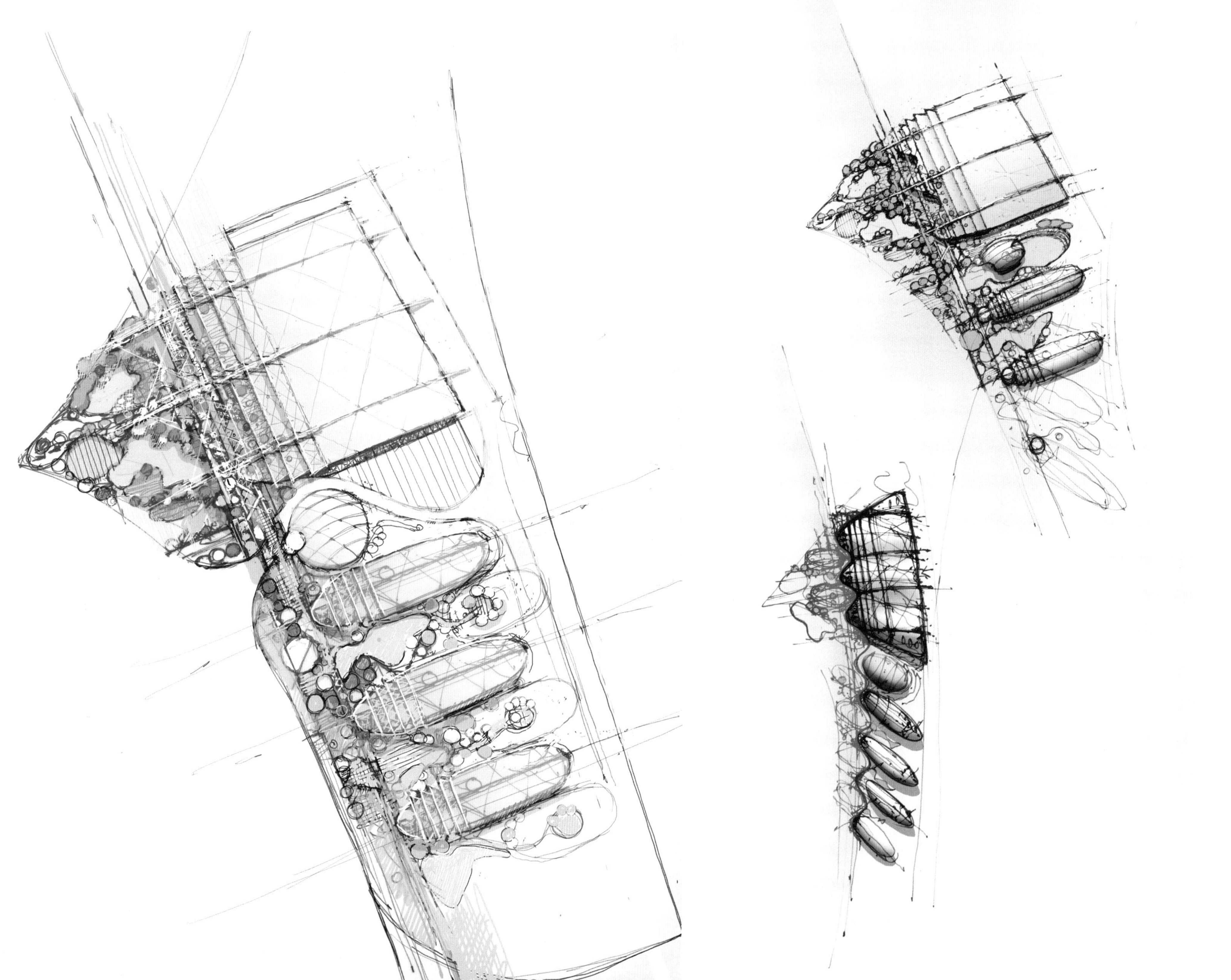

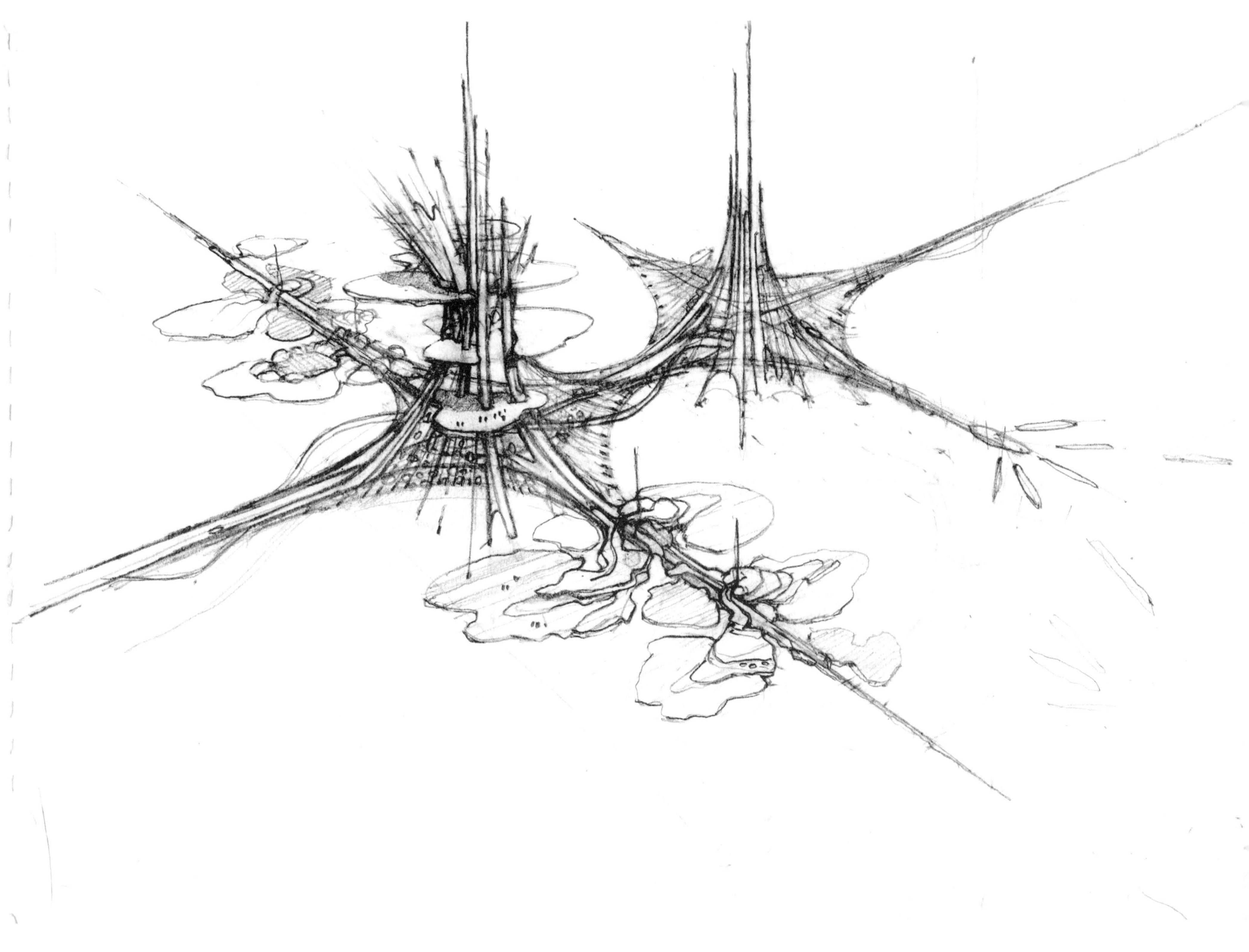

00. BRIDGE MARKET LEVEL 1
01 MARKET LEVEL 2
FARM
CAFE + RESTAURANT
CENTRAL CORE.
02 HYDROPONIC 1
RESIDENTIAL
03 HYDROPONIC 2.
04.
05 FARM LEVEL 5.

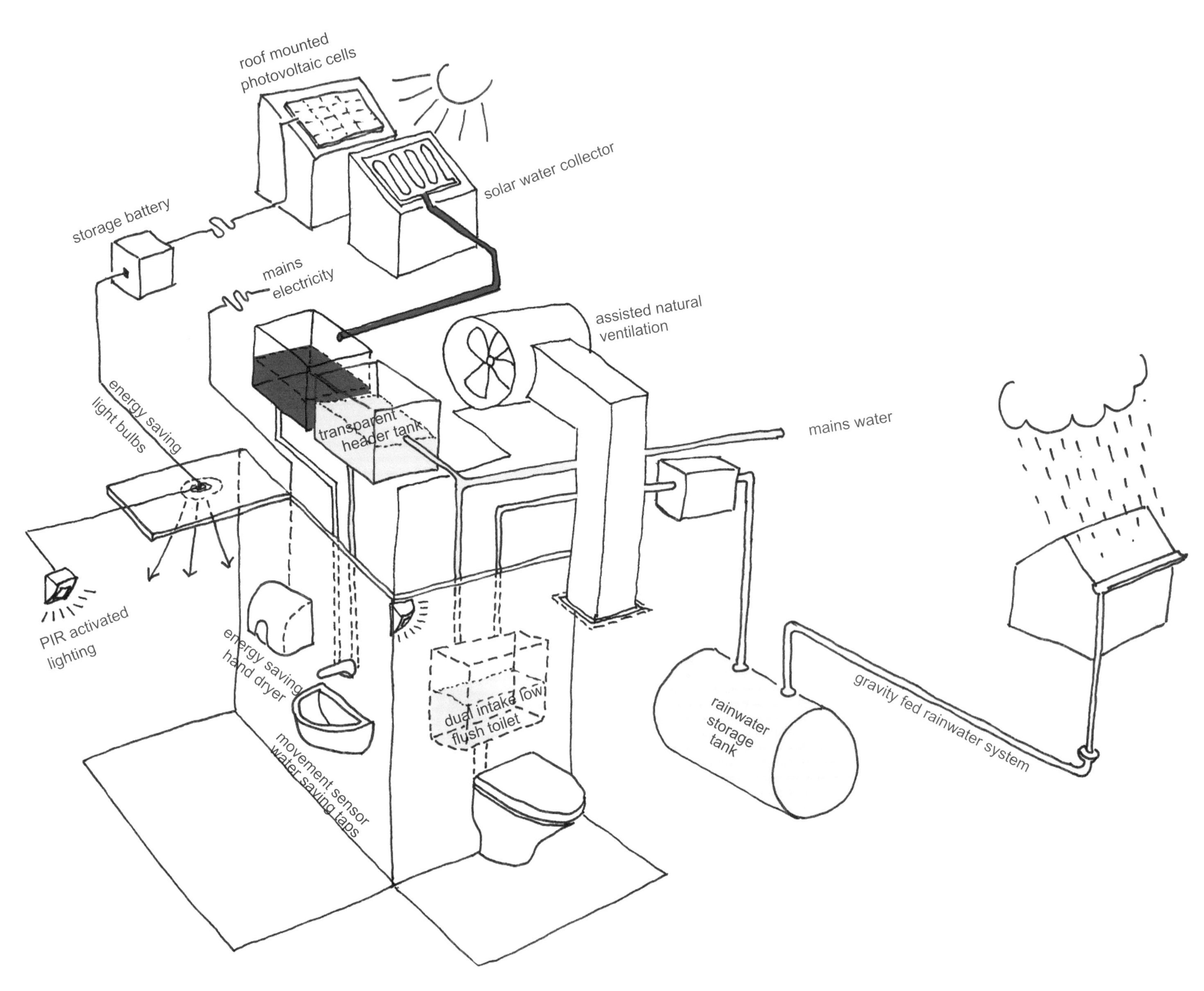

roof mounted photovoltaic cells
solar water collector
storage battery
mains electricity
assisted natural ventilation
energy saving light bulbs
transparent header tank
mains water
PIR activated lighting
energy saving hand dryer
dual intake low flush toilet
rainwater storage tank
gravity fed rainwater system
movement sensor water saving taps

90–91
92–93

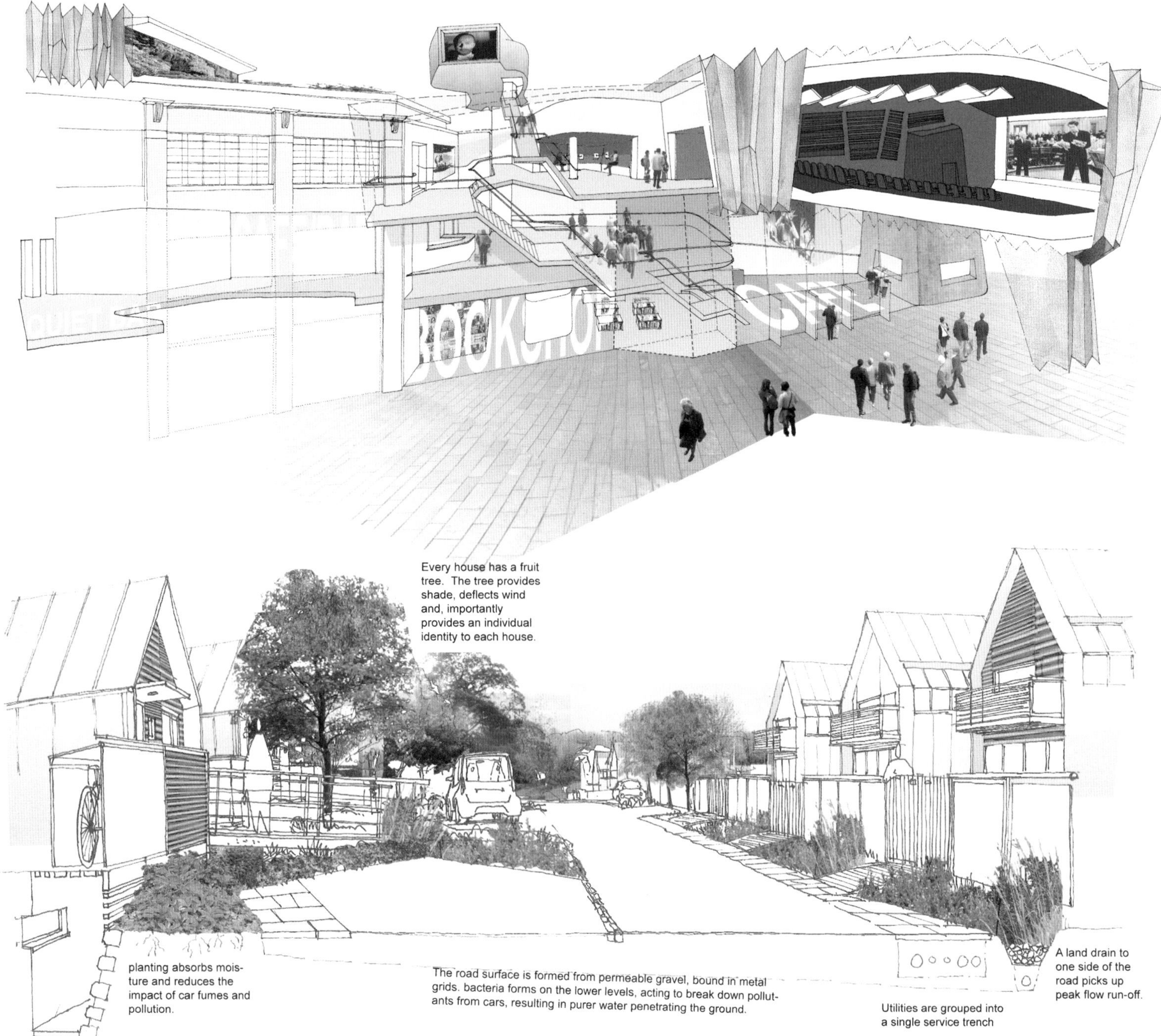

普鲁·奇利斯（PRUE CHILES）

普鲁·奇利斯说他的建筑原则，“我们将手绘草图和模型相结合来深化设计构思。我们也经常使用透视草图，使我们得以探索建筑物内部的三维关系以及建筑外部环境。通常接下来就是计算机渲染，并向客户阐释，二维和三维探索同时进行。”

她用这种方法是因为草图可以在办公室内与客户进行便捷的沟通，有助于相关各方将注意力集中在设计如何发展。“这使我们不会拘泥于细节甚至是小问题，能够借助大量的思考和解决问题的方法快速工作。”她解释说。“通常一旦把一个项目付诸计算机，思维过程就会变得更加僵化，所以在整个项目中坚持画草图是非常重要的。”

虽然数字技术改变了建筑艺术，奇利斯认为快速拼贴照片连同草图一起，通常比计算机生成的图像表达得更加精细。“对我们来说，每个人都能理解我们的图纸是很重要的，它们不是建筑师的私人领地。即使非专业人士可能经验丰富，但是他们仍然艰难地使平面和剖面可视化，所以草图就是给他们展示的图纸。”

奇利斯对她的作品并不保守顽固，而且很喜欢客户或者施工人员在她草图上画几笔来改变设计，“承包商可能画几笔就了解了细部或改变了尺寸。客户通常可以尝试性地画，但有时我们也能让他们做个记号。”

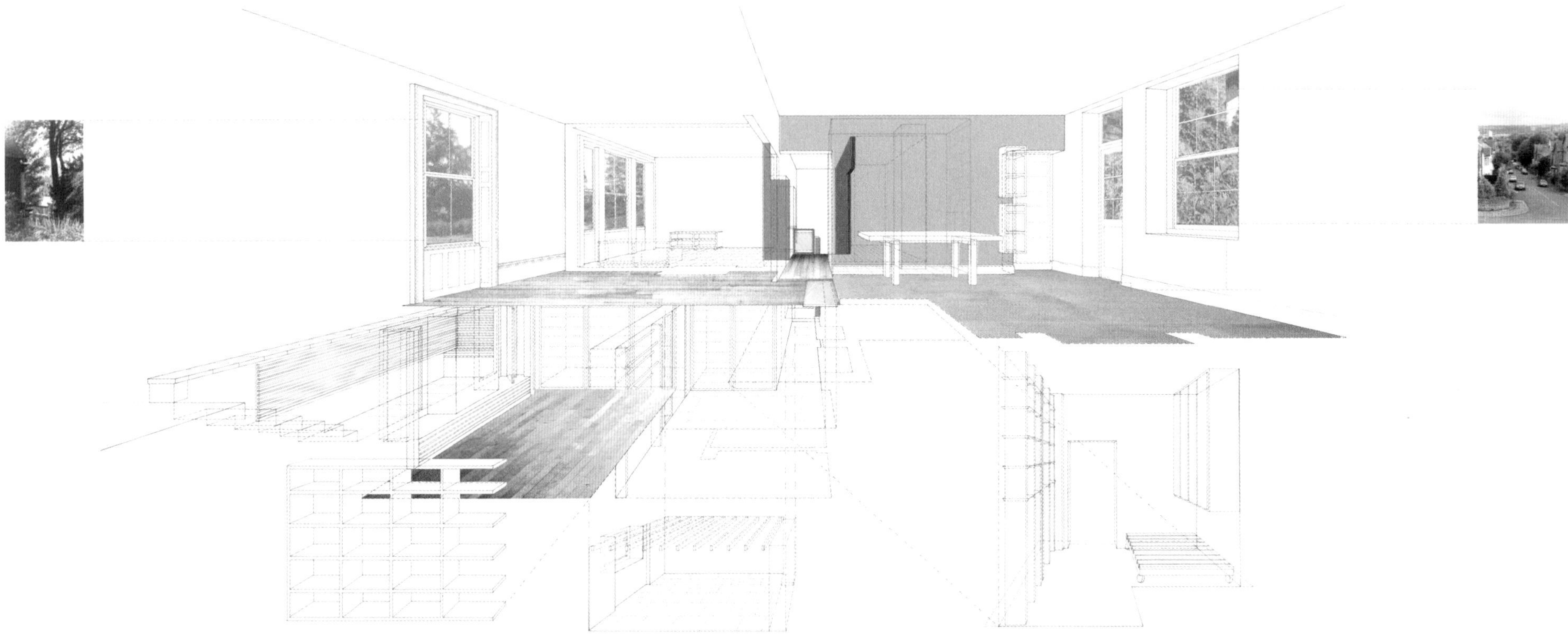

Planting chosen to provide shelter from cold winds.
People can learn about their new Green Home from the house book given to each resident.
A planted screen protects the terrace from prevailing winds.
Mrs Steadman takes class R1 around the nature reserve.
Mown Grass
Large grass wild flowers
Shrub edge
Underplanted trees
Ecotone
Low energy lighting is used across the house. Careful consideration is given to the position and provision of the lamps with a warmer colour rendering, in order to enhance the atmosphere.
500mm layer of top soil in each garden allows growth of a wide variety of plants.
Roof water collected in rainwater butt and used to irrigate the garden.

s are provided along
t. The trees are
by the residents.
s provide shade and
g summer whilst
a weather barrier in
Careful positioning of spaces creates opportunities for interaction between residents.
Views over North Sheffield
Street planting provides 'perceived' noise and dust attenuation.
Edith looks out of her window, watching the weather come round the corner from Bakewell.
Porous gravel surface allows ground water to percolate slowly into the ground.
Bicycle and garden store provided for every dwelling.
Drain removes peak flow excess to mains.
Timber Crib Lock retaining wall from an FSC sustainable source.
Grey water collected and reused in WC's.
FSC green larch cladding from Sheffield timber mill. Oils in the larch provide natural protection and careful detailing prevents exposure of timber edges to the elements.
Tram links to the wider city:
Centre 10 mins
Crystal Peaks 15 mins
Meadowhall 25 mins
Hillsborough 30 mins
Bus links to the city-wide network

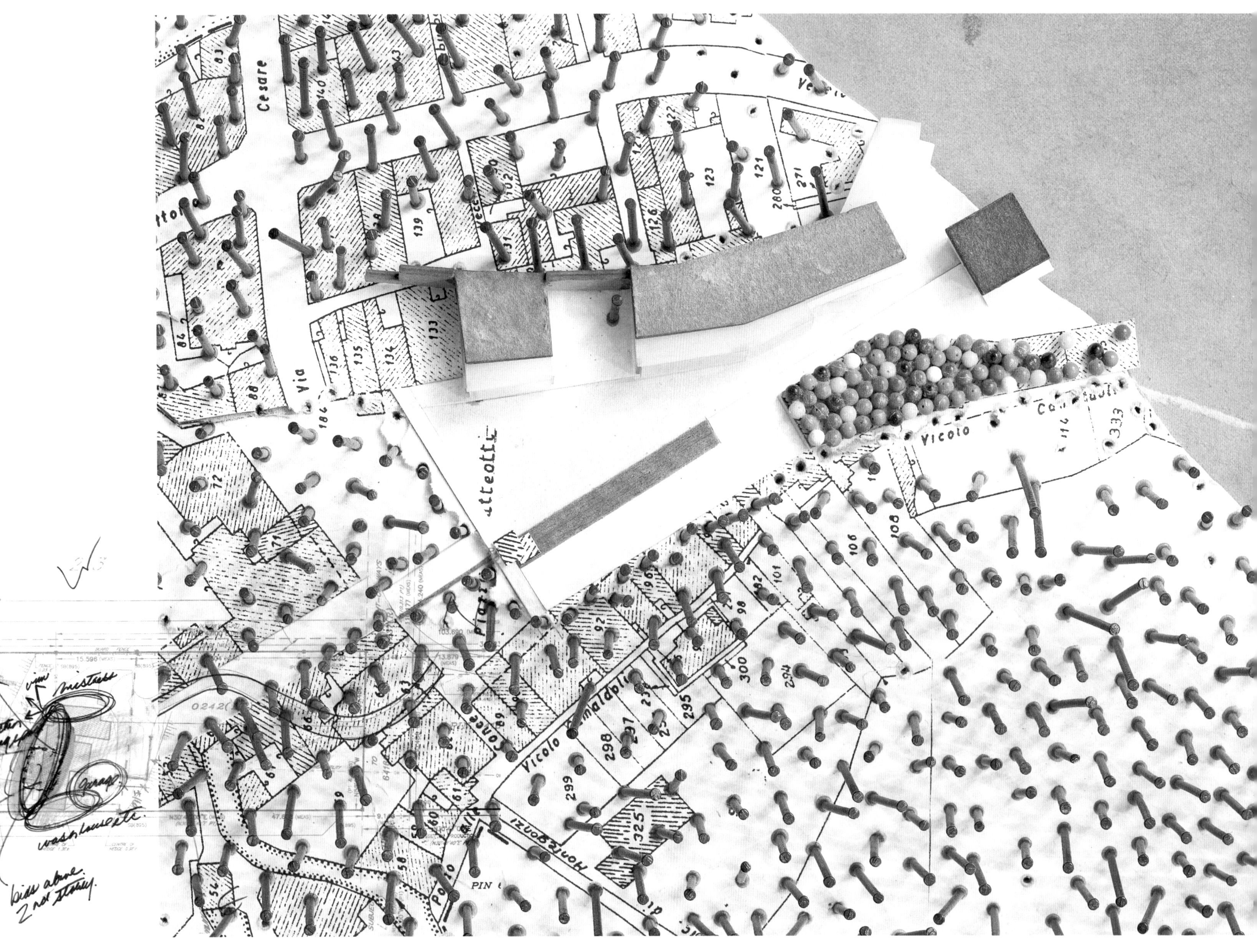

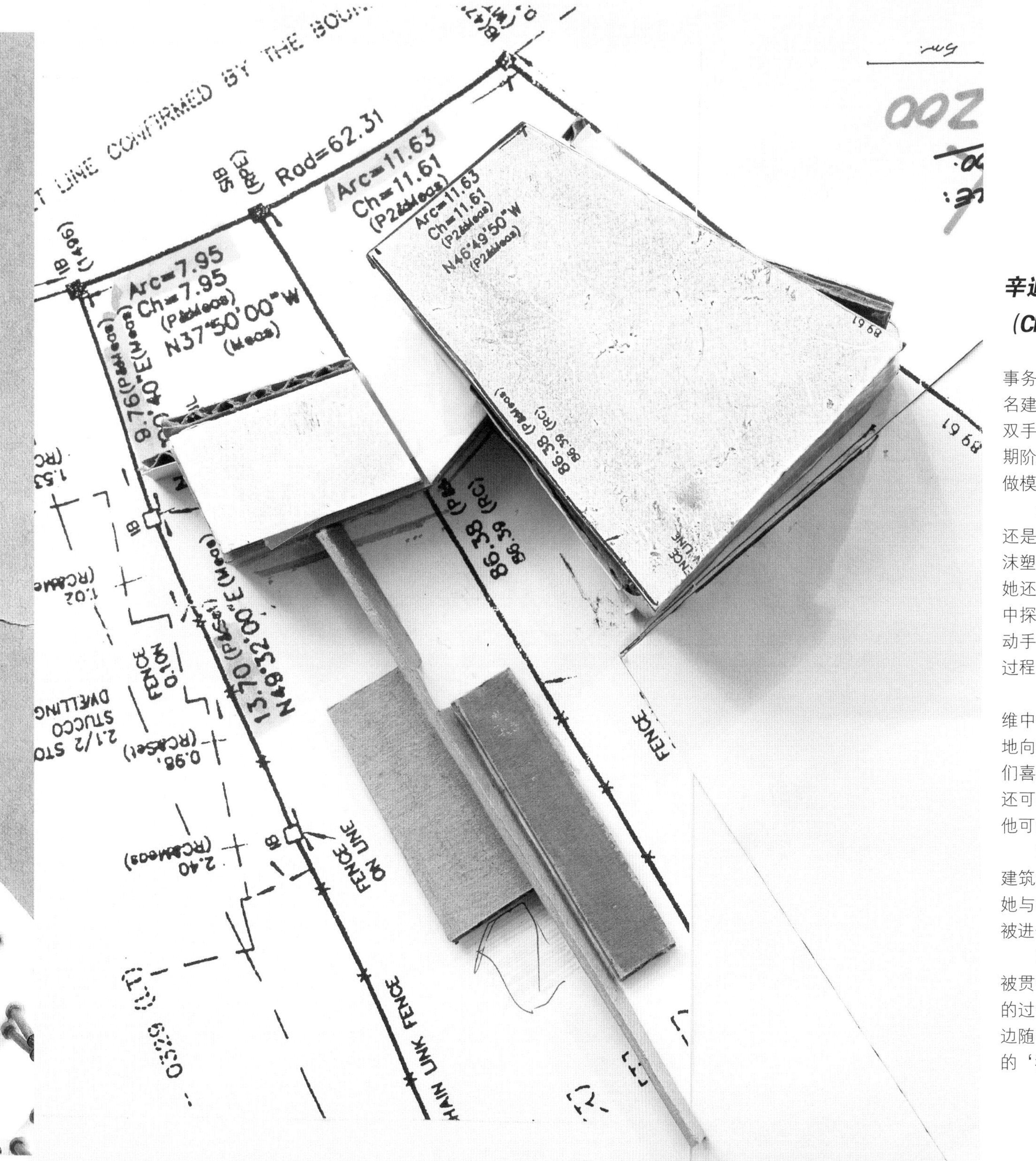

94–95
96–97

辛迪·瑞德利建筑师事务所（CINDY RENDELY ARCHITEXTURE）

总部设在多伦多的辛迪·瑞德利建筑师事务所所长辛迪·瑞德利说，“在我成为一名建筑师之前，我是一名金匠和珠宝商，用双手工作让我非常舒心。因此，在项目的初期阶段，当我在三维空间上深化一个想法时，做模型和勾模型草图最令我感兴趣。”

无论这个项目是一个新房子的比例模型还是总平面图，瑞德利都会用卡板、纸和泡沫塑料做个小模型。当为新作品构思创作时，她还使用彩色铅笔和石墨画草图。与计算机中探索三维模型相比，她更喜欢这种“亲自动手”的方法。三维数字模型虽然也是设计过程，但是在设计后期的阶段。

“模型能让我能迅速地亲眼得见，在三维中也比仅仅在二维中能让我更快、更清楚地向我的客户说明想法，”她解释说。“他们喜欢有趣的深入探讨，如果需要的话，我还可以在会谈时灵活操纵卡纸和卡片展示其他可能。”

瑞德利期望制作初步模型的过程就会对建筑集群和选址产生一个清晰的想法。只要她与客户讨论过这些想法，它们接下来就能被进一步发展。

瑞德利说：“我希望我的设计理念100%被贯彻到完成的项目中。在我深化一个项目的过程中，我将原始草图模型和图纸放在桌边随手可及的地方，这样我就不会失去原来的‘种子’——让我记住我的起点。”

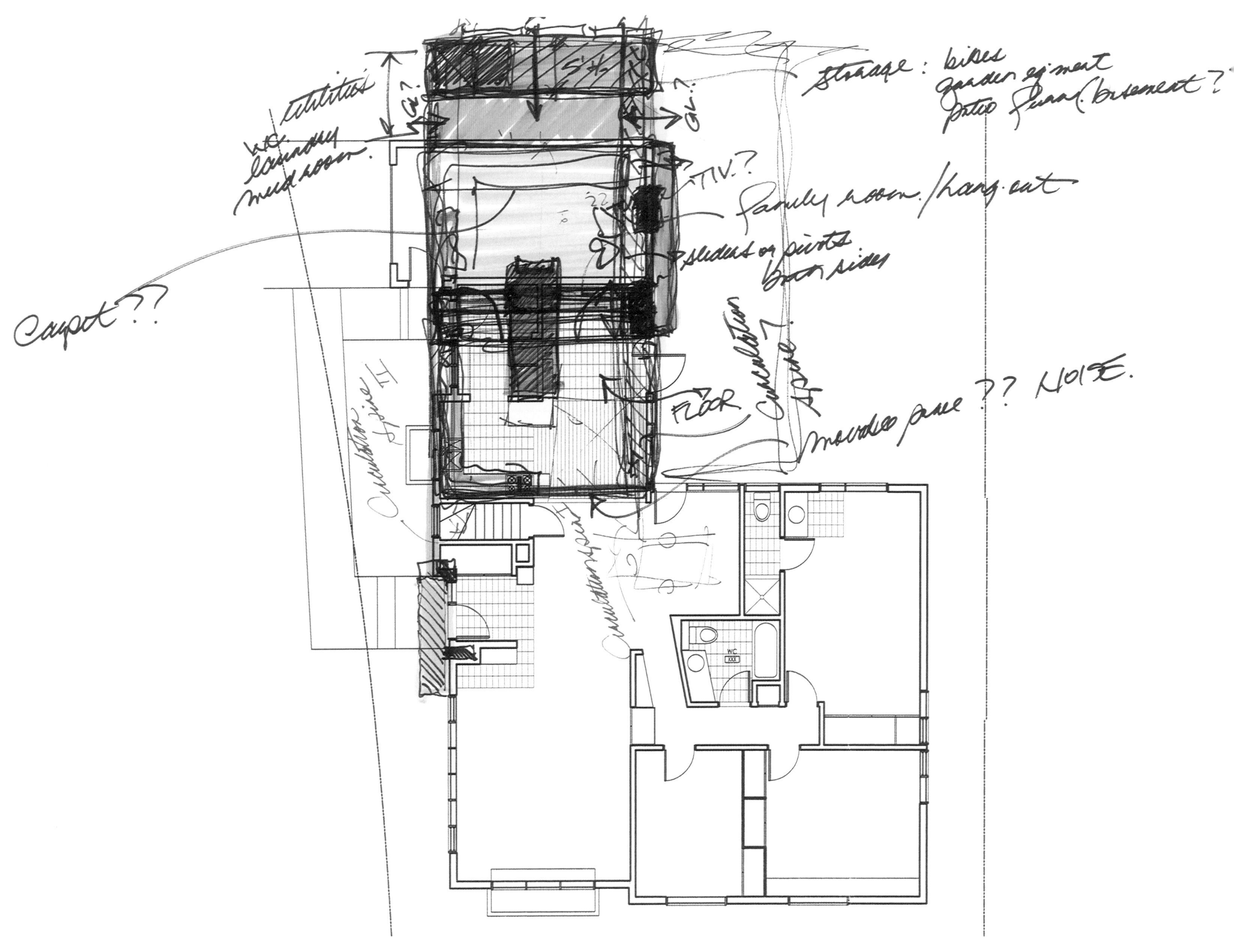

Storage : bikes
utilities
TV?
family room / hang-out
Carport??
FLOOR
NOISE.
WC
XXX

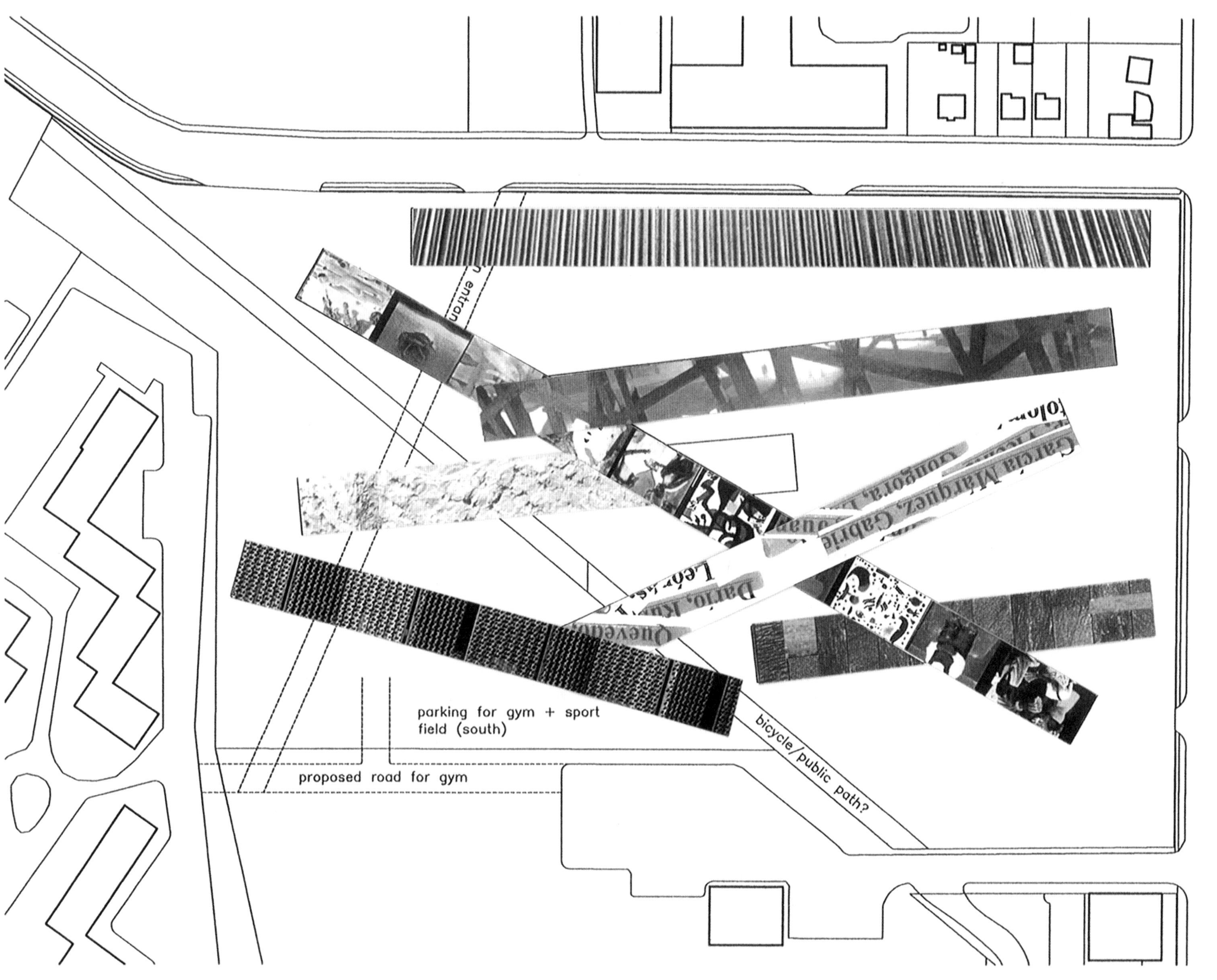
parking for gym + sport
field (south)
proposed road for gym
bicycle/public path?

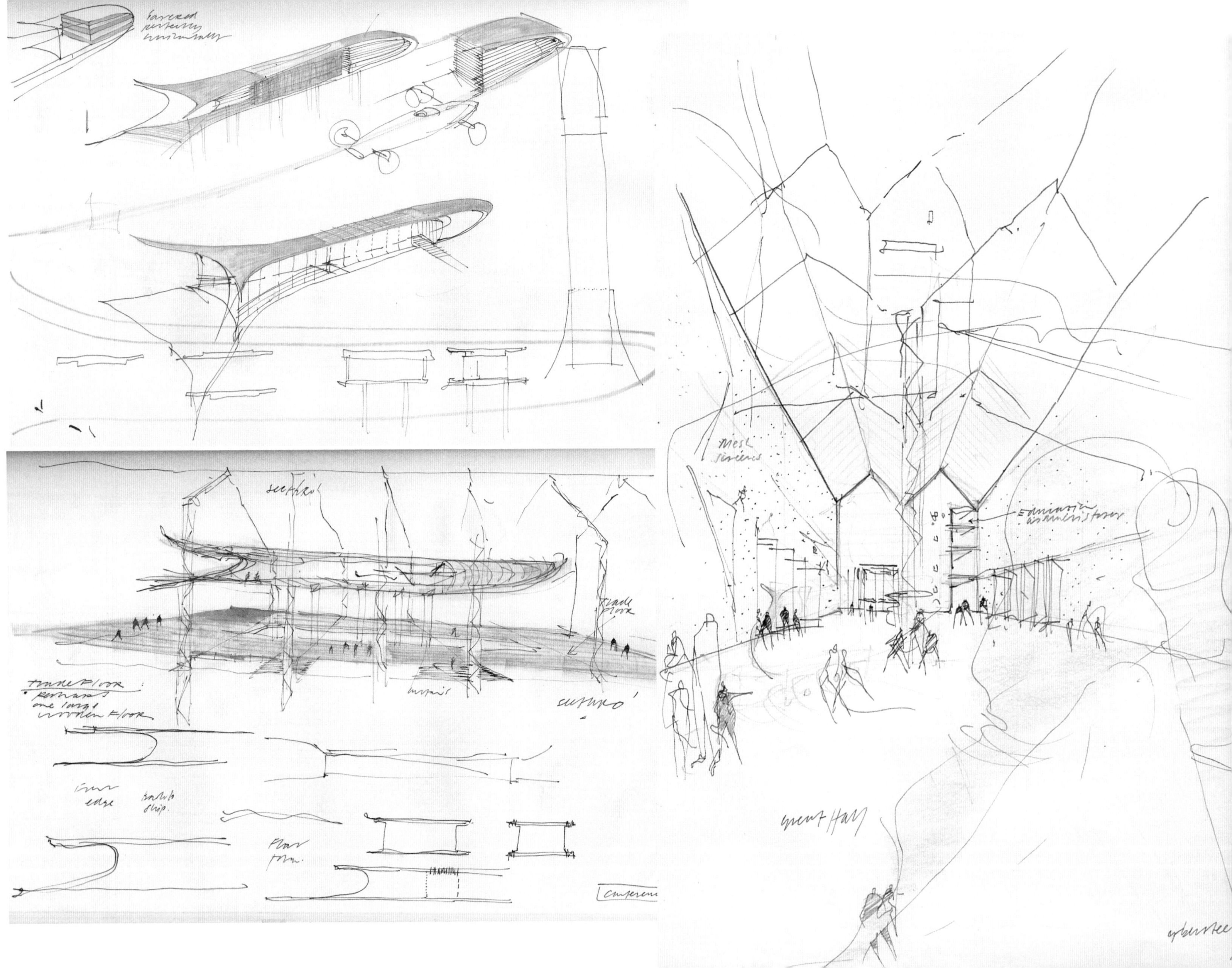

98-99

MAGNA

彼得·克拉斯（PETER CLASH）

克拉斯事务所负责人彼得·克拉斯说。“我更愿意将我最初的草图看作是通过绘画获得一种冥想，一些建筑师似乎能够仅凭一幅草图就能联想到一个完成的设计……对我而言，草图是一个循序渐进的过程；一种挖掘项目潜能，慢慢制定最好的想法和解决方案的一种方法。”

克拉斯的草图主要用铅笔，但有时候也使用蜡笔和水彩突出某些元素，如材料或空间氛围。这是麦格纳（Magna）[98–99]，在英国谢菲尔德一个工业建筑遗址上未实现的设计。克拉斯说，即使当他为同一个设计反复画大量草图并找到一个他喜欢的解决方案时，翻过这一页然后继续，常常还是会从中获益的：“当你有时间，你可以重新考虑你的选择。”

在克拉斯的A4速写本画满了设计方案，偶有几页会谈纪要或“要做的”事的清单。他说，“这些册子并不贵重，也不是具体项目，但它们满满都是我在既定时间的思考。”

一页一页充满了对一个简单细节略有不同的表现图，其他页面展示了如何从备选视角表现建筑的想法。克拉斯说“为任意基地深化最佳方案都是需要时间的，建筑师需要花时间去挖掘自己的状态。草图就像梦想，它是你自己的想象，自己的想法。花时间去做，你的作品将更鲜活，想法更明确，建筑艺术更具效用而且充满活力。”

SANTA MONICA
XII · 22 · 95
LAX · MSP
Try
pt.
ich
MI-NY
Atlantik

100–101
102–103

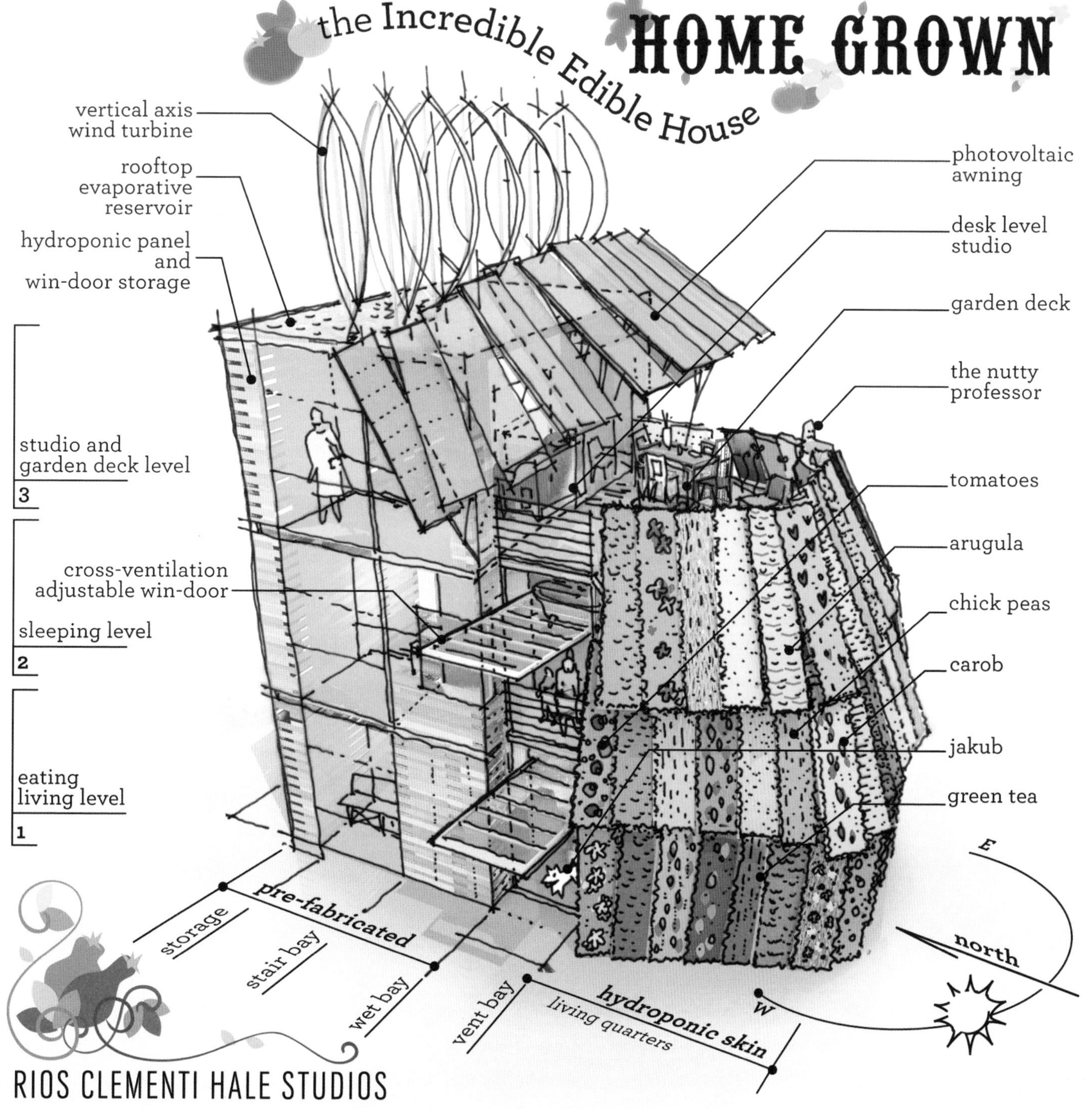

弗兰克·克莱门蒂（FRANK CLEMENTI）

“我希望我能画得更好，我希望我了解点什么再去画。树不应该看起来像脚手架上的大卵石——如果我不留心，我的画会就会变成那样。”美国建筑师弗兰克·克莱门蒂说。虽然从他速写簿的图片来看，种说法难以置信[100]。

“最初我的冲动是画些含混不清的概念图形……难以理解的自由形式的绘画，没有既往的应用或结果的一种片面的认知和非和谐理念的随笔。没有或所有这些导向‘这个’设计。但是希望所有这些带来一些东西。它们不是答案，而是这个过程，一种记录思想的方式。”

克莱门蒂的好奇心和创造力由建筑领域拓展到产品设计和平面设计。在米兰时，他大部分时间都在进行这种跨界尝试，与孟菲斯（Memphis）形象设计组合作开展产品、图形、包装、陶瓷、餐具和建筑的甚至是菜谱的美学试验。克莱门蒂是“不可思议的可食用房子”（Incredible Edible House）[101]的设计师——食材组成的承载结构。

“当我发现建筑艺术关于创意是像任何艺术一样的文化交流时，我因此激动不已。”克莱门蒂说。“绘画是一种以原始形式记录想法的方式。创意是无形的；建筑是凝固的、没有表情的、立体的。从无形的创意到建筑建成所获得的是令人沮丧的部分。”

克莱门蒂认为，“草图是设计的通用语言，一前一后，一张在另一张上面，画草图是他喜欢的东西。”他说，“合作草图是审视彼此深化构思的一种方式，因为草图的演进是叙事性的，就像演讲，手绘的便捷和主观的共生促成建筑叙事。一个精彩的设计从许多这样的故事无序的叠加深化而来。”

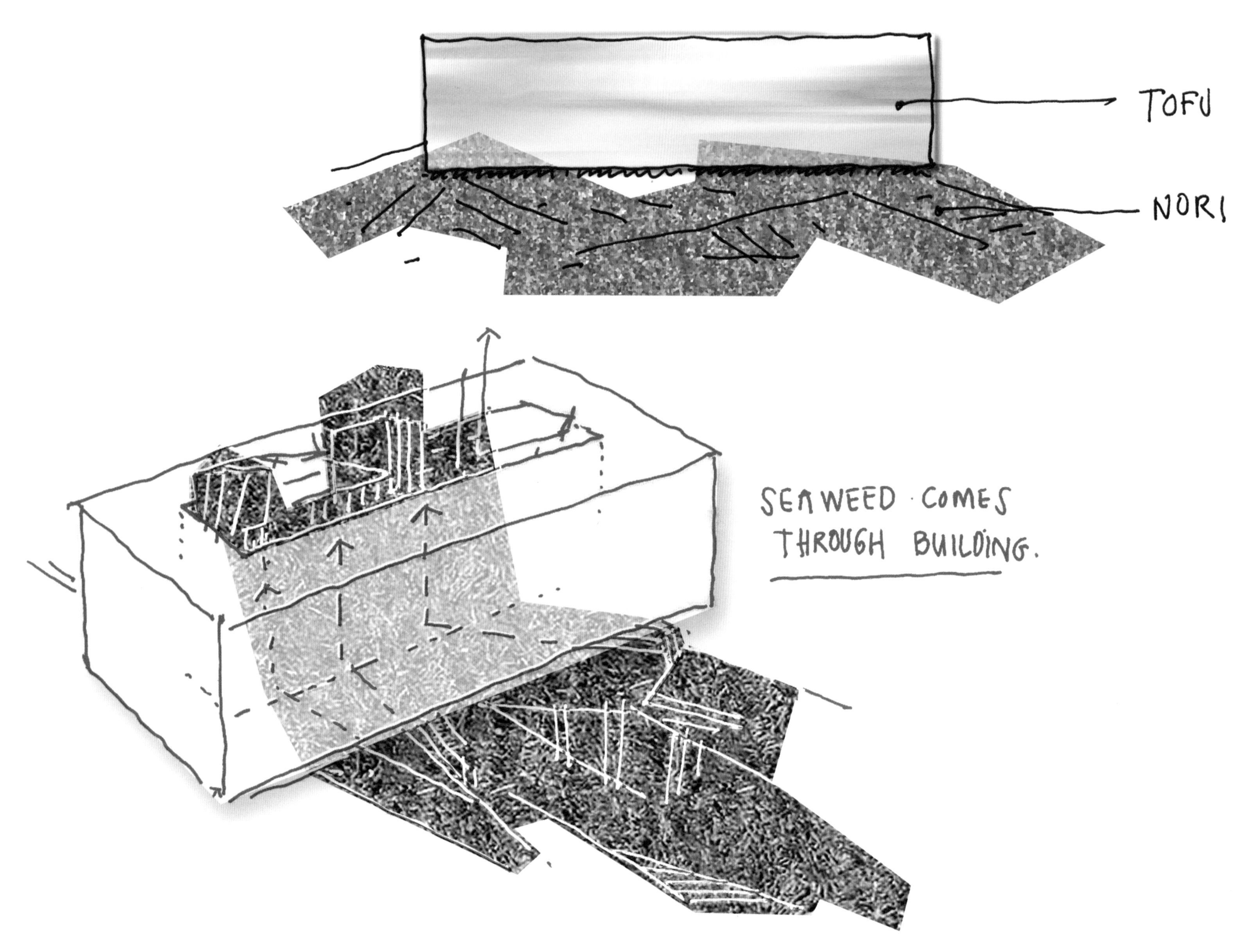
TOFU
NORI
SEAWEED COMES
THROUGH BUILDING.

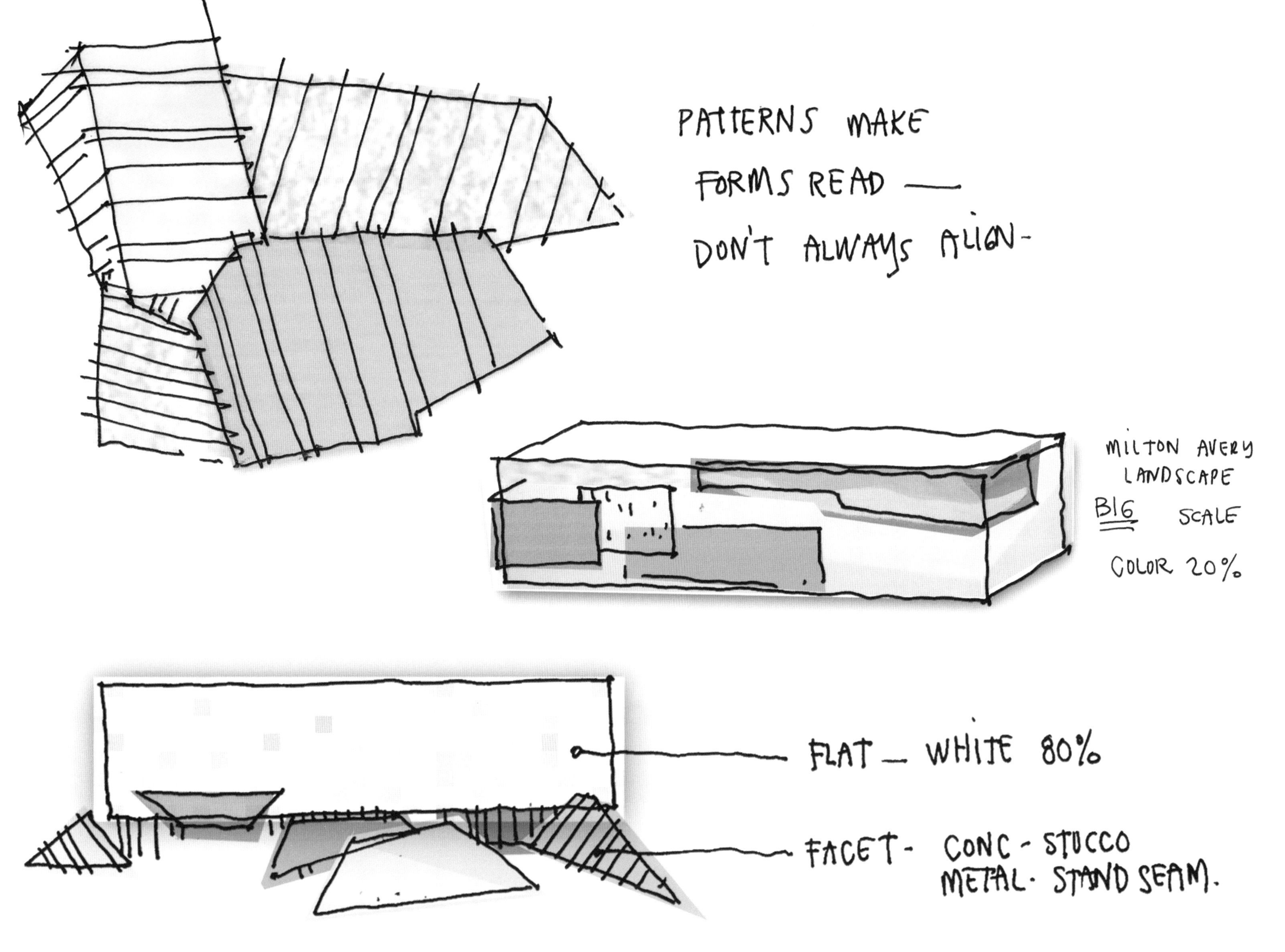
PATTERNS MAKE
FORMS READ —
DON'T ALWAYS ALIGN.
MILTON AVERY
LANDSCAPE
BIG SCALE
COLOR 20%
FLAT — WHITE 80%
FACET - CONC - STUCCO
METAL - STAND SEAM.

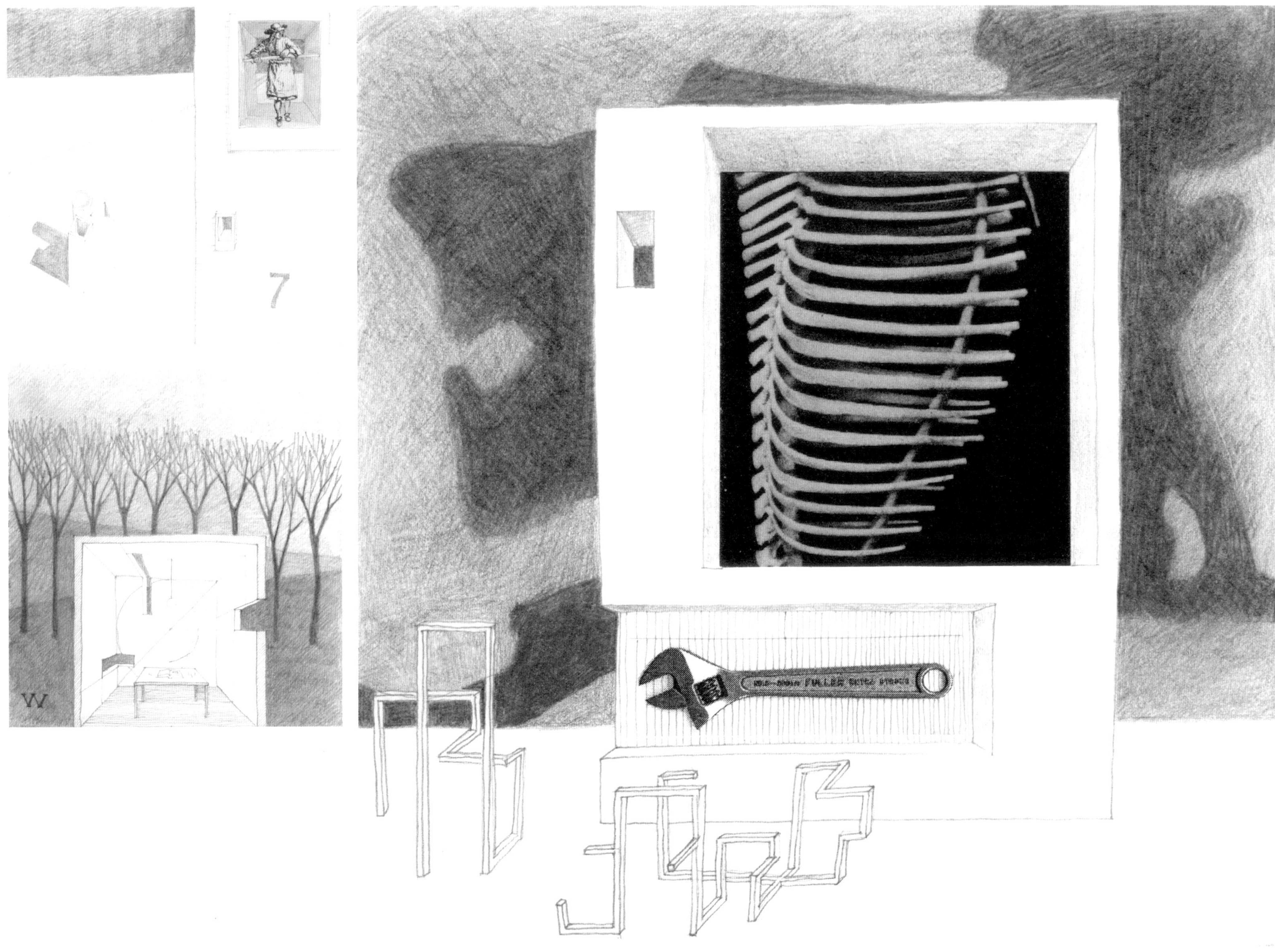
7
W
FULLER

104–105
106–107
108–109

迦勒·克劳福德（CALEB CRAWFORD）

迦勒·克劳福德说，“建筑艺术的伟大馈赠是它创造世界的能力。我们看重建筑的实用性价值，但我们也珍视建筑使人震撼的能力。这些图纸是创作建筑的一种手段；但是在建造的过程中，它们没有直接的效用；它们是自主学习的一种方式，它们是渴望表达的诗意……一种不可言喻的品质。”

科根＋克劳福德事务所的负责人克劳福德，是一大批受超现实主义艺术和思想影响的建筑师的典范。他或许称他的绘图为“废物”，但显然他们离不开建筑表现或轴测图、透视图投影模式，有时在一个草图中混合几种技术。他们还从现代和当代艺术家的作品中汲取经验，如蒙得里安（Mondrian）、恩斯特（Ernst）、莱维特（LeWitt）、米罗（Miró）、克利（Klee）和杜尚（Duchamp）。

除了一些刻意地叙事和图形化的图纸，克劳福德常会模糊建筑表现和抽象几何构图之间的界限。“我不断地寻找方法打破习惯和挑战我的适应水平。图纸包括失去和发现。尽管运用造型逻辑法则，通常也没有一种形式存在的理性的动机。我真的不希望在一个特定项目任何地方都用这些草画，但是如果草图是最好的，那就没什么可说的。”

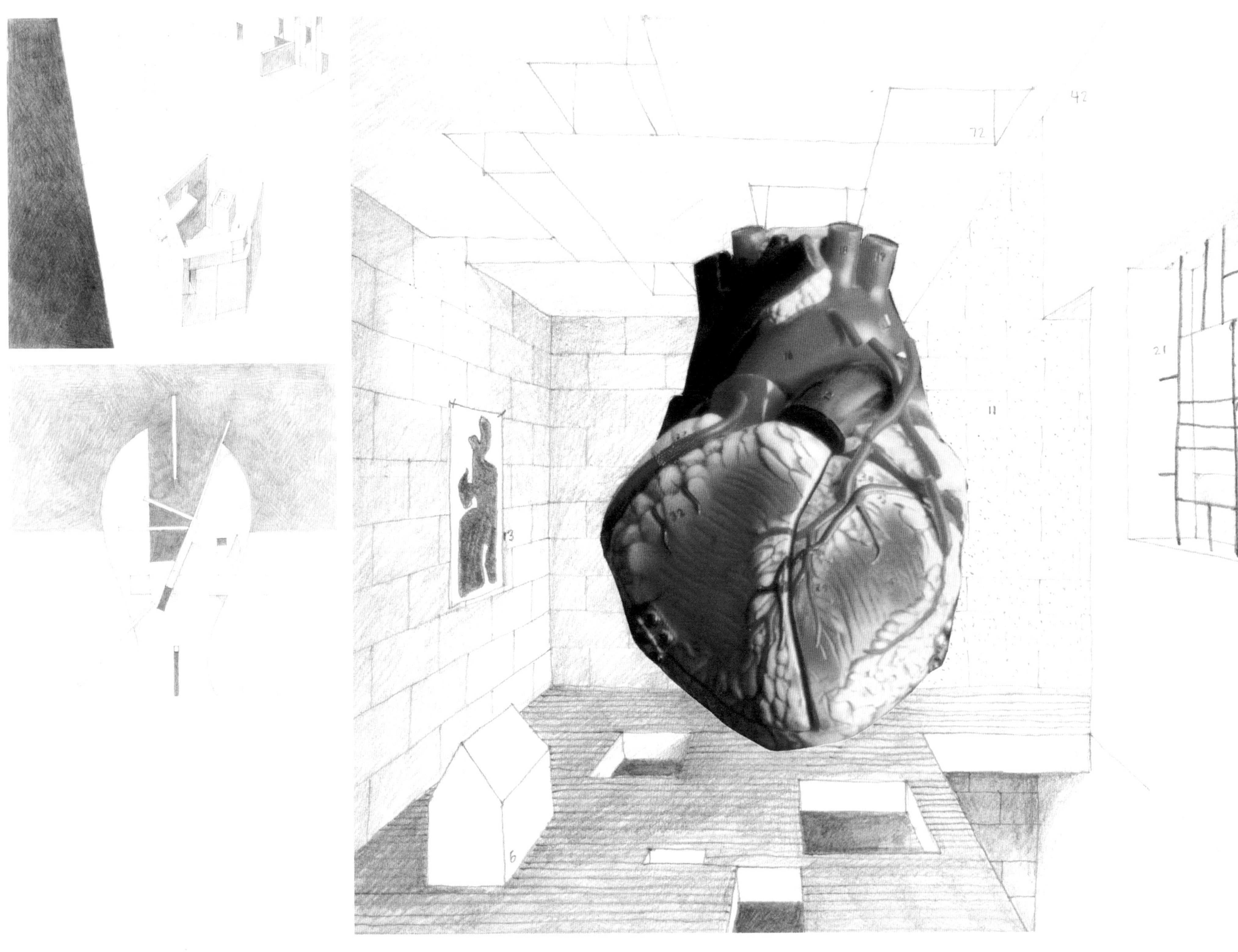

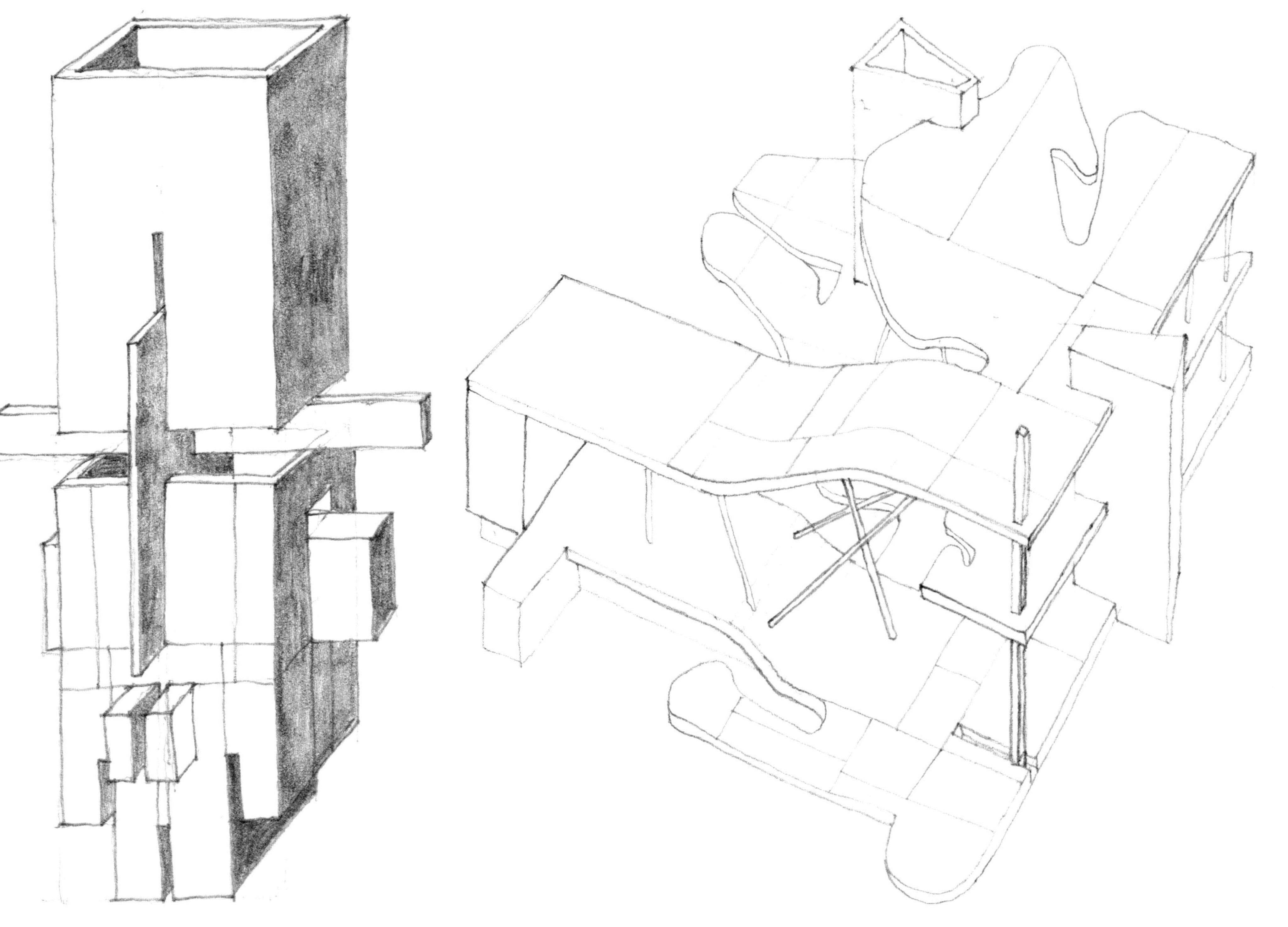

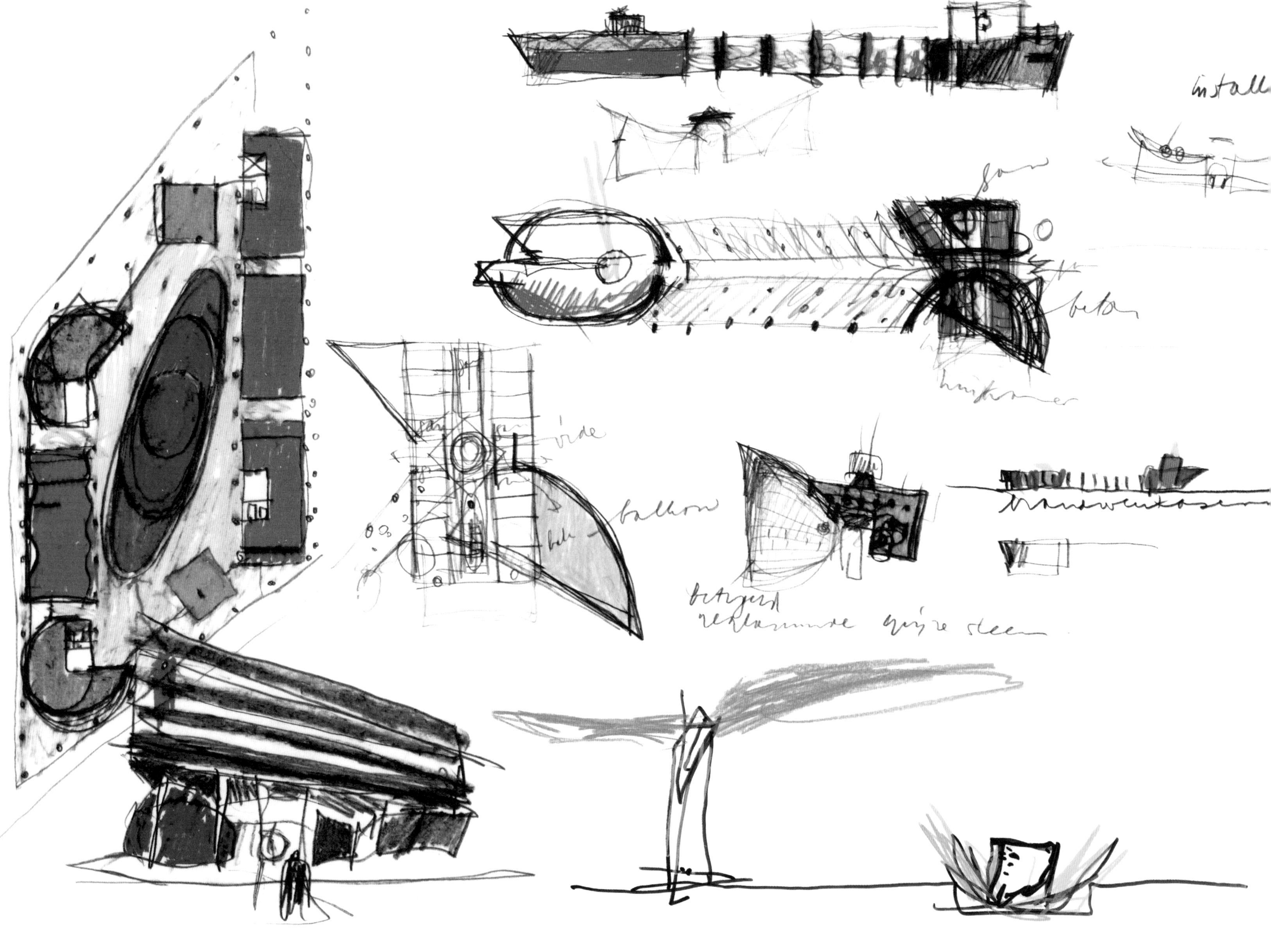

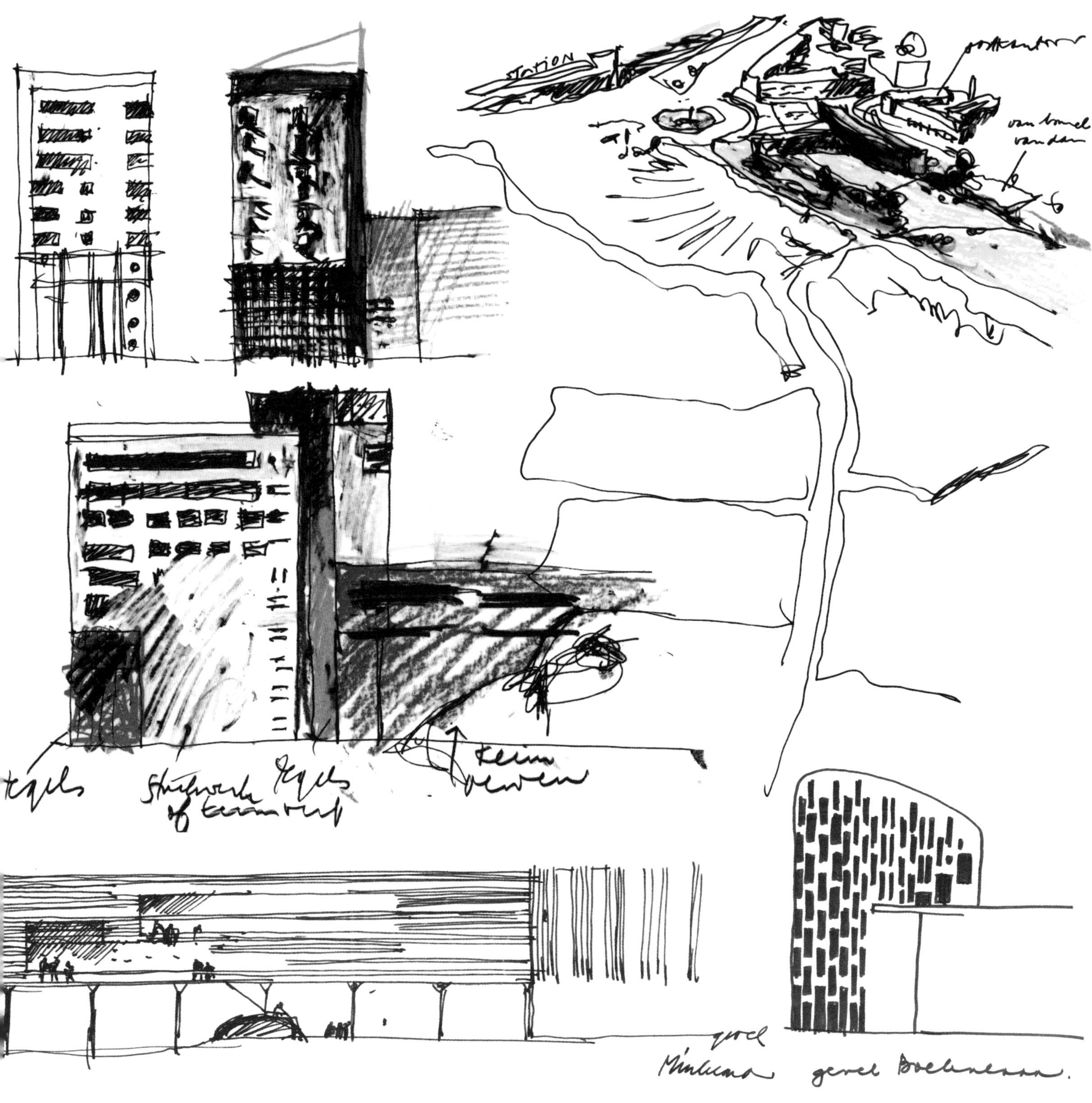

珍妮·德克斯（JEANNE DEKKERS）

这位荷兰建筑师在她的设计中无意发现一种很潦草但好用的方法。珍妮·德克斯的概念设计并不是创造美丽的图像，更多的是关于她所谓的“基地的馈赠”的优化过程——与业主和使用者的愿望和文化相伴而生的一个项目选址的意义。然而，无论是清真寺的水彩画，或是一个办公室设计，或总平面设计的钢笔画草图，她的设计中五彩斑斓的画面看起来就令人愉悦。

每一个设计始于实践，如果非常熟悉现状和了解四个主要方面：位置、概要、业主和使用者的目的和背景，以及开始的无形因素。德克斯说，“对我们来说，发现周围司空见惯的现象背后的本质是很重要的。在发现基地特点、业主期望的品质以及目前隐涵意义的独特性的过程中，一个独一无二的建筑艺术诠释的形象就此产生了。”

她的设计风格被称为“诗意的工程”，德克斯提倡一种多方协作的多学科方法，其中每一方各自依据他们特定的专业知识和技能。“这个整合诗意和土木工程的过程是一个通向卓越的巨大挑战。”她说。

在每一个不同的案例中，概念草图/绘画尽管不是很少，但是细节寥落。它只是德克斯希望项目进展方向的反映。

“除了具体化和详细设计，从最初的自由形式的草图中我们不会丢掉的关键词是灵活性、耐久性和未来趋向，公司这种工作方法使我们的建筑抱负得以实现，成就一座真正的新建筑，梦想成真。”德克斯说。

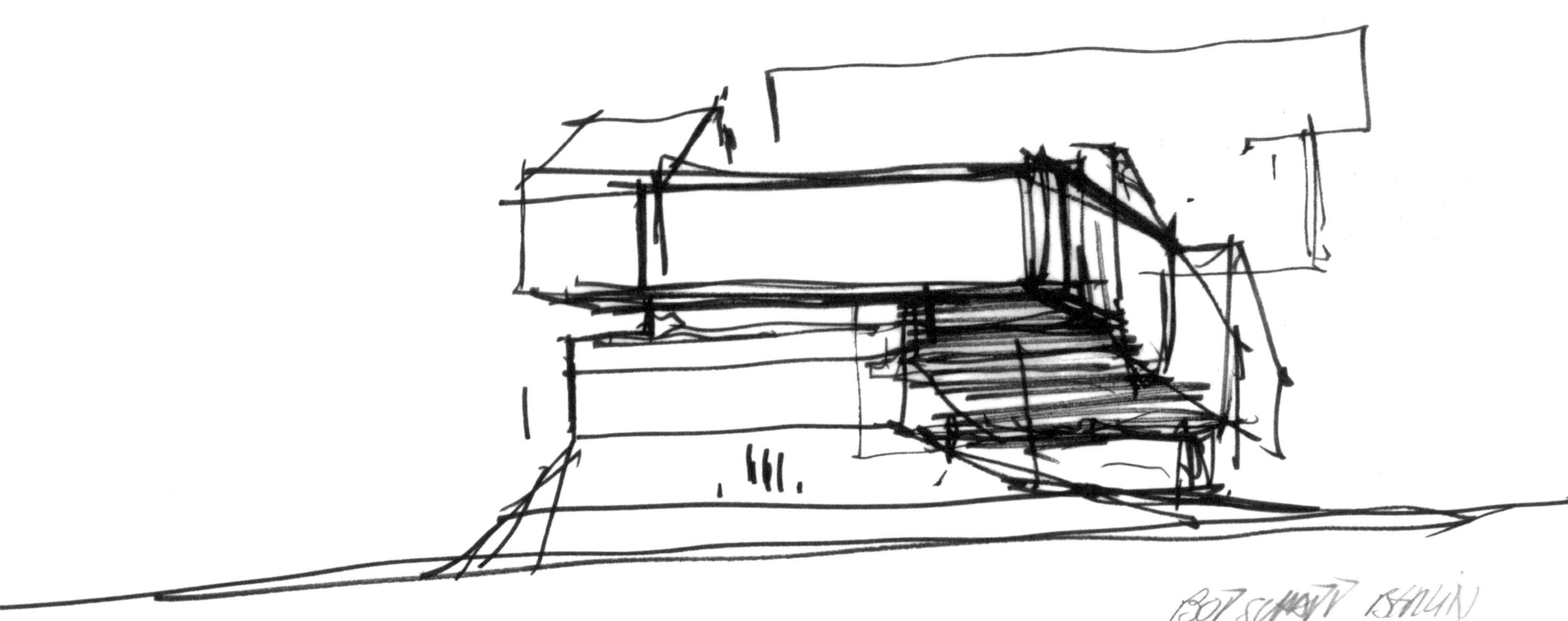
BOTSCHAFT BERLIN

112–113
114–115

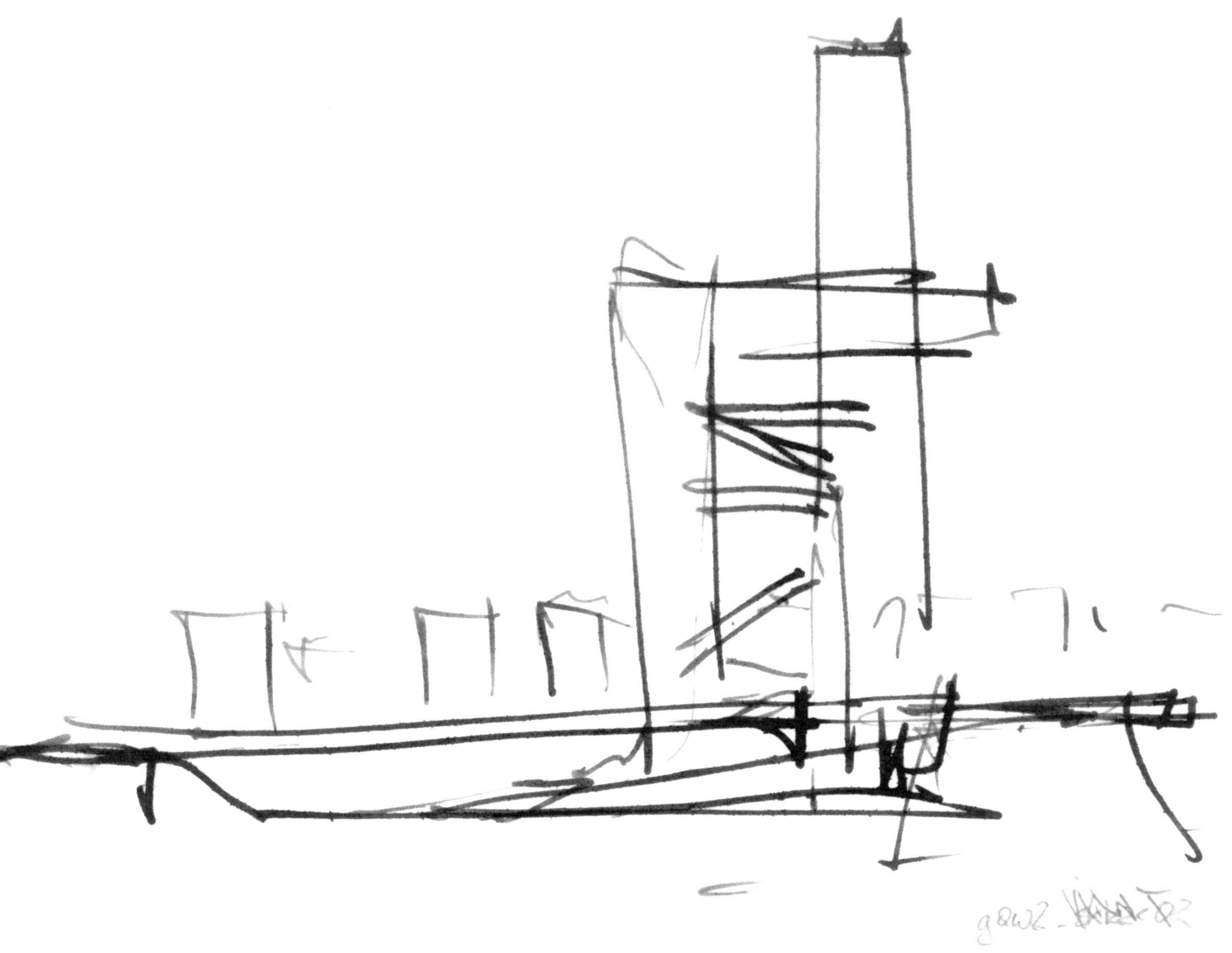

德迈建筑师事务所（DMAA）

“我们认为我们事务所是一个中立的、开放的单元。交流占据着中心地位而且交流讨论在办公室内部和外部都有发生，遵从个人、集成概念和经验。”德迈说。“因此，所谓的明星建筑师是一个非常错误的概念，只有他或她名字的认知度是有意义的。当代的办公室应该作为一个生活场所的建构，由不同的独立系统组成；最终，建构的整体共享生成建筑的共同目标。”

这段话表明了德迈建筑师事务所处理所有项目的方法，以及它的建筑试验的独一无二的成果。甚至这本书“记录你的工作方式的图片”的要求也会不同于其他建筑师的形式[114–115]被完成。实践证明设计是由“休眠在大脑中”积累的知识组成的，为了释放受日常生活影响的感觉，放开真实的图像以产生创造力，因此开放了情感世界的另一种自由空间。

“想象力的自由是每一个设计的基础。有丰富体验的内在意向被作为媒介在有意识和无意识之间打开。与梦想相比较，它们是无意识的窗口。为了形成这种状态，心灵应该是空的，气氛应该像一个人在打瞌睡时：一个中性的空间，只呈现出它的本性。空虚象征纯净，让人精神集中在内在想象。因此，空白的纸成为起点，即由想象力引发的可视化过程的开始。一系列重叠的线，最后显示生长的有机体。”

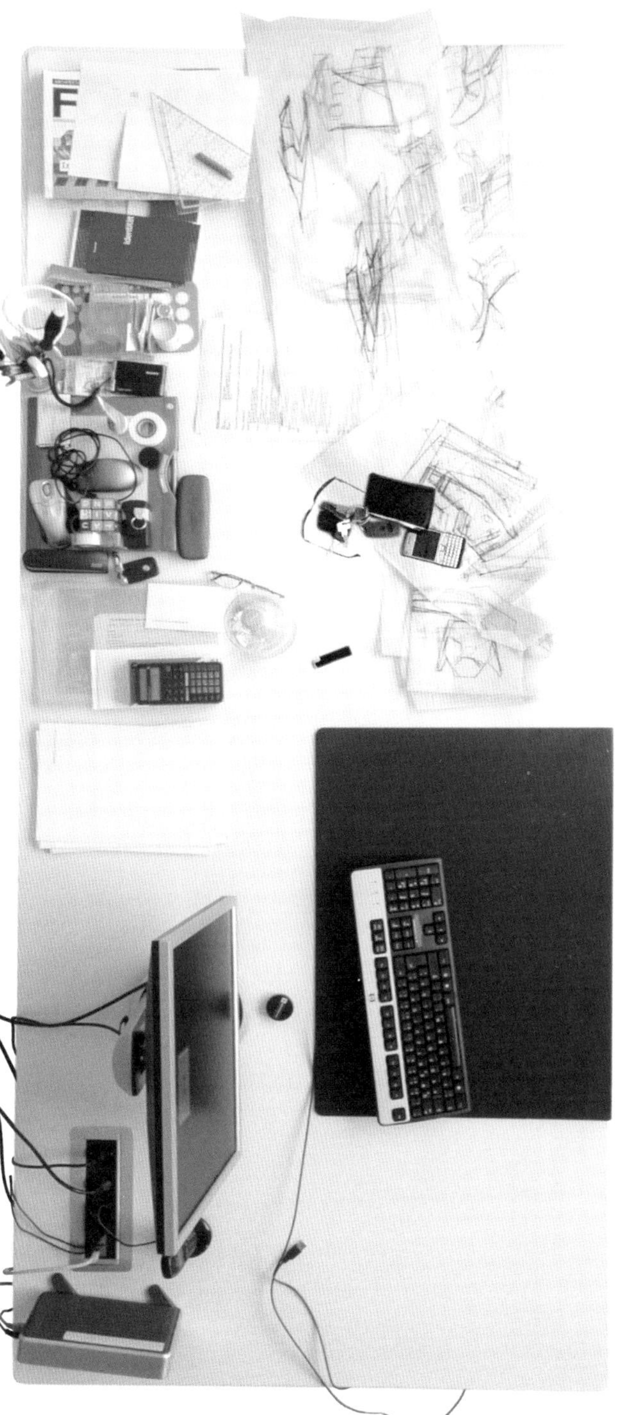

Projektgrundlagen
Projektentwicklung
TERRA PLANA
TERRA PLANA
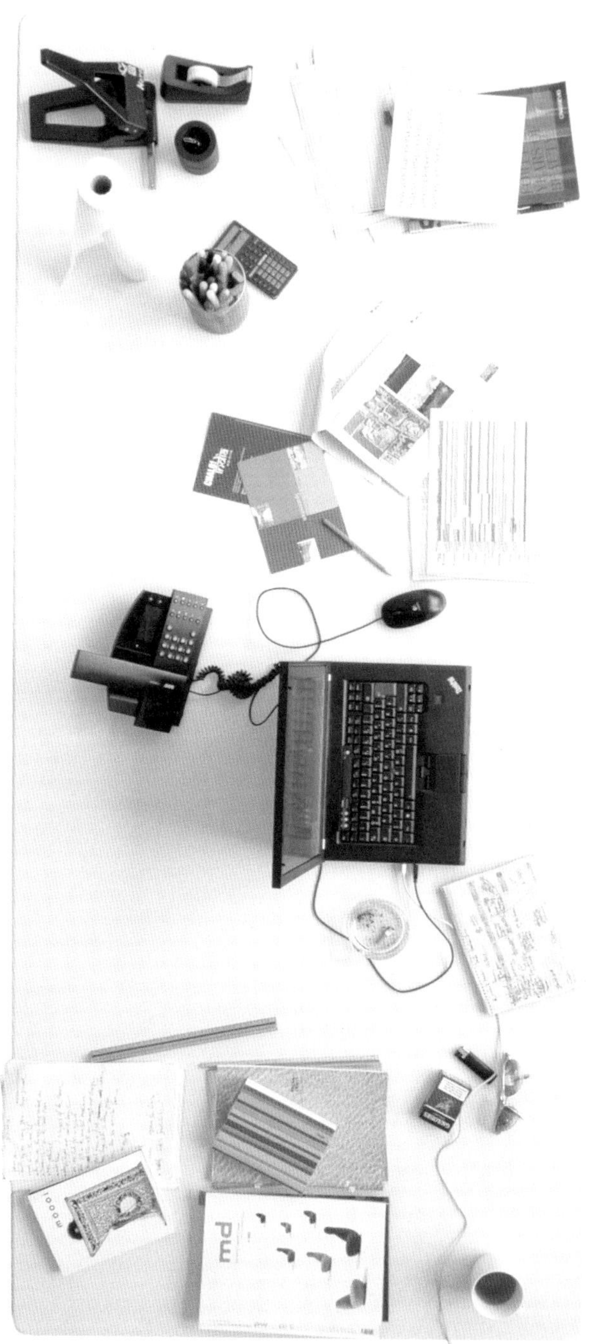

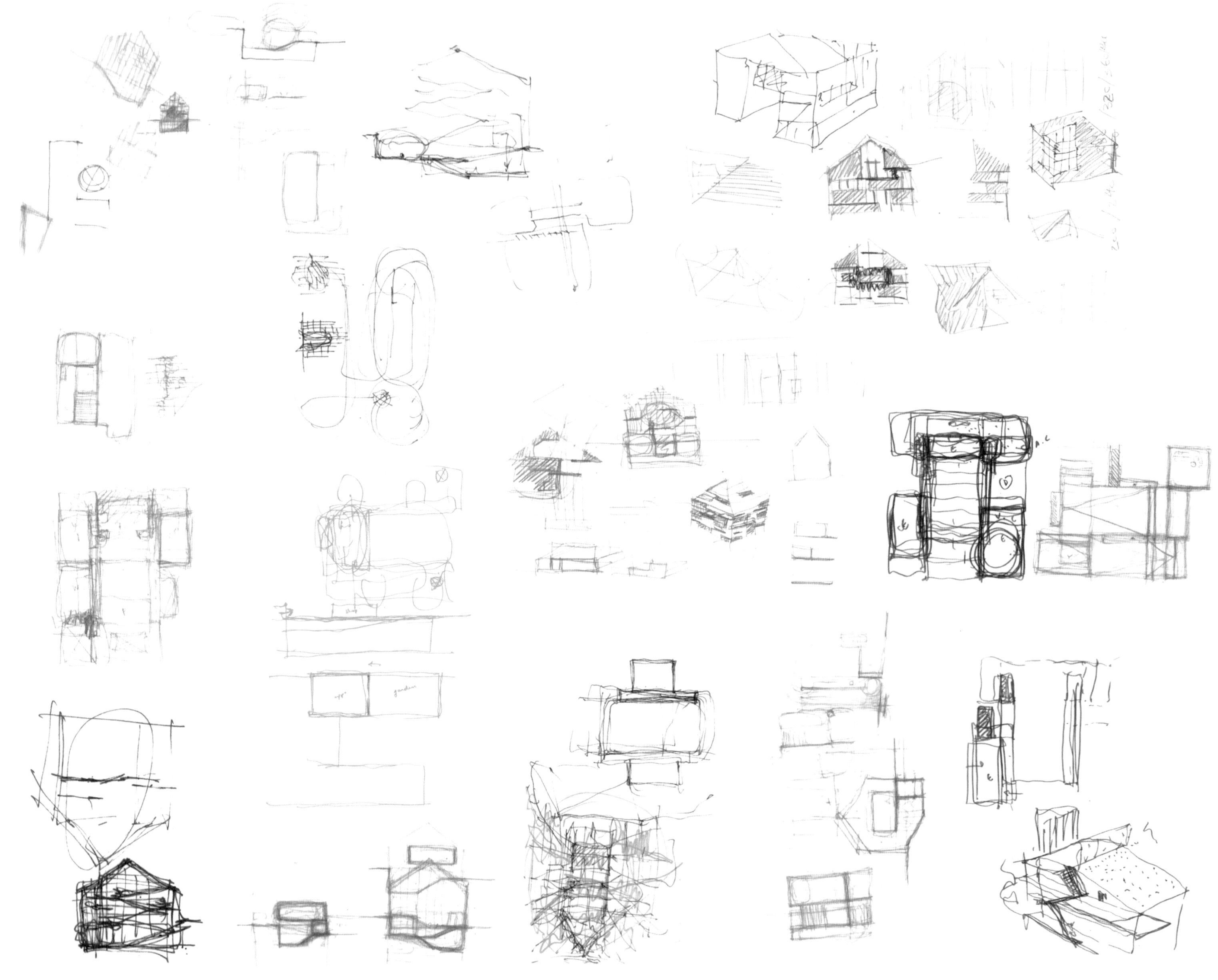

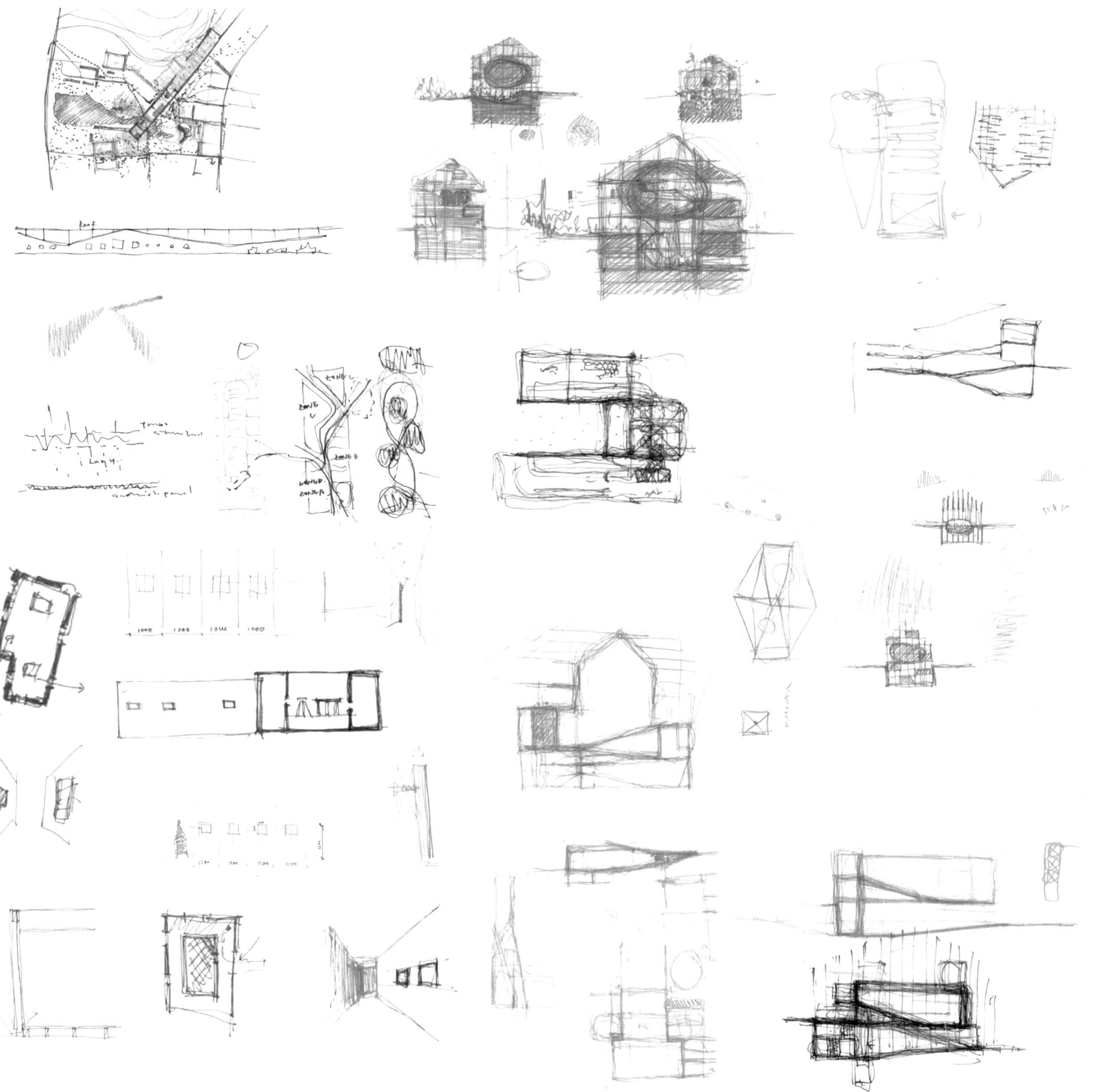

116–117
118–119

DGT事务所
（DORELL.GHOTMEH.TANE）

“最初，我们通过言语和草图阐明设计想法，在设计进程中，模型也是重要的。”莉娜·格特姆（Lina Ghotmeh）说。

DGT 事务所由三个建筑师丹·多瑞、莉娜·格特姆和田根刚联合管理，这三个不同国籍的建筑师带来他们各自不同的背景、文化和与空间生成有关的方法。

格特姆解释道，由于我们是领导事务所的三个合作伙伴，我们必须尽可能使用媒介互相沟通我们的想法，以便交换这些想法并发展它们。在这里，三个不同的项目阐明三种不同的处理方法——第一是草图 [116-117]，第二和第三 [118 和 119] 分别是照片和模型。文字表述我们的意图、思想，没有完全限定它们；它们在每个人的意识中留下很大的想象力空间。草图使建筑初步成形，并且是一个最初的个人表达方式。这些想法通过一个人的手在纸上画或使用 3D 软件得以表达。这个草图通常是重新定位的，由另一个合作建筑师重新设置。对空间、场所、建筑的构思开始形成。

作为与草图和摄影不同的媒介，调研在设计实践中发挥着很大的作用，它可以交流空间的感受或情绪。最终，模型才是表达思想最完整的媒介。

“因为它们达到一定的发展水平，调研、草图、模型、文字最终被具体化，”格特姆说。“在这一点上，所想象的必须被证明是可能的。现在，设计思想再一次面临争议和挑战，但我们很高兴看到，初始的草图灵感经常保持直到项目趋于成熟时，成为不同方面包括功能、材料和技术限制之间联系的纽带。”

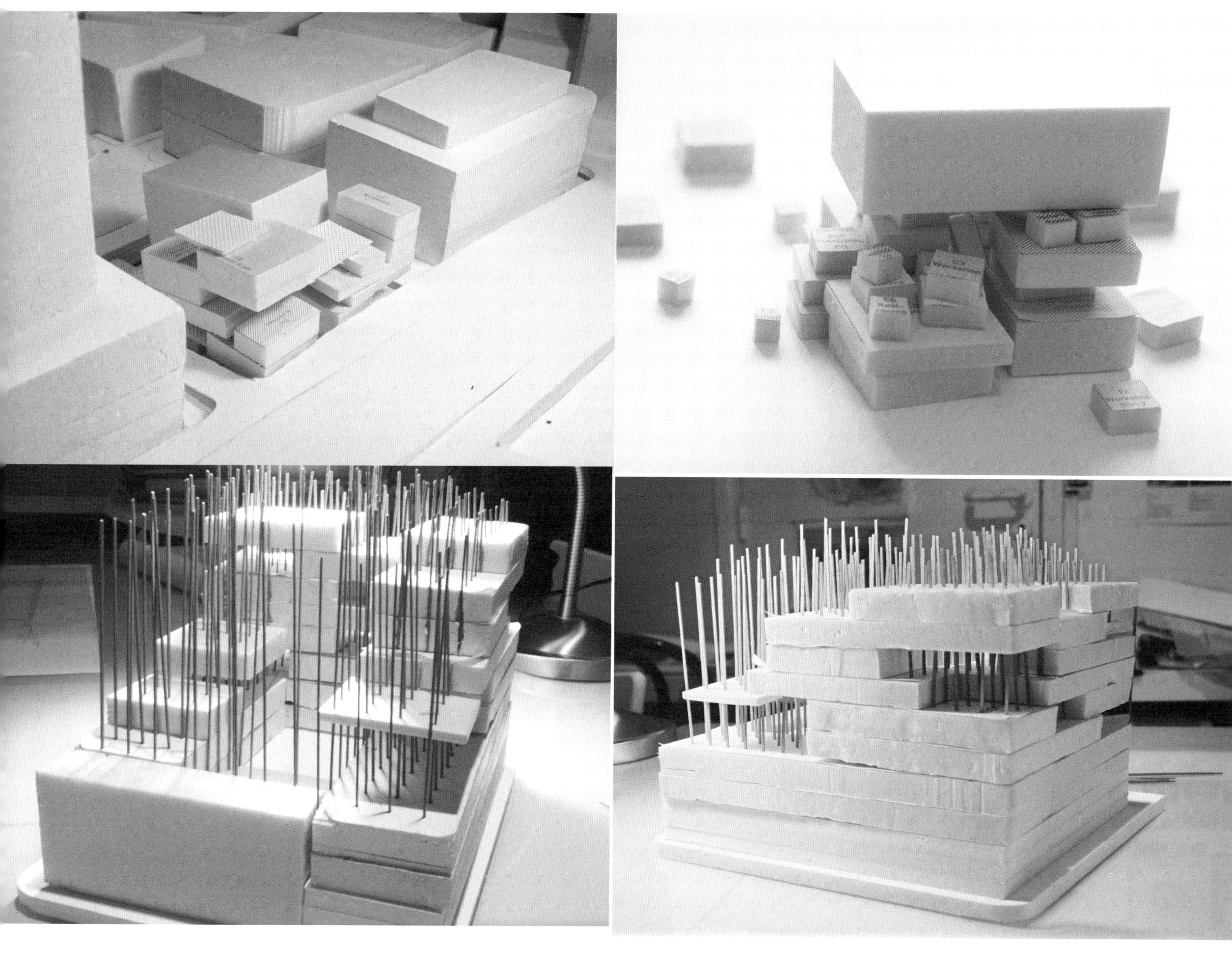
C3
Workshop

120–121

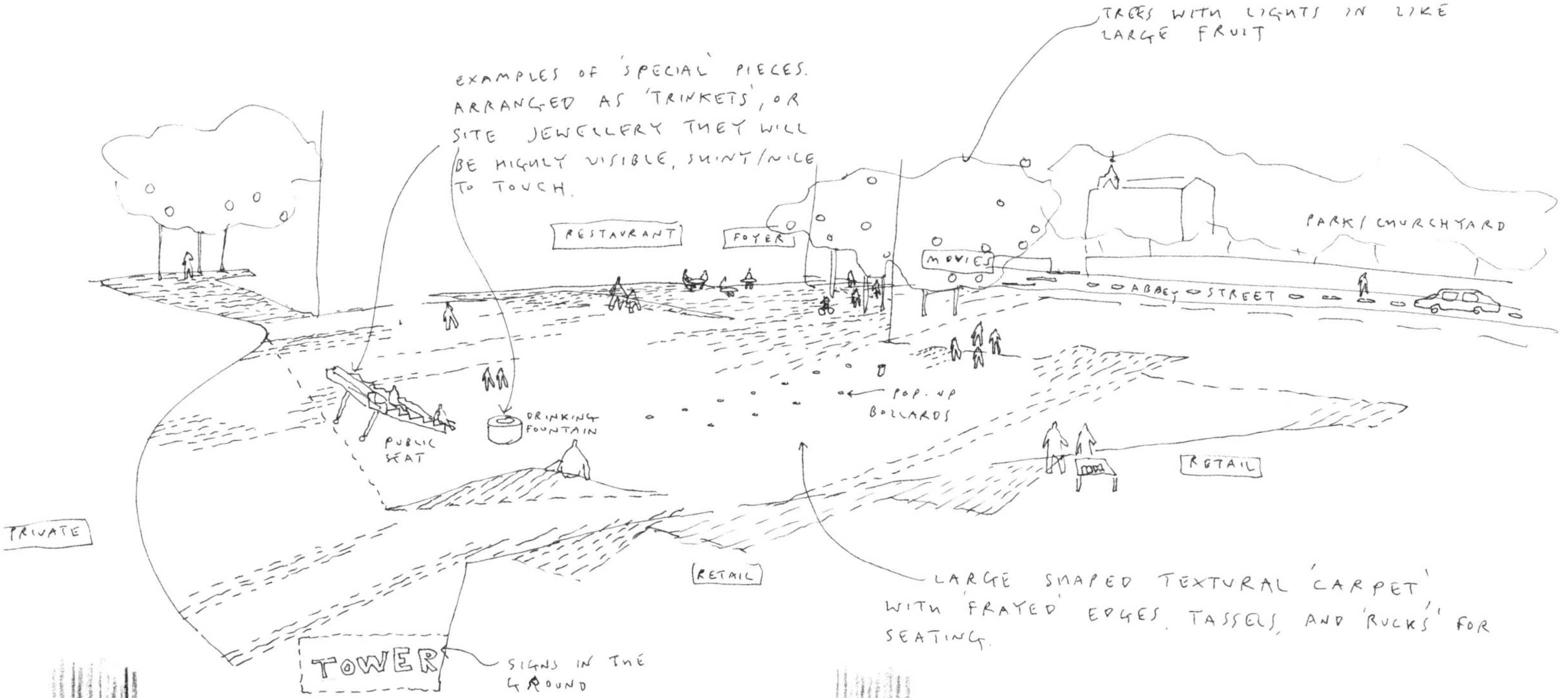

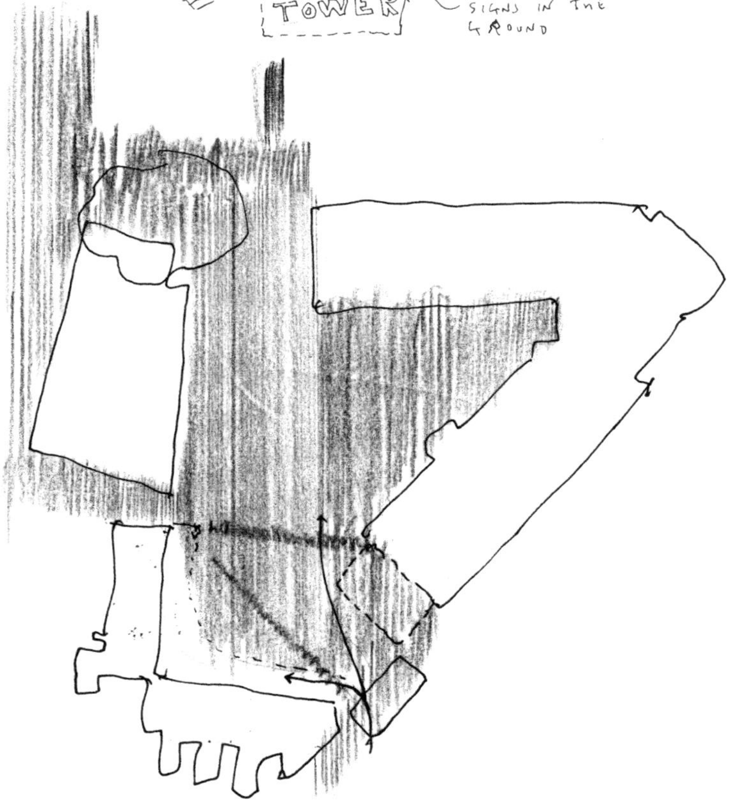

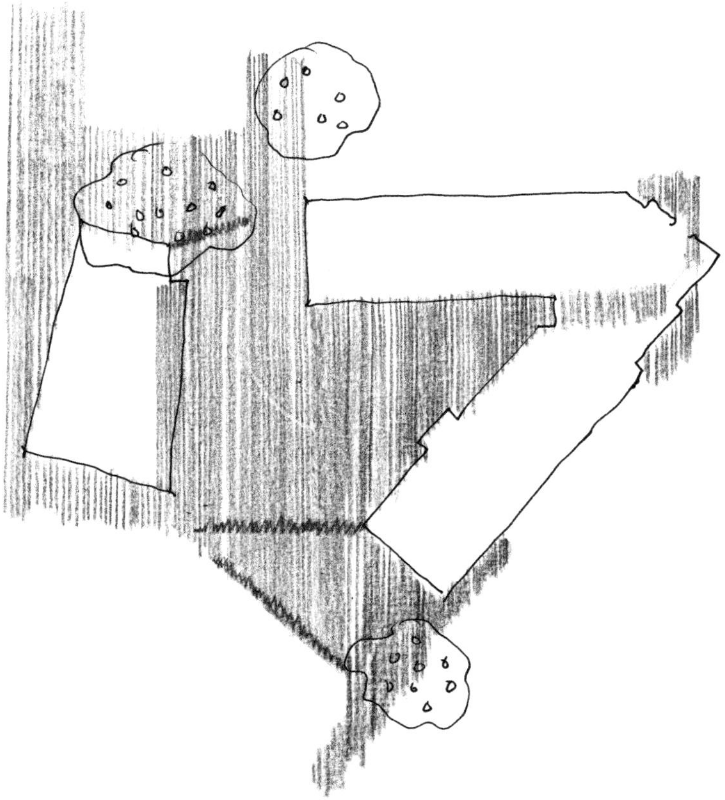

EAST事务所（EAST）

“我们的图纸往往是大量、但是易损坏和奇怪形状的纸片。我们把越来越多的小块纸片粘在第一个图纸上，以适应不断发展的设计，这是用四只，甚至是六只手画图，感觉就像一个场合，每个人坐在桌子边，兴奋地交谈，增加更多的细节，因而桌上的东西变得复杂和全面。”英国 EAST 事务所的建筑师说。

这种协作性工作有利于创作中回忆现场调查和交谈，口头上和在纸上解释清楚各自头脑中的图像。“它是大家互相帮助的工作方式。一位建筑师画得越多，我们记得的越多。”

在这些页，伦敦柏孟塞广场（Bermondsey Square）从一个带注解的总平面草图和涂鸦［121］发展到一个图片拼贴起来的方案［120］。设计过程中图示了它设计的奇特方式，这种方式是对伦敦法灵顿（Farringdon）城市设计研究的“图案”图解［122–123］。

对于 East 事务所来说，这些初始的草图是创建关于城市状况复杂性的一个共享理解，也是尝试暂缓不做判断和设计冲动一段时间，进而感受到场所本身的意义。使用细黑笔在不断扩大的素描纸画画，不能画的要写出来，设计的过程中逐渐建立起这样的共识：设计过程是一个反复渐进的过程，而不是多中选优。

成果模型通常被保存和珍惜，但呈现 EAST 事务所设计灵感的那些超尺度的、粘在一起的一页页纸，都被塞进 A3 文件夹堆叠起来。“有时候带有喜悦的小冲击，我们再一次遇到它们，但更多时候它们最终被丢失、遗失、遗忘，直到又出现了一个好主意。”

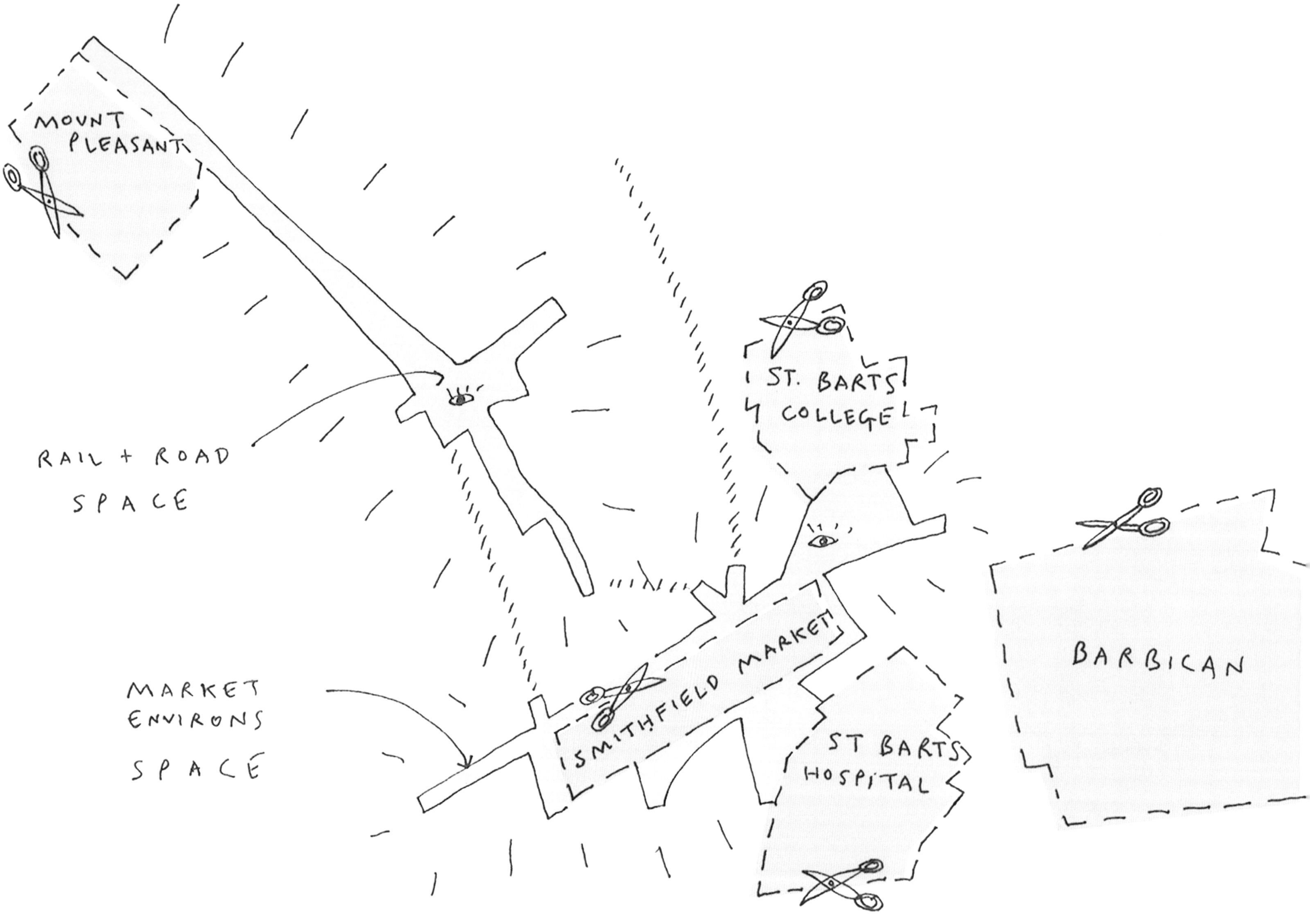

MOUNT PLEASANT

ST. BARTS COLLEGE

RAIL + ROAD SPACE

BARBICAN

SMITHFIELD MARKET

MARKET ENVIRONS SPACE

ST BARTS HOSPITAL

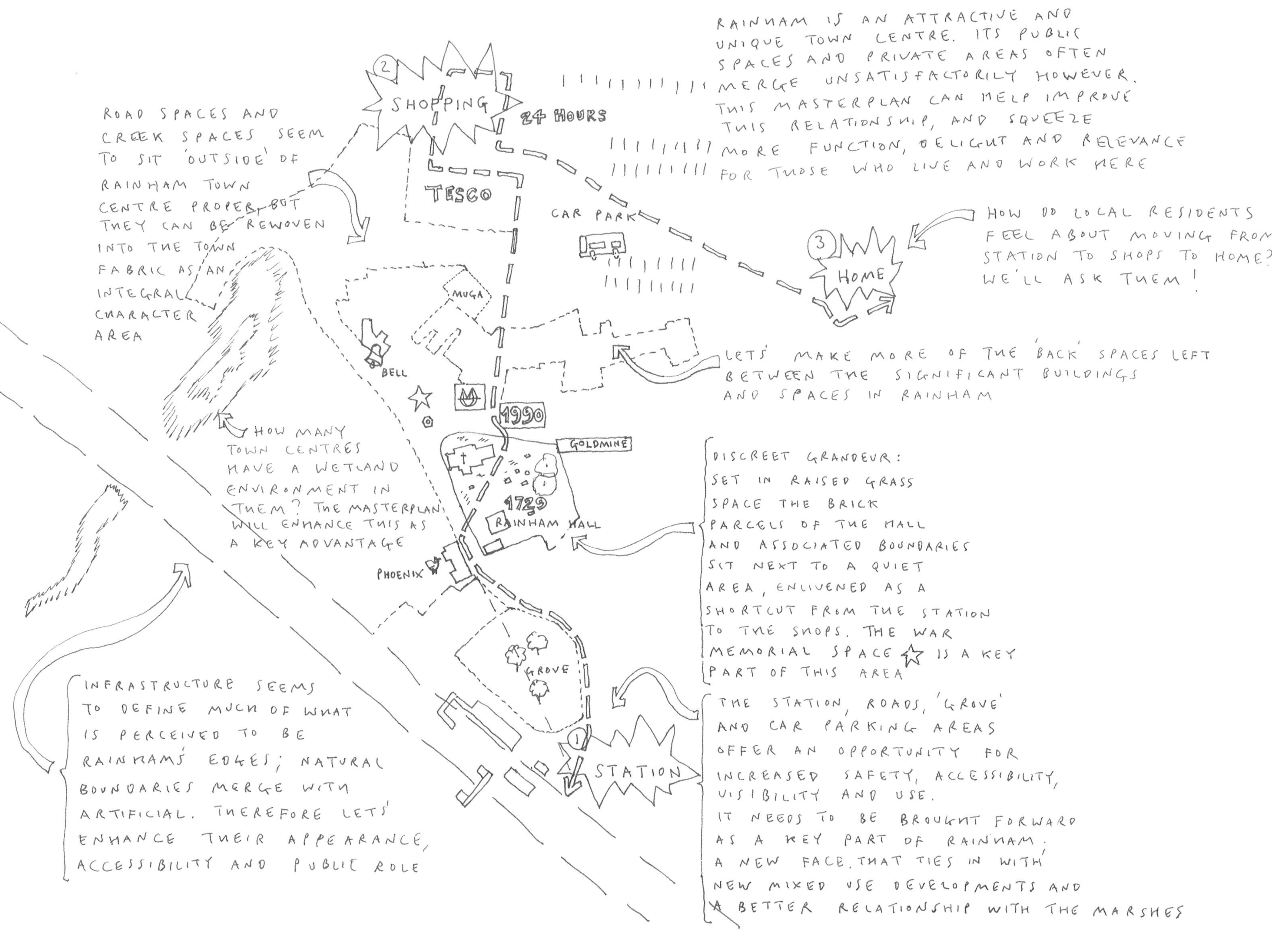
RAINHAM IS AN ATTRACTIVE AND UNIQUE TOWN CENTRE. ITS PUBLIC SPACES AND PRIVATE AREAS OFTEN MERGE UNSATISFACTORILY HOWEVER. THIS MASTERPLAN CAN HELP IMPROVE THIS RELATIONSHIP, AND SQUEEZE MORE FUNCTION, DELIGHT AND RELEVANCE FOR THOSE WHO LIVE AND WORK HERE
2
SHOPPING
24 HOURS
TESCO
CAR PARK
ROAD SPACES AND CREEK SPACES SEEM TO SIT 'OUTSIDE' OF RAINHAM TOWN CENTRE PROPER, BUT THEY CAN BE REWOVEN INTO THE TOWN FABRIC AS AN INTEGRAL CHARACTER AREA
3
HOME
HOW DO LOCAL RESIDENTS FEEL ABOUT MOVING FROM STATION TO SHOPS TO HOME? WE'LL ASK THEM!
MUGA
BELL
LETS' MAKE MORE OF THE 'BACK' SPACES LEFT BETWEEN THE SIGNIFICANT BUILDINGS AND SPACES IN RAINHAM
1990
HOW MANY TOWN CENTRES HAVE A WETLAND ENVIRONMENT IN THEM? THE MASTERPLAN WILL ENHANCE THIS AS A KEY ADVANTAGE
GOLDMINE
1729
RAINHAM HALL
DISCREET GRANDEUR: SET IN RAISED GRASS SPACE THE BRICK PARCELS OF THE HALL AND ASSOCIATED BOUNDARIES SIT NEXT TO A QUIET AREA, ENLIVENED AS A SHORTCUT FROM THE STATION TO THE SHOPS. THE WAR MEMORIAL SPACE ☆ IS A KEY PART OF THIS AREA
PHOENIX
GROVE
1
STATION
THE STATION, ROADS, 'GROVE' AND CAR PARKING AREAS OFFER AN OPPORTUNITY FOR INCREASED SAFETY, ACCESSIBILITY, VISIBILITY AND USE. IT NEEDS TO BE BROUGHT FORWARD AS A KEY PART OF RAINHAM. A NEW FACE THAT TIES IN WITH NEW MIXED USE DEVELOPMENTS AND A BETTER RELATIONSHIP WITH THE MARSHES
INFRASTRUCTURE SEEMS TO DEFINE MUCH OF WHAT IS PERCEIVED TO BE RAINHAM'S EDGES; NATURAL BOUNDARIES MERGE WITH ARTIFICIAL. THEREFORE LETS' ENHANCE THEIR APPEARANCE, ACCESSIBILITY AND PUBLIC ROLE

124
125

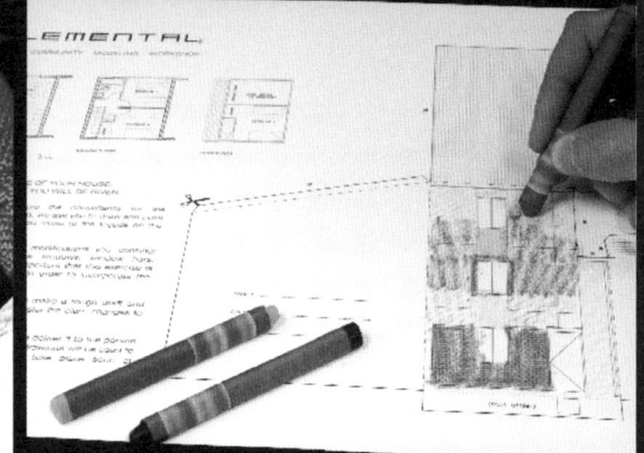

124–125

ELEMENTAL事务所

兼为建筑师和执行董事亚历简德罗·阿拉维纳（Alejandro Aravena）注重使用创新并具有成本效益的方法解决大问题。他说“如果当今世界上有任何共识，那就是我们需要改正社会的不平等。”

希望把贫困家庭不是安置在智利、圣地亚哥的郊区，而是在城市的中心区，那里建成的价值会更高，因此使新的业主受益。Elemental事务所设计分期完成的住宅，当他们有钱时，业主将完成全部建造。

构建我们自己的未来（Construyendo Nuestro Futuro）项目[124-125]由1.5米结构性的分隔墙组成，两层楼高。这包括建筑所有最复杂的部分：浴室、厨房、楼梯、管道。从下一个墙开始它全长3米，方便家庭的空隙空间可以以自己的方式扩大，使他们的住宅对他们来说是有专属特征并独一无二的。

建筑师使用一个简单的工作表、建筑布局规划和建筑纸板模型为未来的购房者解释他的意图。居住者被鼓励装饰和装配模块住宅——一个鼓励他们参与这个项目的有趣试验。

最后，当预算只够我们做一半的工作，我们怎么做？阿拉维纳说。我们选择建造一个家庭将永远无法自己实现的那一半。我们成功地使用建筑工具，回答如何克服贫穷这个非建筑问题。房子的其余部分取决于居民。

126–127
128–129

埃利奥特建筑师事务所（ELLIOTT + ASSOCIATES）ARCHITECTS

埃利奥特建筑师事务所的设计哲学从空间反映业主独特个性的理论中形成。“我们不做千篇一律的设计，每个项目，和每个客户一样，是独一无二的。”兰德·埃利奥特说。

“在俄克拉荷马州，埃利奥特因其设计项目不仅适应各自的地段，而且看起来简直是从地面上生长出来而著称，比如麦昆小屋[126-127]。他以一种费力的方式——始于生动的描述，描述项目精神的单一单词、句子、段落或诗，来做设计。埃利奥特解释说，“语言没有形式——他们允许早期思想没有格式化的预想。爱上画图很容易，我尽量避免这个陷阱”。

为了找到突破的想法，数百字的文字描述和草图之后，设计概念随之而来。埃利奥特使用最初的笔记：这些涂鸦和文字随后被扫描并打印成大卷轴，在客户的脚下展开。“我在地板上展开卷轴，我们沿着纸的边缘一边走一边与我的客户评论每一个草图。”到目前为止最长的画卷 32 米。

“我不关注漂亮的草图，而是关注可以讲述一个故事的文字、思想和情感。我的设计方法受单一概念的驱使。许多想法中的一个将成为相应的解决这个特定问题的方法。早期的草图和描述性文字在最终的设计中得以实现和可见。”埃利奥特说。“这些草图对我很重要，我目前正在画我的第 28 册随笔集。一旦完成，它们被视为珍宝被保存起来。”

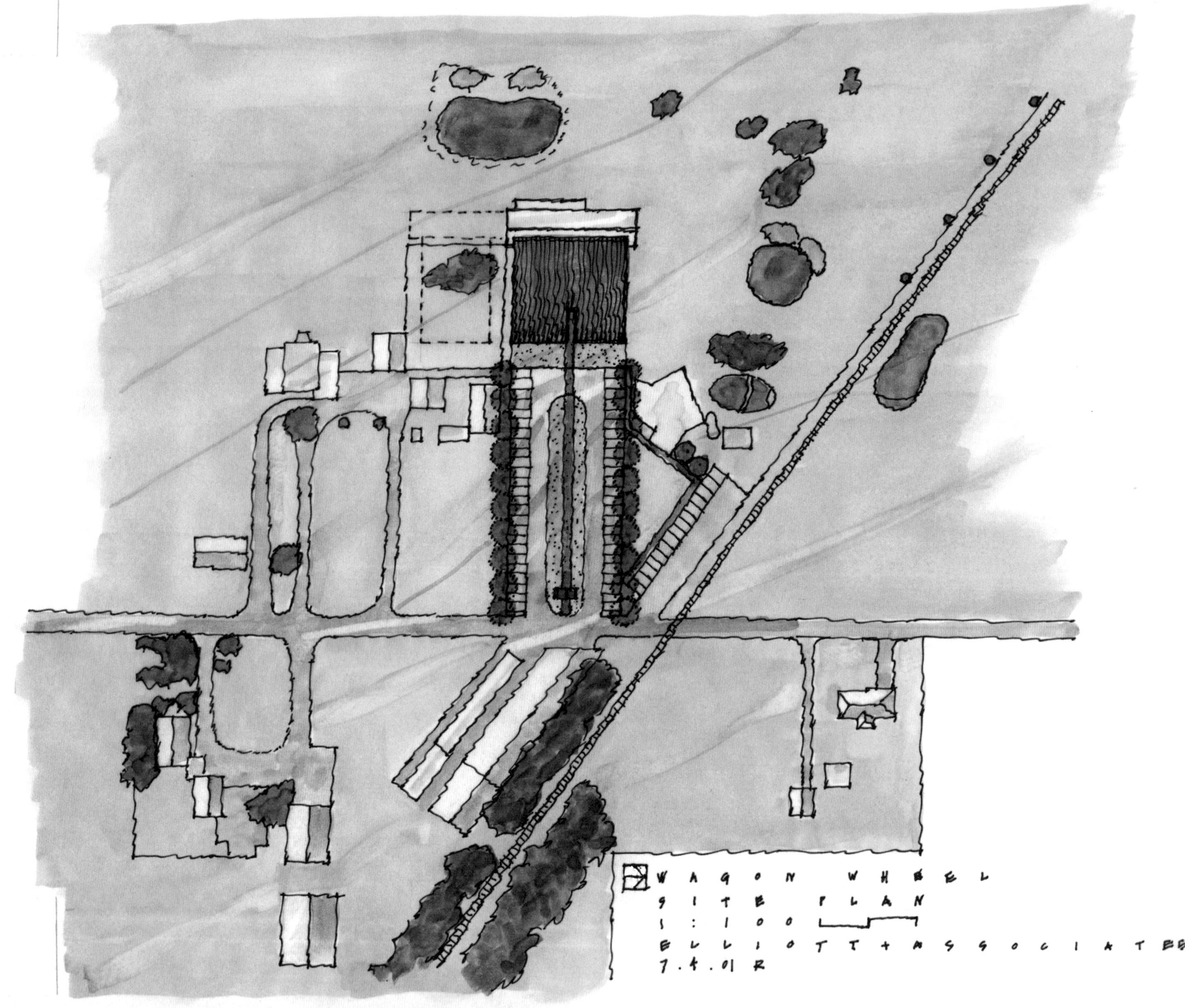
WAGON WHEEL
SITE PLAN
1:100
ELLIOTT + ASSOCIATES
7.4.01 R

East
· connecting the earth and the sky
1:20
5.2001 Wagon Wheel
GROW
SPIRIT
LIGHT
SUN
SHADE
VIEW
HORIZON
RT 66
SUNSET
RUST
OPEN
FIRE
REFLECTION
WHEAT
RED DIRT
BURROWS
SUNRISE
· make the entry "icon" free...
Brick veneer
no panorama view...
simplify
closed sides – no 180° view
· Horizontal window to North...
· move 1 chimney?
· earth form...
· protected N wall...
· stone or brick
Brick or stone wall supports... versus rusting steel panels?
Brick form punches thru roof @ kitchen
put a fire pit on patio not chimney...
chimney is outboard of roof edge... steel chimneys
too busy?
· North elevation = Horizontal window
· rusting steel chimney...
· Brick or stone
is it friendly...

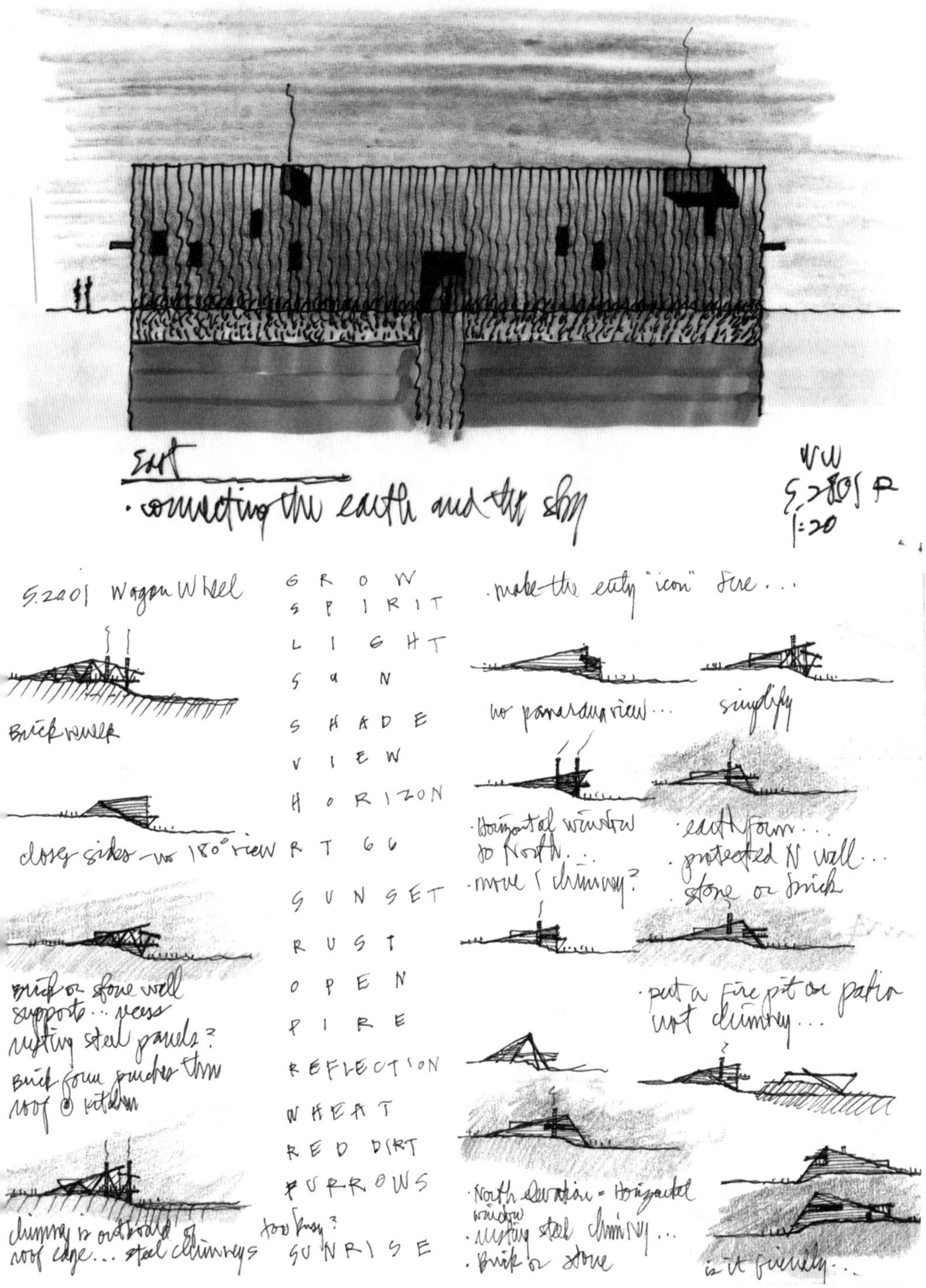

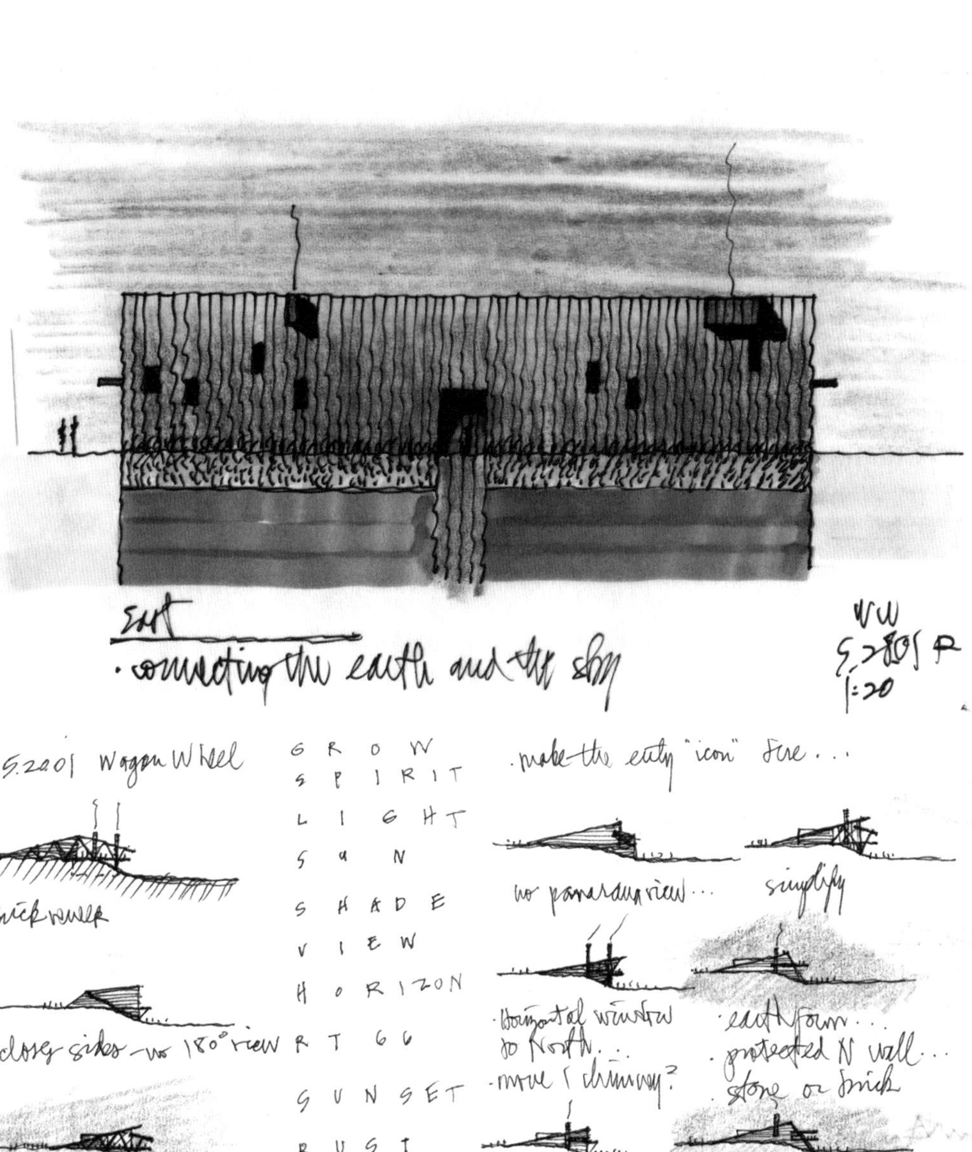

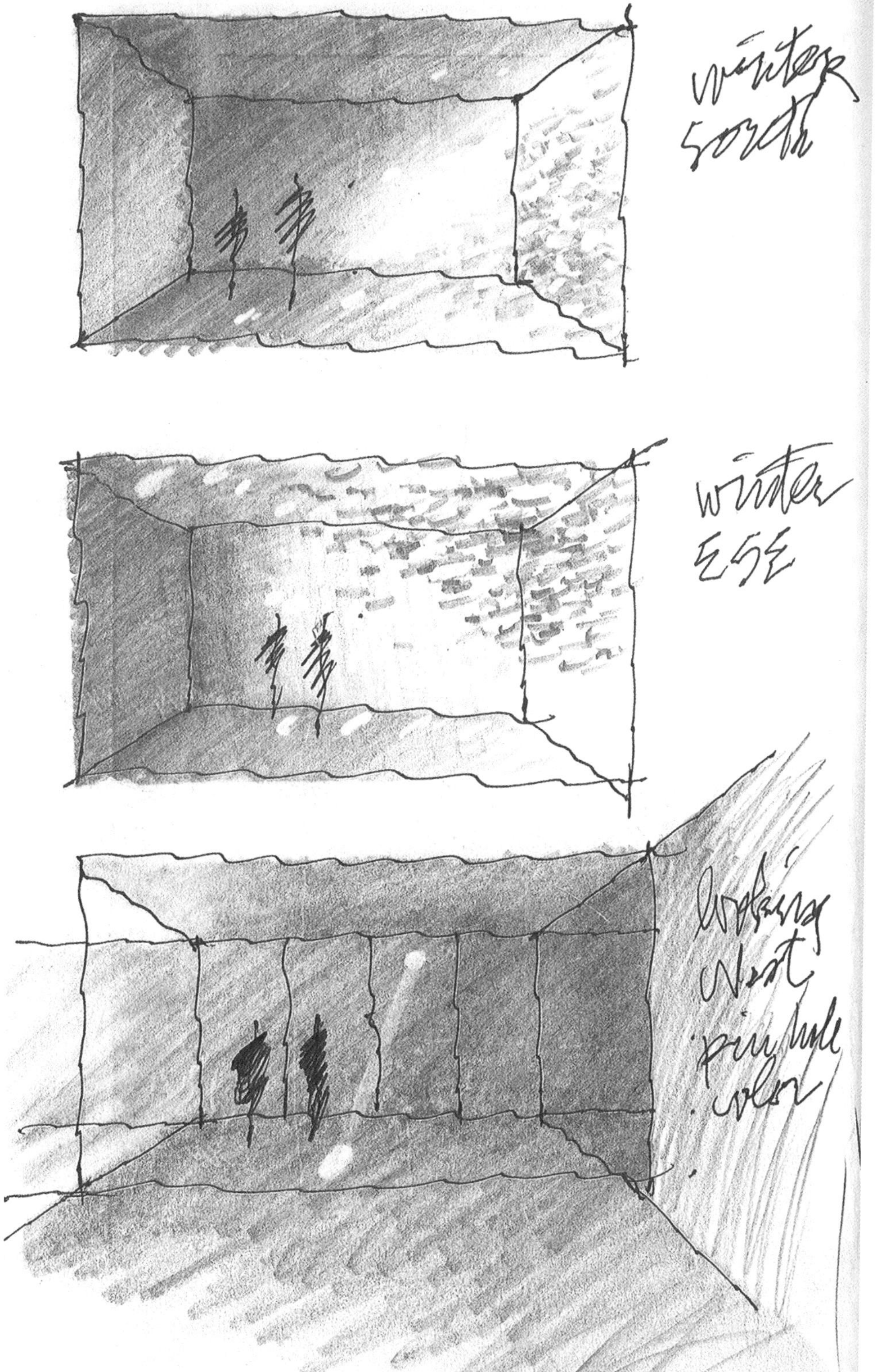

winter South
winter ESE
looking West
· pin hole
· color

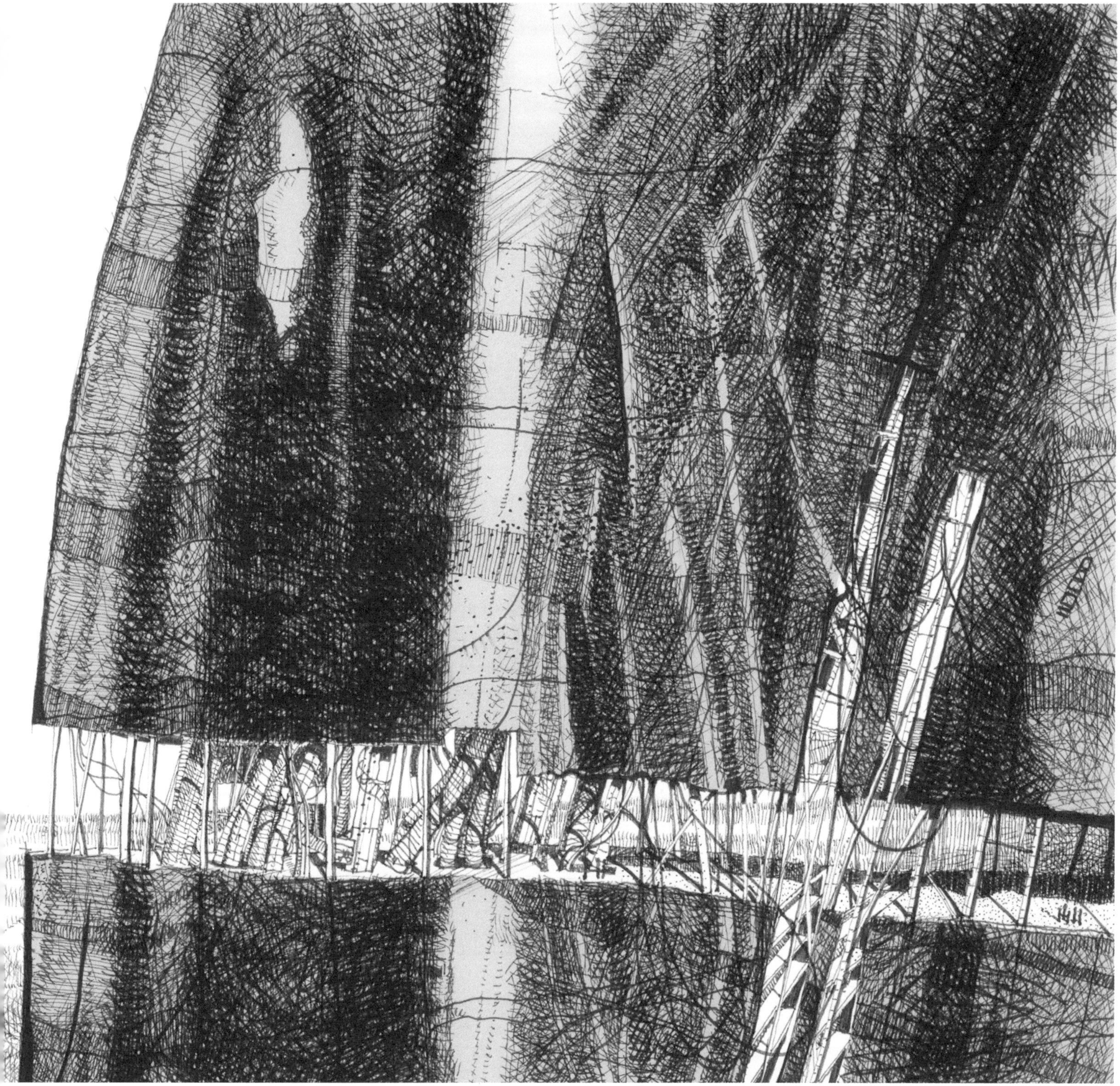

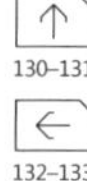

本·埃米特（BEN EMMETT）

由建筑师本·埃米特绘制的大量图纸在他的头脑中不断盘旋。“大尺度的墨水和铅笔草图表现田野中光线的明暗强度，只有花费时间穿梭于景观场地中，才能得到痕迹创作的活力，描绘一个神秘而陌生的氛围。”埃米特说。

作为一位诗人，同样作为一名建筑师，埃米特热爱英格兰西部乡村的家乡。他的很多灵感都来自于在各种天气条件下的散步和绘画。“从生活中汲取灵感、捕捉场所精神是很重要的。露营使我完全沉浸在自然风景之中。草图的灵感来自自然风光、神话和故事。画草图的过程会与一个神话诗意的叙述产生关联，我可以想象结构是景观中不可或缺的一部分。”

在埃米特的图纸中，结构从来没有完全显露出来，在虚拟的结构和事件上使用宏大场面和小型建筑时，将参与者进画进建筑形式和景观中。

埃米特的作品主要用钢笔、墨水和铅笔，完成细节精美和华丽色调渲染的单色表现。他借鉴了当代和古代建筑案例来说明建造/或拆解过程中的结构。

有时，通过立面内部设计显露出来，或立面被剥离去展现隐藏的结构。埃米特成为一名建筑师的正规训练从他使用当代建筑构件（钢铁、混凝土、线路、管道系统）一目了然，然而，这些材料均巧妙地用这样一种方式，以便同时唤起神秘的感觉。

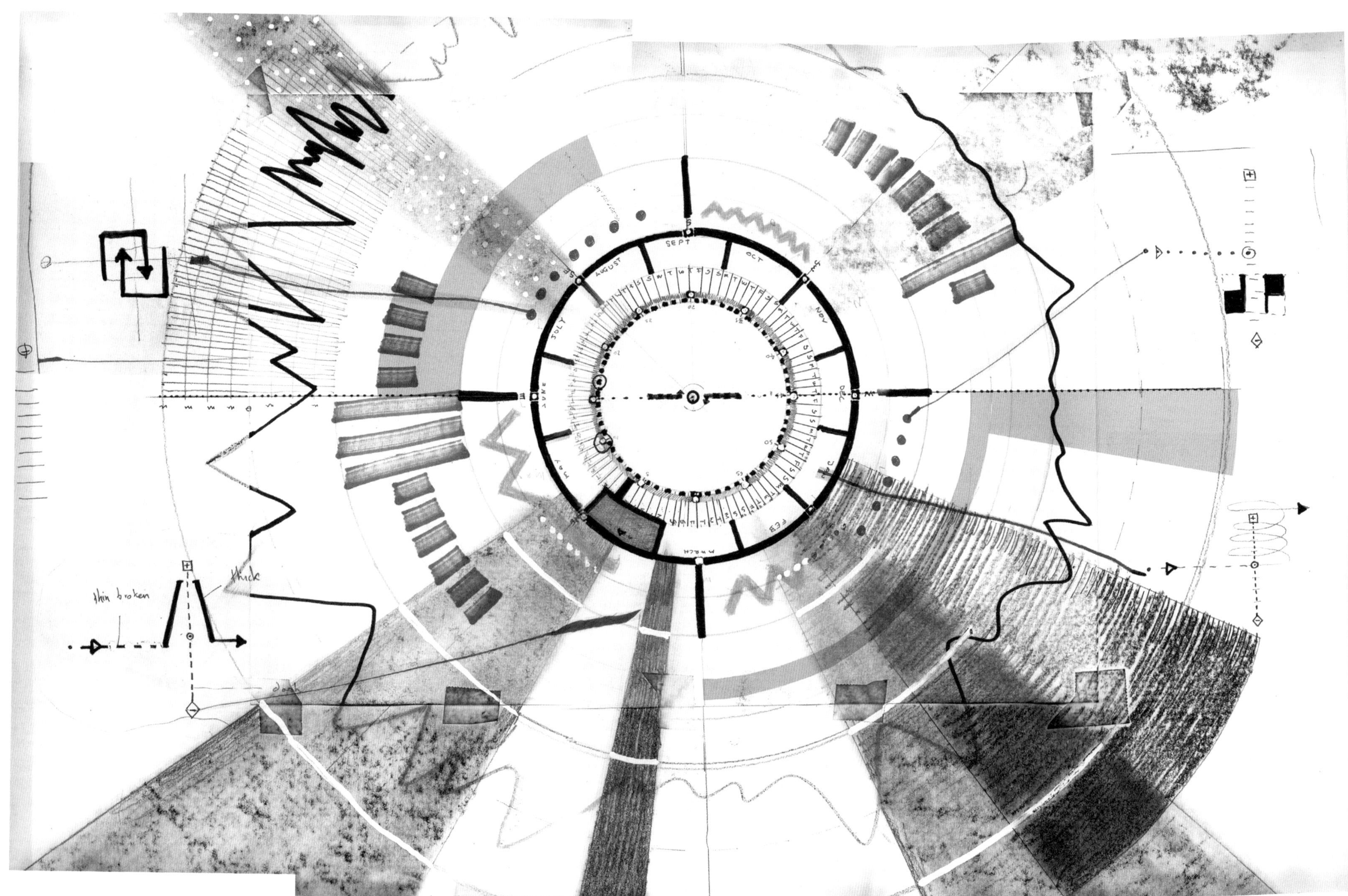
SEPT
OCT
NOV
DEC
FEB
MARCH
MAY
JUNE
JULY
AUGUST
thin broken
thick

134–135

136–137

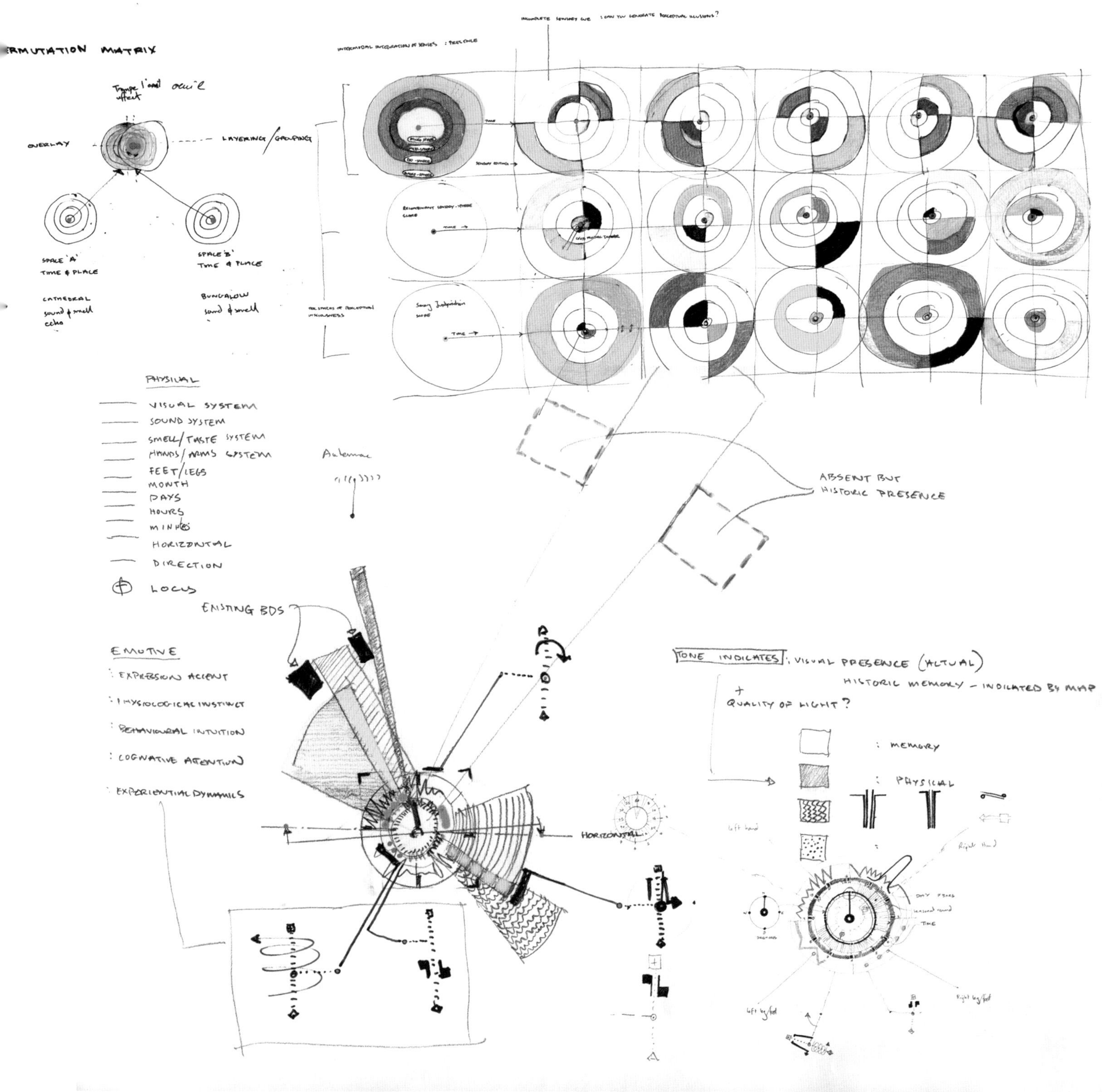

马修·埃米特（MATHEW EMMETT）

“设计使空间和时间具有生气，代表精神的、感官的和物质创造的实践。图纸放大了想象力，加强了理论并且转化信息——传输编码，传递在认知、知识、操作和沟通之间的信息。”英国建筑师马修·埃米特说。

埃米特的项目表现出他所谓的不同带宽的建筑思维，从概念性勘探和研究，到测试和破译复杂的思维主导的脚本。所有这些过程寻求在技术和情感层面上传递信息。“通过绘制地图探索认知思考，在转换想象维度的过程中会更聪敏，能力更强。绘画是思考，就像模型是多维的视角，从不同角度看到图背后的概念。”他说。

埃米特的草图和模型开始非常散乱；初步尝试建立追问的线索。思考——草图通过提问发起问题，同时调查研究精神、感性和客观领域开始发现新问题。图表挖掘一个构思的可能性，将图纸或模型作为一种研究形式的方法，强调空间分析和多角度的调查。

这里所示的作品 [134–137] 是研究项目的一部分，旨在开发一种可视化统计分析的协调工具。该项目使用过程定位的设计方式展示了对空间系统的探索和在空间结构研究的新发展。埃米特说，他的理论“产生了多维几何图形，推动了空间决策的限制和促进建筑设计的新形式 / 体系”。

BOTTLED MESSAGE
FANTASTIC NORWAY AS
NORWAY IS NOT ROSE PAINTING AND FOLK DANCING
NORWAY IS COAST
LIVING IN A COASTAL CULTURE IS LIVING IN RISK
COASTAL CULTURE IS BY NATURE MODERN
COASTAL CULTURE IS BY NATURE UNPREDICTABL
THOUGH, ONE THING IS CERTAIN:
SOMETHING WILL HAPPEN

梦幻挪威建筑事务所（FANTASTIC NORWAY）

该事务所由 Hakon Matre Aasarod 和 Erlend Blakstad Haffner 创办，其建筑创作过程中使用一种多样的、非常规的媒介和方法交流设计和目标。考虑到传统建筑语言的局限性，梦幻挪威事务所利用特殊媒介如动画、电视和展览表达建筑理念。

漂流瓶[138-139]是一部探索挪威民族特征和沿海文化的动画片。这部动画片通过描述一个小的传统民居，表达开始一个非凡的旅程的概念。这个故事一开始的画面是挪威沿海被遗弃的城市和没落的村落。纵观历史，这些定居点一直依赖的是神秘莫测的海洋——它可以为社区带来水手和旅行者（连同他们鲜为人知的传统和工具）或者它也同样能摧毁相同的社区。

随着动画片情节的展开，一间破旧的小房子在多风的海斯特岛（Hysvaer）上显露出来。“海滨的房屋不应该被连接进大陆，它们应该是松散和自由的。”哈肯·马特评论道。梦幻挪威的建筑职责是用房子外挂的镜子来反映它周围的人和文化。房子的压缩盐地基被水腐蚀，随着时间的推移慢慢溶解。因此，一接触到水，房子就像艘船一样漂浮，会遇到到著名的地方、陌生的环境和新的文化。最后，到达一个地方，固定下来。

“滨海的特征不是稳定或常态，而是一个短暂的和不断变化的概念。架构在这些地方必须为有一天会发生的未知情况作好准备。”哈肯警告说。

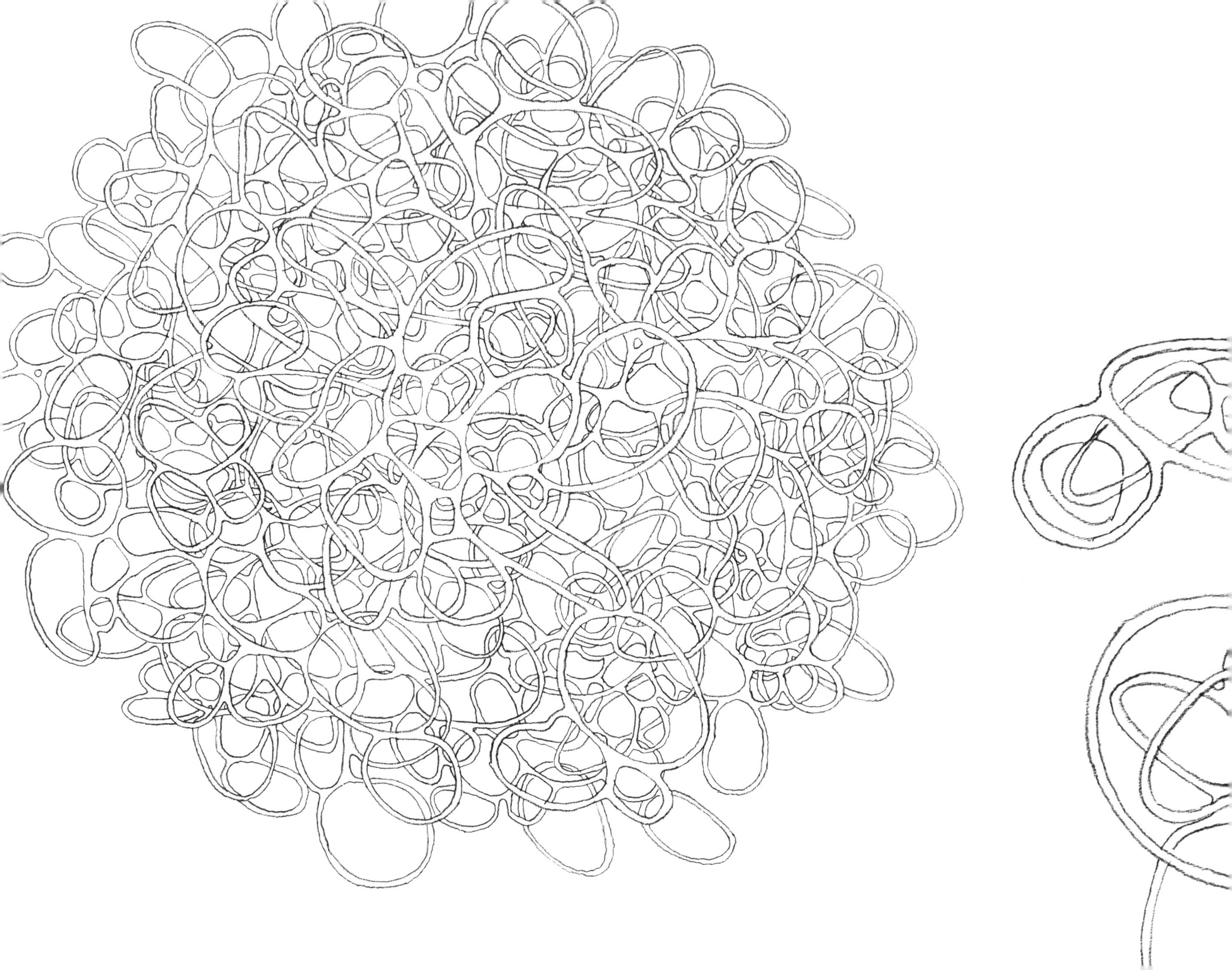

140–141
142–143

托姆·福德斯（THOM FAULDERS）

美国建筑师、教授托姆·福德斯（福德斯工作室的创始人）挖掘出了空间、感知和文脉之间的联系。他的成果呈现在在场粒子反射[140–141]和变形住宅[142–143]——将建筑实践放置于“关于客户和环境之间动态交流关系的行为研究和资料调查”这样一个更广阔的背景中。

这种建筑创作的前瞻性方法通常是那些迷恋数字设计的领域。然而，福德斯在几乎他所有的项目中都使用草图并且懂得“建筑随笔”这种最古老的形式的重要性。

“数字设计图纸开始之前，我会在一堆白色的信纸大小的纸上画画——没有什么是珍贵的，只是我可以用图玩弄创意的普通空间，普通的、非线性的过程是重要的。我将重新修改图纸，扔掉一些，其他的粘贴在墙上。我还将把这些小草图扫描进电脑，放大它们，并打印出非常大的图像。最初的草图呈现出一个新的维度，一个能以更大比例进一步工作和发展的维度。”他说。

福德斯的建筑追求的不是静态形式或预先设定的空间形式，而是作为一个能够灵活调节的竞技场。他的设计是积极和感性的建筑，通过建筑及其环境之间自发的、不断变化的关系加以定义和明确地表达。

“这些简单的图纸是图解的构思，与概念性的文字一并使用，”他说。“通常在一个项目中开始的草图往往会被引入使用到另外一个项目。构思都是可移植的，并且可调节的。”

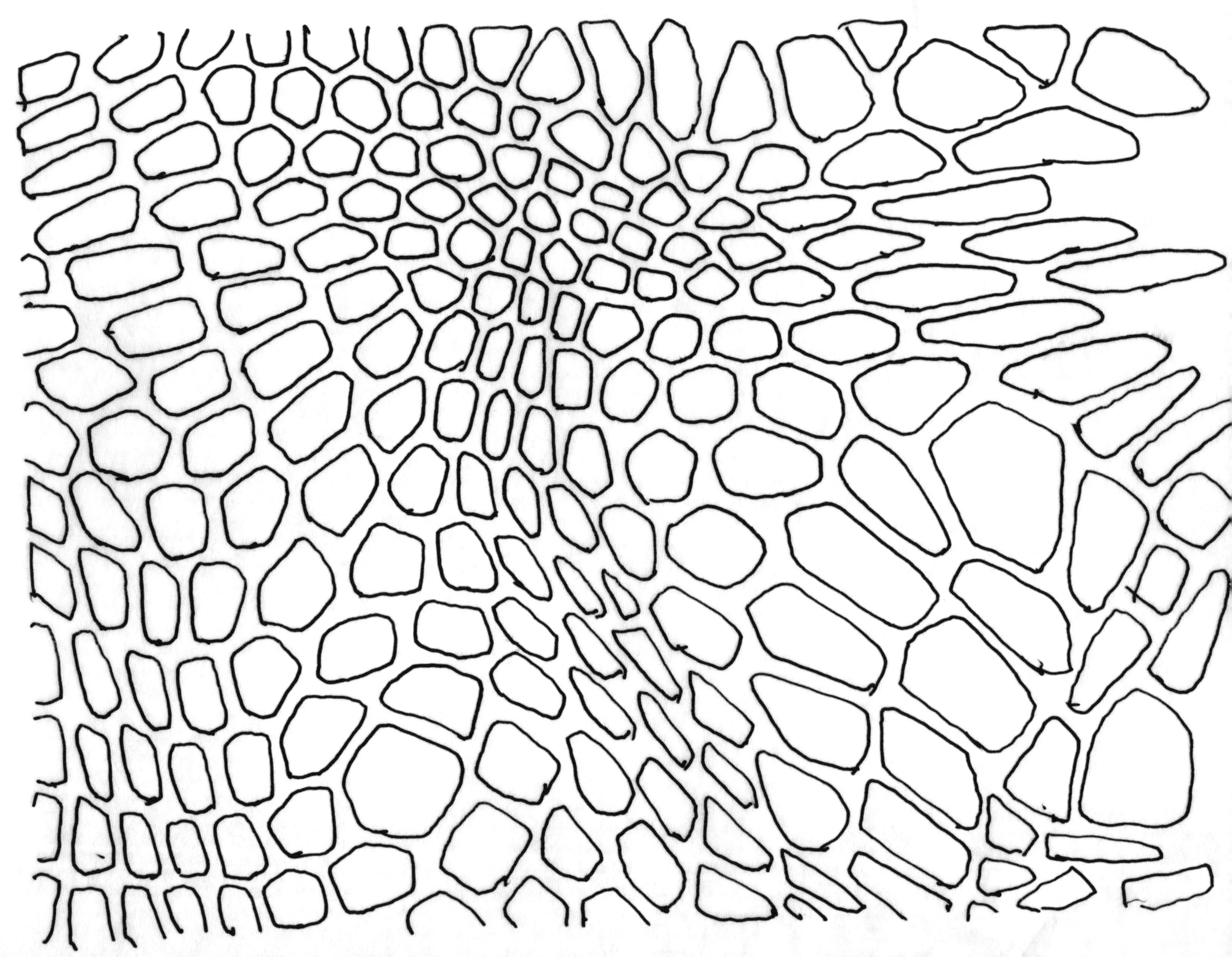

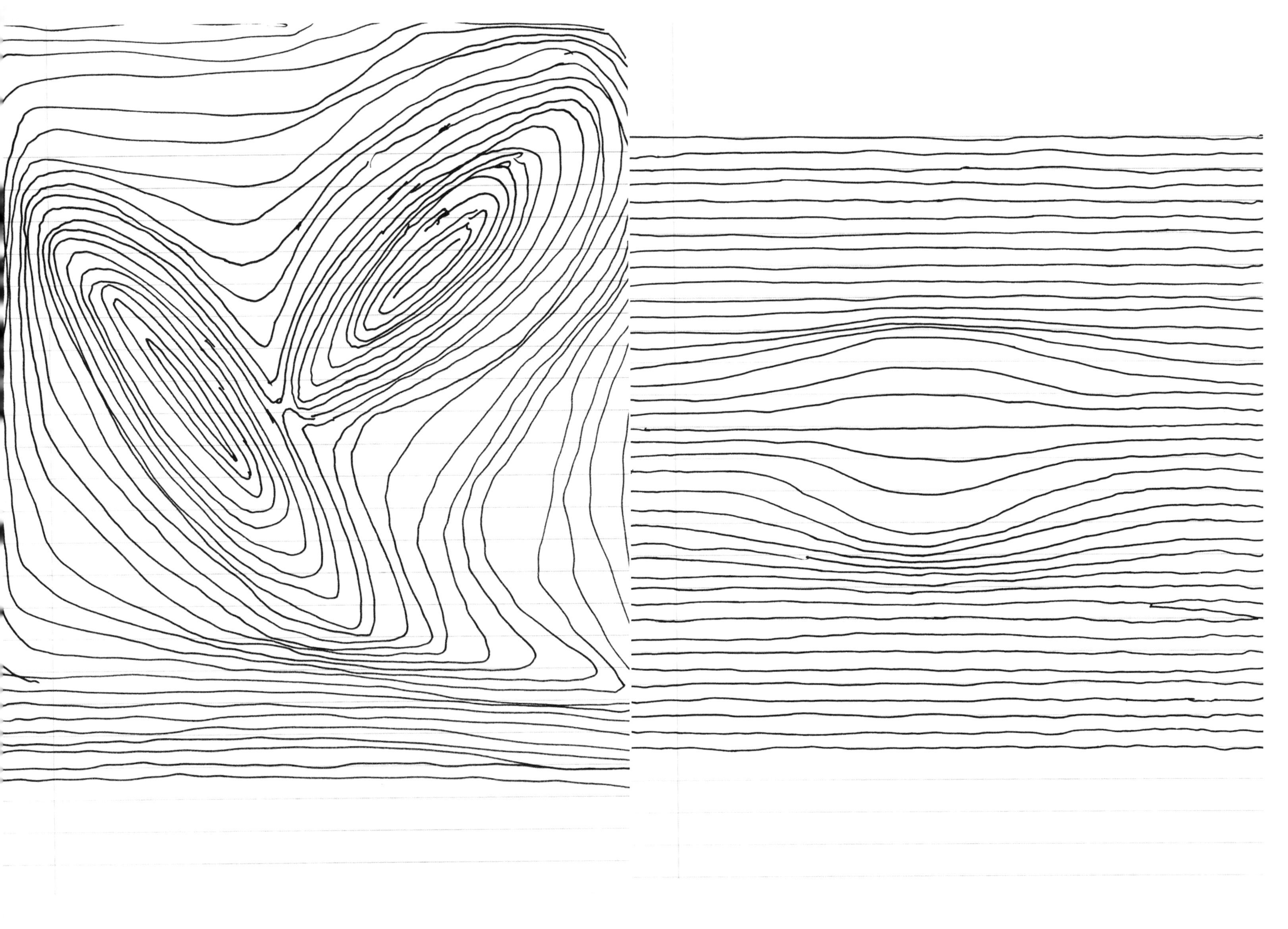

①
consider a hierarchy grids
grids within grids
more atmosphere!
← lower
+ ceiling plane
It has the potential to be much richer with shadows & traditional patterns
ABU DHABI
NF Feb 06
lower
FAX FOSTER NF Secretary London
004/006

144–145
146–147
148–149

诺曼·福斯特
（NORMAN FOSTER）

“我一直画画，”福斯特建筑事务所的创始人兼董事长诺曼·福斯特说，“虽然电脑已经彻底改变了我们的工作方式，我们还是坚持手绘，而且模型制作在我们工作室扮演着重要的角色。”这位令人尊敬的建筑师不认同学生的普遍想法，他认为复杂的计算机设备的已经以某种方式宣布无论小小的铅笔是不是过时，那都不重要。他声称：“铅笔和计算机非常相似，它们被人们驾驭一样地好。”

福斯特认为草图是一种沟通的方式。在会议或设计评审中，他用草图进行重要交流。“我发现在我交谈时粗犷潦草地涂写，在某种意义上它是交换意见的一部分。”比较领会福斯特的古典建筑尼姆艺术与媒体中心的草图［148–149］和在塞拉利昂整个项目的草图［146］，或未来之屋细部［147］，Scale-clad 办公大楼中，这些页面以哈萨克斯坦阿斯塔纳中央市场［144］和德国商业银行总部［145］的草图最有特色。

“建筑的至上原则——触觉细节，它们近的触手可及。草图，对我来说，是探索这些问题的一个重要的方式。”他说。

在福斯特建筑模型旁边的许多草图曾在世界各地展出，但对此他仍然保持缄默。“我从没想到草图珍贵，在过去，我很不愿意展示它们。我当然从来没有想到草图成为‘艺术作品’。”相反，他把它们看作在设计过程中的基石。“我总是因存在于草图中的潜力而兴奋。我有时陷入设计过程中，草图变得极为有趣，而且这些草图成为三维动画——更成为正式的图纸的基础，绝对是迈向一个新设计的第一步。”

A School
for Sierra Leone

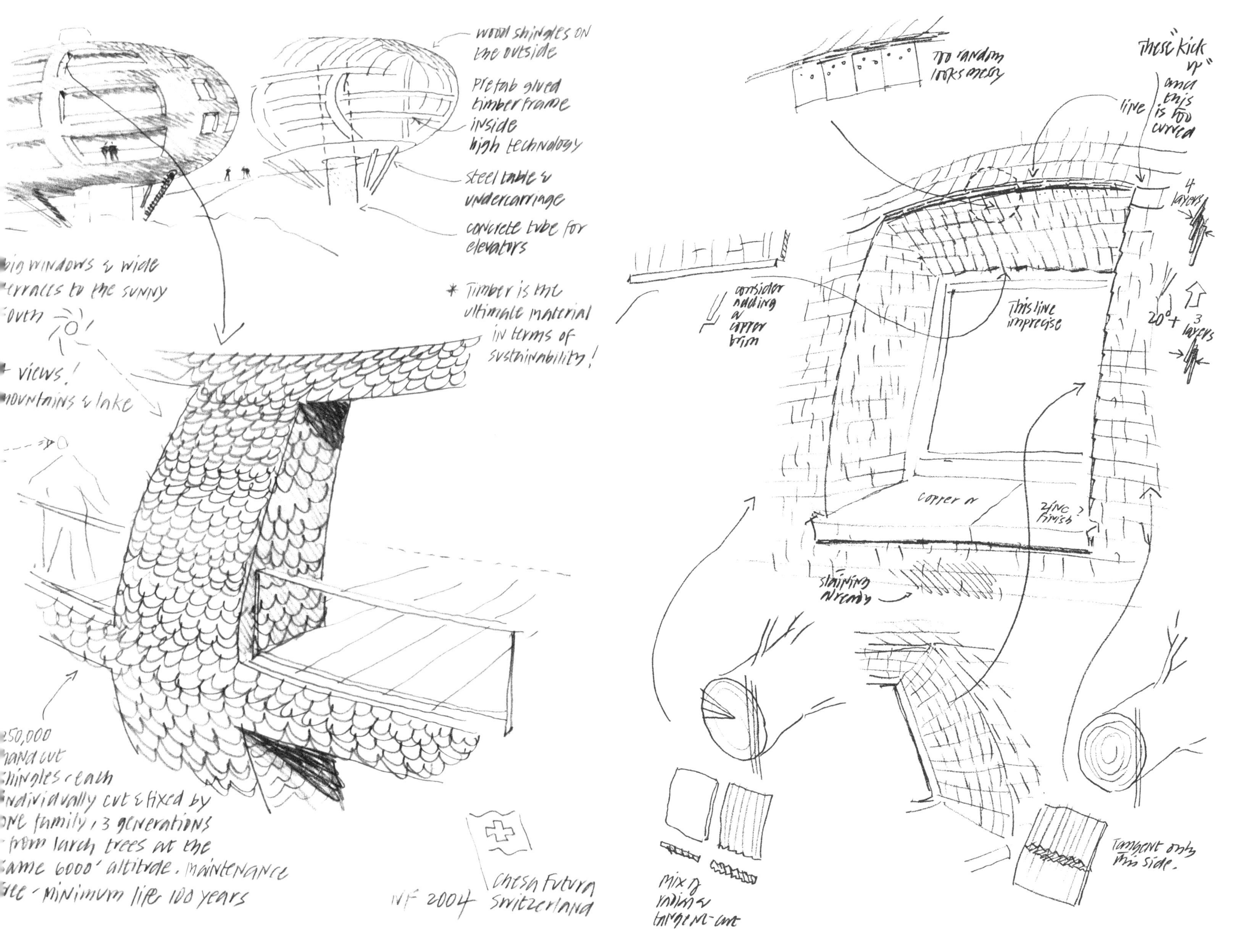
wood shingles on the outside
Prefab glued timber frame inside high technology
steel table & undercarriage
concrete tube for elevators
big windows & wide terraces to the sunny south
views! mountains & lake
* Timber is the ultimate material in terms of sustainability!
250,000 hand cut shingles each individually cut & fixed by one family, 3 generations from larch trees at the same 6000' altitude. maintenance free - minimum life 100 years
NF 2004
Chesa Futura Switzerland
Too random looks messy
These kick up and this is too curved
line
4 layers
20° + 3 layers
consider adding a copper brim
This line imprecise
copper or zinc finish?
staining already
mix of radial & tangent-cut
Tangent only this side.

LINKS WITH THE PAST · CENTRE FOR CONTEMPORARY ART & MEDIATEQUE · NIMES

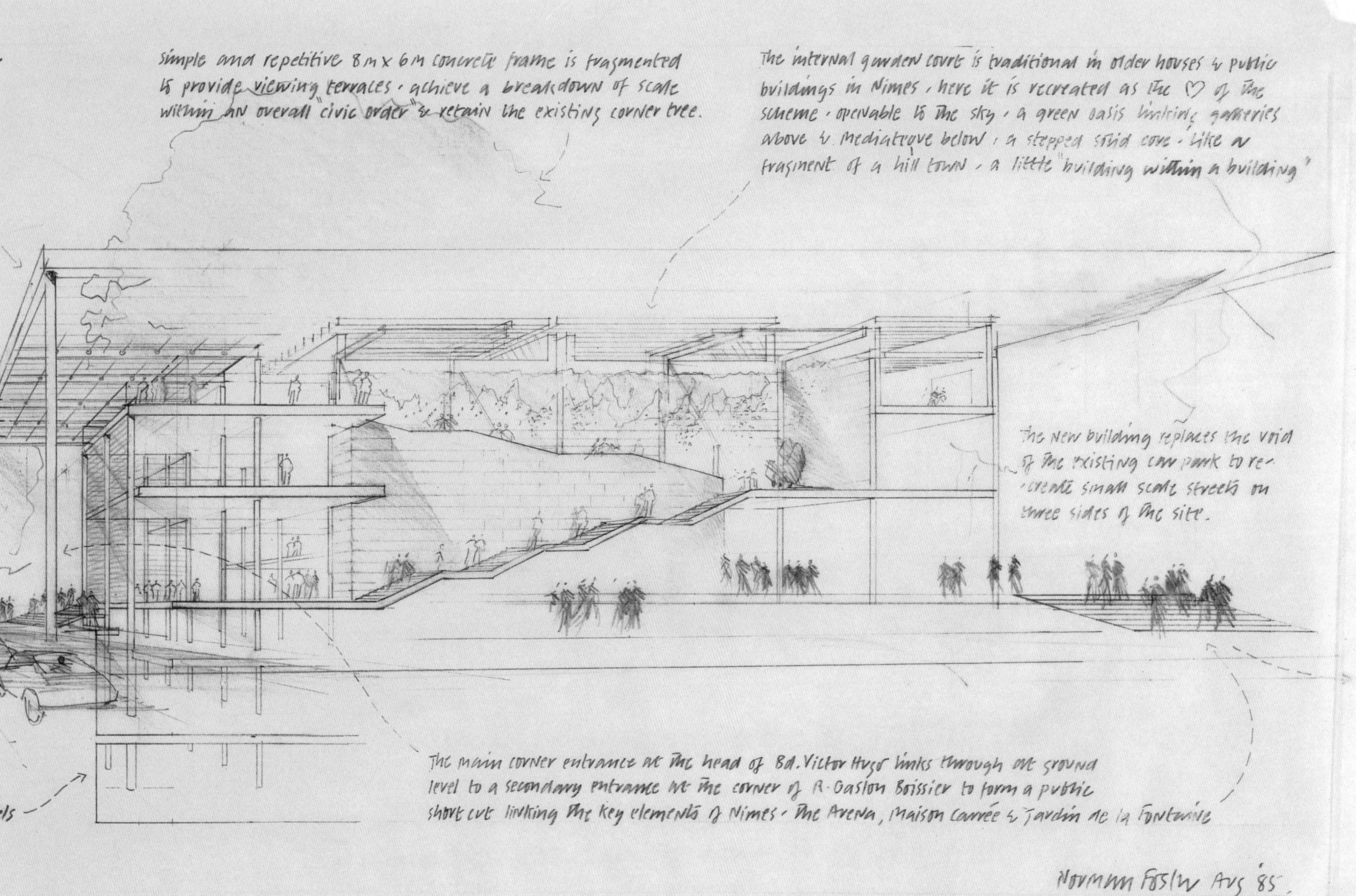

simple and repetitive 8m x 6m concrete frame is fragmented to provide viewing terraces · achieve a breakdown of scale within an overall "civic order" & retain the existing corner tree.
The internal garden court is traditional in older houses & public buildings in Nimes, here it is recreated as the ♡ of the scheme · openable to the sky · a green oasis linking galleries above & mediatheque below · a stepped solid core · like a fragment of a hill town · a little "building within a building"
The new building replaces the void of the existing car park to re-create small scale streets on three sides of the site.
The main corner entrance at the head of Bd. Victor Hugo links through at ground level to a secondary entrance at the corner of R. Gaston Boissier to form a public short cut linking the key elements of Nimes · The Arena, Maison Carrée & Jardin de la Fontaine
Norman Foster Aug '85.

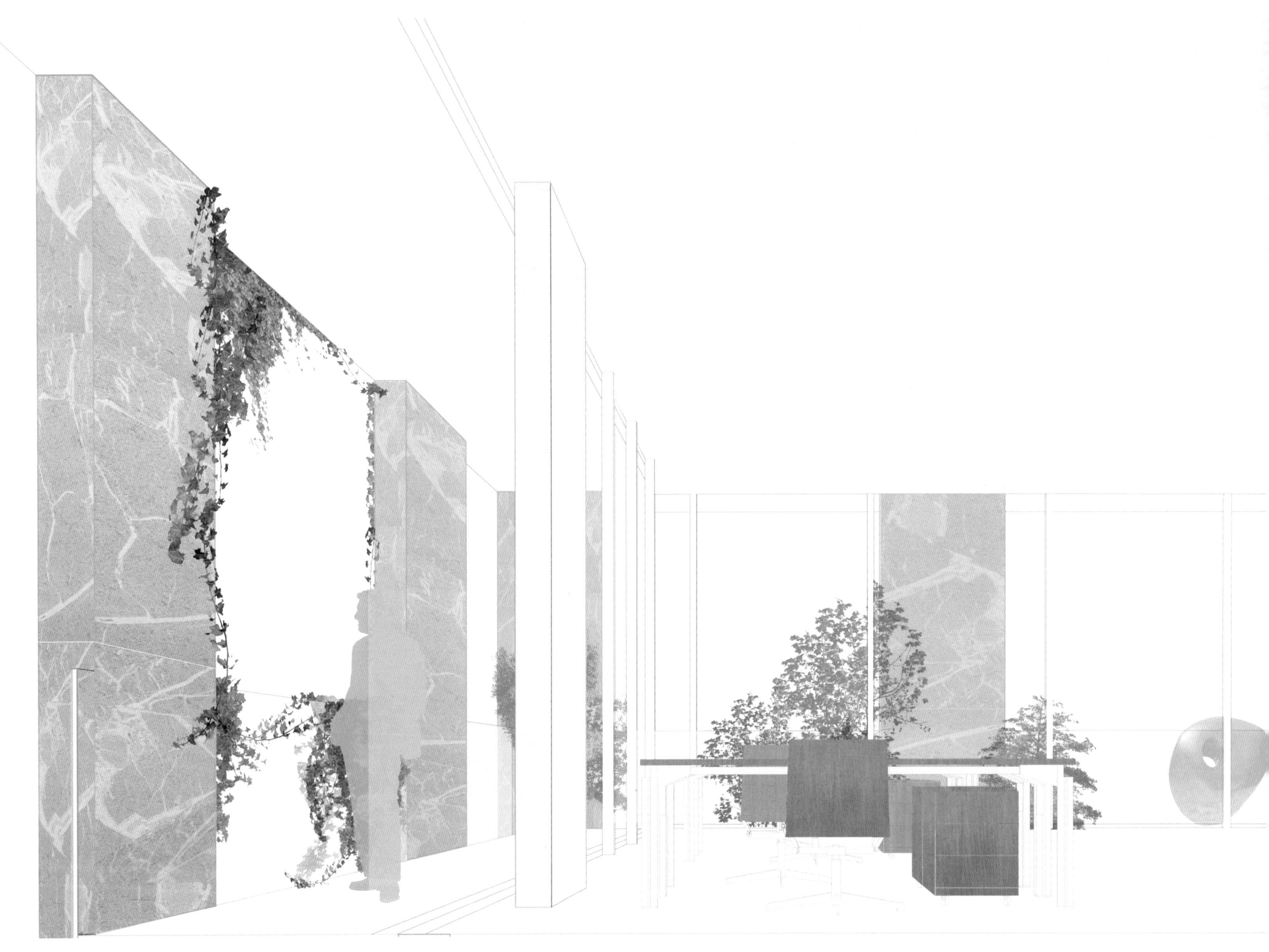

150-151
152-153

托尼·弗莱顿（TONY FRETTON）

托尼·弗莱顿事务所成立于1982年，由合伙人托尼·弗莱顿和詹姆斯·麦金尼负责，这家事务所在英国地区的艺术领域已产生很大的影响。他们的建筑作品包括伦敦里森画廊（Lisson Gallery）、新罕布什尔州视觉艺术中心以及在怀特岛（Isle of Wight）、纽波特（Newport）的码头视觉和表演艺术中心。

鉴于此，建筑的艺术性对弗莱顿而言极为重要："草图蕴藏着理念和形式发展的潜能。我的草图提供一个项目早期阶段的意象、概念的方向，以及如何将项目社会元素和语言付诸形式的想法。"

这两个项目这里的特色在于阐明从草图到模型的转换。比利时的行政中心［150-151，152，右；153，右］与丹麦艺术博物馆（Fuglsang Kunstmuseum）［152，左；153，左］，通过简单的草图和它们后续模型的形式加以表述。

弗莱顿也坚信，团结协作能取得最佳的设计。他和他的同事们以小组的形式研究和开发每个项目，然后这个设计定期进行较大团队的讨论。弗莱顿说："在整个过程中，我画的草图不仅指出解决项目的具体问题，而且还囊括了我曾经见过的其他建筑的内容，我认为这是沟通方面的问题。"

在设计过程中，草图从弗莱顿的写生簿中一页一页地被剪下，并按照项目文件存档，以便设计团队成员进行商讨。后来它们为了出版和可能举办的展览被扫描。

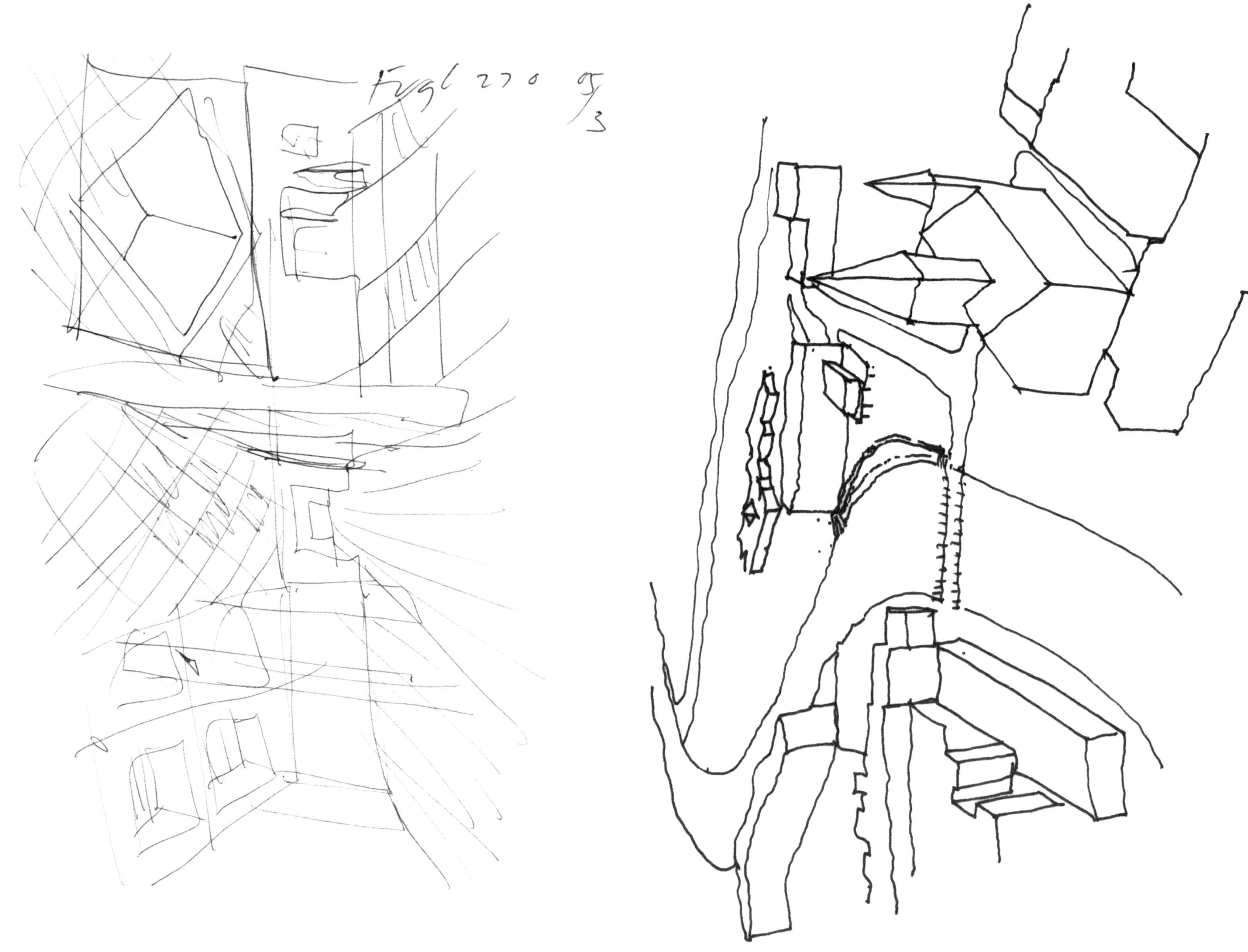
Fugl 270 05/3

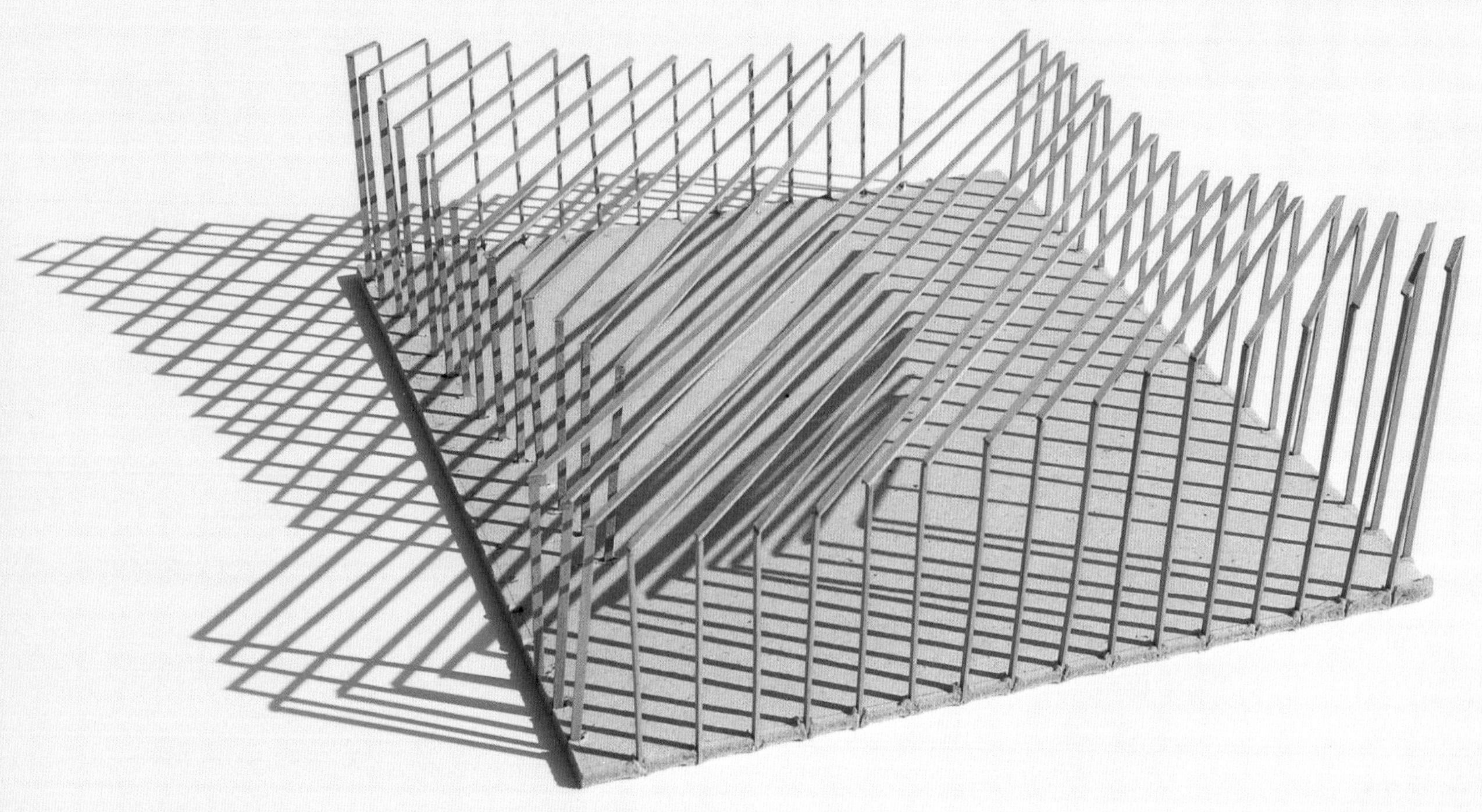

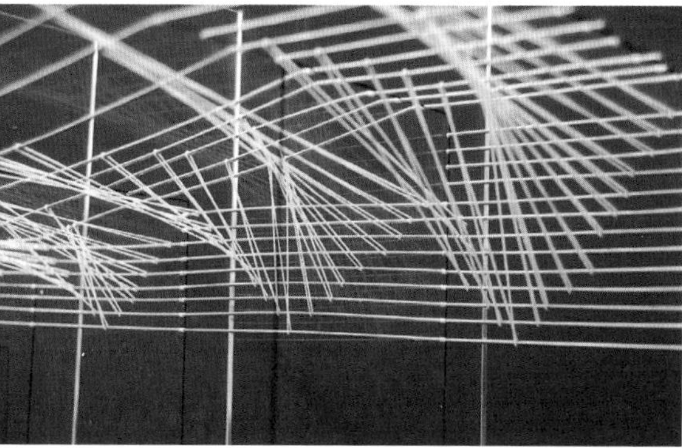

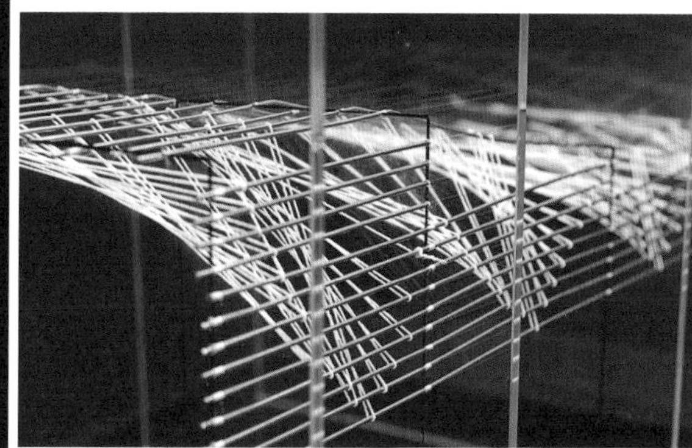

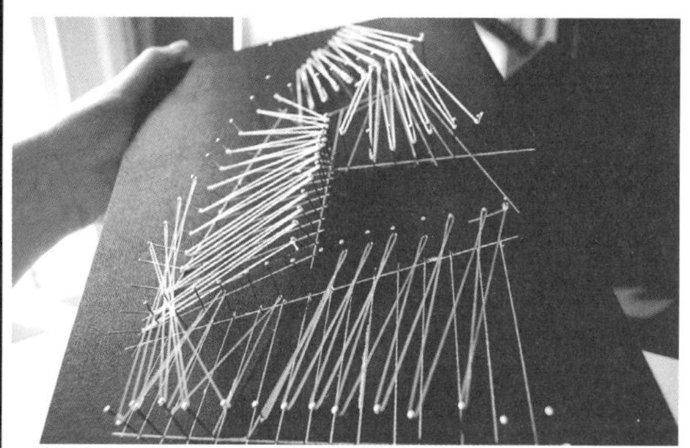

154–155

156–157

格洛瓦卡·雷尼（GLOWACKA RENNIE）

“模型，模型，模型！我们做模型就像其他建筑师画草图一样。”Agnieszka Glowacka 说。这并不一定意味着整个方案的模型，但往往是想法的片段。这种做法最初可能集中在它要创建的一个特定的项目内，并通过概念的实体模型来检验它。格洛瓦卡说，“我们是试验性的，一个竞争方案最终将以办公室中凝结的一系列模型收尾！”

以上是伦敦维多利亚与阿尔伯特博物馆的女性康乐设施（Victoria & Albert Museum Women’s Amenities）模型[155]、爱尔兰Rogerstown游客中心（Rogerstown Visitors' Centre in Ireland）模型[154]，还有就是剑桥附近的芦苇桥[156]和一个安装在香港双年展的模型[157]。

这种做法也能拍摄模型局部来创作意向图像，显示在现实中它可能是如何体验空间。这些“体验”模型形成更大、更整体的模型，从而也逐步帮助发展CAD模型了。

但为什么CAD可以为你做，却还是要制作模型呢？格洛瓦卡认为，“手对大脑和眼睛有一种本能的链接。往往直观的过程是非常有创意的。模型可以被拿起，透彻地观察，理解其中的一些客观展示，它更加真实和有带入感。一个效果、视图的产生可以令你感到兴奋，而且基于这份初始的兴奋，这个概念的种子萌芽成一个方案。”

格洛瓦卡认为被这些模型激发的灵感和理解在几乎所有被完成的作品中保留下来。“项目直接调整以适应新的信息，但那些初始模型保留下来的本质、精神和品格依然存在。其概念模型可以帮助我们记住我们首先发现那些令人兴奋的东西，并帮助我们不失去那些品质。”

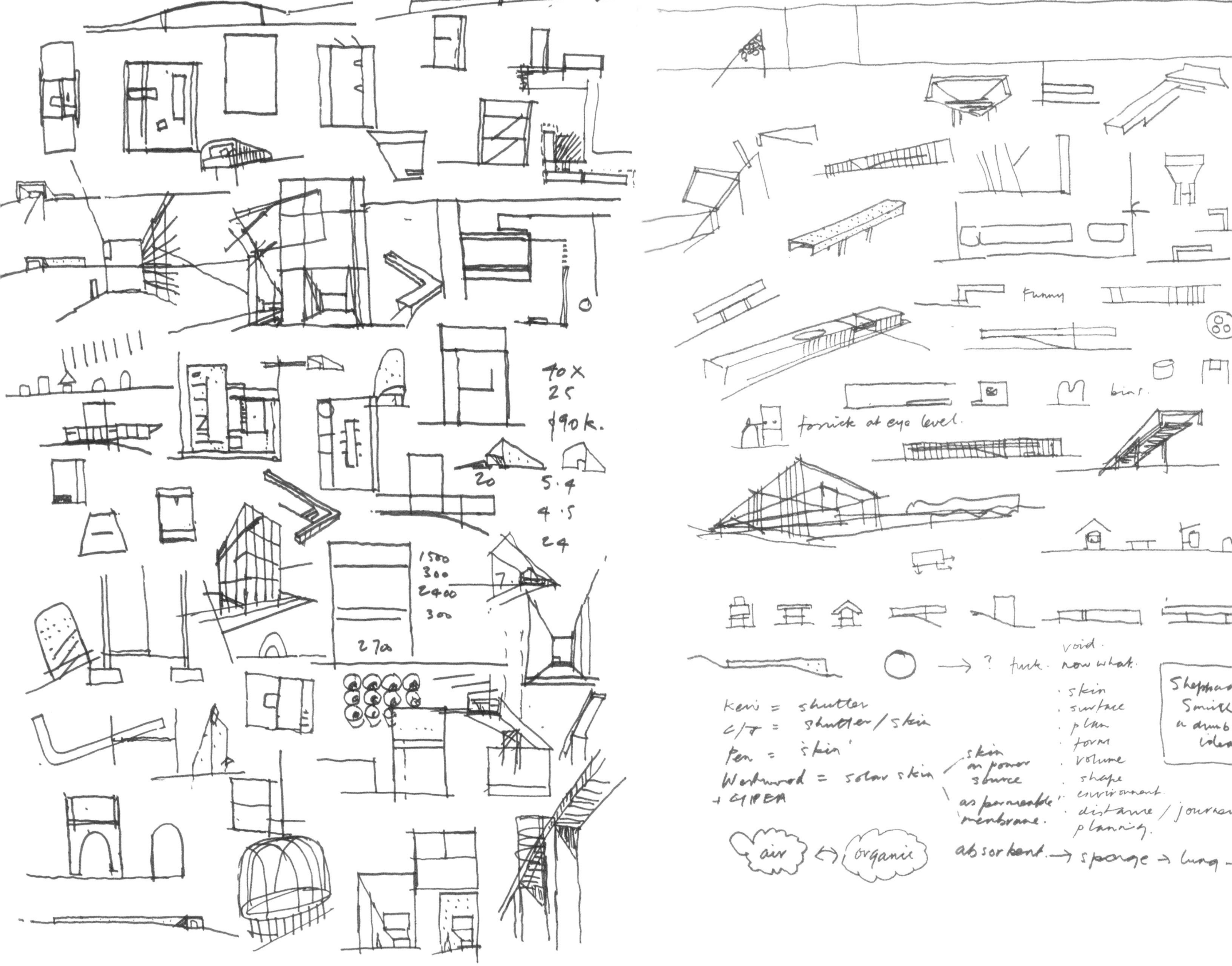
40 x
25
$90k.
20
5.4
4.5
24
1500
300
2400
300
2700
Funny
bins.
formick at eye level.
void.
now what.
Keri = shutter
C/T = shutter / skin
Pen = 'skin'
Wentworod = solar skin
+ GIPEA
skin
as power
source
as permeable
membrane.
. skin
. surface
. plan
. form
. volume
. shape
. environment.
. distance / journey
planning.
air
organic
absorbent. → sponge → lung -

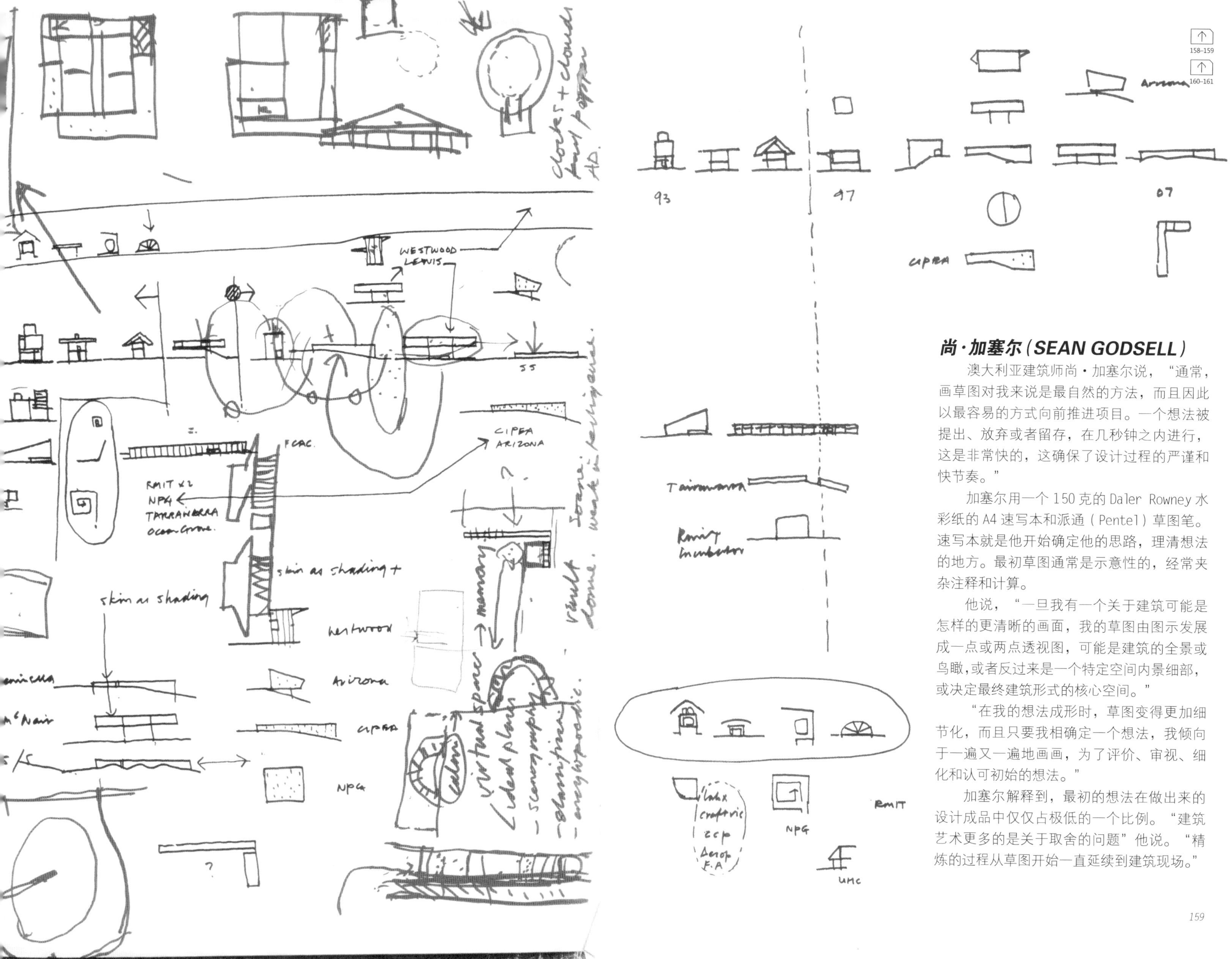

158–159
160–161

尚·加塞尔（SEAN GODSELL）

澳大利亚建筑师尚·加塞尔说，“通常，画草图对我来说是最自然的方法，而且因此以最容易的方式向前推进项目。一个想法被提出、放弃或者留存，在几秒钟之内进行，这是非常快的，这确保了设计过程的严谨和快节奏。”

加塞尔用一个150克的Daler Rowney水彩纸的A4速写本和派通（Pentel）草图笔。速写本就是他开始确定他的思路，理清想法的地方。最初草图通常是示意性的，经常夹杂注释和计算。

他说，“一旦我有一个关于建筑可能是怎样的更清晰的画面，我的草图由图示发展成一点或两点透视图，可能是建筑的全景或鸟瞰，或者反过来是一个特定空间内景细部，或决定最终建筑形式的核心空间。”

“在我的想法成形时，草图变得更加细节化，而且只要我相确定一个想法，我倾向于一遍又一遍地画画，为了评价、审视、细化和认可初始的想法。”

加塞尔解释到，最初的想法在做出来的设计成品中仅仅占极低的一个比例。“建筑艺术更多的是关于取舍的问题”他说。“精炼的过程从草图开始一直延续到建筑现场。”

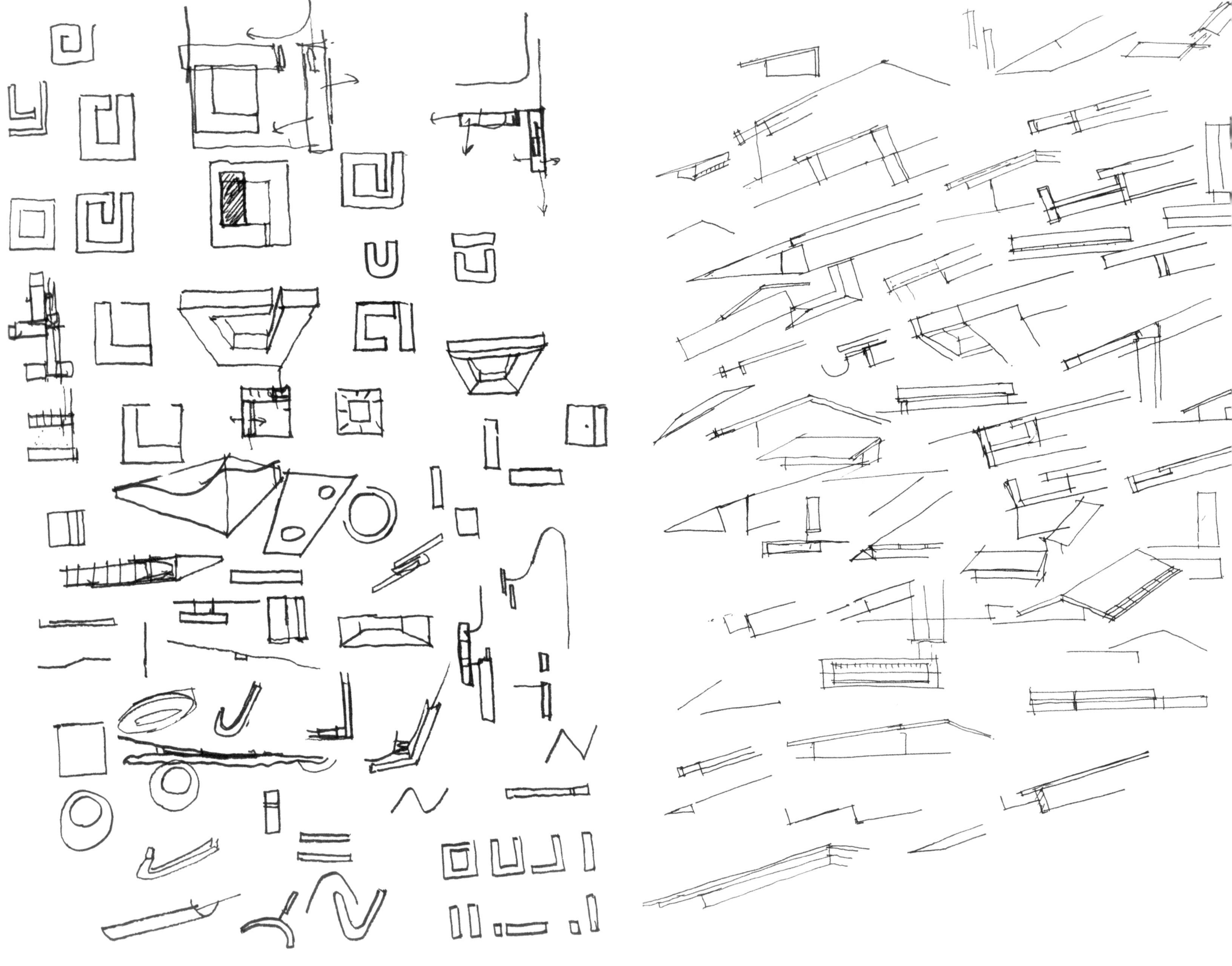

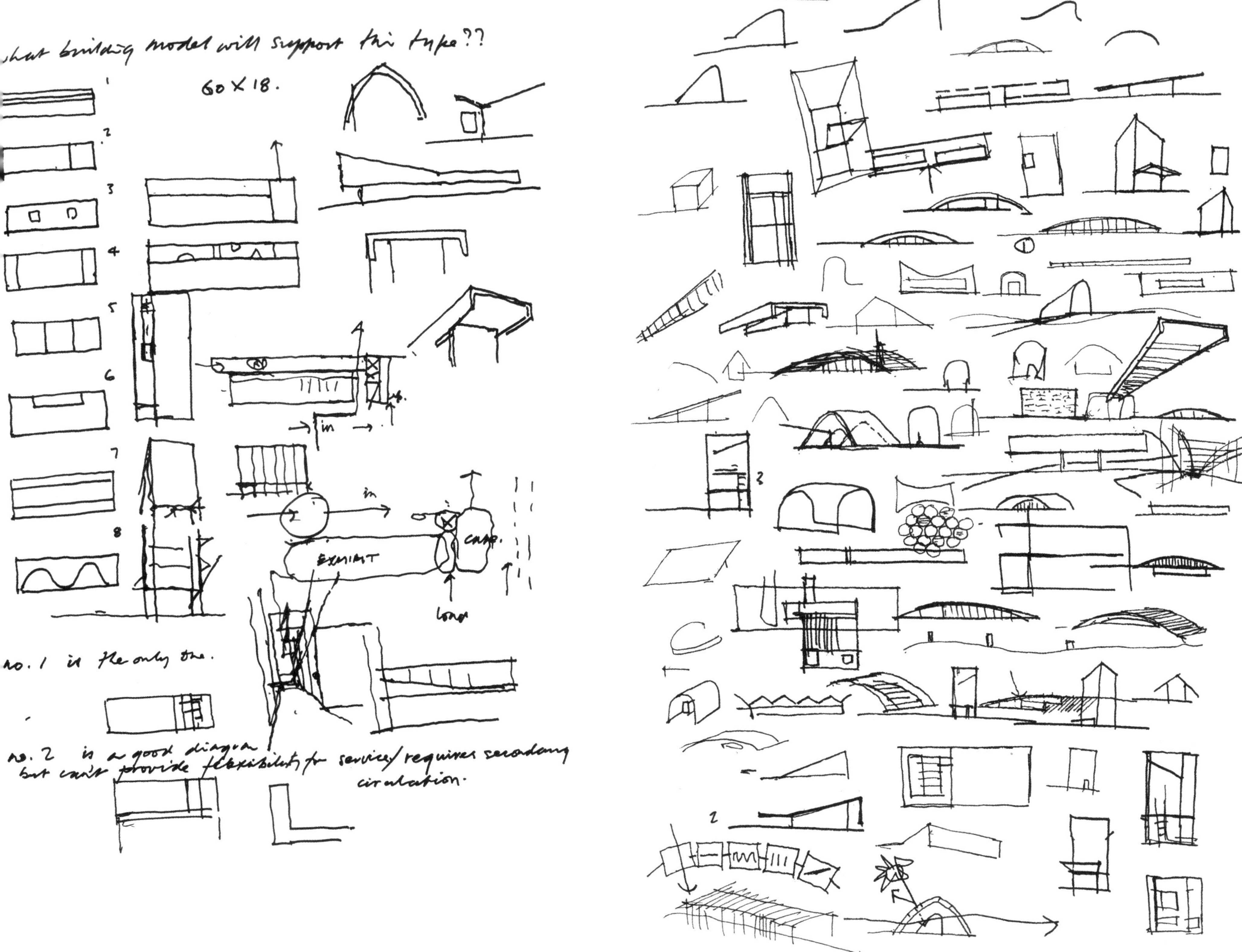

what building model will support this type??
60 X 18.
1
2
3
4
5
6
7
8
in
in
no. 1 is the only one.
no. 2 is a good diagram but can't provide flexibility for service/ requires secondary circulation.
2
2

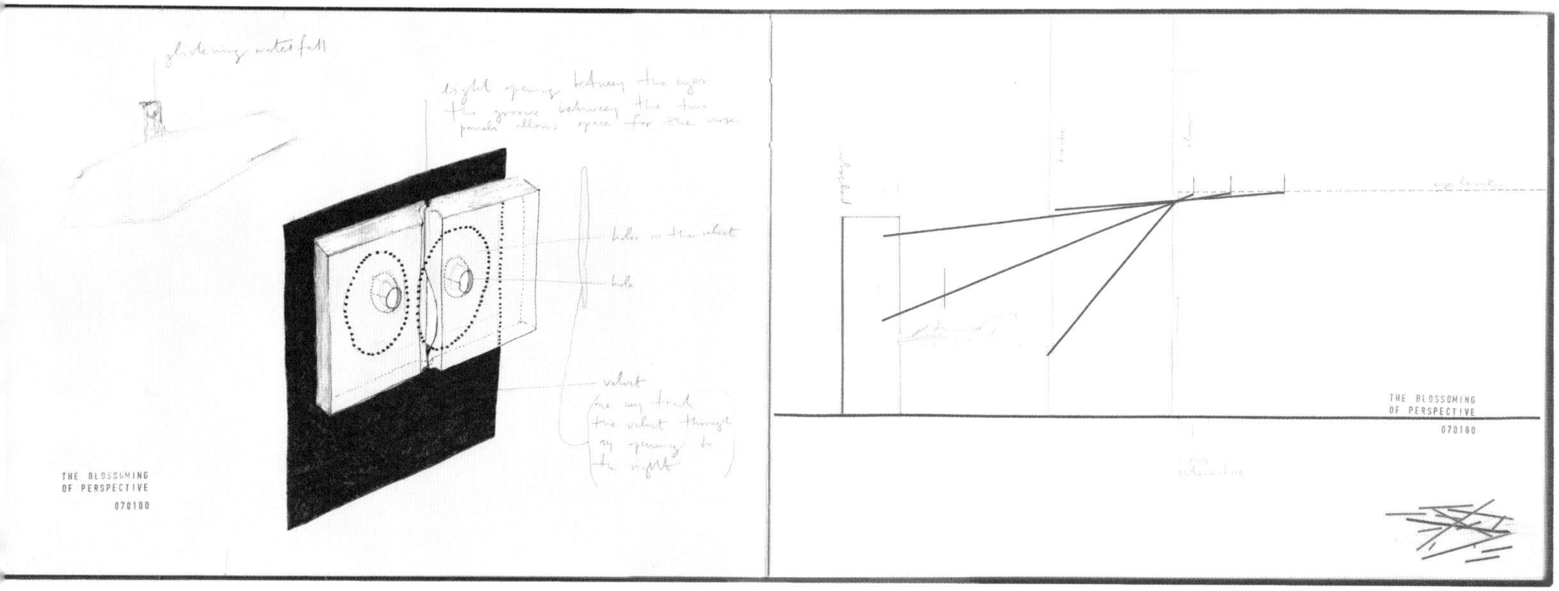

佩内洛普·卡姆登（PENELOPE HARALAMBIDOU）

佩内洛普·卡姆登，伦敦巴特利特建筑学院建筑师、讲师，用草图、拼贴画和图纸使她的工作可视化。

“这些可以是简单的铅笔线条草图或者是更复杂的作品。我也做草图模型和数字动画，挖掘项目中叙事性和表演性。不过，我把草图集视为构思的起点。厚厚的一本或者一张草图的存在对于构思的产生发挥了重要的作用。”她说。

关于草图，对于卡姆登来说重要的不只是构思的呈现，也是理念逐步产生的过程。模型制作也很重要，她坚信图纸和模型制作技术影响设计构思。卡姆登说，“例如用木制模型做设计，您将得到与纸板模型不同的结果。”

卡姆登不寻常的图解风格产生了耐人寻味的意象。她的一些草图和图纸对于建筑师来说就是“画”，因为它们具有一定的美学价值，或者以一种清晰生动的方式捕获到了思维的展开过程。“我沉迷于追随思维轨迹的草图，不仅在建筑学，而且在其他领域，如医学、工程学，当然也包括艺术学。”

这种兴趣从卡姆登的学生时代延续至今。“我一直牢记一个事实——尽管设计过程漫长，恰恰是最初草图的本质部分推动设计前行。”

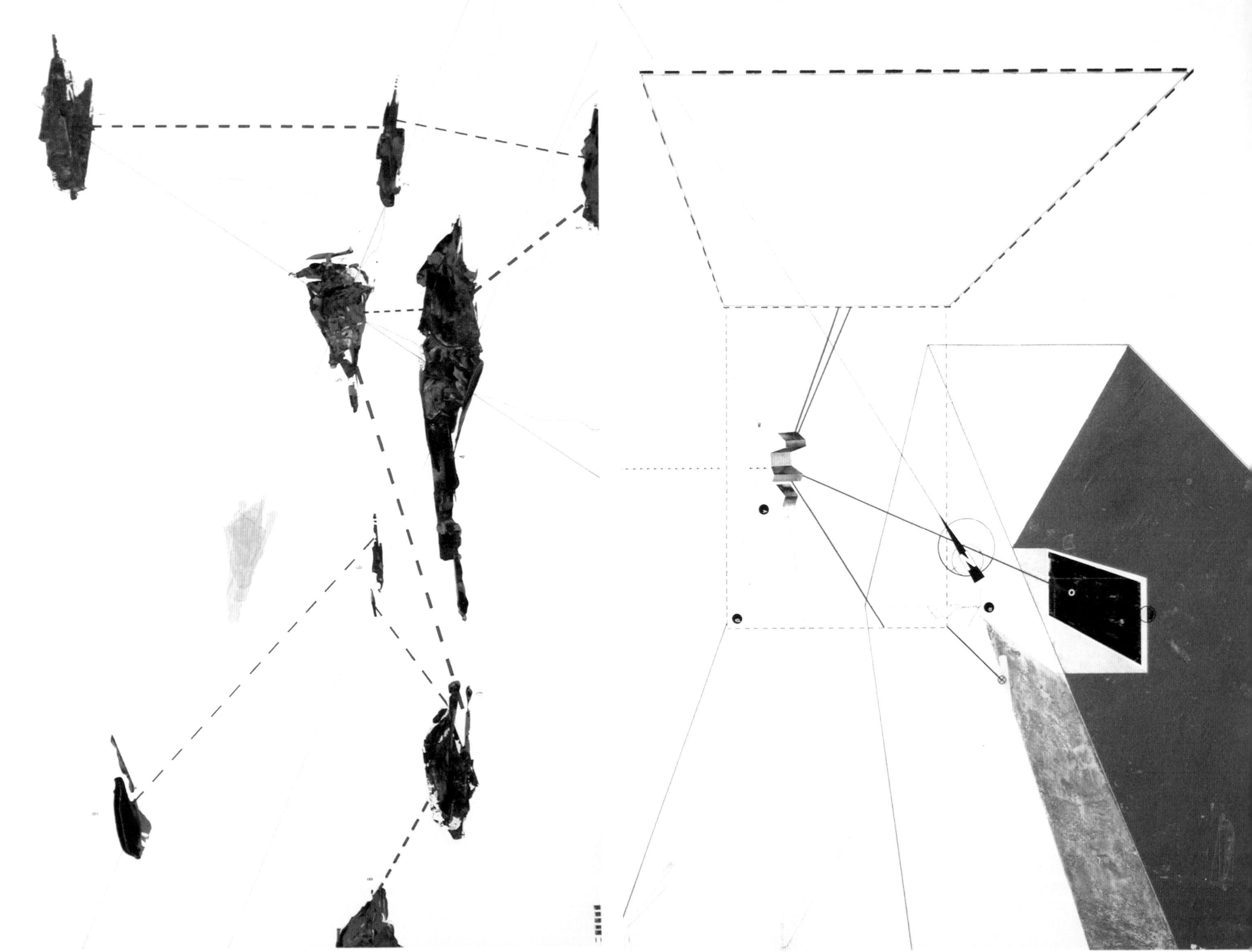

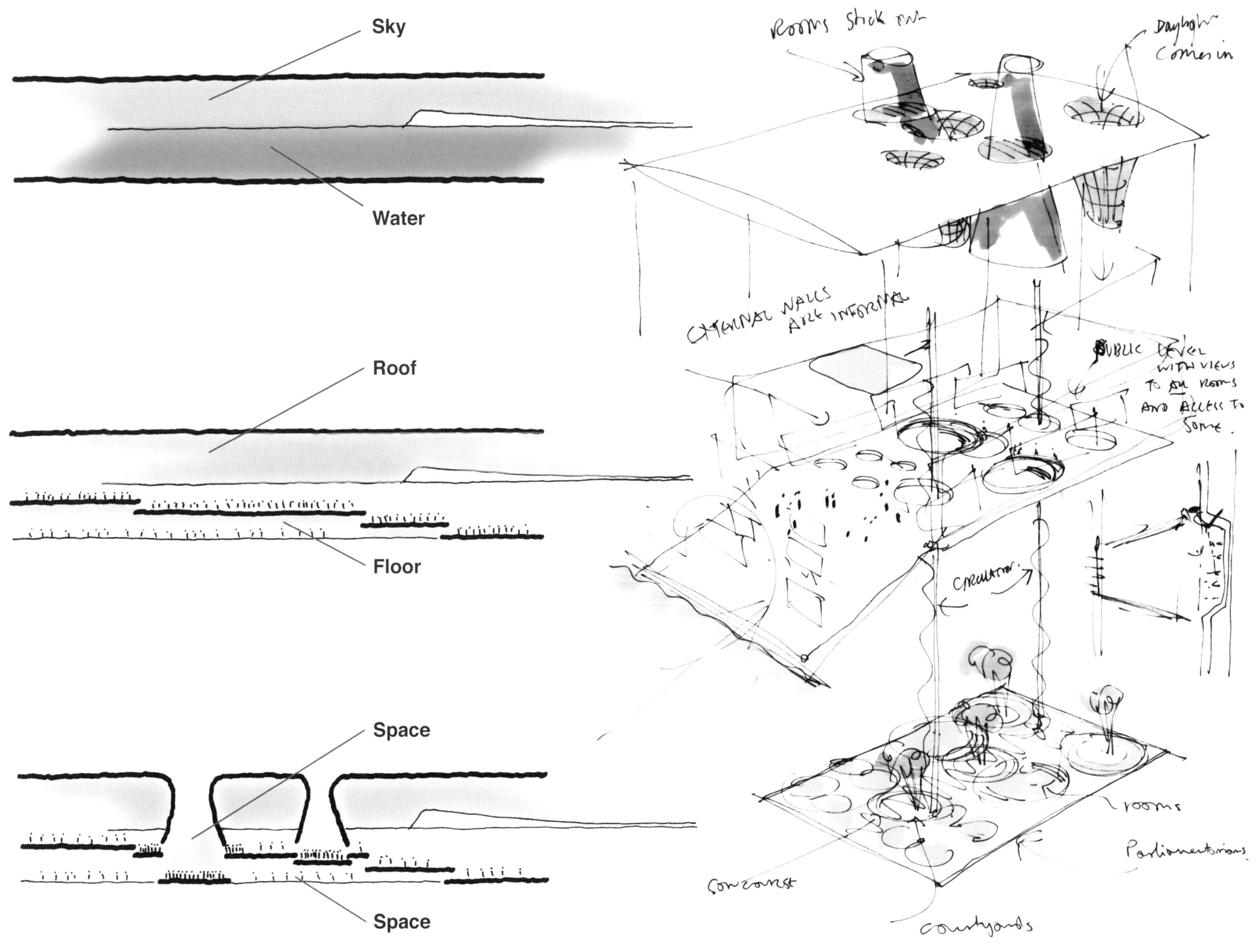

Sky
Water
Roof
Floor
Space
Space
Rooms stick out
Daylight comes in
External walls are informal
Public level with views to all rooms and access to some.
Circulation
rooms
concourse
courtyards

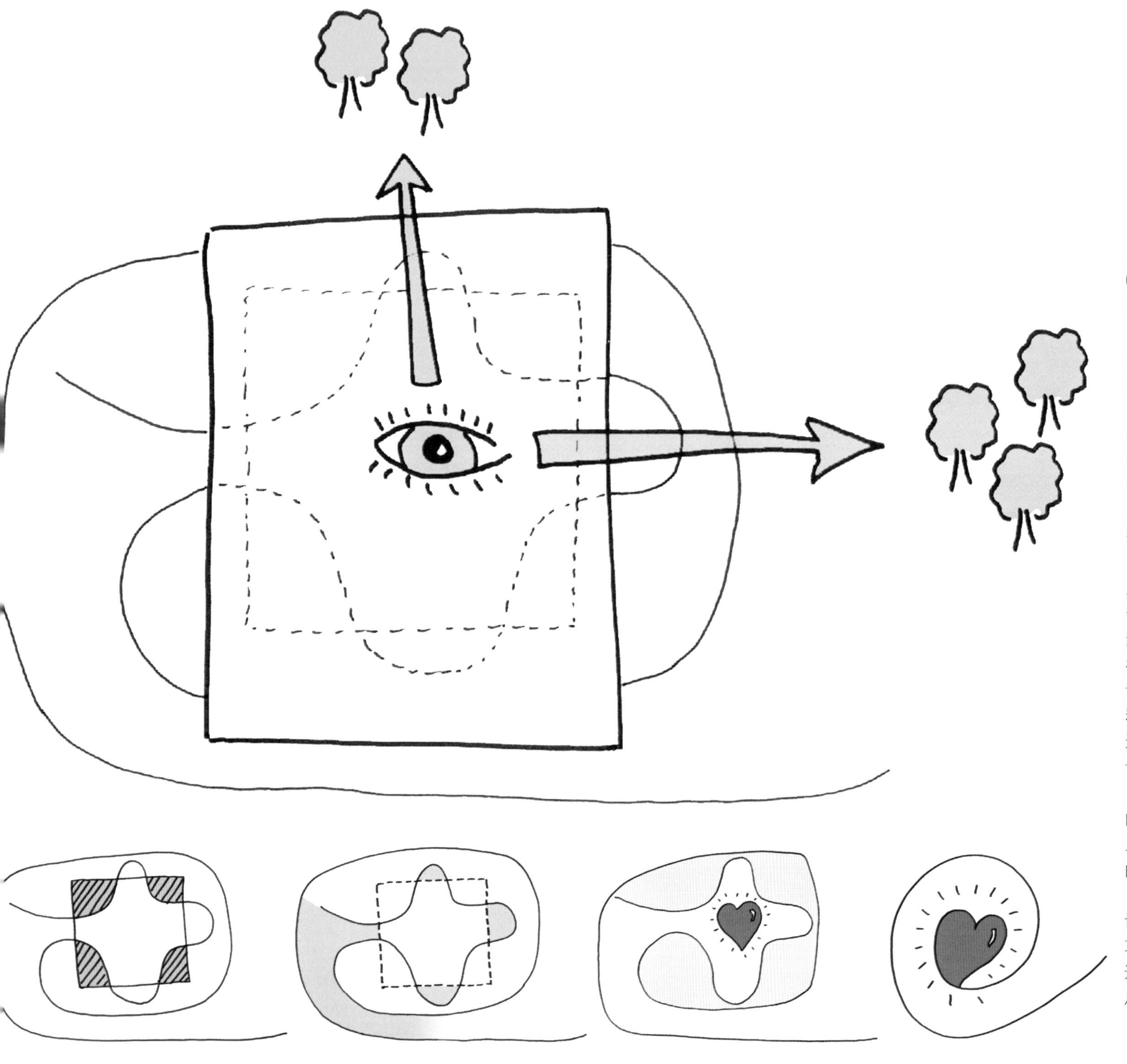

伊凡·哈伯（IVAN HARBOUR）

伊凡·哈伯，1985年加入理查德·罗杰斯的伦敦工作室，现任罗杰斯建筑事务所（Rogers Stirk Harbour+Partners）设计总监。他在伦敦劳埃德大厦设计中崭露头角，随后主持的建筑设计项目屡获殊荣，包括加的夫威尔士国民议会、马德里巴拉哈斯四号机场和斯特拉斯堡欧洲人权法院。

当被问及是如何呈现他的初始理念，哈伯说，他除了鼠标手边的任何东西都行；“能想到的其他东西，钢笔、铅笔、白板、纸、桌布……任何手能沟通我的想法的东西。它只是要快，不需要太复杂，能让我表达设计想法的本质。”

这些草图是大画面的一部分，从这个角度看，它们算不上珍品，哈伯说。“草图是一个项目的开端，即初始种子。它们不断地进步，从不会结束。因为草图呈现的是一个构思，所以我的任何草图都展示不了最终的设计作品。任何合理的方式都很难把它们解释清楚；它们捕捉的是作品中的瞬间。如果这个构思是完善的，那么它将继续发展成为设计。”

在这里，如何设计建筑的构思，从建筑的内在本质出发，进而以最简单的草图形式显示流线和景观/外部空间[167]。与之相对的，景观一步一步地启发建筑形式[166]。

哈伯结合设计方案的深入研究，视每个设计为一种追求最优解的独特的应答。他的草图是这个任务中的精细运作，因此在项目进行过程中它们大多数被舍弃。“然而那些总结了设计的重要组成部分被保存。”

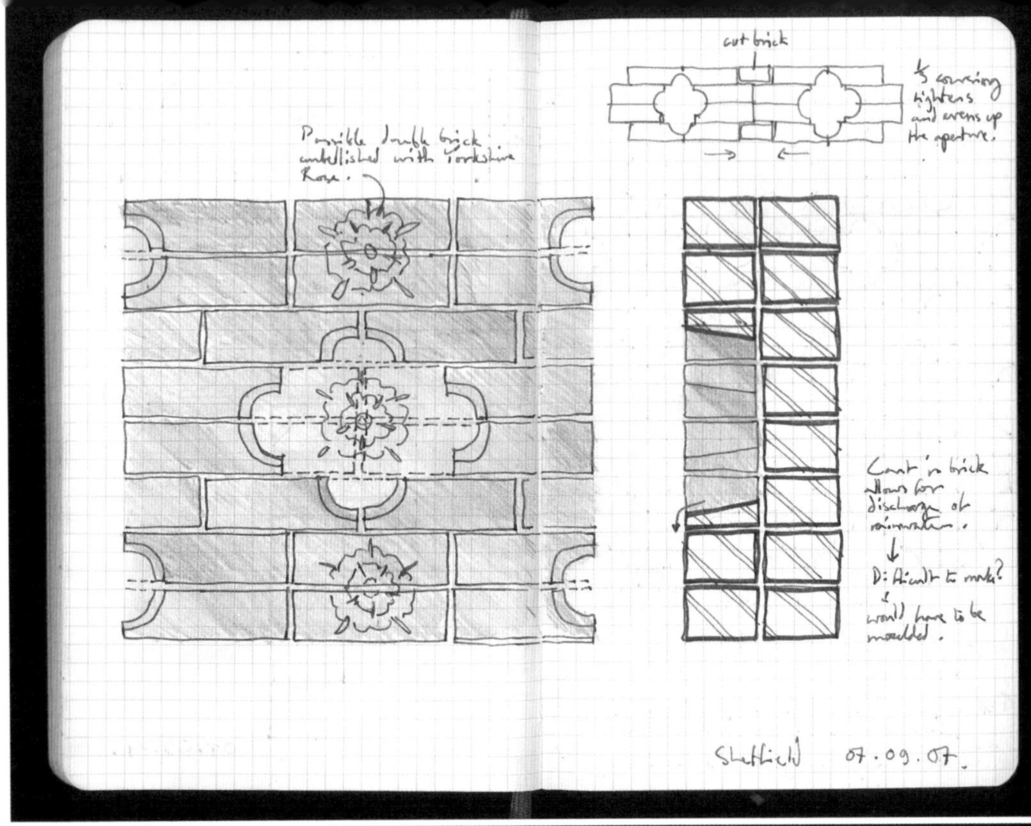

cut brick

1/3 coursing tightens and evens up the aperture.

Possible Lauffe brick embellished with Yorkshire Rose.

Cant in brick allows for discharge of rainwater.
↓
Difficult to make?
↓
would have to be moulded.

Sheffield 07.09.07.

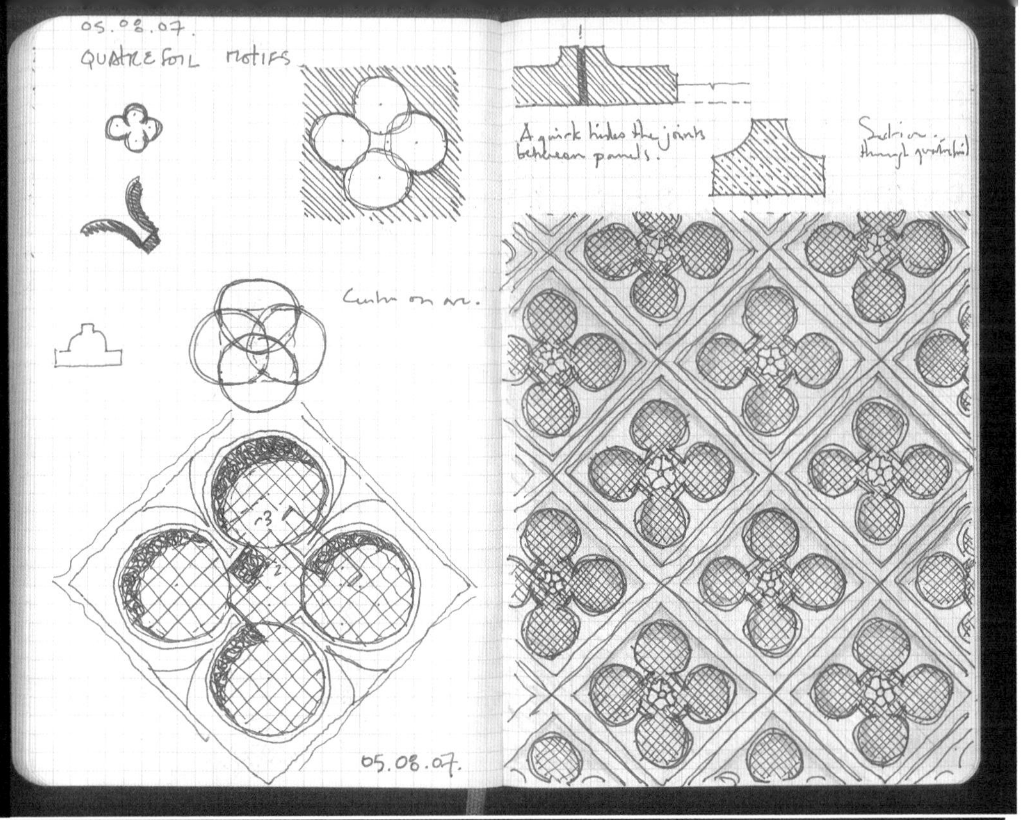

05.08.07.

QUATREFOIL MOTIFS

A quirk hides the joints between panels.

Section through quatrefoil

Centre on arc.

05.08.07.

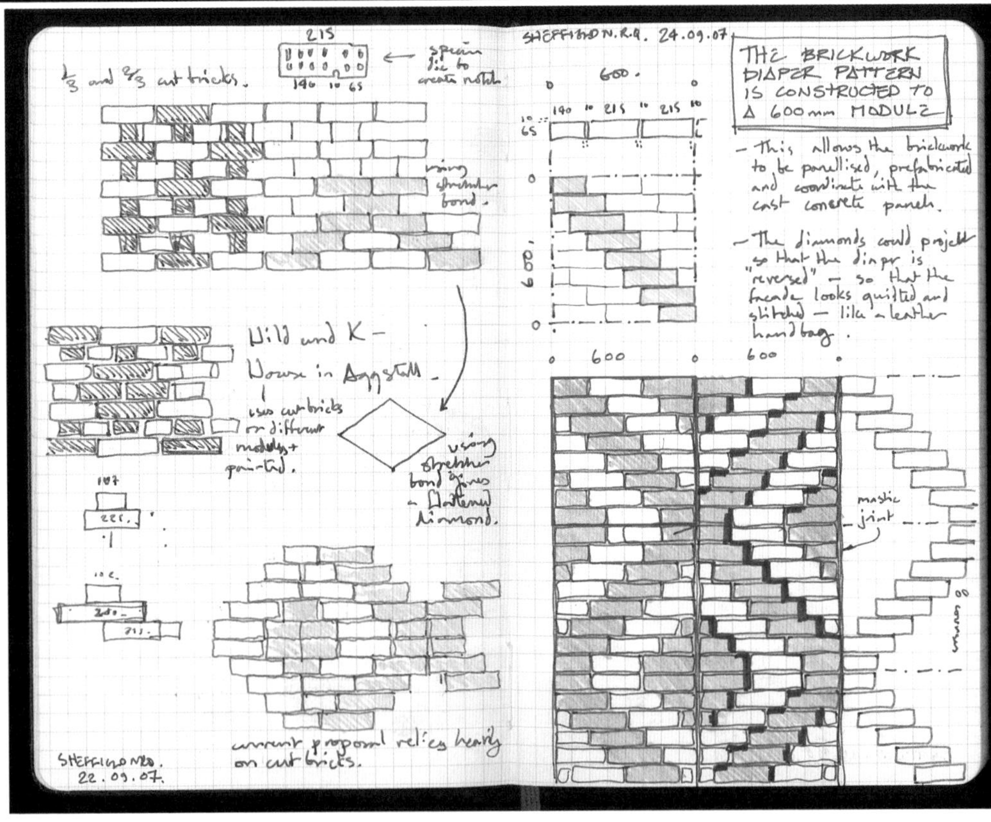

215

140 10 65

special die to create notch

1/3 and 2/3 cut bricks.

raising stretcher bond.

SHEFFIELD N.R.Q. 24.09.07.

600

140 10 215 10 215 10

THE BRICKWORK DIAPER PATTERN IS CONSTRUCTED TO A 600mm MODULE

– This allows the brickwork to be panellised, prefabricated and coordinated with the cast concrete panels.

– The diamonds could project so that the diaper is "reversed" – so that the facade looks quilted and stitched – like a leather handbag.

Hild and K – House in Aggstall
↓
uses cut bricks or different modules + painted.

using stretcher bond gives a flattened diamond.

600 600

mastic joint

current proposal relies heavily on cut bricks.

SHEFFIELD NRQ. 22.09.07.

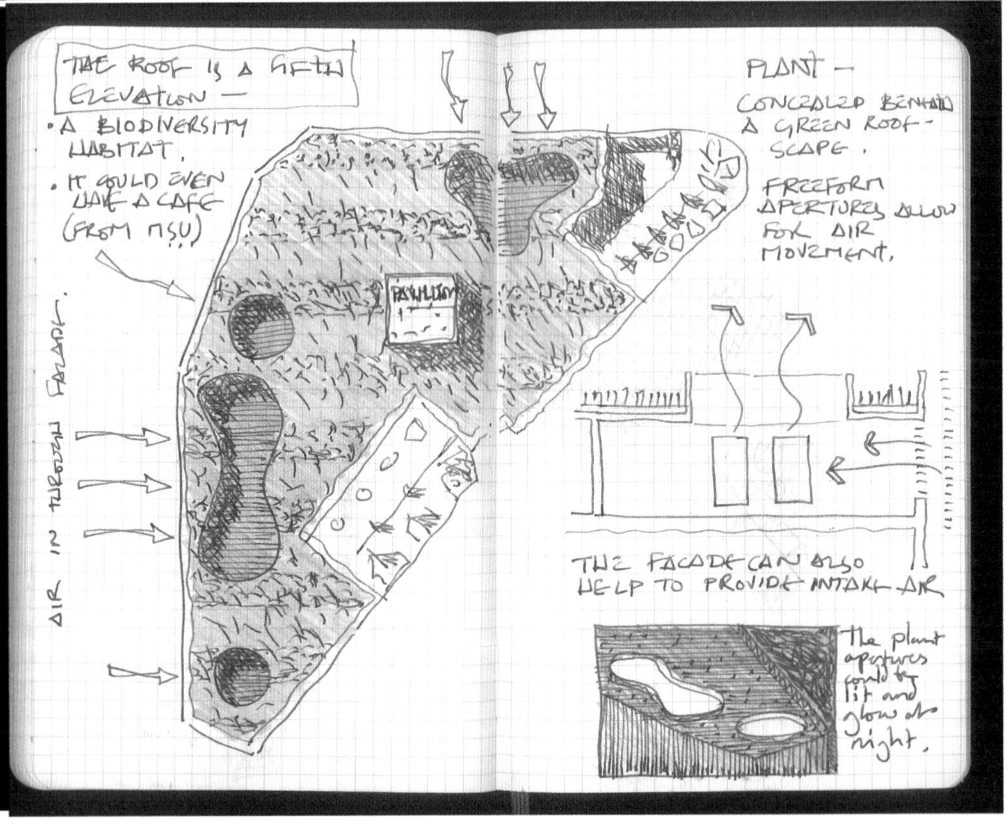

THE ROOF IS A FIFTH ELEVATION –

• A BIODIVERSITY HABITAT.

• IT COULD EVEN HAVE A CAFE (FROM MSU)

PAVILION

AIR IN THROUGH FACADE.

PLANT – CONCEALED BEHIND A GREEN ROOF-SCAPE.

FREEFORM APERTURES ALLOW FOR AIR MOVEMENT.

THE FACADE CAN ALSO HELP TO PROVIDE INTAKE AIR

The plant apertures could be lit and glow at night.

168-169

170-171

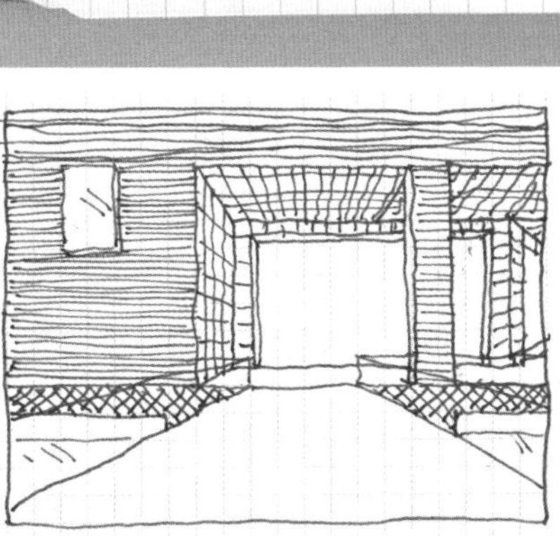

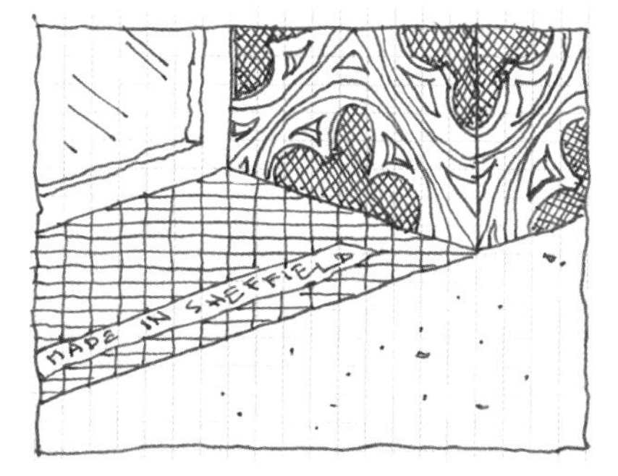

霍金斯·布朗（HAWKINS BROWN）

工程实践的网站上写着这样一段话："建筑是一件务实、协商、商业、中介和妥协的艺术品……霍金斯·布朗事务所的设计产生于'影响'而不是内容记录。构思集中了所有人的构思，用我们所有的经验，从目前的项目中寻求相互的激发。然后，它们被试验从而获得最佳创意。"

这种方法是合伙人赛斯·鲁特（Seth Rutt）所热衷的。"建筑需要协作。我们经常会用 SketchUp 连接从草图到泡沫材料模型再到计算机模型的操作，随后在 4D 场景中渲染，而且如此反复进行。"

但是，作为事务所的工作方法是互相促进，草图的艺术性和独特的细微差异一直备受瞩目。"我们很多人都喜欢在速写本中记录我们的构思。我一直都随身带着我的速写本，例如乘火车或一个安静的时刻无不是为我们提供了一个不被打扰的画画机会。"鲁特说。"在这样的时刻，画草图是捕捉一个想法的最直接的方法。此外，在创意的僵局时刻，迫使自己去画的习惯可能会缓解和或打破僵局，令工作至少有一点点的进展。"

鲁特在他的草图中对细节的关注可以很容易地在谢菲尔德 Sevenstone 零售商店项目的设计中看到[168-171]，其中草图的细节和模式已被直接传输到 CAD 可视化效果和模型中。但是，关于数字化工具，鲁特有一句忠告："我相信，过分依赖计算机已经造成了动手能力的丧失。因此，我们鼓励我们的员工使用速写本，并且绘画技巧与其他表达方式同时发展。"

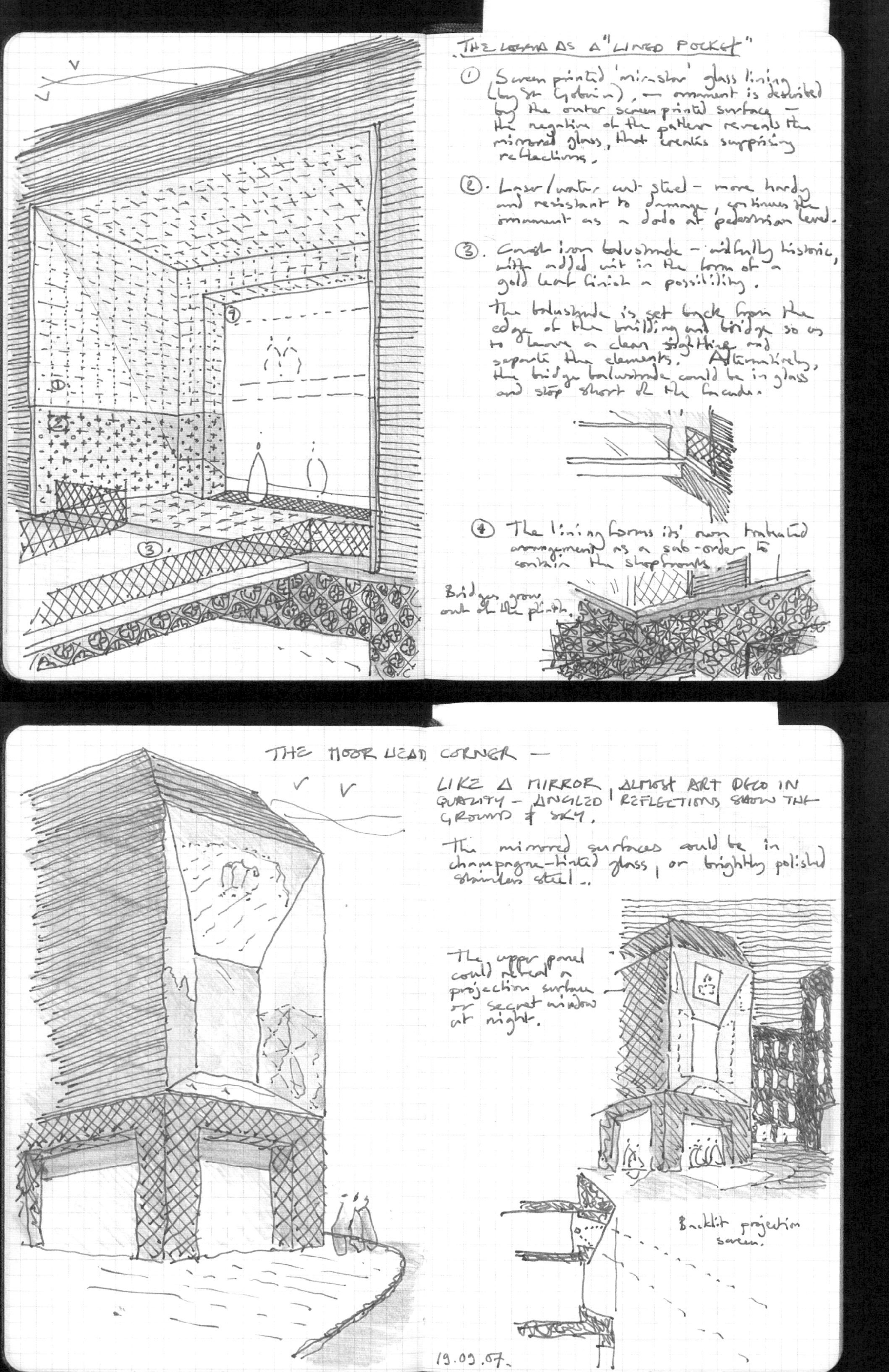
AS A "LINED POCKET"
① Screen printed 'mirastar' glass lining (by St Gobain), — ornament is described by the outer screen printed surface — the negative of the pattern reveals the mirrored glass, that creates surprising reflections.
②. Laser/water cut steel — more hardy and resistant to damage, continues the ornament as a dado at pedestrian level.
③. Cast iron balustrade — wilfully historic, with added wit in the form of a gold leaf finish a possibility.
The balustrade is set back from the edge of the building and bridge so as to leave a clear sightline and separate the elements. Alternatively, the bridge balustrade could be in glass and stop short of the facade.
④ The lining forms its' own
arrangement as a sub-order to contain the shopfronts.
Bridges grow out of the plinth.
THE MOOR HEAD CORNER —
LIKE A MIRROR, ALMOST ART DECO IN QUALITY — ANGLED REFLECTIONS SHOW THE GROUND & SKY.
The mirrored surfaces could be in champagne-tinted glass, or brightly polished stainless steel.
The upper panel could act as a projection surface or secret window at night.
Backlit projection screen.
19.09.07.

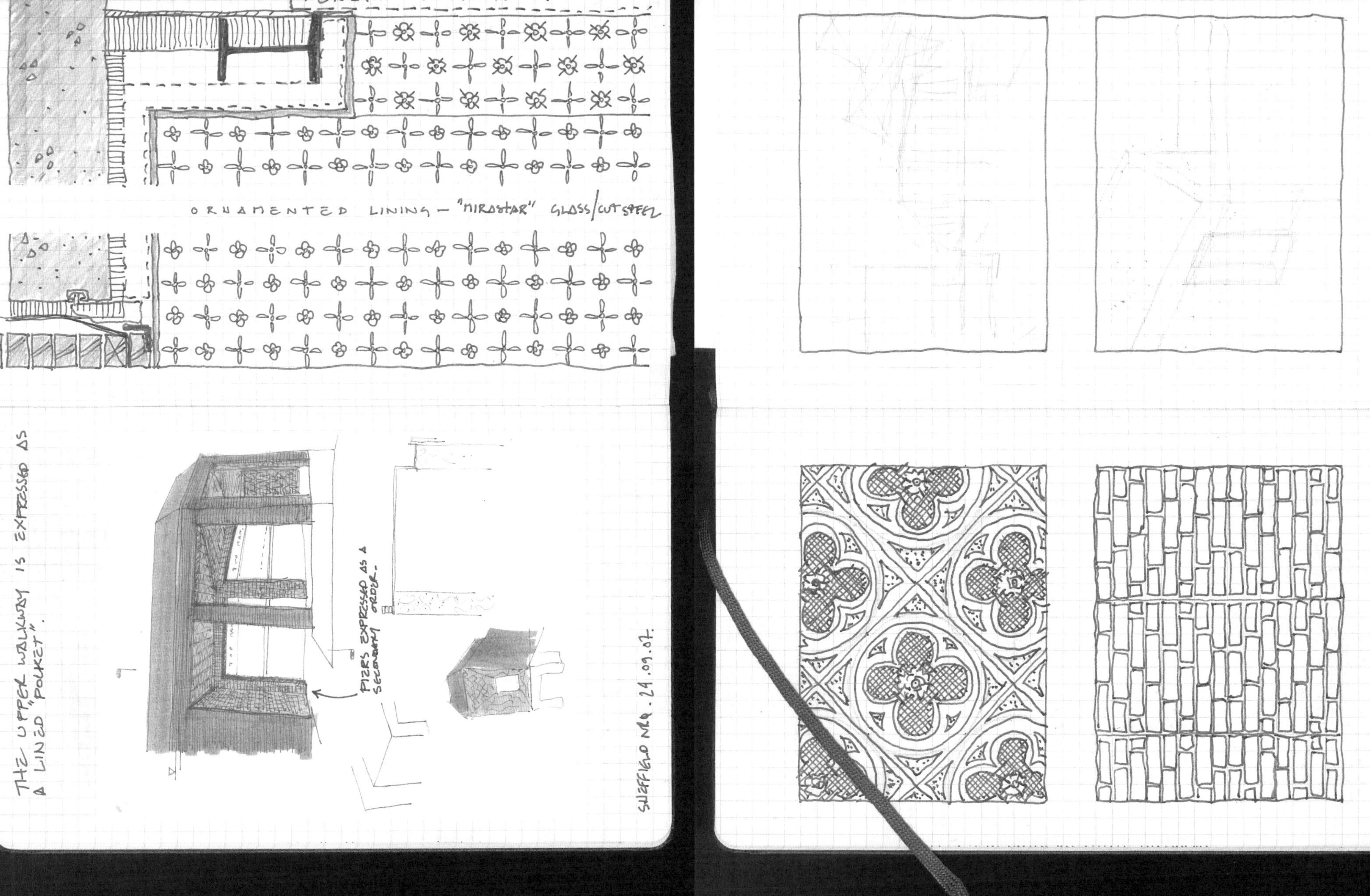
TENANT SHOPFRONT
ORNAMENTED LINING – "MIRASTAR" GLASS/CUT STEEL
THE UPPER WALKWAY IS EXPRESSED AS A LINED "POCKET".
PIERS EXPRESSED AS A SECONDARY ORDER.
SHEFFIELD NRQ. 29.09.07.

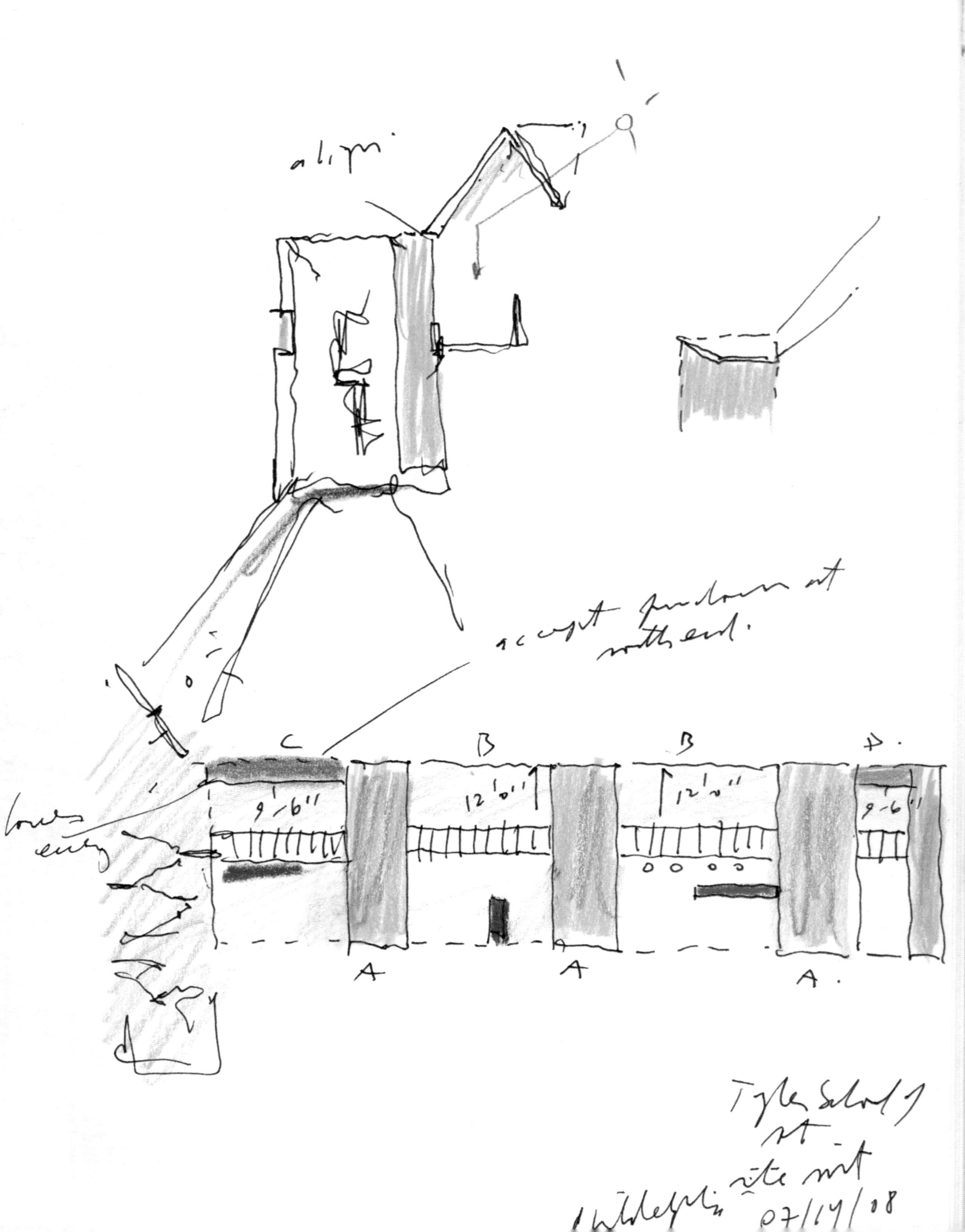

C
B
B
A
A
A.
9'-6"
12'0"
12'0"
07/14/08

172–173
174–175

卡洛斯·吉曼尼兹（CARLOS JIMÉNEZ）

休斯敦莱斯大学建筑学院建筑师、教授卡洛斯·吉曼尼兹说，“对我来说，草图是一种直觉行为，一个记录准确或稍纵即逝的想法的行为；它是一种记录一个灵感、模糊的概念或是有趣的预想的本能反应，总是急切地想要去画那些初始草图。我或许正在开车（在休斯敦一个人开车较多），突然在路上我看到某个事物引出关联到一个我正在发展中的想法：我必须停下来绘制。”

吉曼尼兹认为草图是图像的速记，让他能够快速记录想法。他将其描述为一个“自由、必要的和直观的探索”，并且是一种及时记住或记录一个短暂瞬间的手段。这种捕捉稍纵即逝印象的方法在他的费城坦普尔大学泰勒艺术学院（Tyler School of Art at Temple University，Philadelphia）设计草图中可以看出[172-175]。同时显示，它们有发展和演变的感觉。

“草图具有初始的纯净和一种神秘的‘假设’的品质。它是我设计过程中至关重要的一个部分。凭借便捷和记忆，我用草图比电脑绘图传达更多东西。后者是机械的、可追踪的，并且是自动的，我很尊重它们，但它们不能激起我更多的兴趣。”他说。

吉曼尼兹要求他的同事在自己的位置上有钢笔、铅笔和纸，以便于他们可以画画，也便于“打破电脑屏幕的催眠节奏。”“我觉得绘画、建筑模型和施工现场都是最接近建筑创作的领域。”吉曼尼兹说。

“我主要是在8.5英寸×11英寸、21.75厘米×27.5厘米大小的帆布封面速写本上画画。我喜欢每张白纸上的真实存在，不知道接下来或下个月会发生什么。”

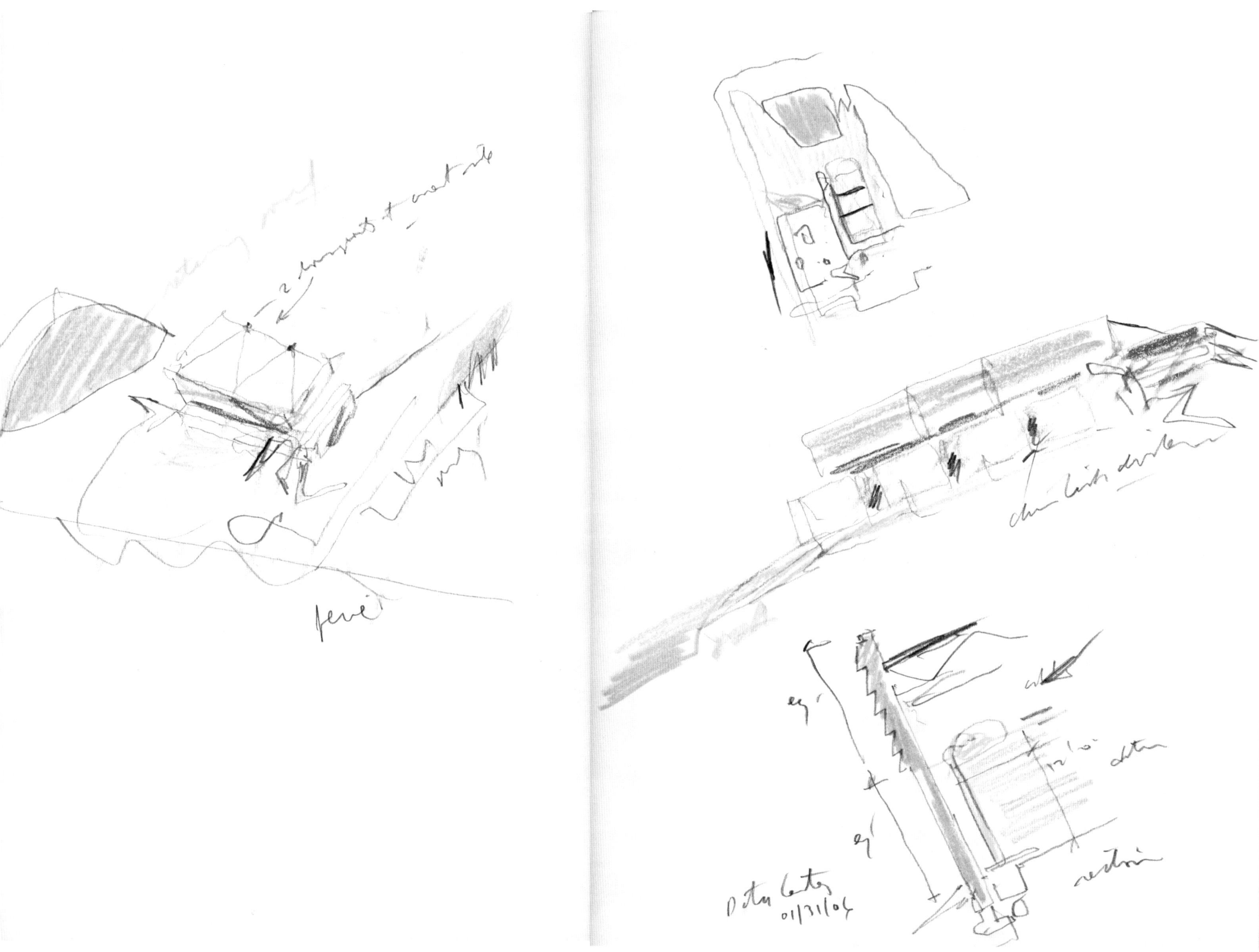
01/31/04

SERVICES

176–177
178–179

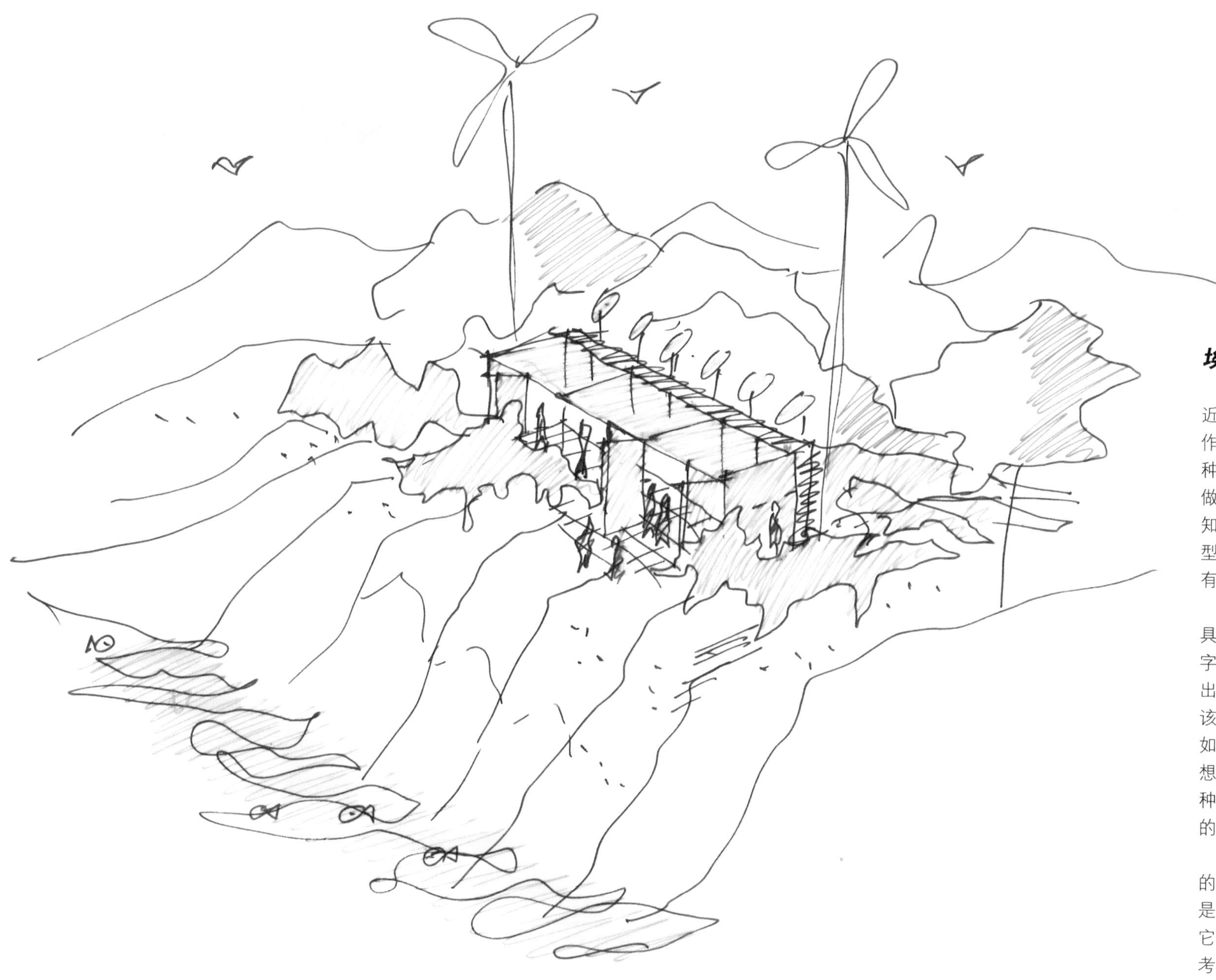

埃娃·伊日奇娜（EVA JIRICNA）

埃娃·伊日奇娜的草图有一种简单的、近乎慵懒的风格，看起来好像一点都没用心。作为所长她说，“我可以说我不是有意以这种风格工作的。当达到可以用语言表述我在做什么的程度，我开始绘制草图和涂鸦。我知道着手写故事或描述的建筑师，有的做模型，有的开始寻找相关的图像……我们总是有表达自我的不同方式。”

伊日奇娜将她的草图视为理清思路的工具，易于理解的视觉阐释，它具有模糊的文字无法提供的清晰。有时候草图本身就启发出一个重要的构思；有时它们也包含着有关该问题的最初想法；此外，3D 草图告诉我们如何将事物整合到一起，建立一个比先前的想法更全面的意象。“我想草图的类型在某种程度上反映了在项目的不同阶段优先考虑的事。”她说。

“我不能给出完成作品中原始草图实现的确切程度。初始草图就是最终作品的情况是极其少见的，但是我会说它确实实现过。它确实偶有发生，当你可以在项目结束时参考草图，看看它是正确的解决方案，它是在所有后续的测试中幸存的，那是非常非常棒的。”

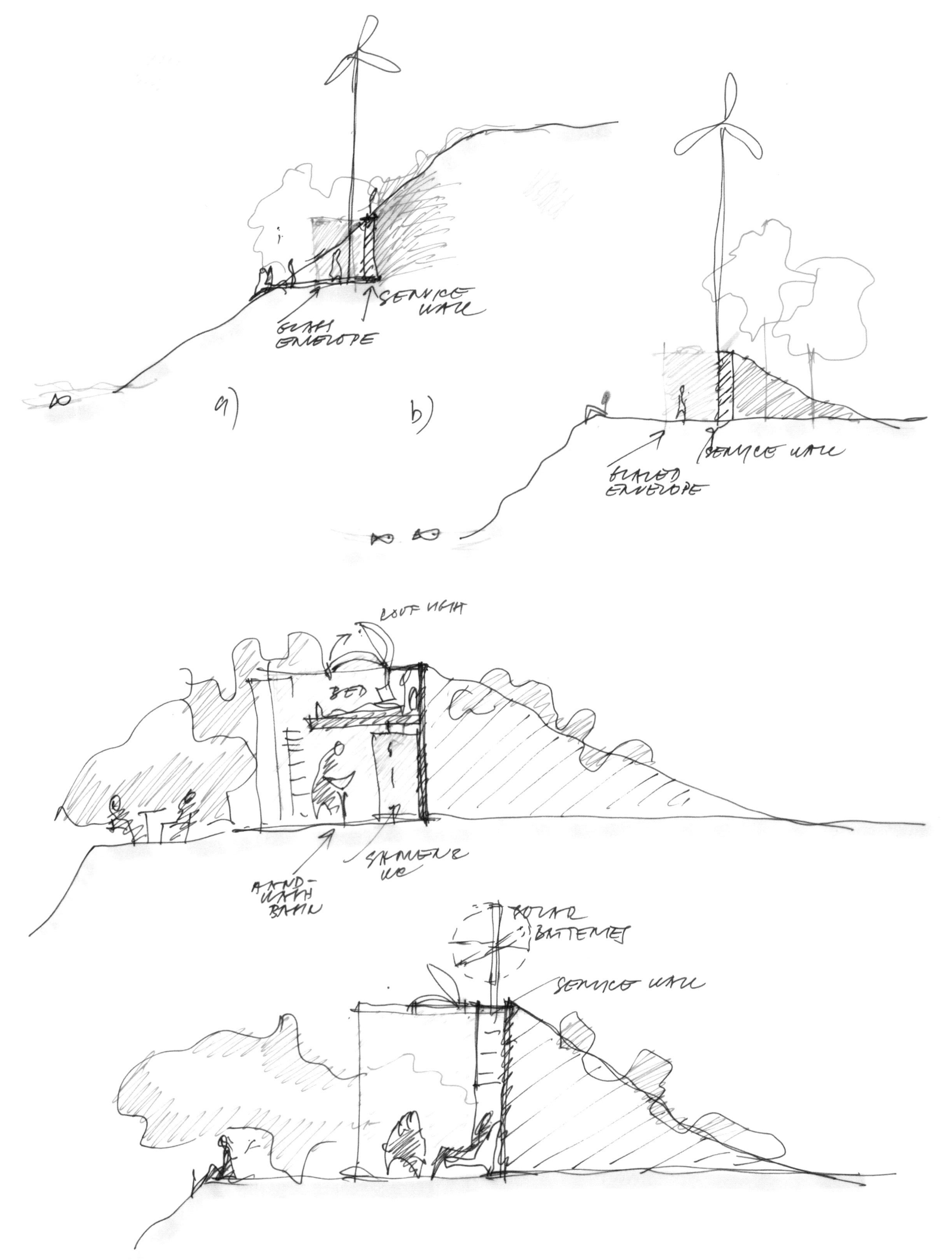
a)
b)
SERVICE WALL
GLASS ENVELOPE
SERVICE WALL
GLAZED ENVELOPE
ROOF LIGHT
BED
SHOWER & WC
HAND-WASH BASIN
SOLAR BATTERIES
SERVICE WALL

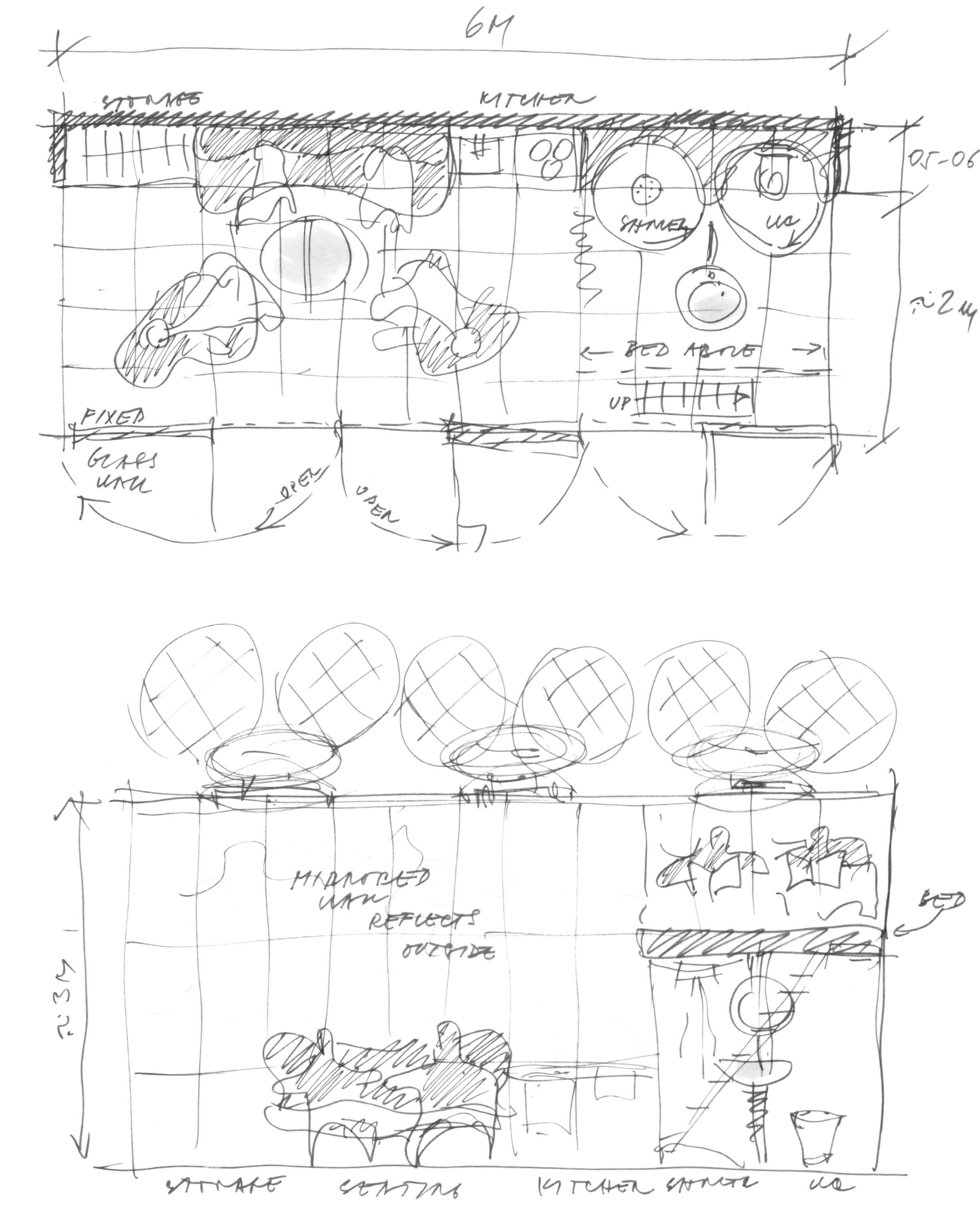
6M
STORAGE
KITCHEN
05-06
SHOWER
WC
2M
BED ABOVE
UP
FIXED
GLASS WALL
OPEN
OPEN
MIRRORED WALL REFLECTS OUTSIDE
BED
3M
STORAGE
SEATING
KITCHEN
SHOWER
WC

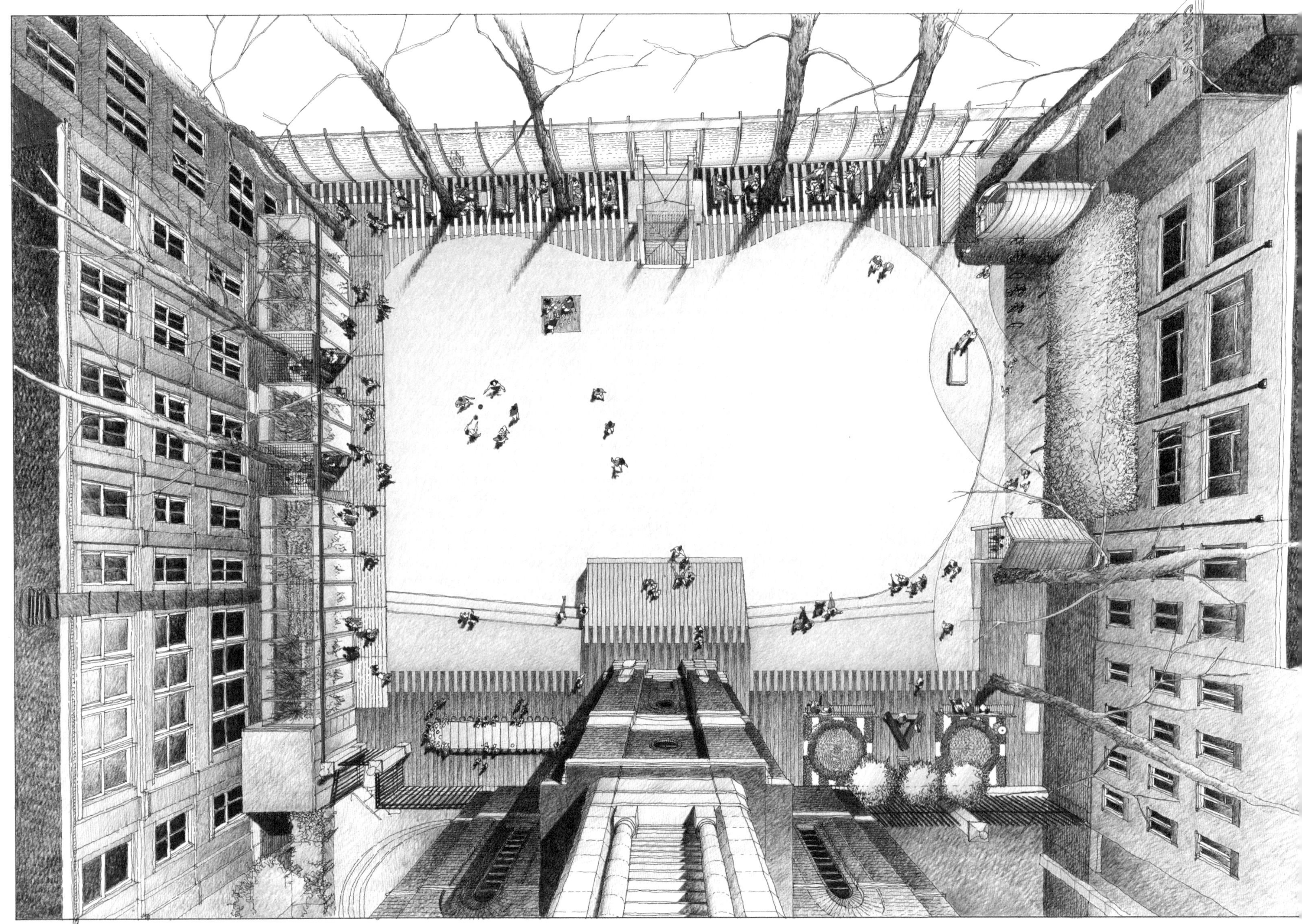

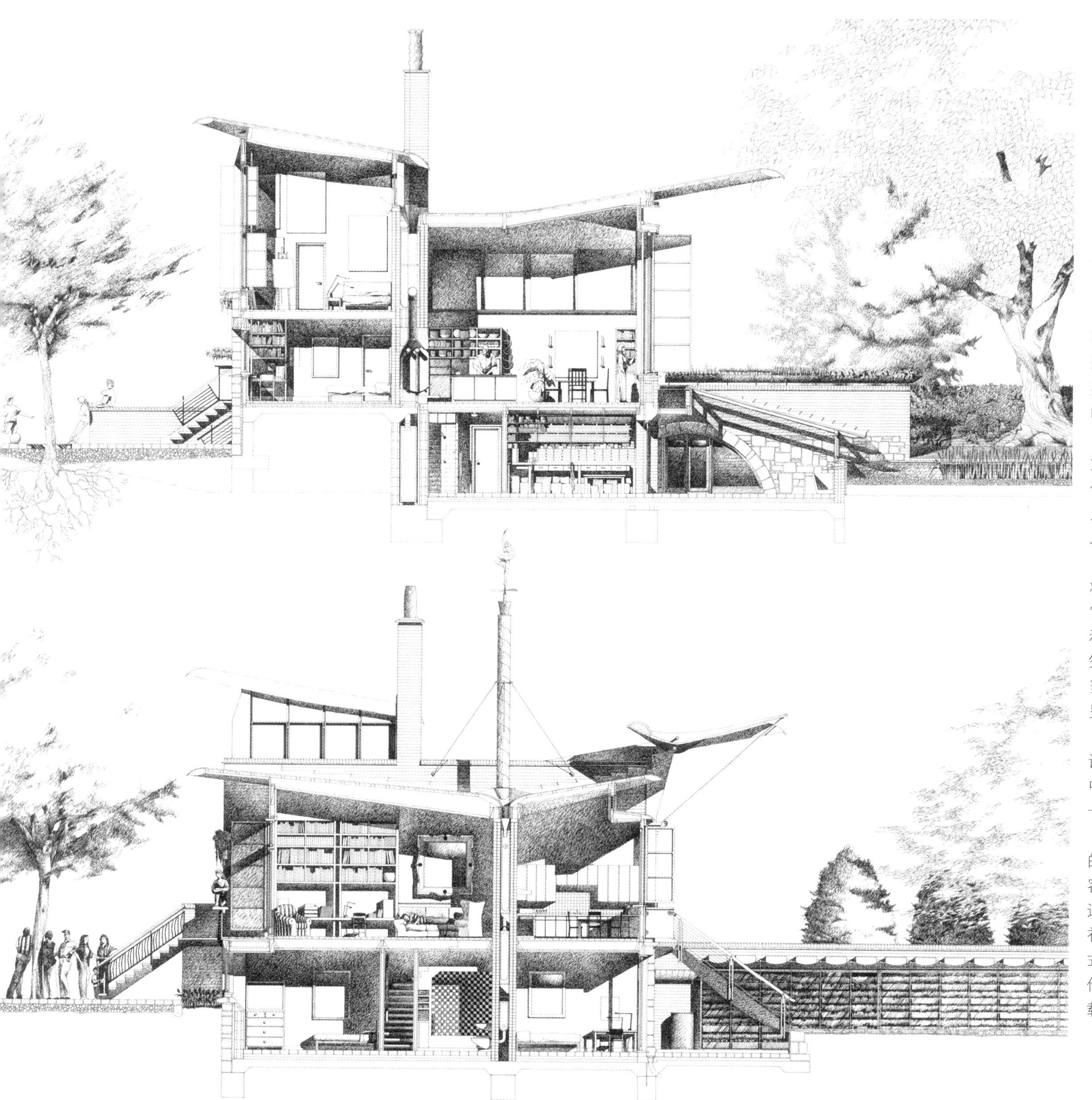

180–181
182–183
184–185

史蒂文·约翰逊（STEVEN JOHNSON）

史蒂文·约翰逊建筑师事务所所长，史蒂文·约翰逊说，“我在与客户的讨论和互动后，开始在一个精装速写本上画草图。如果没有与客户的互动，我会通过电子邮件接收反馈信息，在笔记本上绘图，并扫描图像。”

直接参与使客户们相信，约翰逊具有了解他们的要求，并用一种有说服力的方式把他们的想法呈现在纸上的能力。“我觉得客户从手绘草图上理解的远比计算机图像更深入。”约翰逊说。

如果“在合适的氛围状态”，他的草图将是 3D 图像，呈现形式、光和结构。如果它当天没有进展，约翰逊平稳地推进平面图和剖面图，弥补后面的 3D 成果。他关于建筑的客观特点和可能形式的草图和模型是相当具体的，约翰逊几乎所有的最终作品直接呈现了最初的草图绘制过程。

除了草图和模型，约翰逊也用文字作尝试。“我已经开始以一个穿梭在场所和建筑中的虚构人物视角写工程叙记。这就像制造一个口头写生簿。”

在这个过程中，约翰逊不得不用他所有的感官去思考项目。“这迫使我用言语来形容光线如何进入的空间，声音和气味如何通过打开的窗口漫入房间，颜色如何冲突或互补。”他发现写作对于他思考一个项目的方式有着惊人的巨大影响，几乎比草图还要大。他相信文字更能吸引客户，它比图像更能承载故事。

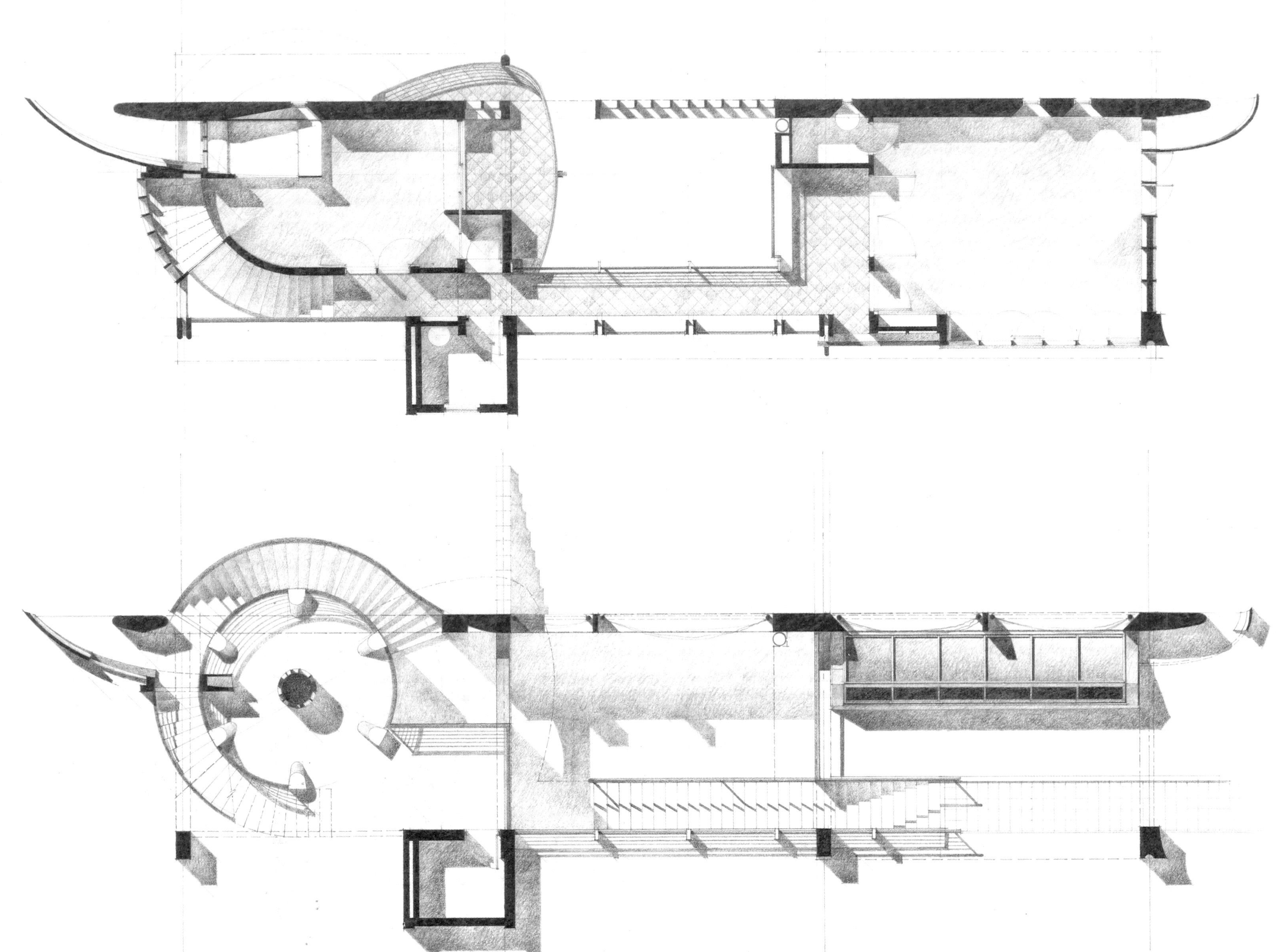

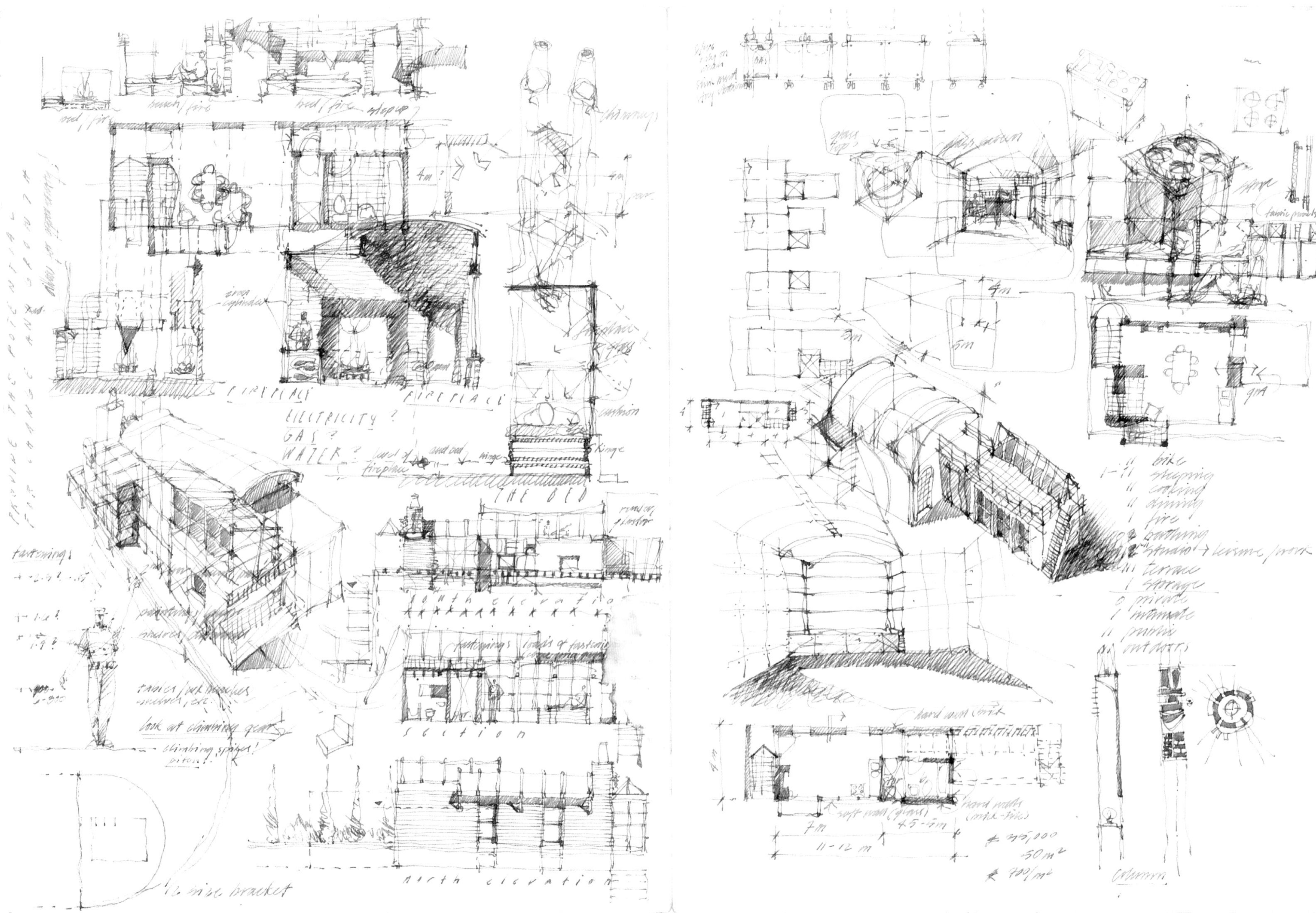
bench/fire
bed/fire
step up
chimney
FIREPLACE
FIREPLACE
ELECTRICITY?
GAS?
WATER?
cushion
hinge
south elevation
section
north elevation
look at climbing gear
4m
5m
bike
sleeping
cooking
dining
fire
bathing
studio → leisure, work
terrace
storage
private
intimate
public
outdoors
hard wall (brick)
soft wall (glass)
7m
4.5-5m
11-12 m
50m²
columns

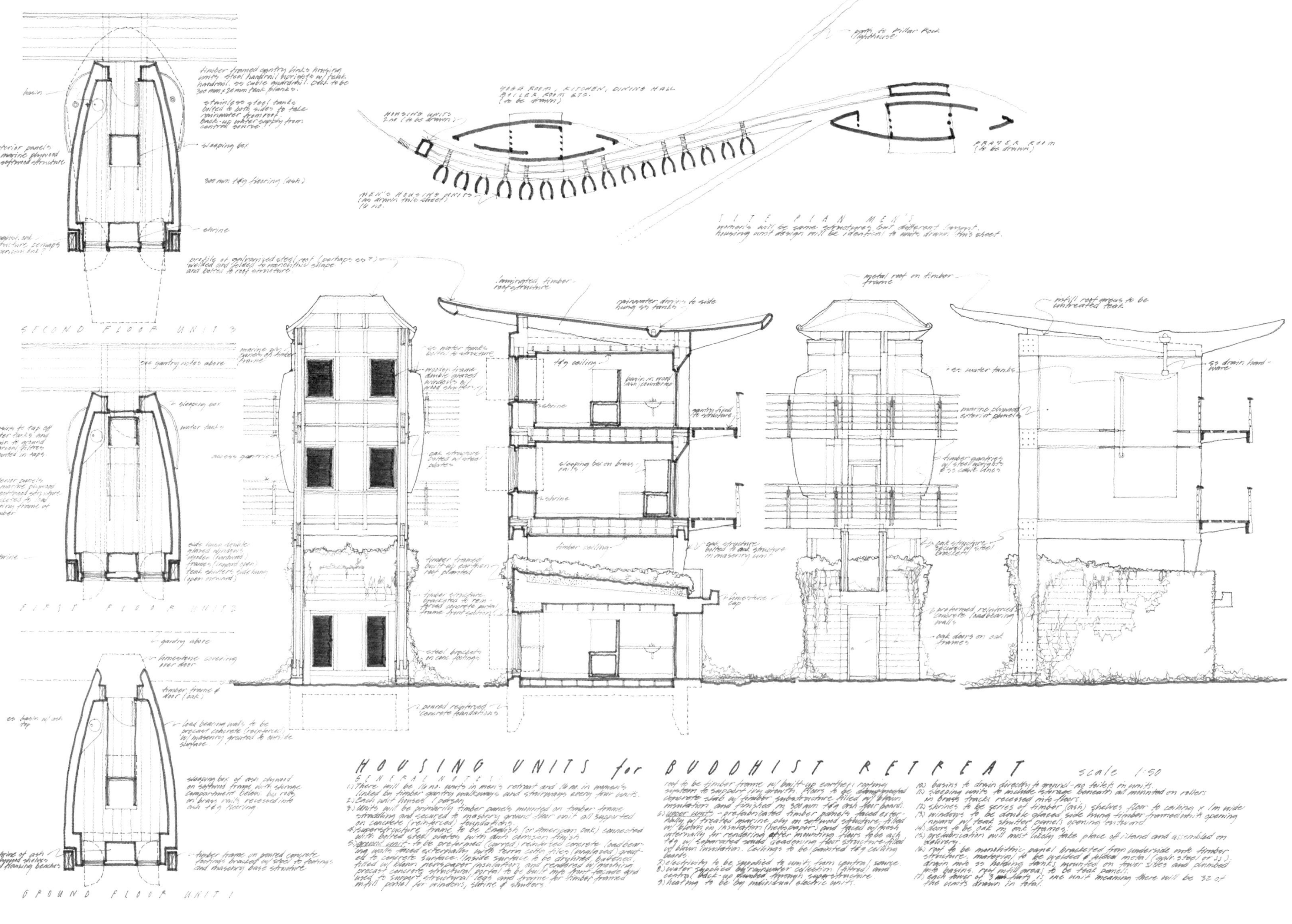

SECOND FLOOR UNIT 3
FIRST FLOOR UNIT 2
GROUND FLOOR UNIT 1
SITE PLAN MEN'S
HOUSING UNITS for BUDDHIST RETREAT
scale 1:50
GENERAL NOTES:
1.) There will be 16 no. units in men's retreat and 16 no. in women's linked by timber gantry walkways and stairways every four units.
2.) Each unit houses 1 person.
3.) Units will be primarily timber panels mounted on timber frame straddling and secured to masonry ground floor unit all supported on concrete (reinforced) foundations.
4.) superstructure frame to be English (or American oak) connected with bolted steel plates with anti corrosion finish.
5.) ground unit - to be preformed (curved) reinforced concrete loadbearing walls faced externally with terra cotta tiles (unglazed) grouted to concrete surface. Inside surface to be drylined, battened, filled w/ blown newspaper insulation, and rendered w/ meshing. precast concrete structural portal to be built into front facade and used to support structural legs and frame for timber framed infill panel for windows, shrine & shutters.
roof to be timber frame w/ built-up earth roofing system to support ivy growth. Floors to be concrete slab w/ timber substructure filled w/ blown insulation and finished w/ 300 mm t&g ash floor boards.
6.) upper units - prefabricated timber panels faced externally w/ treated marine ply on softwood structure filled w/ blown in insulation (newspaper) and faced w/ mesh internally for rendering after mounting. Floors to be ash t&g w/ separated sound deadening floor structure filled w/ blown insulation. Ceilings to be painted t&g ceiling boards.
7.) electricity to be supplied to units from central source.
8.) water supplied by rainwater collection (filtred) and central back-up plumbed through superstructure.
9.) heating to be by individual electric units.
10.) basins to drain directly to ground - no toilets in units.
11.) sleeping units to include storage beneath all mounted on rollers in brass tracks recessed into floors.
12.) shrines to be series of timber (ash) shelves floor to ceiling x 1m wide
13.) windows to be double glazed side hung timber framed unit opening inward w/ teak shutter panels opening outward.
14.) doors to be oak on oak frames.
15.) prefabrication will most likely take place off island and assembled on delivery.
16.) roof to be monolithic panel bracketed from underside onto timber structure. material to be welded & folded metal (galv. steel or ss). drain into ss holding tanks mounted on tower sides and plumbed into basins. roof infill areas to be teak panels.
17.) each tower of 3 flats is one unit meaning there will be 32 of the units drawn in total.

石上纯也事务所（JUNYA ISHIGAMI & ASSOCIATES）

三十多岁时，石上纯也就用他的超现实主义在建筑界掀起了波澜，这种超现实主义呈现日本传统建筑艺术的简约风格。他的第一座落成建筑，神奈川（Kanagawa）技术研究所是一个共享的工作坊，学生在那里从事配合当地社区的创意项目。

该设施是一个单一空间，47 米 ×46 米（154 英尺 ×151 英尺），像是在一片竹林中，看上去随意穿越内部空间的细长钢柱，零散分布。一座钢屋面覆盖在建筑物上，用无框玻璃周边密封。没有墙或隔板，人与家具都按照他们的期望，自由地布置。该建筑隐现于自然和梦幻般的场景中。

“我喜欢那些亲手创造的兼具现实和惊奇的事物。”石上纯也说。因此他的设计草图和模型看起来几乎是虚空的。人物在建筑和世界中浮动，笼罩在一片雾蒙蒙的中。建筑是在梦幻般的风景中轻盈的、失重的幻影。

他说，“我想用模糊边界创造一种新的空间。我会尽量避免图解的特点、压缩和缩略信息的抽象，我尽量保留它，而不是提炼信息。我想要做的就是把握这种变化的模糊性，并从中发展抽象。”

石上纯也的草图和模型是唯美的，不食人间烟火的，但他最大的天赋是具有把这些幻影转化为建筑形式的能力。

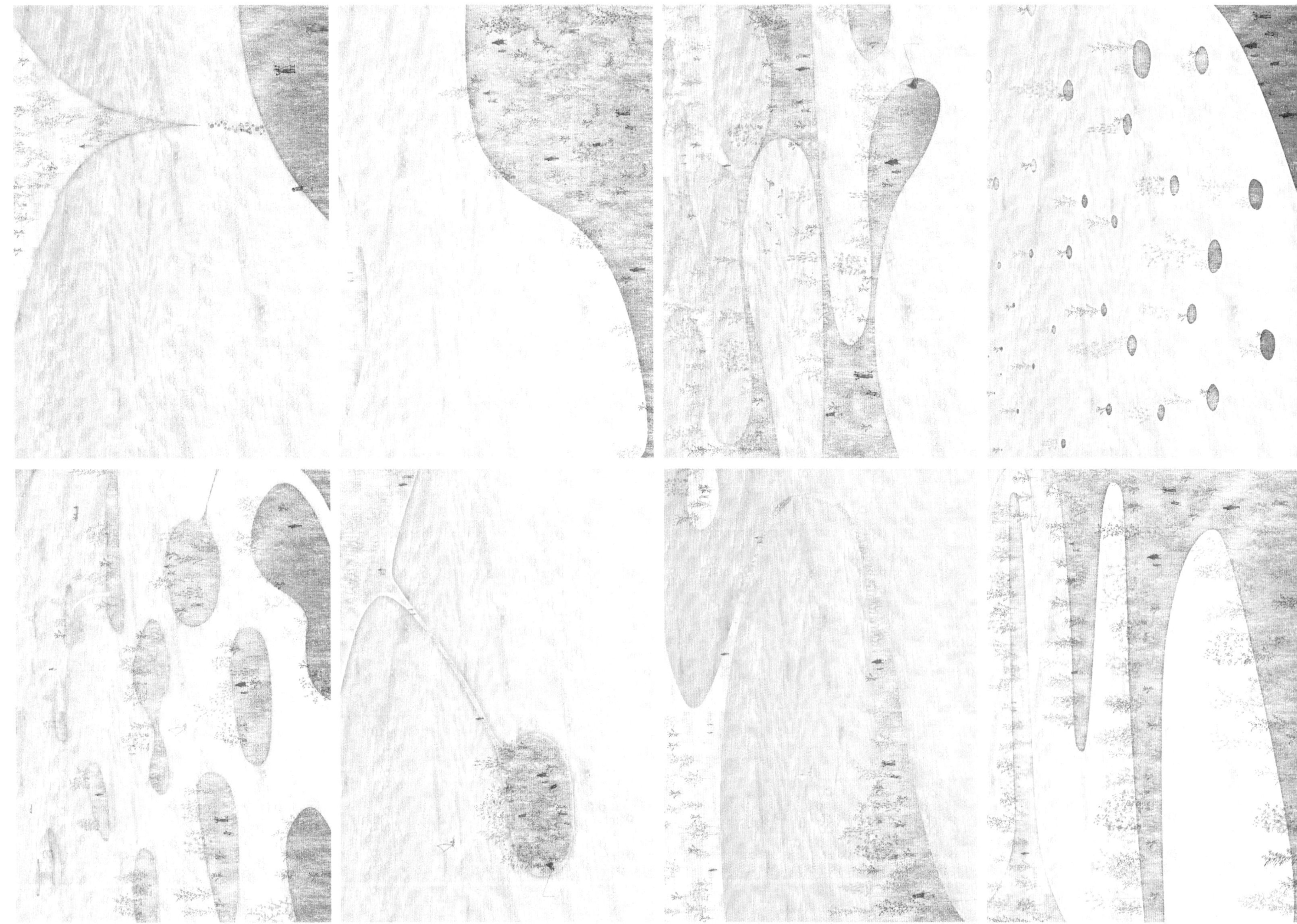

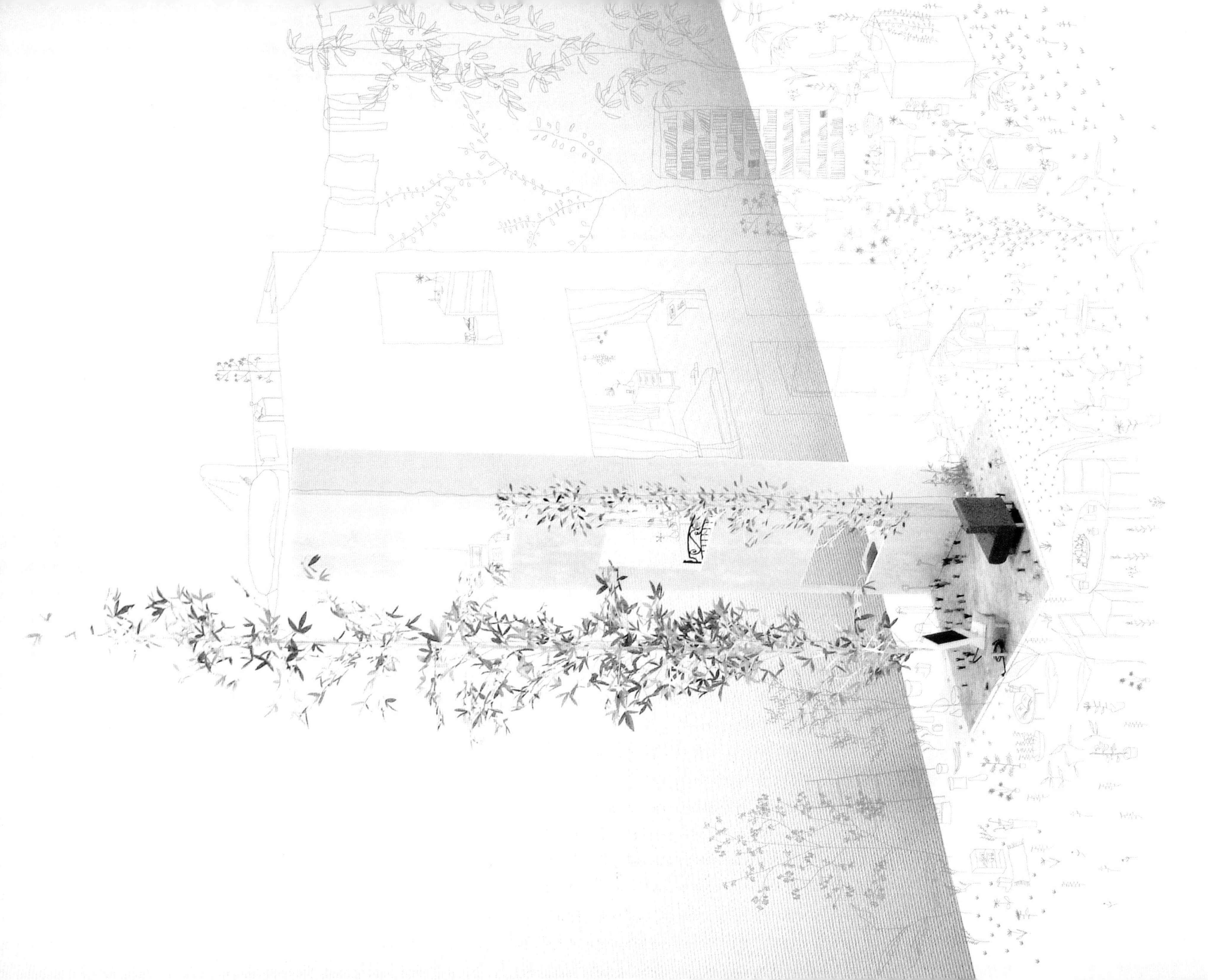

Nothin About this is Real ... But who cares?
THESE ARE SHAPES ... THEATER SHAPES ... city SHAPES

192–193
194–195

克里斯托弗·凯利（KRISTOFER KELLY）

“我通过画画来了解世界。有些人会滔滔不绝地说，有些人用笔来写，我画画，速写本是我在其上比手画脚地探索思想的自由平面。”克里斯托弗·凯利说。

凯利，来自加拿大卡尔加里的一个刚毕业的建筑师，在包括美国的《建筑实录》杂志在内的重要出版物中他的草图品质已经被广为称赞。他用各种媒介作画，包括墨水、黑铅和木炭。画这些草图很快，通常在现场捕捉氛围、空间关系、形体节奏（在人与空间的互动方式）和场所的其他本质特征。

“这些草图捕捉我对场地认知的直觉反应，即有可能成为设计介入的反应。我很少返回来在这些图纸上标注或上色。‘思考的手’的想法是描述这个过程的一个很好的方式。”他说。

凯利的画被称作“生动的艺术品”，随后被引入设计过程。凯利说，“尽管我在一个项目的全过程中一直画草图，但初始草图依然是具有决定性意义的，因为它们记录了我对设计内容的第一反应。”初始草图是一块试金石，他认为保持一个项目的概念体系至关重要：“通过初始草图的发展，设计应该演进和变化，但那些初始草图起到的指向性作用才能使设计师想起最初的灵感火花。”

事实上，凯利如此重视设计过程中草图的价值，以致不仅他自己使用速写本，他也要求愿意与他们合作的设计师画草图：“在多专业协作中，绘图是一项强大的工具，评价分析始终是不可或缺的。”

1967 YSL

1981
Rose
GREY NUN

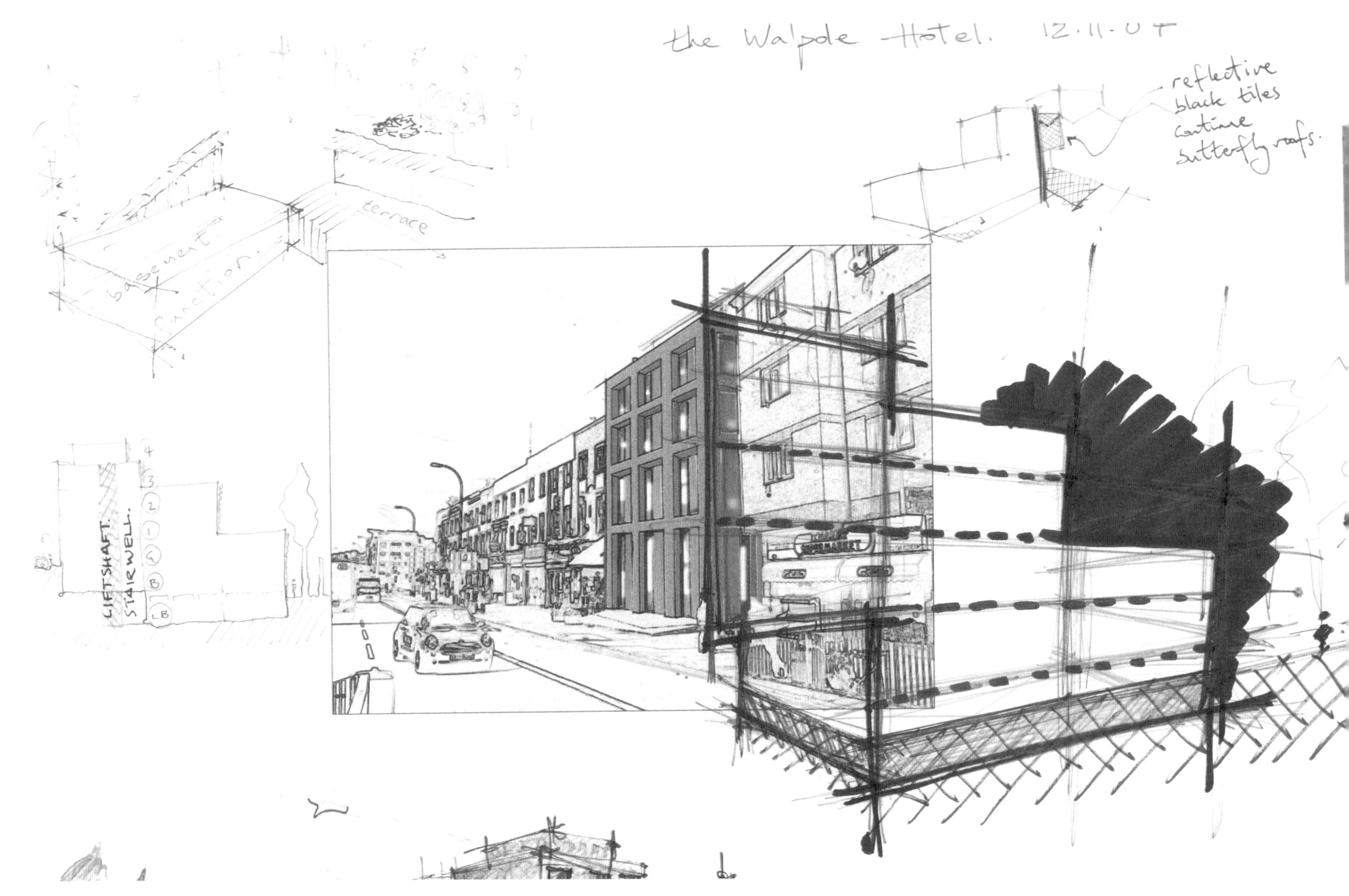

the Walpole Hotel. 12.11.04
reflective
black tiles
continue
butterfly roofs.
terrace
basement
function.
LIFTSHAFT.
STAIRWELL.
4
3
2
1
B
LB
SUPERMARKET

196–197
198–199

肯尼迪·维德尔（KENNEDYT WADDLE）

肯尼迪·维德尔是一家由加里·肯尼迪（Gary Kennedy）和克里斯·特瓦德（Chris Twaddle）创办的设计工作室。20 世纪 90 年代早期，他们在邓迪大学邓肯约旦斯通艺术设计学院上学时相识。他们两位都不是建筑师，但他们十分关注建筑整修和设计。

这种“非建筑师”建筑实践的结果是另一种方式——令客户兴奋，并展示出与常规的科班建筑师截然不同的特征。

“我们通过自由地勾勒和抽象的标志制作去激发一个空间的内部形式，并用草模来表现材质和体量。”肯尼迪说。

拼贴画、夸张的草图、图纸和模型这些方法是可以实现的。这些设计证明了两人对室内设计和展陈设计的喜爱，然而在他们的草图中的非标准化属性和戏谑化的色彩运用，使他们的作品与许多建筑师的作品截然不同。

“我们初始草图设计流动性和自由度保证了思维过程尽可能地自由、具有流动感。我们工作节奏很快，几乎可以说是飞快，这是一件好事，因为有时候手的意外抖动就可以开辟一个全新的、意想不到的可行之路。”肯尼迪解释道。

公开标榜自己是生命绘画信徒的肯尼迪，被许多年长的建筑师慨叹为一个不见艺术的天才。正是这个技能使肯尼迪·维德尔在他们的草图制作中如此放松。这里以住宅项目的各种不同的模型和拼贴画为特色，还有伦敦沃波尔酒店的一幅夸张的草图[196]。

20 rue de l'eglise . Auteuil Le Roi .

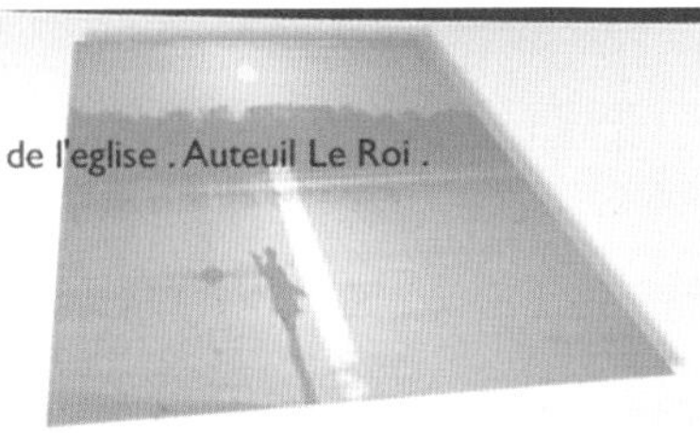

source

through axis

reflection

kennedytwaddle architectural design

20 rue de l'eglise . Auteuil Le Roi .

kennedytwaddle architectural design

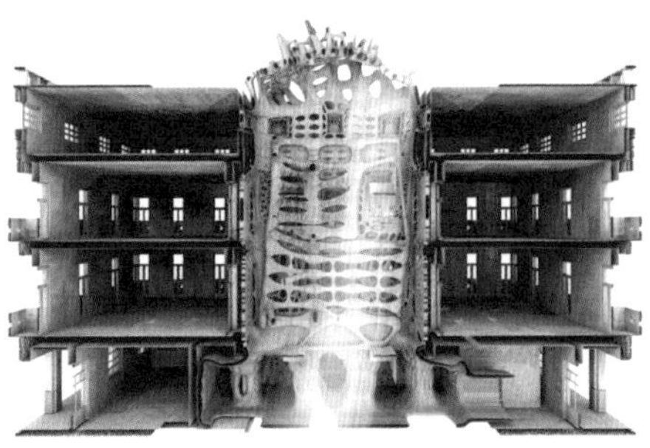

a - a

b - b

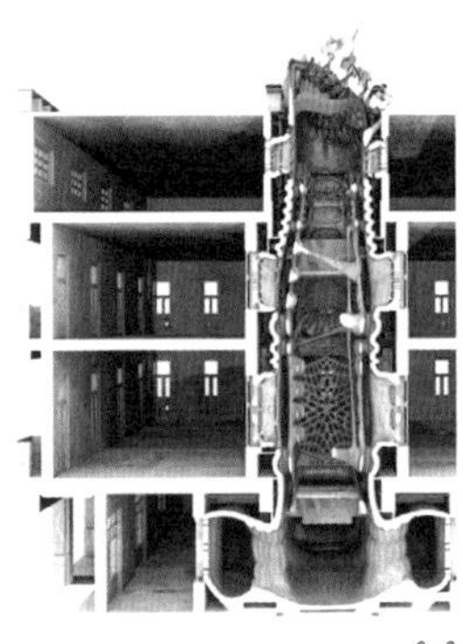

c - c

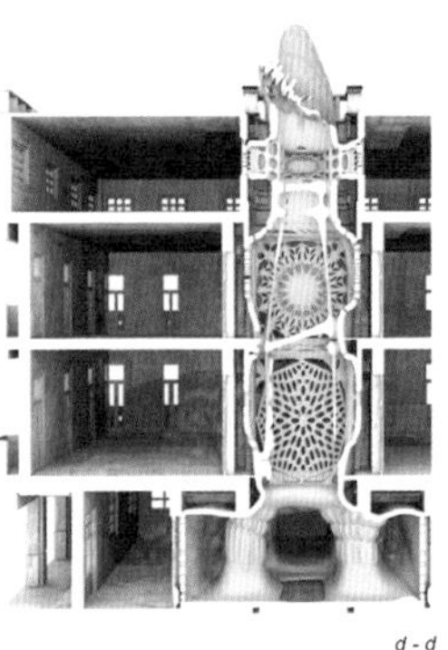

d - d

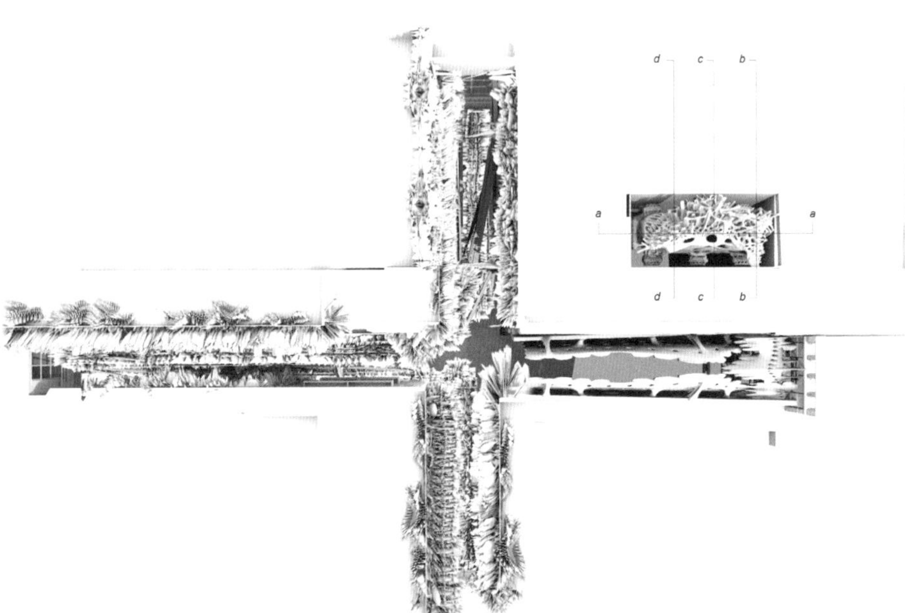

200–201

202–203

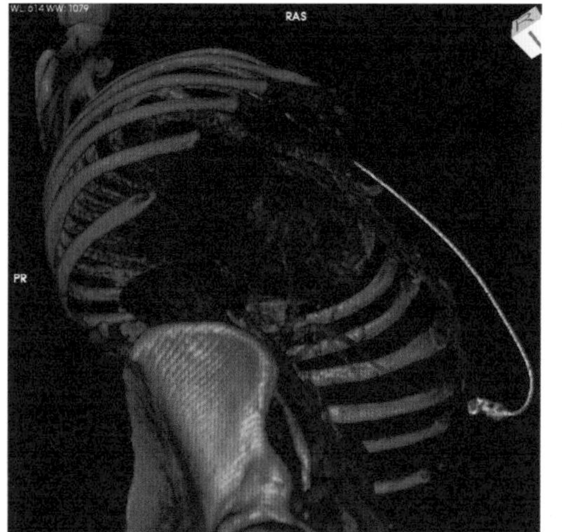

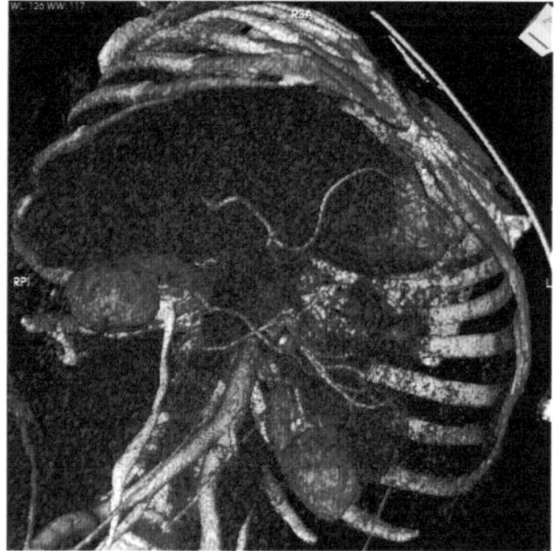

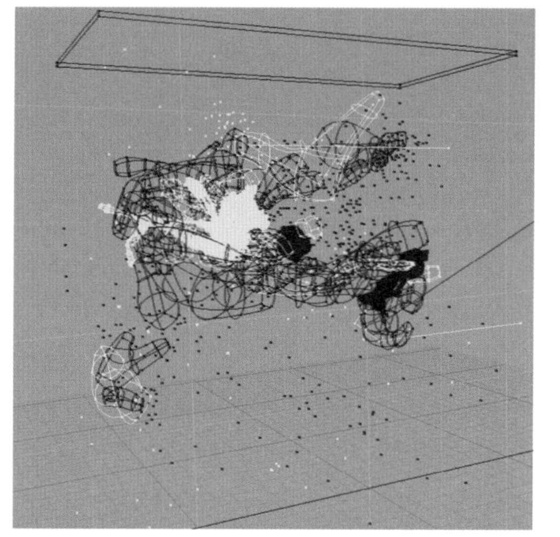

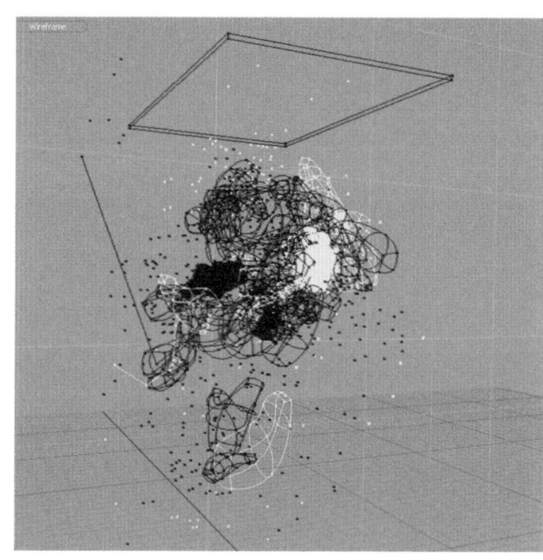

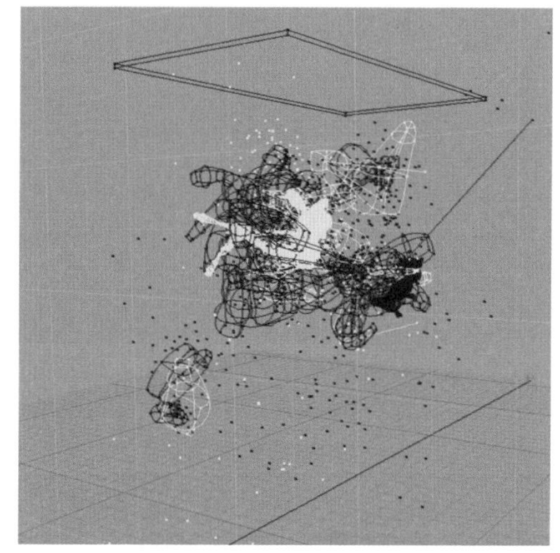

托比亚斯·科林（TOBIAS KLEIN）

托比亚斯·科林，德国出生的建筑师、大学讲师，他的工作可以被描述为在数字环境中的描述性设计，用 CAD/CAM 技术挖掘现实和虚拟二者之间的关系，以“消除手工艺和艺术之间的对立”。

他的《软永恒》（Soft Immortality）研究 [201–203] 检验了主体和迁移、向建筑艺术领域迁移主体因素产生的综合特质。

迁移在观念层面推动了混合型、自然——人工转换的想法；它周边环境和意义的广泛认知逐渐消失是客观的。

“《软永恒》装置重新创建了一个虚拟的主体，旨在化解常规边界的概念，有利于过渡空间的限定。”科林说。

“反过来，在仔细观察的真实骨头上雕刻虚拟器官就是屠杀。局部缺失是屠夫的作品与艺术家塑造虚拟作品之间的区别。在这一点上，设计超出了既有的形式，并开始在深入观测过的现实中塑造虚拟的形态。”

科林的第一个建成作品就是哈瓦那圣母德雷格拉教堂（Chapel of Our Lady de Regla，Havana）[200]。位于现有的庭院内，教堂设计紧密结合肃穆的建筑景观进行有机转变。科林说，“这座教堂不再遵循纯粹的抽象算法，它的形态由脚本参数创建。这座神殿不再使真实失真；它呈现出虚拟的仪式感和叙事性的真实。”

Standard
Object Type
AutoGrid
Target
Name and Color

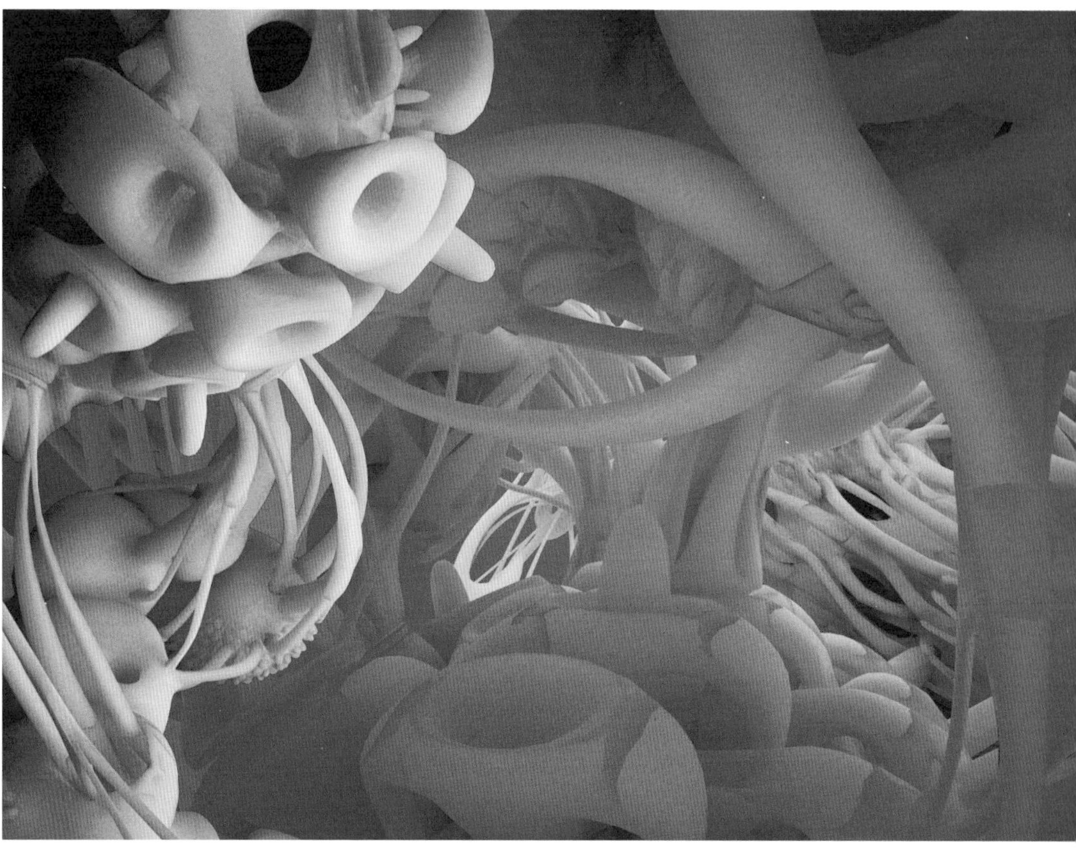

THE WARSAW
PHITHEATER

204–205
206–207

迈克尔·莱勒（MICHAEL LEHRER）

迈克尔·莱勒说，“我年轻的时候，我的母亲告诉我，如果我不能成为一名建筑师，我可能会是一名画家。我画画，因为对于一个创作者，它就像呼吸。写生画对我来说是在训练我作为一名视觉思想家的最重要的方面，是眼睛和思想的不间断磨合。我认为对于一名建筑师，这是很平常的事。”

莱勒的抽象画色彩丰富，写生画精美细腻，与他的建筑草图不同。但在许多方面，它们涉及相同的背景。颜色的运用和视角定位都是很相似。他说，“我所有的艺术作品是关于寻找空间、光线和形式，这是在两个维度上探索了三维空间。”

他还是一个孩子时就开始写生画画，在加利福尼亚州好莱坞巴恩斯德尔艺术中心（Barnsdall Art Center in Hollywood, California）上课，该中心是巴恩斯德尔艺术公园的一部分，拥有多个弗兰克·劳埃德·赖特的建筑。莱勒在他的办公室，每两周召开一次写生画座谈，所有他的员工以及顾问、朋友和同事建筑师被邀请参加。“这个有活力的模式为工作室里的建筑师提供了探索空间与人是如何产生关系所需的角度。”

莱勒说，画建筑画时，他的项目以一个非常简单轻松的平面、轴测或剖面草图开始。“这些都是真正的建筑设计图解草图，是寻找一种要解决场址、方案和项目的实际问题的综合形式。”

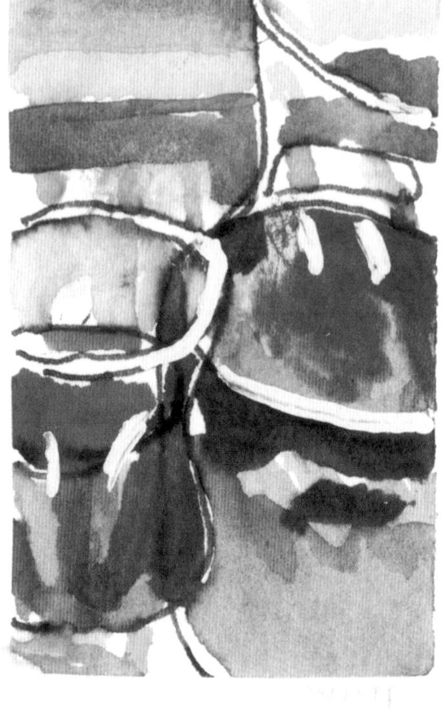

PEPPERED PORK

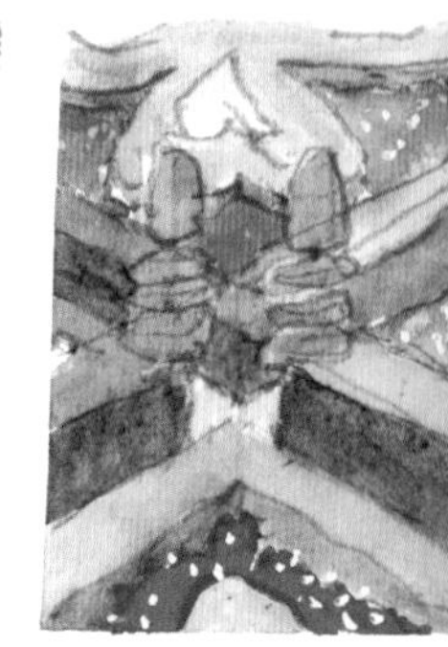

VILLANDRY 03 OCTOBER 2001

DINNER with BOB @ CHANTILLY

ST. SAUVANT · MAISON TAFT 06 07 OCTOBER 01

208–209
210–211

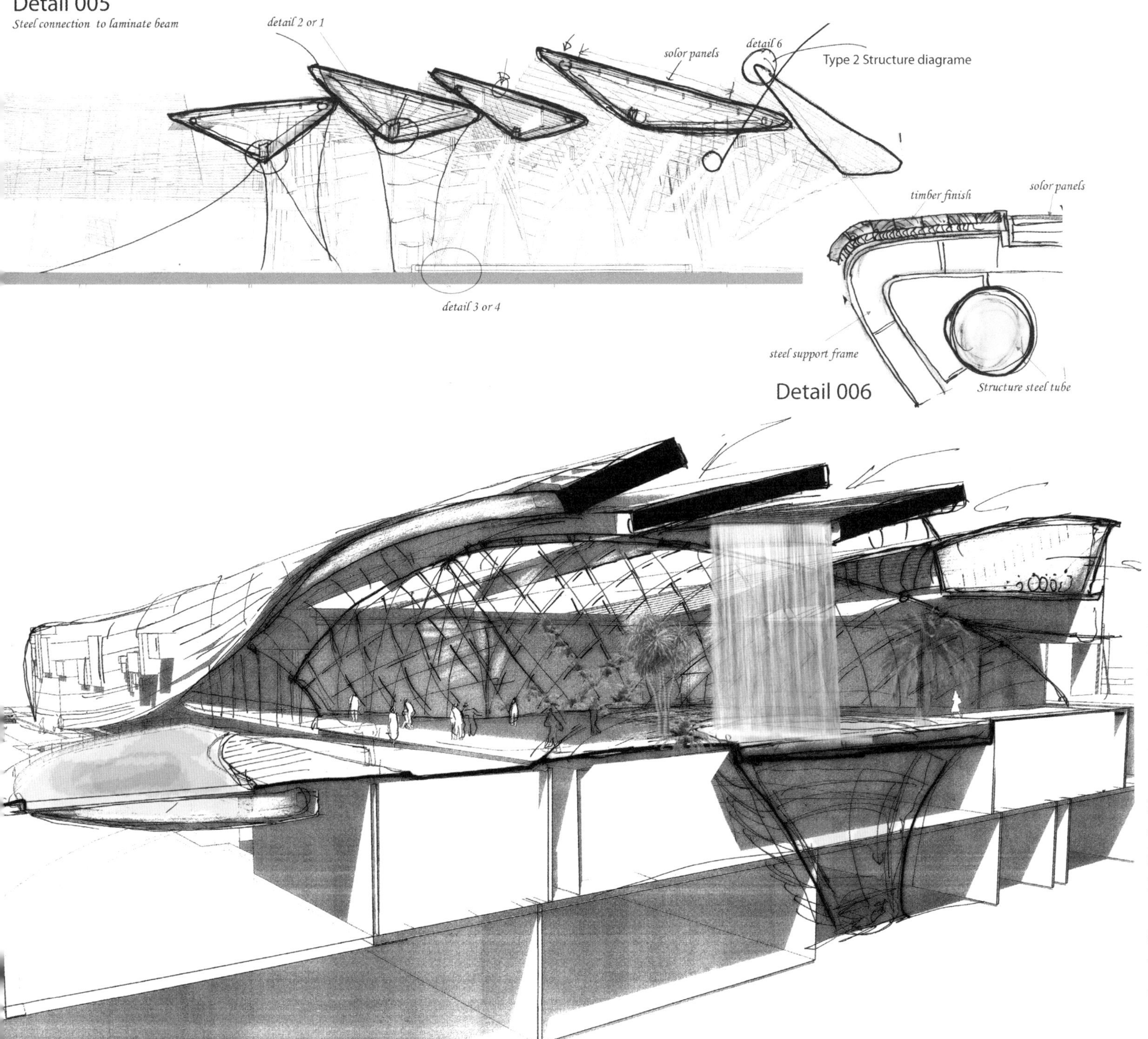

阿利斯泰尔·利里斯通（ALISTAIR LILLYSTONE）

建筑师们普遍认同，建筑设计是一系列有条不紊的步骤，这些步骤最终累加成一个连贯的项目，霍克建筑师事务所（HOK）的阿利斯泰尔·利里斯通也不例外。

利里斯通说，"最初，我们确定设计的范围，然后收集尽可能多的背景信息。客户愿望也很重要，而且一旦这些信息被收集，它给我一个方向，定义了我应该从哪开始绘制。"

通常情况下，利里斯通的工作从 CAD 开始，创作了精确的图纸来为设计做准备。这种图被打印出来，以用于草图、绘画或制作卡片模型开始的向导。

他说，"初始图纸是工作一个很好的基础。一定要使用手绘图或绘画 [208–209]，因为它能更快地记录了一个人可能有的意见和想法，并且可以更容易地进行检验。使用这种方法有助于消除限制并增加设计的另一个层次。使用卡纸草图模型也有所帮助……因为它是三维的。"

一旦利里斯通达到他认为已经从这些方法中获得了足够想法的时刻，他就回到 CAD 中把这些想法画出来。"一旦返回电脑设计已经完成，可能需要打印出图纸，再在它们的基础上绘制草图。或者，CAD 模型可能会在某一个节点，制造出一个计算机激光切割模型 [210–211]。"利里斯通说。

这种重复的方法为利里斯通的手绘图、绘画或卡板纸草模带来一定的灵活性，同时也帮助最大限度地提高 CAD 和 BIM（建筑信息模型）的优势。

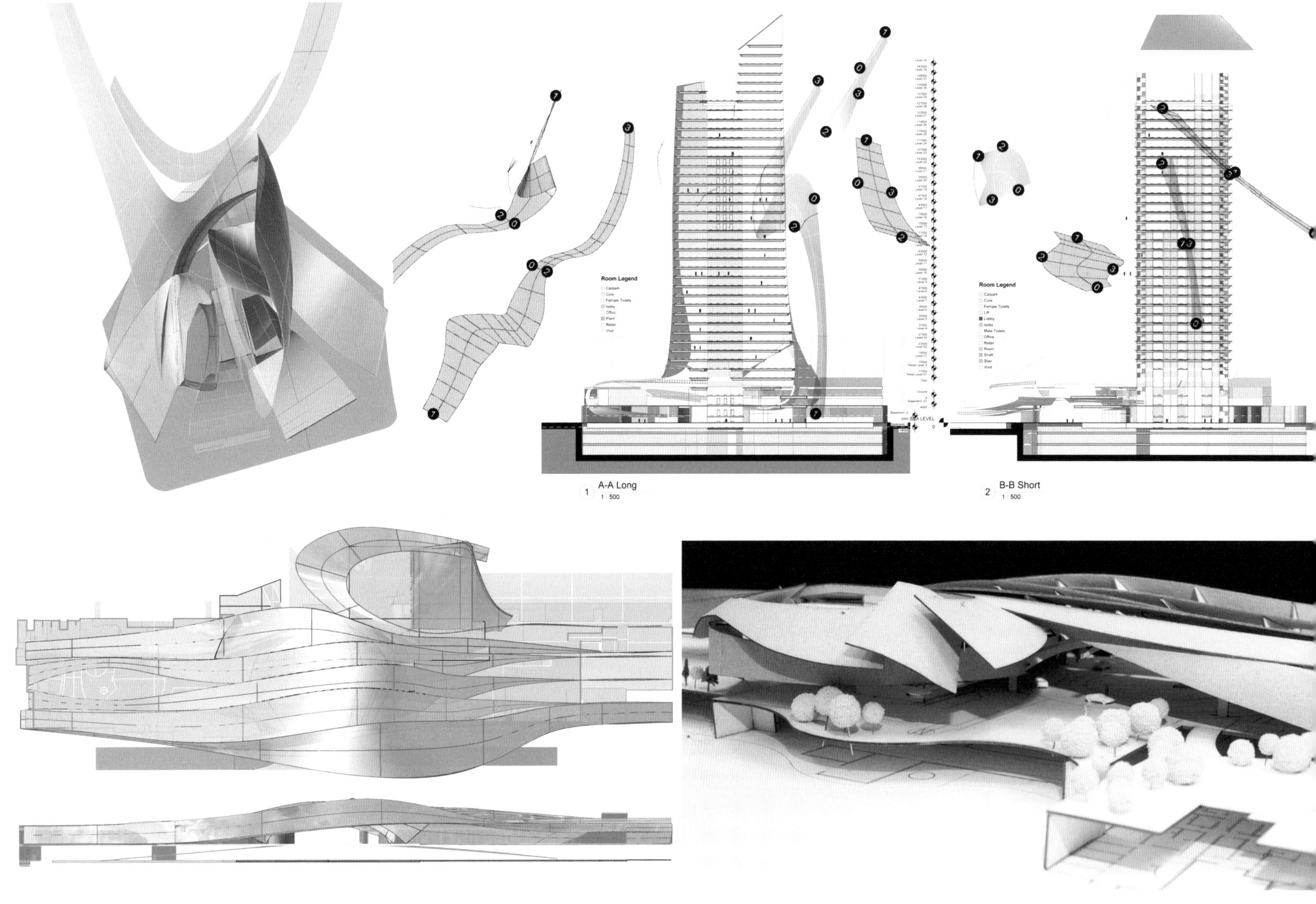
Room Legend
Carpark
Core
Female Toilets
looby
Office
Plant
Retail
Void
A-A Long
1 : 500
SEA LEVEL
Room Legend
Carpark
Core
Female Toilets
Lift
Lobby
looby
Male Toilets
Office
Retail
Room
Shaft
Stair
Void
B-B Short
1 : 500

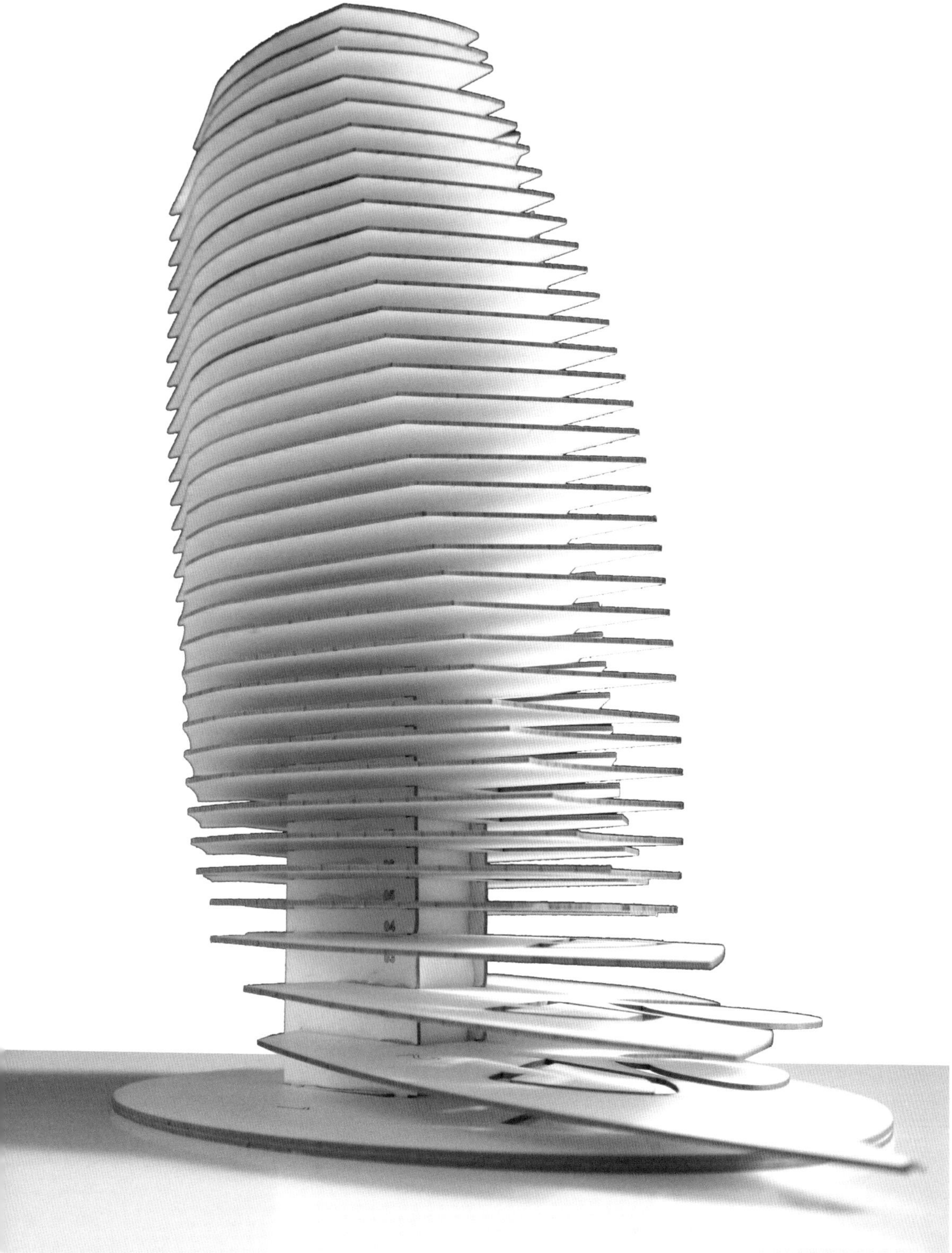

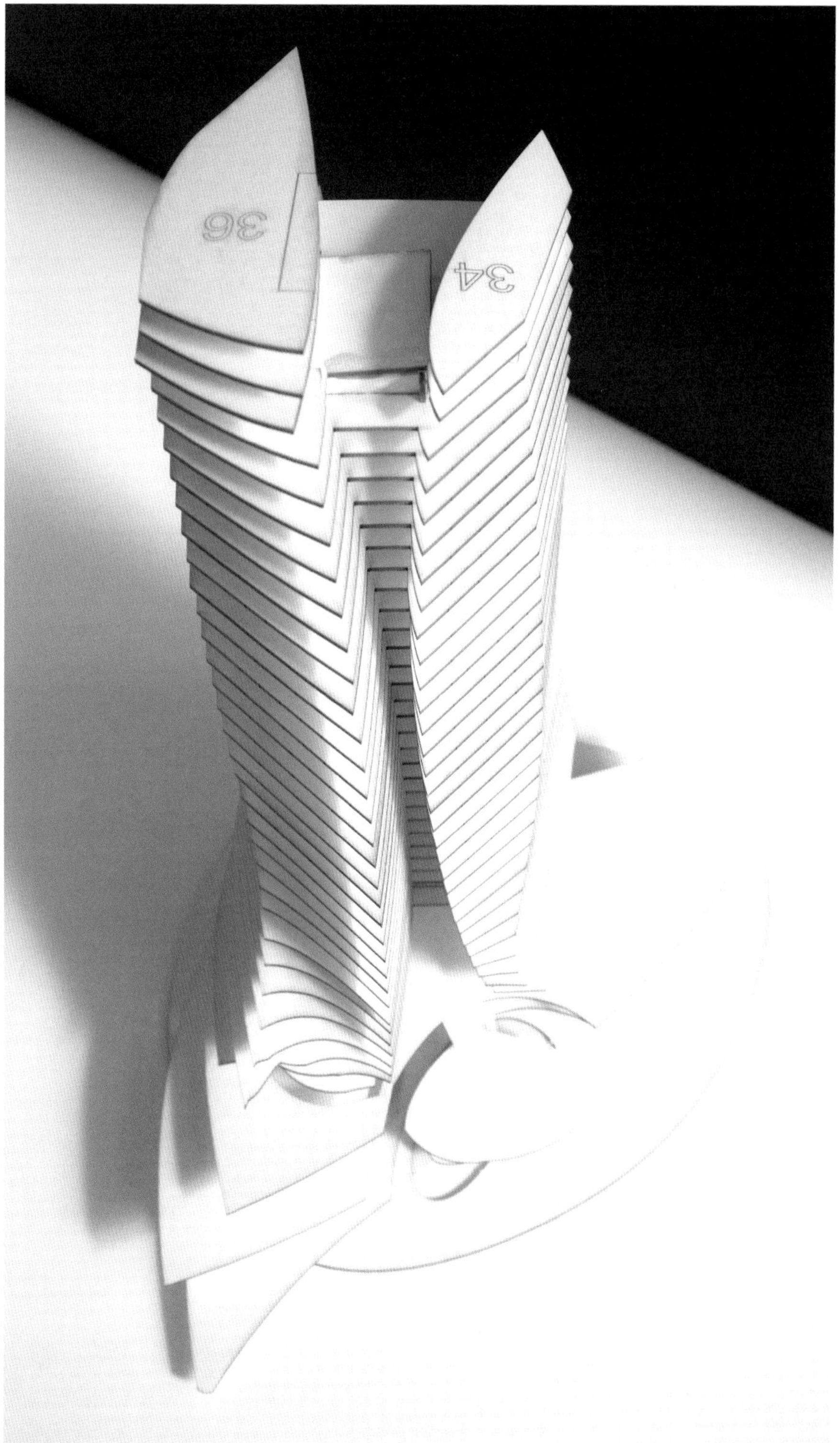

'curiouser and curiouser,' said Alice...'
CAN'T HEAR ANYTHING...
WHAT IS THIS... A NUTHOUSE?
'did you say pig, or fig?' said the cat.
'I said pig,' replied Alice.

212–213
214–215

林纯正（CJ LIM）

“我很好奇一些设计师不画手绘草图，如何只用电脑工作。草图的微妙给项目带来生机。”林纯正说。

这可能听起来不寻常的，执教于世界最激进的建筑学校之一（伦敦巴特莱特建筑学院，the Bartlett in London）的一位教师，但尽管林纯正的思想是激进的，但是他表达它们的方法是传统的。

他运用手绘草图阐明最初的想法，并且为第八建筑工作室（Studio 8）设计团队构思他的建筑说明。“我非常习惯用自来水笔和详细说明；我无法用细铅笔或钢笔画画！”他说。“我的工作速度快，画画是一个即时的工具，是一种沟通复杂思想的有效途径，绘画可以让我要同时有策略和诗意地思考。这样，思想流动而不会固定或自以为是。我们多数有兴趣的项目一般都是手绘草图精细化的产品。”

第八建筑工作室的创新设计注重方案的文化、社会和环境可持续发展的独特诠释。“最初的想法被形式化之后，我们也大量地用草图模型工作。模型紧接着在手绘草图后完成，但两种形式草图在设计过程中相得益彰。随着设计的深入，草图帮助我们编辑和制定实施方案，优化并摈弃围绕项目周边的边缘想法。”林纯正说。

当一个项目完成，第八建筑工作室中作一次“大清理”。主要草图和模型与最终模型和图纸在一起存档。虽然具体实践中看不见那么多建成设计，但它们被大范围展出和出版。

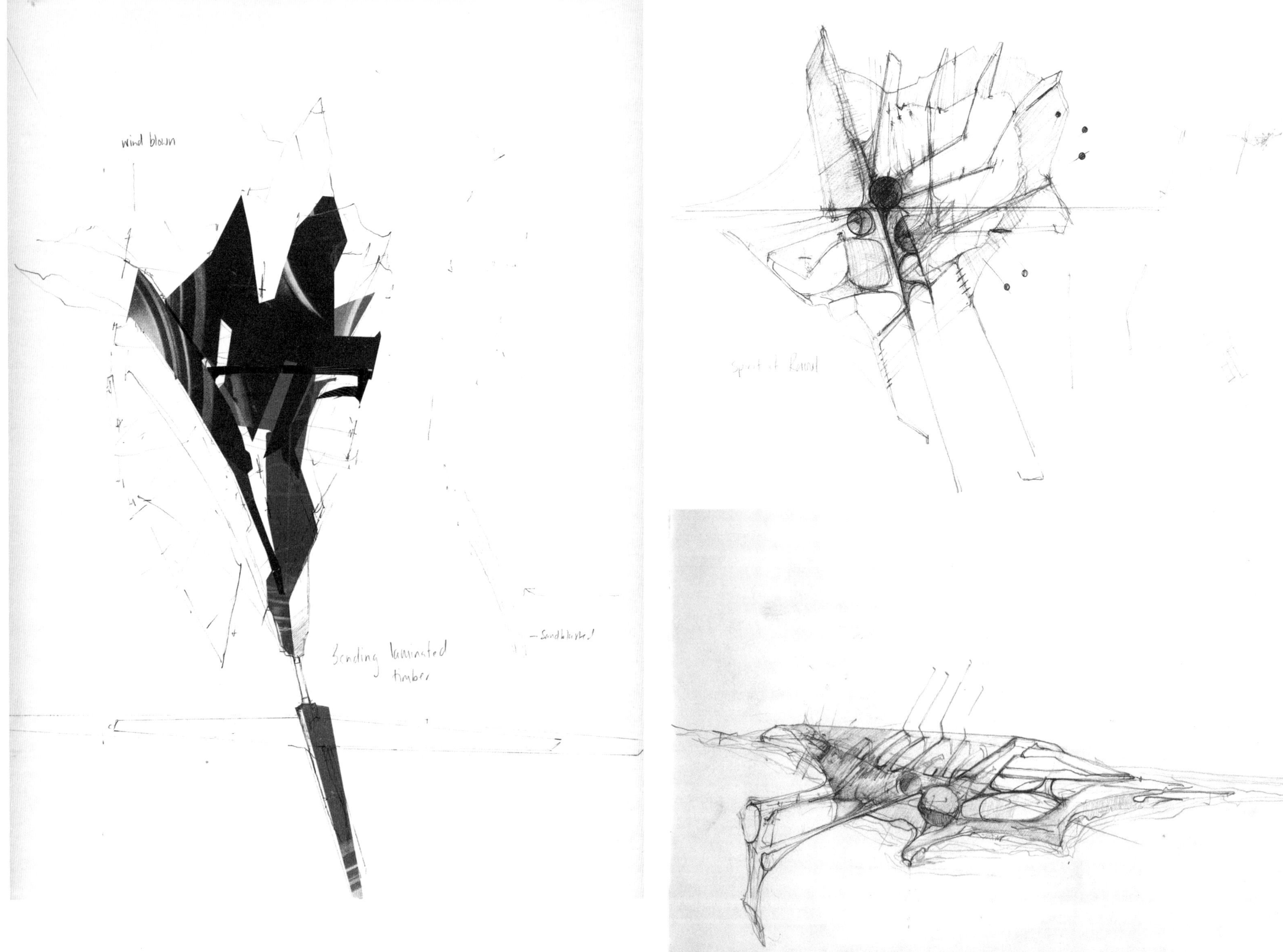
wind blown
Bending laminated timber
Sandblasted

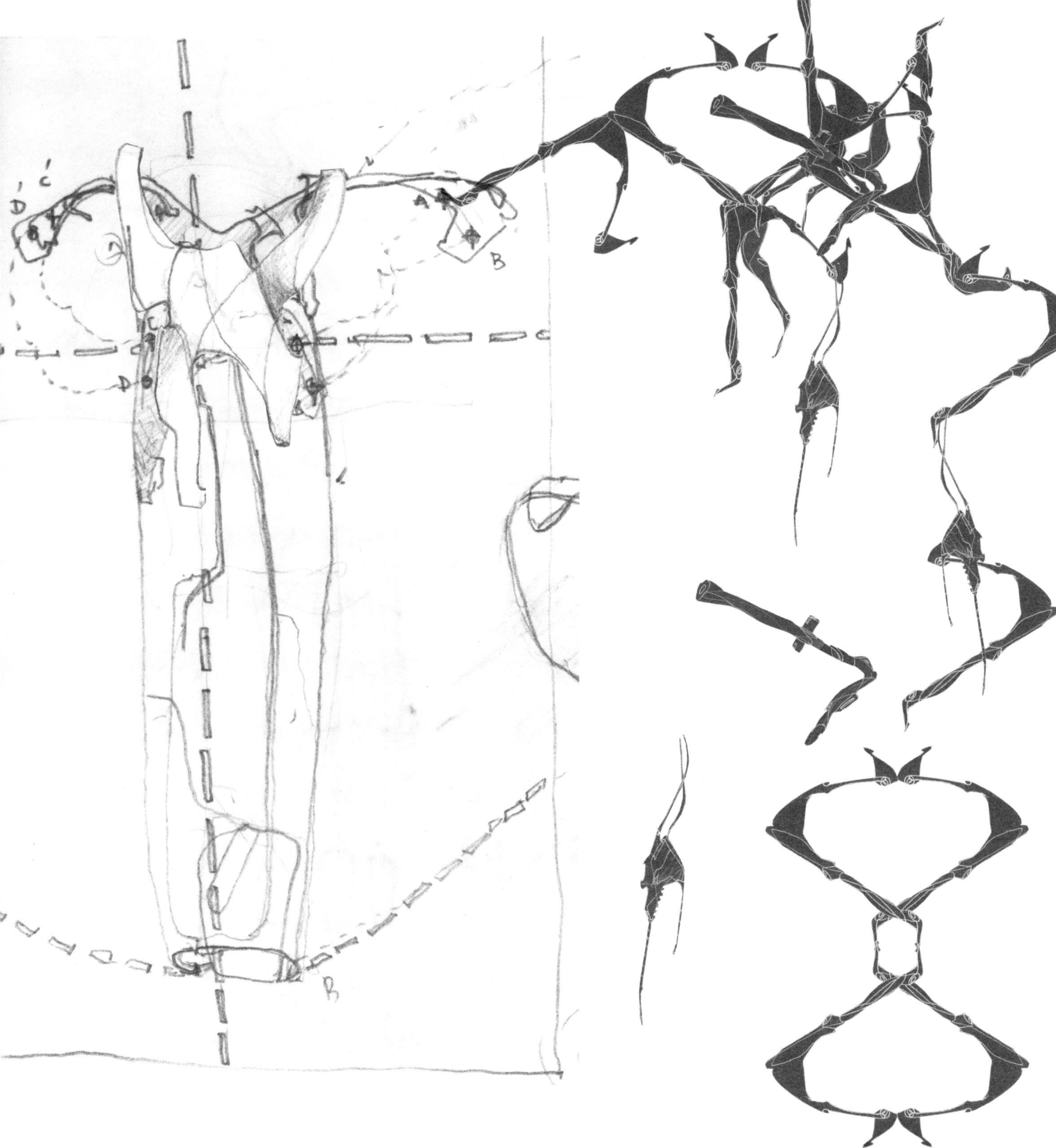

液体工厂事务所（LIQUIDFACTORY）

凯特·戴维斯（Kate Davies）和曼纽·韦尔克鲁斯（Emmanuel Vercruysse）是建筑师和教师。他们的事务所（Liquidfactory）是一个多学科交叉的公司，在艺术、建筑和行为的交融中运行。他们说，“我们主要关注事件，把地段作为一系列行为的一个地区或阶段考察，我们寻求空间和时代双重背景下的应对措施。”

从画草图开始，建筑师在纸上捕捉项目的“最初灵魂”。这些草图更多的是关于意识和感觉，而不是什么实用。然后，他们扫描这些草图，并数据化和拼贴来重新加工这些草图，之后生成一系列速成模型。

“这些模型是相关的探索。对于我们来说，设计更多是在手上生成，而不是在头脑中。”戴维斯说。“草图最可能让我们感受到一个富于想象力构思的不确定性与美。它作为头脑中缥缈、模糊不清的幻景和面前残酷、不可回避的现实之间的调解人。我们最重要的目标是在最后一部分抓住最初想法的魔力。”

这里呈现的草图和图纸就是项目的预景。建筑师随后通过创建工作原型开始考虑物质实体。而且，他们总是有初始草图作为参照点和审美目标去推进建成部分。

“对我们来说，初始草图是项目中最珍贵的部分；它们几乎占 50% 的设计故事。我们的整个建造过程是捕捉第一张草图的魔力。”

218–219
220–221

约翰·莱尔（JOHN LYALL）

根据约翰·莱尔的说法，“所有建筑师都应该会画画，使用铅笔的手眼协调能力能够快速定义空间和形式，也可以快速编辑或重新绘制。然后，该过程是为创作量化制表，使每个草图成为前进道路上的一个阶段。这个过程在计算机上不能灵活或迅速地点击鼠标做出来！”

莱尔用一个小速写本创作，并从项目一开始就喜欢去预制和尝试 3D 概念草图，如这些来自伊普斯维奇（Ipswich）的文化/住宅项目，名为克兰菲尔德工厂（Cranfields Mill）的草图[218-221]。“这草图呈现了我的思维过程，使我很快就大面积铺开，在图形背景中进行早期的、便捷的实验。”他用软铅笔或毡头笔——寥寥涂色——并且认为加入一个人物或车辆给草图一种尺度感是很重要的。“观察者必须理解和运用草图；它不能太含混不清。”

莱尔是他的事务所中唯一不用计算机画图的人。因此，画出平面图、剖面图和三维概念对于与同事交流他的设计是非常重要的，这样同事们才能准确地在 CAD 中绘制建筑。说明性的草图，如同克兰菲尔德工厂里的舞蹈排练室，有助于解释他的设计初衷。“在设计团队已经完成精确的计算机模型之后，我才会正式绘制下一阶段的草图。然后，我研究这些‘骨骼’，去探索开窗、屋顶类型、细节、阴影、材质等的形式。”他说。

莱尔也喜欢用不同的艺术媒介进行试验，包括蚀刻和丝网印刷。“在一个简单的全色调的成像过程中，选取一张我的手绘草图，并在彩色图案纸上打印出来。即使它仍是一张简单的草图，我可以做成一张唯美的‘图片’。”

etched
+
clear glass
etched glass
Daylight streaming in
Dance House – Studio 3/Ballet

Dance East : College St./Foundry Lane.

2003.

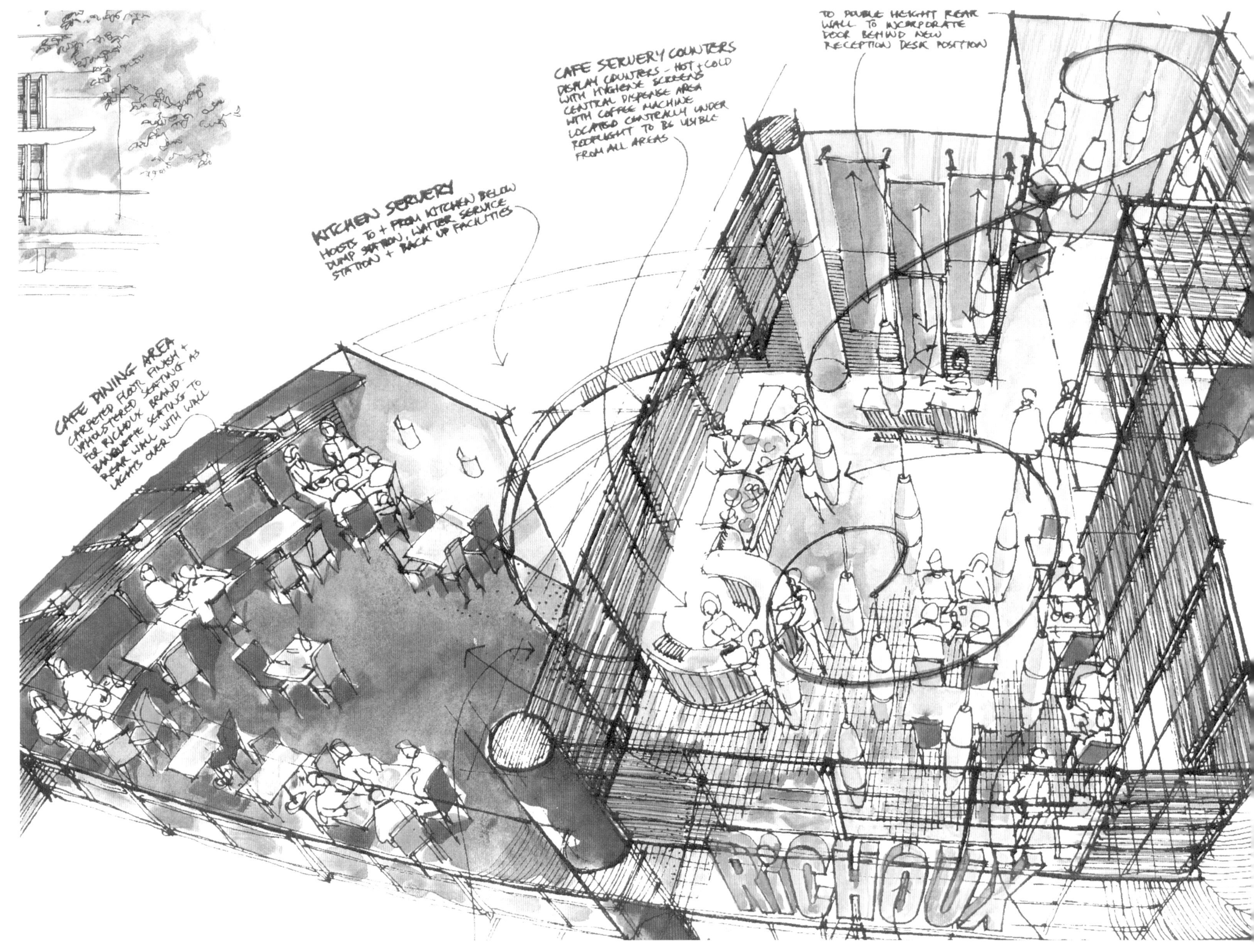
TO DOUBLE HEIGHT REAR WALL TO INCORPORATE DOOR BEHIND NEW RECEPTION DESK POSITION
CAFE SERVERY COUNTERS
DISPLAY COUNTERS - HOT + COLD WITH HYGIENE SCREENS CENTRAL DISPENSE AREA WITH COFFEE MACHINE LOCATED CENTRALLY UNDER ROOFLIGHT TO BE VISIBLE FROM ALL AREAS
KITCHEN SERVERY
HOISTS TO + FROM KITCHEN BELOW DUMP STATION, WAITER SERVICE STATION + BACK UP FACILITIES
CAFE DINING AREA
CARPETED FLOOR FINISH + UPHOLSTERED SEATING AS FOR RICHOUX BRAND. BANQUETTE SEATING TO REAR WALL WITH WALL LIGHTS OVER
RICHOUX

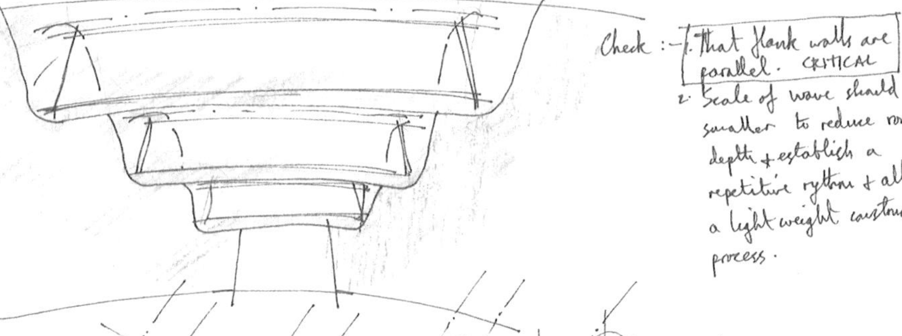

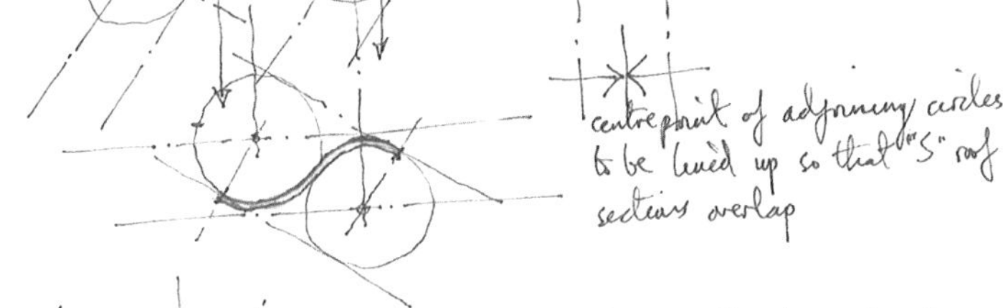

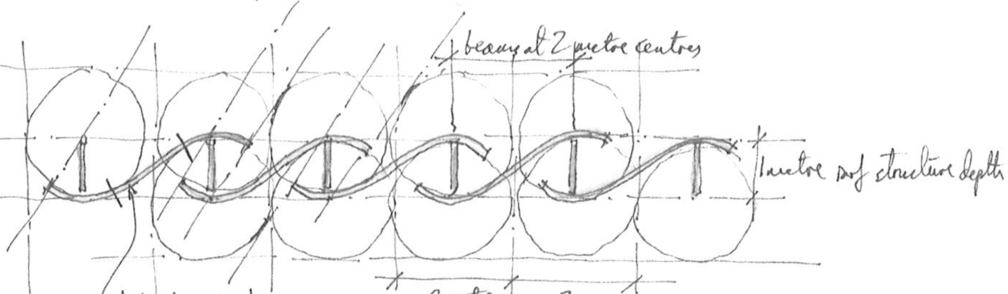

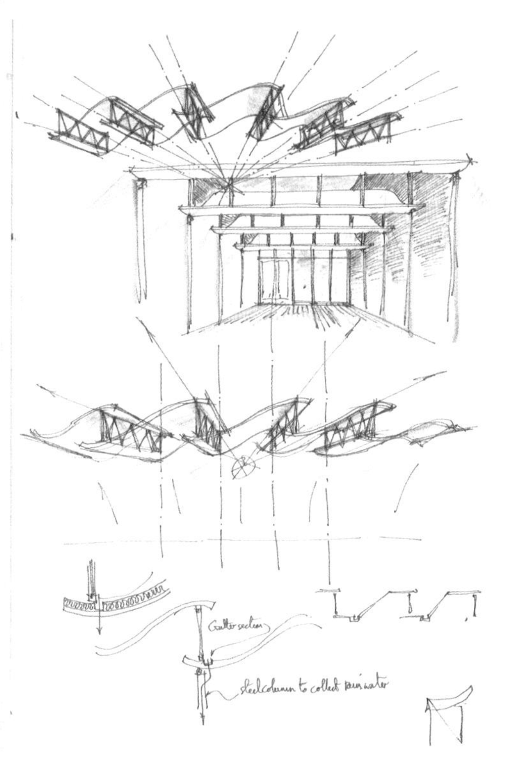

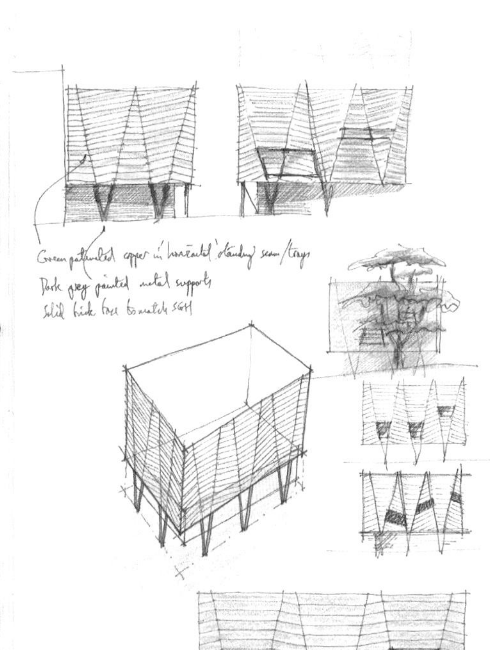

222-223
224-225

麦肯锡·维勒事务所（*MACKENZIE WHEELER*）

“理念不一而同地在速写本里开始，无论它们是好还是坏……一个速写本应该没有什么珍贵的。”麦肯锡·维勒事务所的鲁伯特·维勒说，引用这页包括伦敦博物馆 Richoux 餐厅设计［222］、维斯塔划船俱乐部［223，主图和右上］和西部泰晤士学院［223，右下］。

“我们思想自由驰骋，而在速写本上可能被彻底改变。把它搁置一段时间是很好的，‘让它酝酿几天’，因为一旦它在书本中，在你的头脑里，你就能验证构思与你每天所遇到的事情是相反的。”

维勒的许多草图组成一个序列的部分。在这个部分，一个工程项目的构思是以一种相当激烈的方式在起作用。其结果是可以在相互冲突的或类似的想法之间流动的意识流。在这种情况，维勒在一个晚上可以画出许多页草图。“这是我最喜欢的草图本功能，在这里关于你将以什么结束，没有先入为主的观念。”他说。

维勒的很多草图出版物忽略了元素的详细设计，而且很多这样的草图直接针对金属制造工、细木工等，他们再根据这些草图绘制他们的施工图（说明一个物件如何被建立或组装的图纸）。“这些草图也受到广大客户的青睐，因为它们为客户提供一个更好的感觉，客户获得的感受个比 CAD 办公室一些乏味的细节丰富得多。”维勒解释说。说明性的草图，如在萨里郡的 Feltonfleet 学校（Feltonfleet School in Surrey）的游泳池［224］和在巴黎左岸万豪酒店（Marriott Hotel）的酒吧/餐厅［225］，给客户带来了更有冲击力的视觉感受。

“当想起之前解决过的问题与遇到的问题类似时，我常常参考过去的速写本。它们都被编入索引，以推进这一过程。作为构思并完成项目的工作日记，这些草图的长期价值是无价的。”

226-227
228-229
230-231

巴里·马歇尔（BARRIE MARSHALL）

“我们所有的建筑项目从一个想法开始，而不是任何图纸。这个想法在某种程度上同时演变出对实际问题认知的理解，简单地说，功能、规模、地点、成本、客户愿望，以及某些更抽象的建筑意象的概念。”丹顿·科克·马歇尔建筑设计事务所（Denton Corker Marshall）所长巴里·马歇尔说。

“最初的思维过程很快开始与现实的想法对接。建筑是单一的、清晰的、可渗透的、隐性的、富有表现力的、感性的……？我们想建筑被如何感知？”这时马歇尔开始绘制草图，要努力抓住建筑外在形式的“本质意象”。初始的描述很笼统，但当构思初次呈现给客户时，这些草图看起来更深入。

马歇尔介绍草图，不仅是作为建筑看起来像是什么的“测试”方法，而且还当作他已经预知未来建筑会好看的一个构思的描述。“我想要强调的是，我真的不把草图作为开发设计形式的一种手段，它来自于初始的讨论。草图帮助优化建筑将如何呈现或运行。”

从最初的陈述到与客户达成一致，草图就是灵感和唤起设计本质的火花。“我的工作前提是总有一个草图，一个定义建筑的意象，因为伴有所有复杂情况和约束限制，随着设计的深入，它很容易迷失对一个概念和最终建筑应该唤起的东西的洞察力。”

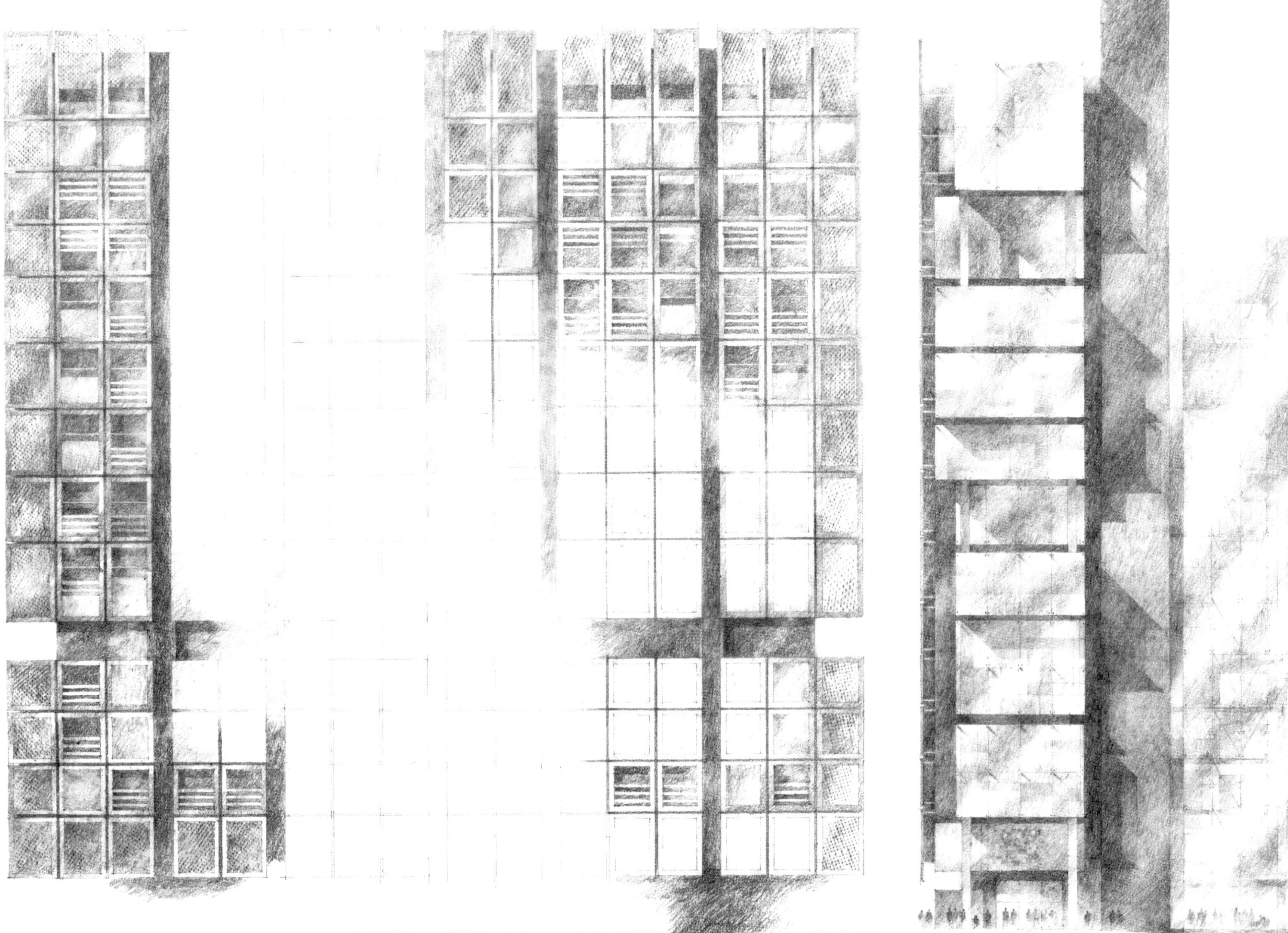

WA Perf. Arts centre

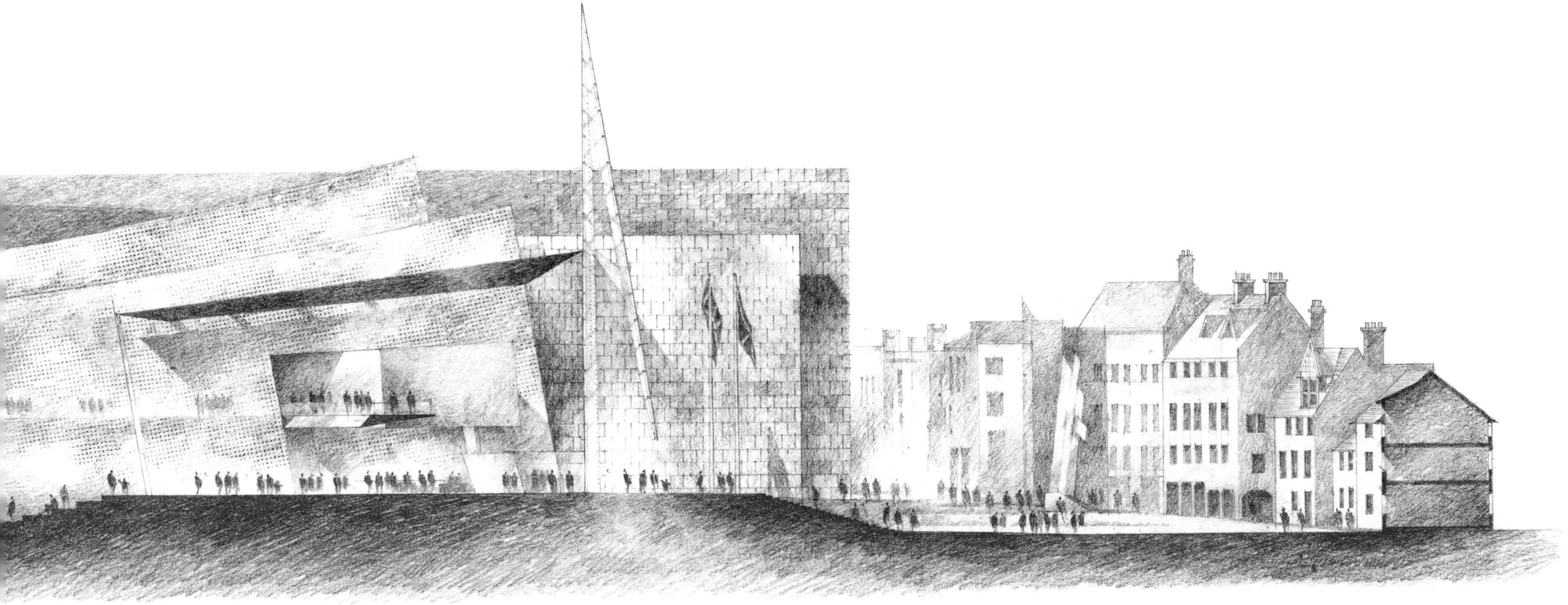

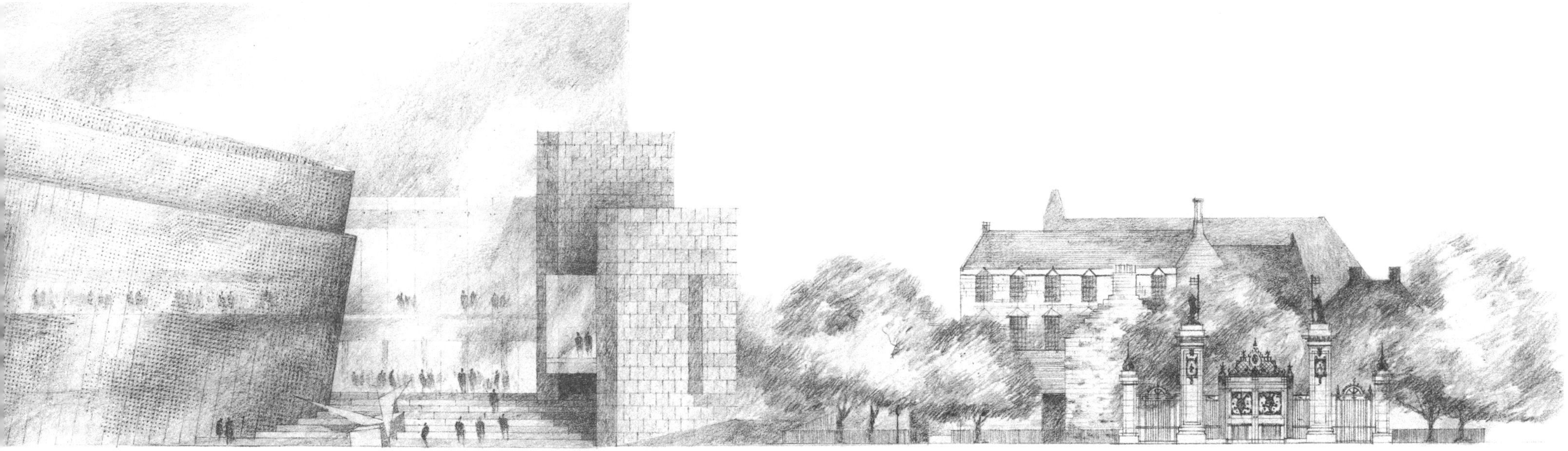

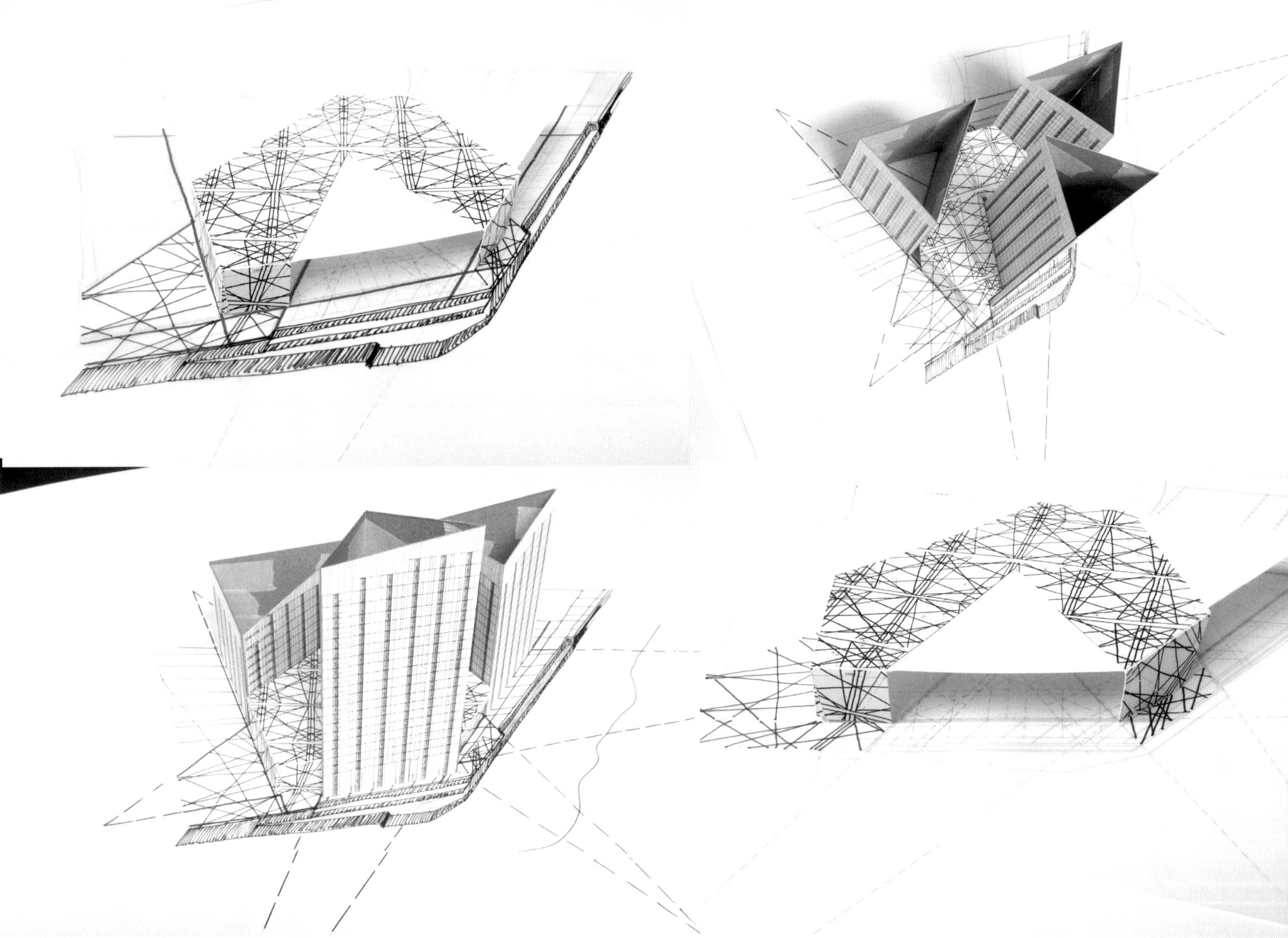

斯蒂芬·麦格拉斯（STEPHEN McGRATH）

斯蒂芬·麦格拉斯的作品探索了创造我们环境体系的规模、共鸣、运动和几何条件的主题。“城市和开放空间，是在日本旅行时发现的独特的地方，让光、透明性和半透明性、物质性、时间、衰减、可见的和不可见的、时隐时现的基地的精致品质充满记忆。”麦格拉斯说。

麦格拉斯在他的整个建筑职业生涯一直作画，无论是在大学还是在职业环境中，画画在他的思想发展中是一个不可或缺的部分。起初，他的想法运用流行色彩，以草图的形式表现。“草图是一种非常快捷的方法。”麦格拉斯说。“反过来说，有时纸板模型用于检查节奏、形式、语言和规模。纸板模型是非常缓慢的，而且很难取舍。”

绘图和纸板模型以不同的方式为挖掘设计理念提供了一个基础。这些方法意味着一个新的项目可以同时从不同的角度进行设计。“以不同的速度工作有助于思考的进程。”麦格拉斯解释说。“手绘草图往往可以是即兴的、很直观。精心制作纸板模型放缓了心灵，并且开启了另一种思想境界。”

“在某些情况下，初始草图用节奏和质感展示建筑立面的设计信息。”麦格拉斯说。“不过，有时这种［初始草图］过程有助于在接近一个新项的过程中少走弯路。”

“我正在不断地寻找在纸上做第一个标记的新方法。”

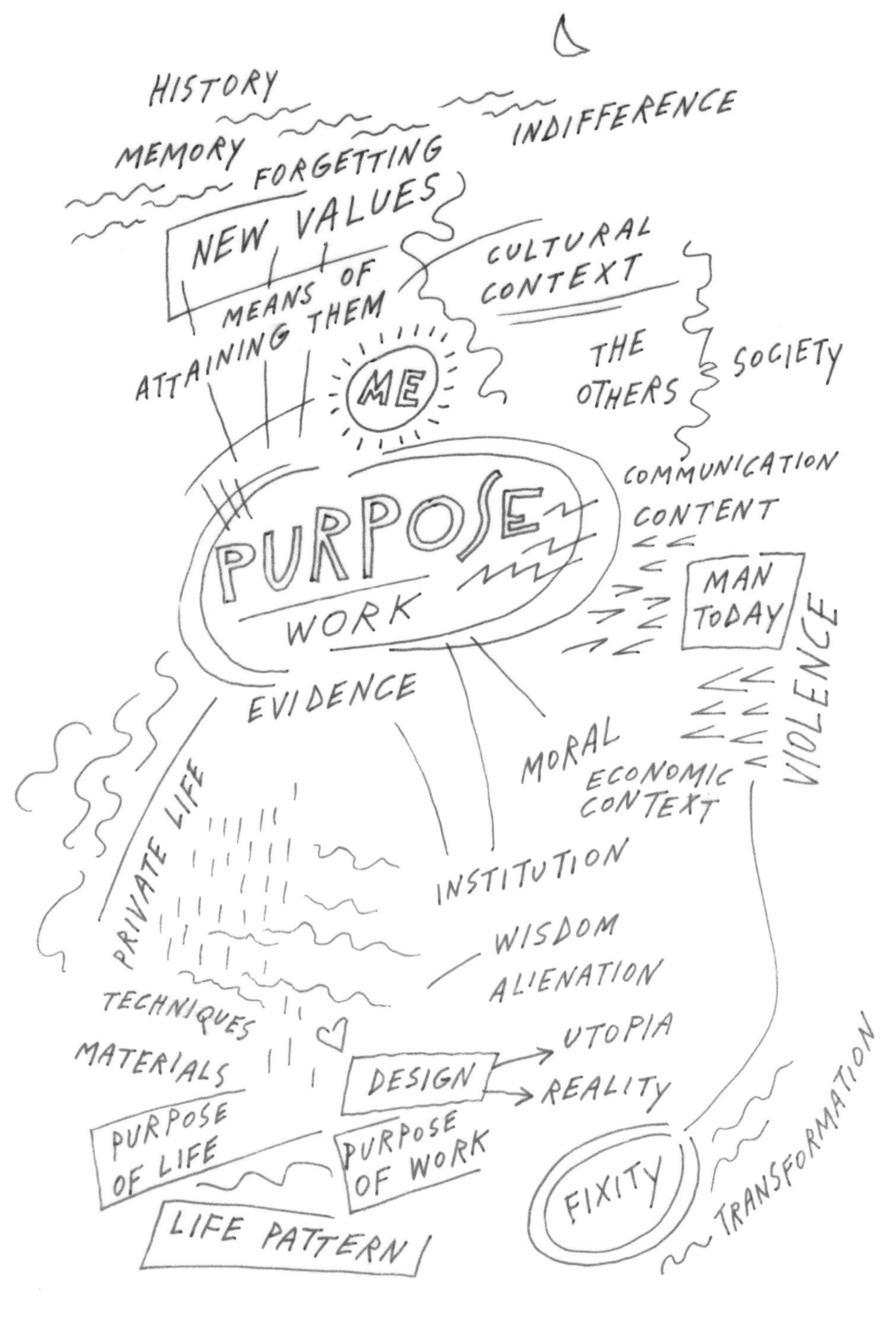

HISTORY

MEMORY

FORGETTING

INDIFFERENCE

NEW VALUES

MEANS OF ATTAINING THEM

CULTURAL CONTEXT

ME

THE OTHERS

SOCIETY

COMMUNICATION

CONTENT

PURPOSE

WORK

MAN TODAY

VIOLENCE

EVIDENCE

MORAL

ECONOMIC CONTEXT

PRIVATE LIFE

INSTITUTION

WISDOM

ALIENATION

TECHNIQUES

MATERIALS

UTOPIA

DESIGN

REALITY

PURPOSE OF LIFE

PURPOSE OF WORK

LIFE PATTERN

FIXITY

TRANSFORMATION

234-235
236-237

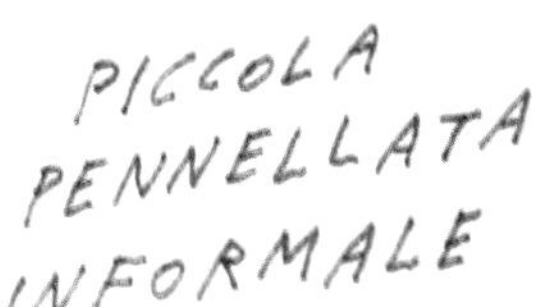

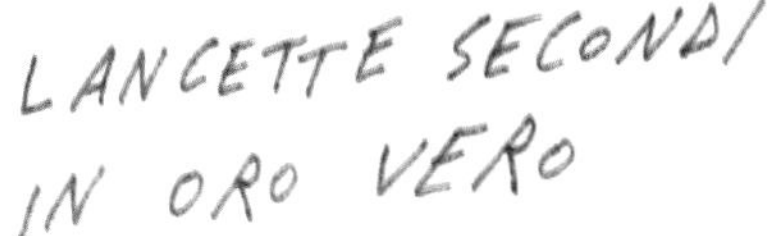

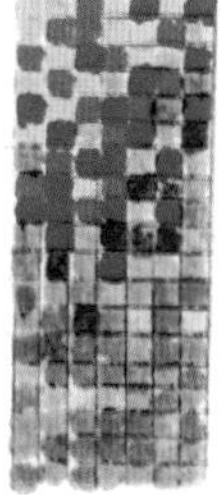

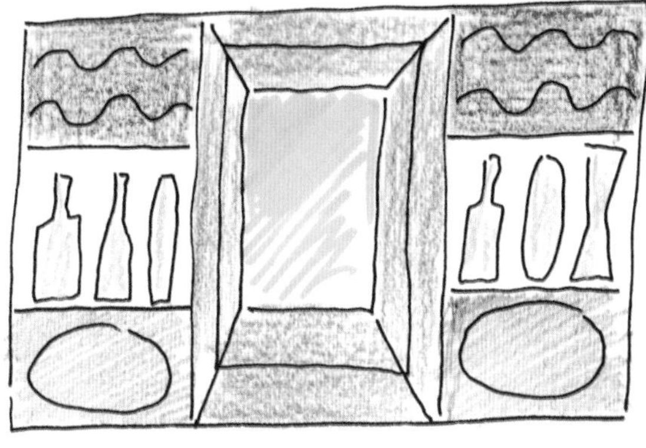

亚历山德罗·门迪尼（ALESSANDRO MENDINI）

建筑师和设计师亚历山德罗·门迪尼说："碎片是关键。为了呈现情感丰富的印象，项目、视觉字母和不同秩序自由地混合在一起。我们的作品是碎片的连续组合，而且整体意象是我们工作的主题。为此，我们提出单元工程作为在可移动系统中的固定片段。它们是创作思维变迁的部分实物材料。"

门迪尼工作室雇用了 20 位建筑师和平面工业设计师。该工作室专设一个项目研究和材料实验的部门。它曾经为客户在超过 30 个国家运行，目前在韩国几个城市提供城市规划方面的顾问咨询。

门迪尼的折中主义风格汲取了来自多个流派和设计学校的影响。然而，它的定义要素是色彩的运用。他的草图，无论是博物馆或一个帽架，都是大胆的形式和令人兴奋的形态组合。此外，他的设计方法往往涉及示意草图，周围带有描述性注释和关键字，或令人激动的想法。

门迪尼说，"这些设计是一个迷局丛生的语言学构成，永远不会结束。其意义蕴含在不能实现的、激进的乌托邦构想中；这是一项不断扩展的离心运动，不会结束。我们作品的信息就蕴含在这滚滚红尘、五音六律和一组组数据中"。

PANTONE® 169 C

PANTONE® 332C

PANTONE®

6 COLORI
+ BIANCO FONDO

PINK KAABA
ACTIVITIES REVOLVES AROUND MUTATED OBJECTS: A DIAMOND OR A METEORIC ROCK
A NEW IDENTITY ICON FOR OUR NEIGHBOUR... WE NEED IT
OMMNN!!!
WE RECONSTRUCT THE BUILDING THROUGH A TUNNING PROCESS
FFFZZ!

238–239
240–241

MI5建筑师事务所
（MI5 ARQUITECTOS）

西班牙 MI5 建筑师事务所的建筑师说，“首先，我们希望把自己融入将要介入的背景中，我们收集了大量的材料和参考文献，我们长期围绕些东西展开讨论。”

从那里，工作直接进入到 3D 电脑模型和数字影像合成。非常具体的意象，没有什么抽象的，以确保形式与功能的融合，它们已经生成了作品。

该事务所往往采用连环漫画作为一个叙事系统，分组和排序它的材料。事务所认为这种流行图解是沟通性的，传达一些关于办公室的工作环境和决策形成过程的信息。

“漫画也给我们的客户一个从虚构的立场重新描述自己的机会，我们称之为‘社会幻想’的过程。”

“我们尽量不用之前构想的创意来对付项目。每一种情况都需要策略和我们喜欢称之为‘亢奋细节’的语言。我们相信其结果将被理解为有关文脉的一种物质的‘超级表达’。”

MI5 不会按照传统的线性流程工作。相反，实际工作中尽可能快地生成的图像，并且由试验和错误决定具体操作。

“有时我们前进，有时我们后退。我们就像侦探一样工作。一旦我们有了线索，它们被布置，并且我们返回讨论在各种情况下所需解决难题的精度。”

“我们完全拒绝从一个单一的草图，然后成为一个模型，就像一个模特收到晚礼服一样的想法。建筑比那更独特和复杂。”

WHAT IS THAT THING...
IT LOOKS LIKE A GIANT FLOAT INHABITED YES
M2 OF COAST PROGRAMS OFFSHORE ON PNEUMATIC STRUCTURES
GGGGHHHH
PROGRAMS ARE MOVING... FLEXIBLE PROPOSALS COLONAZING THE ISLAND

BEWARE THE INVASION
Bipp Bipp Bipp Bipp
WELCOME... ENTER... THE YOUTH TRANSFORMERS WILL PROTECT YOU
la nave
el albergue
la casa

WATTS PRODUCTION ON FLOATING MEGASTRUCTURES
ZZZAAAPP
UMMM... PHOTOVOLTAIC PLEASURE I LIKE IT

THANG... THANG... PEE... PEEE
THANG.. THANG... PEEE
la nave
el albergue
la nave
la casa
...DOORS OF THE PERCEPTION ARE OPEN FOR YOUR ACTIVITIES
la casa
OOMMMHH

THE INVASION OF THE PREFABRICATED REEF
WOW...
WHAT A COLOURFUL
BUILT SNAKE

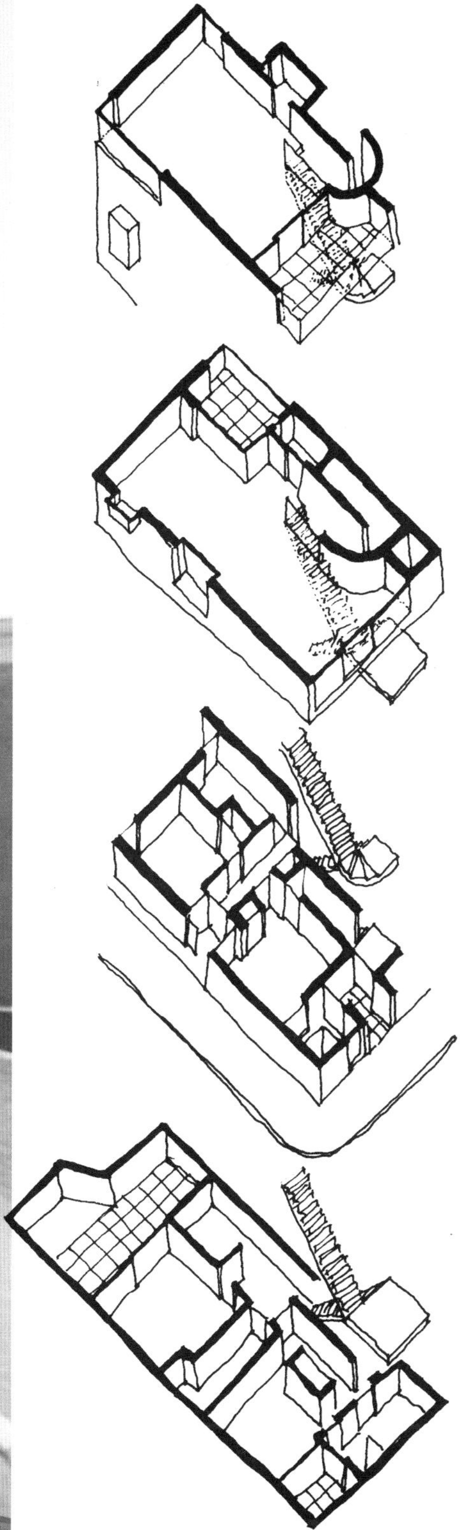

242-243
244-245

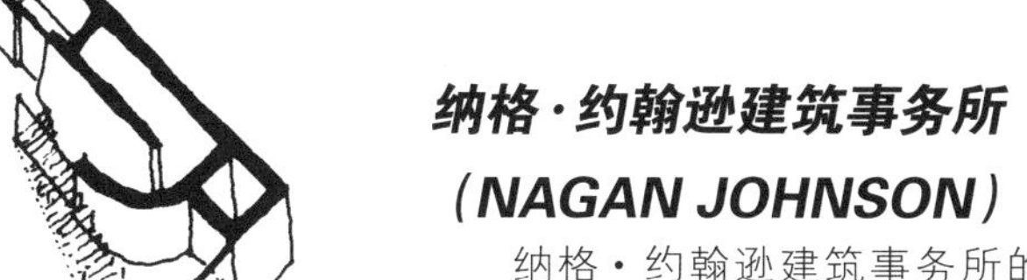

纳格·约翰逊建筑事务所（NAGAN JOHNSON）

纳格·约翰逊建筑事务所的建筑师们说，“方案完全由一个人设计几乎是不可能的，所以初始草图是用于事务所沟通的，也用于解决问题。草图的快速性使在设计中不得不被容纳的许多要求之间容易相互关联。”

这个事务所的初始设计总是以描图纸上的铅笔或钢笔徒手画开始。平面图可能是一个方案的初始生成，但有时会采取一个更抽象的图解方法。“有些时候，一个想法以剖面或三维的形式做得更多，在草图中它能够有效地加以阐明。”建筑师说。

草图启动了设计过程，并有助于纳格·约翰逊明确想法。它能够摒弃不好的构思，而进一步考虑更好的想法。

“我们期望使用草图找到最终的解决办法。由于过程的不确定性，在一个设计完成的阶段，很难在后面分辨出原来的草图。有些概念是死胡同，而其他只是与原始的想法略有偏差。”

在未来的实际创作中，作为计算机文化，纳格·约翰逊认为 CAD 是福也是祸。“我们已经意识到最好的设计不是从屏幕而来，不过，我们会经常使用电脑作为协作工具，美化手绘草图。它是完成项目的一种手段。”

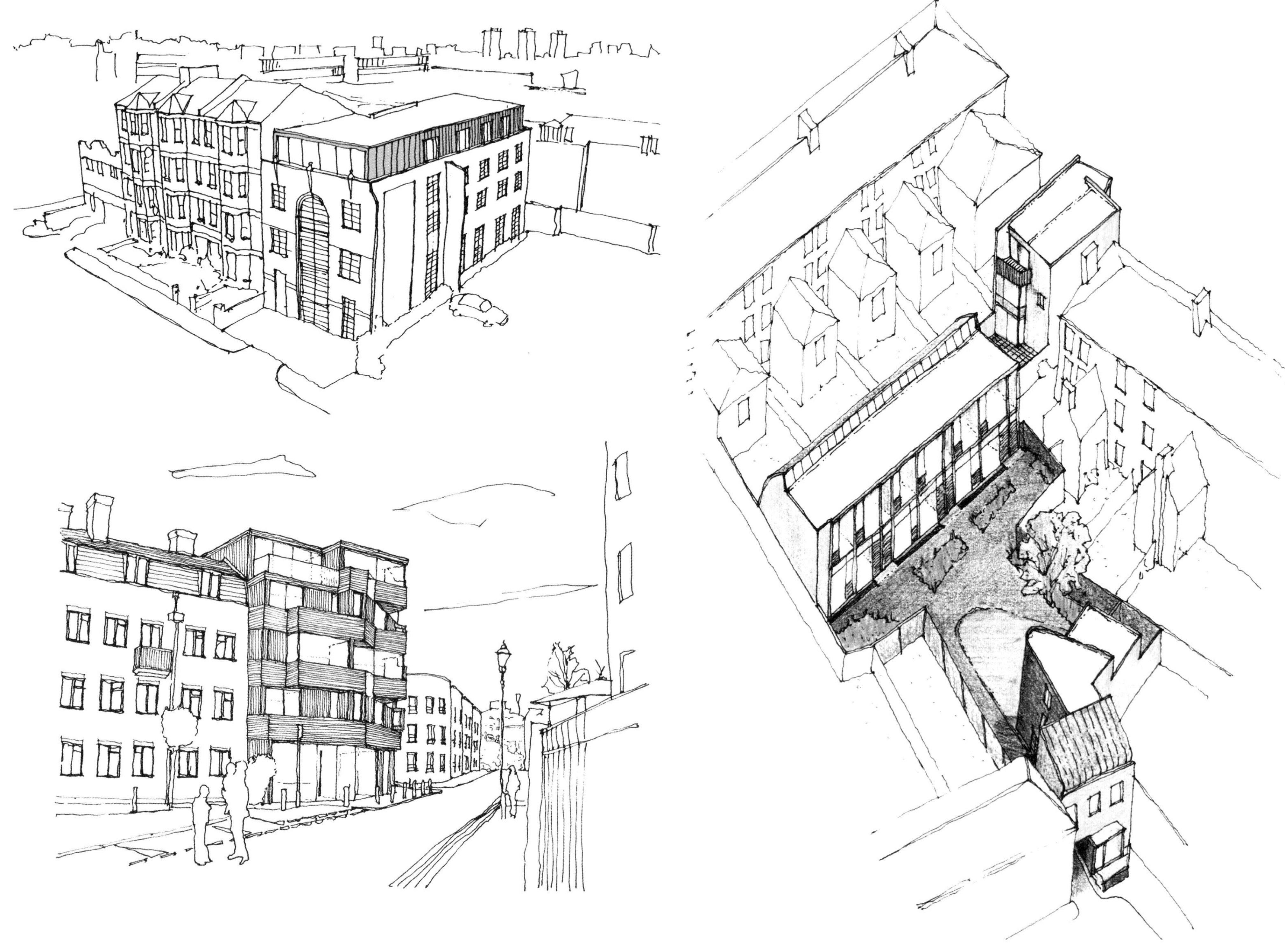

246–247

248–249

250–251

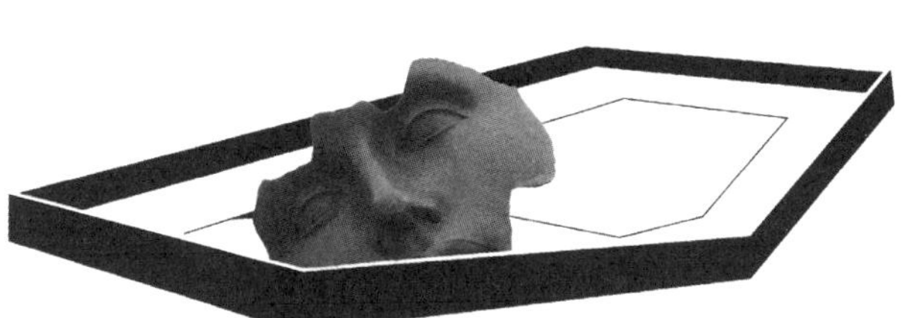

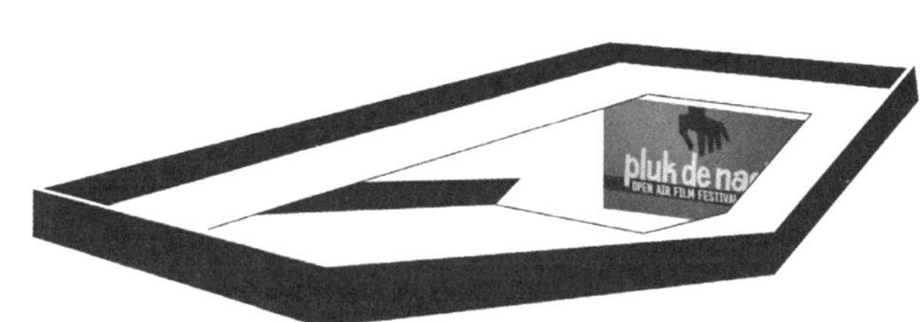

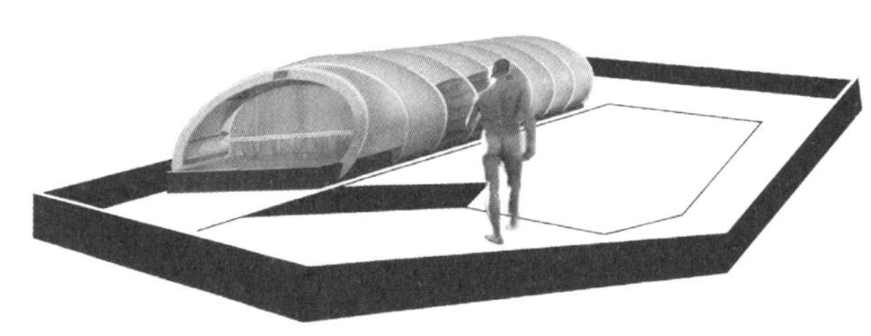

荷兰O+A建筑师事务所

荷兰 O+A 建筑师事务所绝不会认可一名杰出的建筑师涂鸦乱画，最终成为建筑的想法。合作伙伴奥古斯都·凡·阿贝（Auguste van Oppen）说，“我们认为这些草图只能算是伪浪漫主义。我们的设计是一个艰辛的过程。在大量的工作当中，创意和空间演变成一个概念。这看上去似乎是相当低效的，但是深层次研究比设计本身更大程度地推动了设计过程。”

O+A 事务所关注的是创建一个系统的建筑“实际上做什么。”该事务所不仅将初始草图视为一个简单的人为现象，而是作为信息和空间研究的集聚。

在获得概要精髓的过程中采用了许多不同的技术：电子表格、物理和数字模型、草图、列表，第三方发布的文件等等。这里展示的模型是城市海滩和在阿姆斯特丹艾河（River IJ in Amsterdam）上的高架步道[246–247]构思的过程模型，而接下来的几页展示卡萨诺瓦（the Casanova）2009 年住房竞赛的设计特点[248–249]。

“范式常常转向为设计进展。一个客户可能发现新的可能性或局限性，而且我们自己在设计过程早期所作的假设可能最终并不有效的。”凡·阿贝说。“能够凭借信息和想法的多样性，使我们能够根据不断变化的需求，坚持给出可信的答案。它还为以后更多的想法提供了卓有成效的灵感来源。”

“我们属于完全在信息时代接受教育的第一代建筑师。这就导致传统的建筑草图更多用在建筑工地作为一个解释工具，而不是在办公室。快速涂鸦还是被使用，但大多是作为数字版本的一个前奏。”

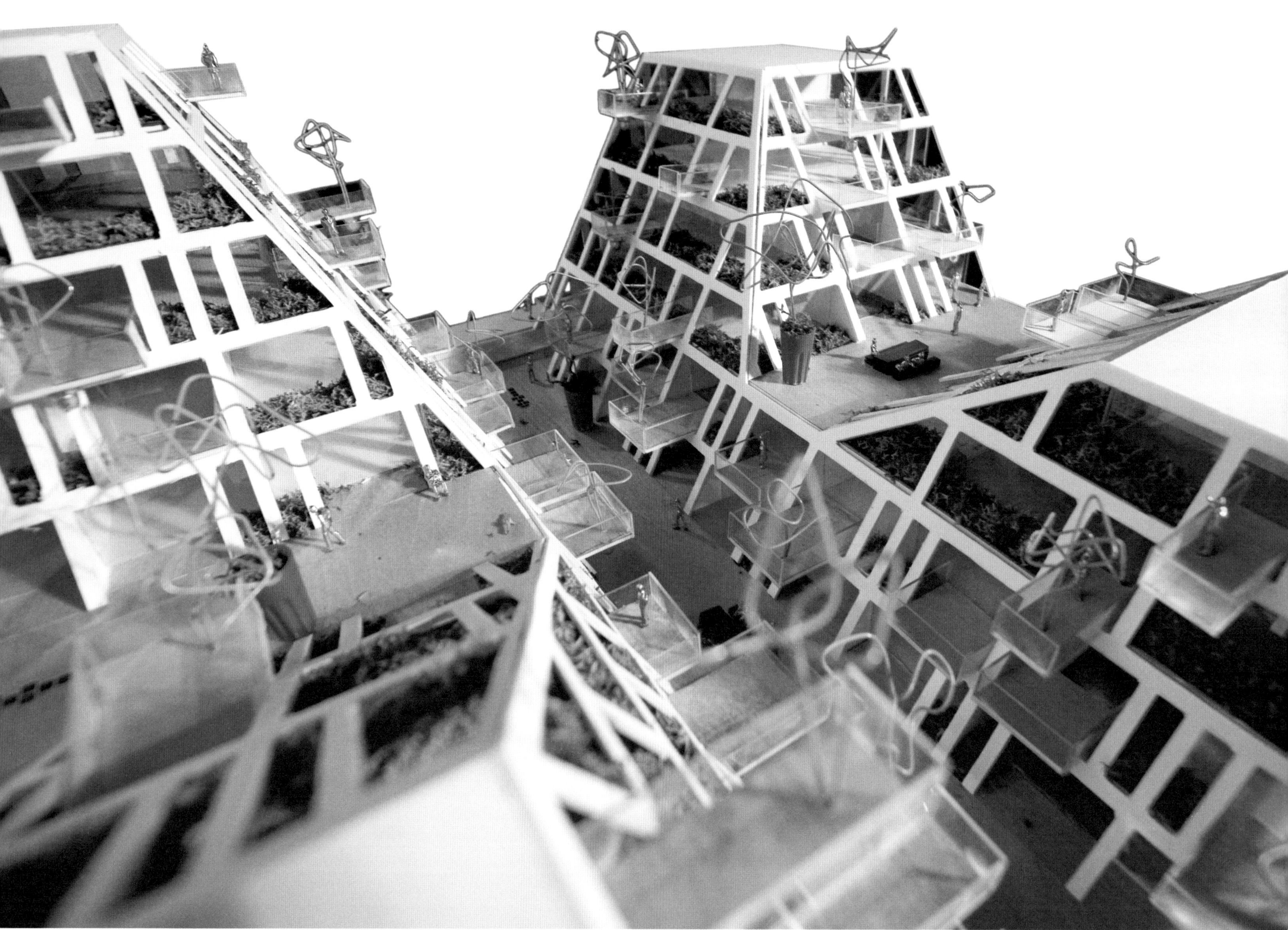

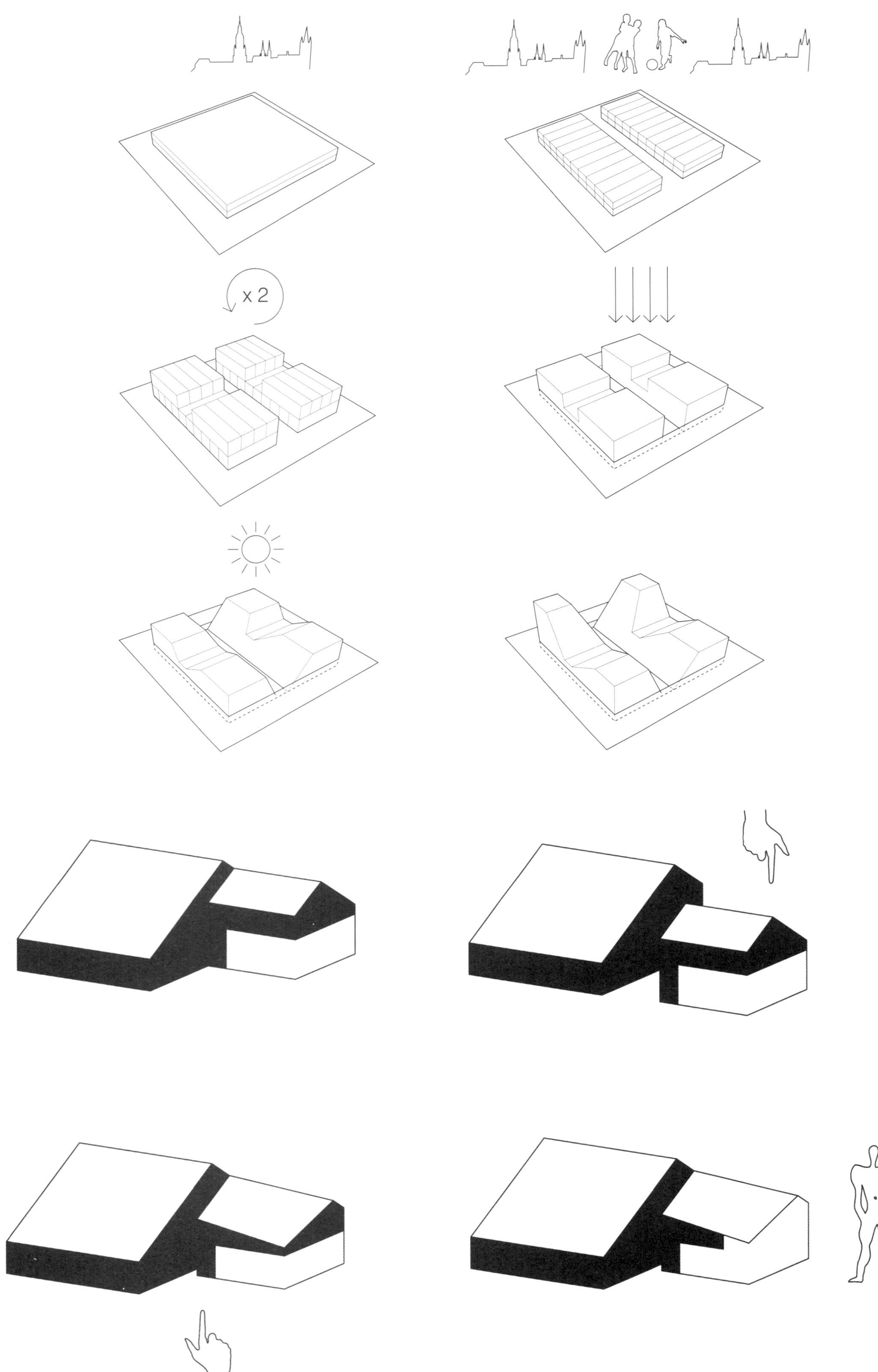
x 2

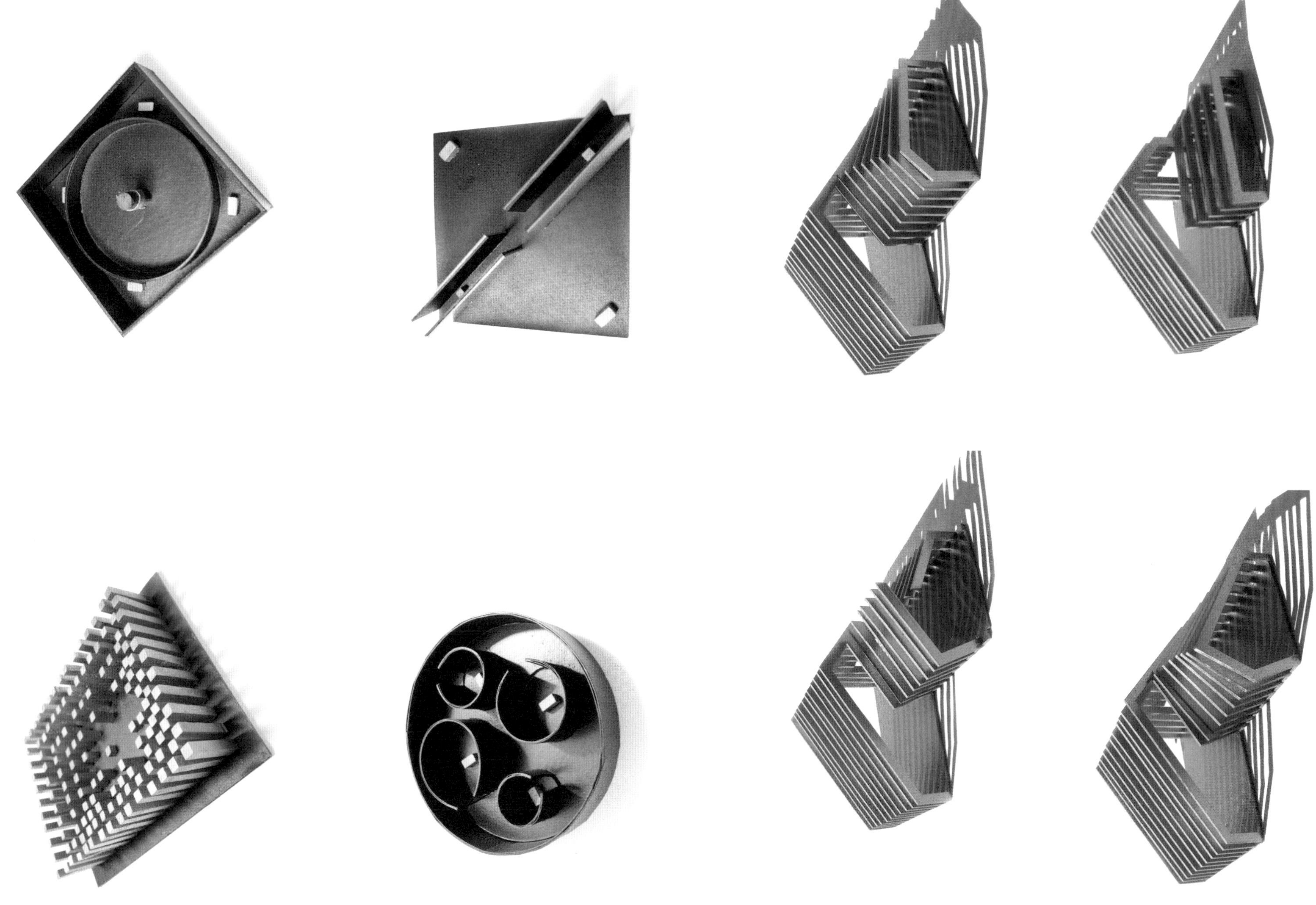

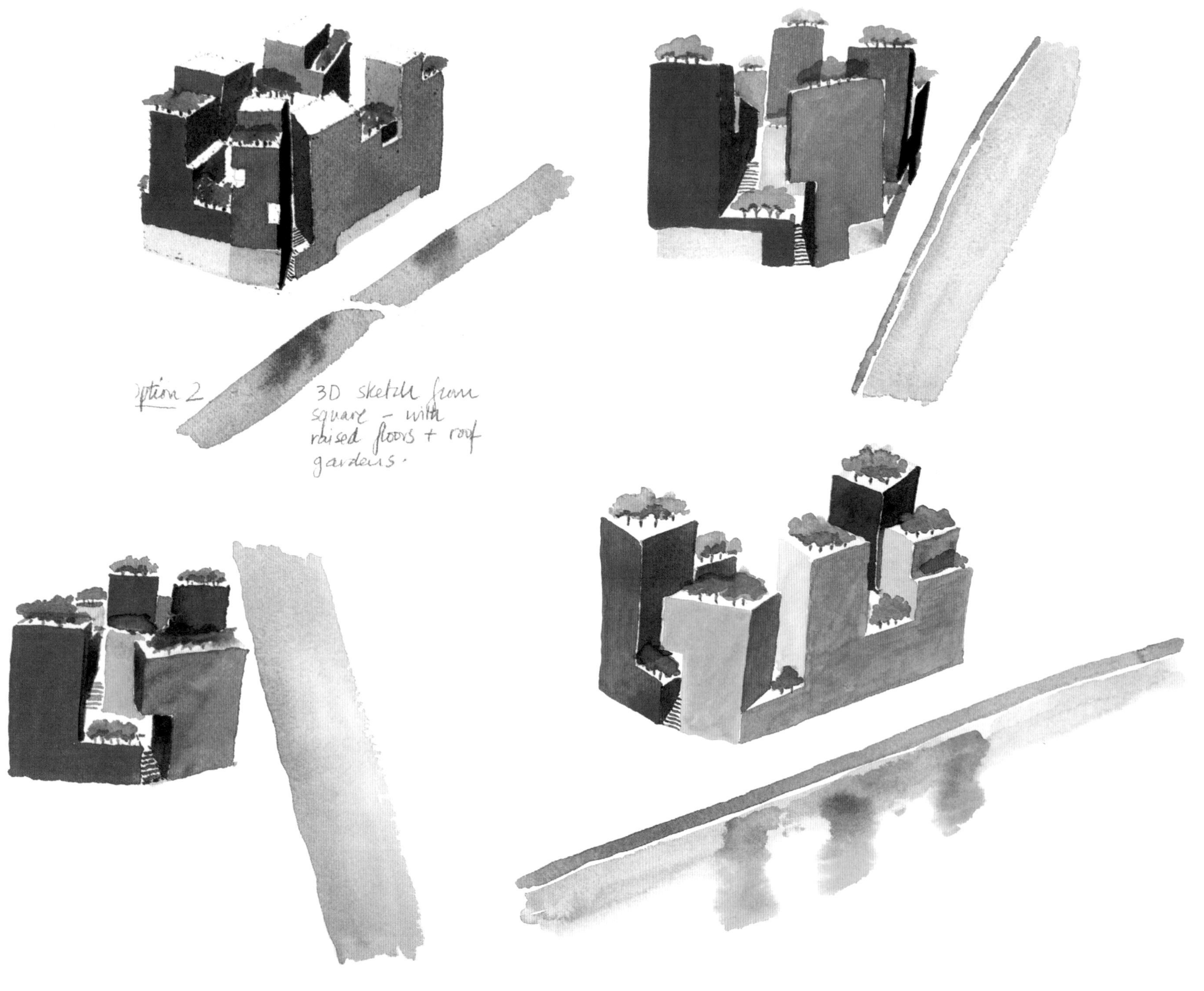
Option 2
3D sketch from
square - with
raised floors + roof
gardens.

252–253
254–255

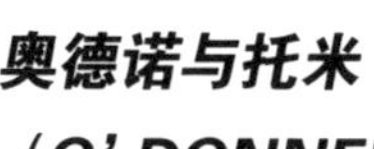

奥德诺与托米
（O' DONNELL+TUOMEY）

奥德诺与托米认为草图代表一个不断推进的故事，是一种对话。希拉·奥德诺（Sheila O' Donnell）说，“我们把设计过程看作是从初始设计到施工细节的连续。‘初始草图’是最后完成的，毫无意义。在整个设计过程中我们持续地画草图，有时它们关于细节，有时体现整体的概念，作为对最初概念的审查核对的一种形式。”

在平面图、剖面图和精确的总平面图及硬纸板地段模型相结合的3D图中，奥德诺和她的同事们使用徒手铅笔草图。铅笔绘图是基于这些现场图，并且做替代草图的模型，在现场模型上进行测试。奥德诺还使用水彩探索3D形式，并挖掘地段与拟建建筑物之间的关系。

奥德诺说，“绘图作为一种思考方式，在项目早期，各种思考都是需要的。在总平面图上做铅笔平面草图是我们介入基地的一种手段。水彩有助于构思的精炼和提升，因为介质的天然属性，它不可能显示细节，但它可以表示设计意图的层次结构，而设计内容被简化为一种抽象。”这里展示的是水彩画柏林贮木场建筑方案（Timberyard Housing Scheme in Dublin）[253]和荷兰阿默斯福特（Amersfoort，the Netherlands）的多功能的城市街区[252]的详细的想法。

平面草图用于测试任务委托书的需求：发现本质的联系，并引入几何形状、结构和尺度的合理性。“我们相信平面草图的重要性；相信模式和形式给建筑物带来什么。我们寻求一定的严谨性，所以我们从一开始就一直在草图中思考，但是与其他类型的草图和模型的并行思考。”

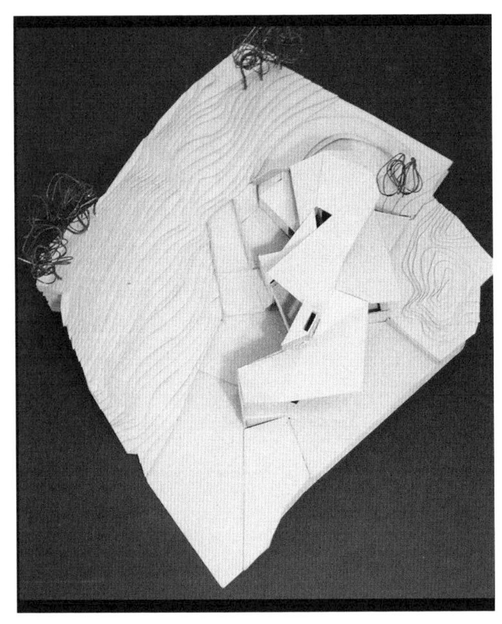

LYRIC

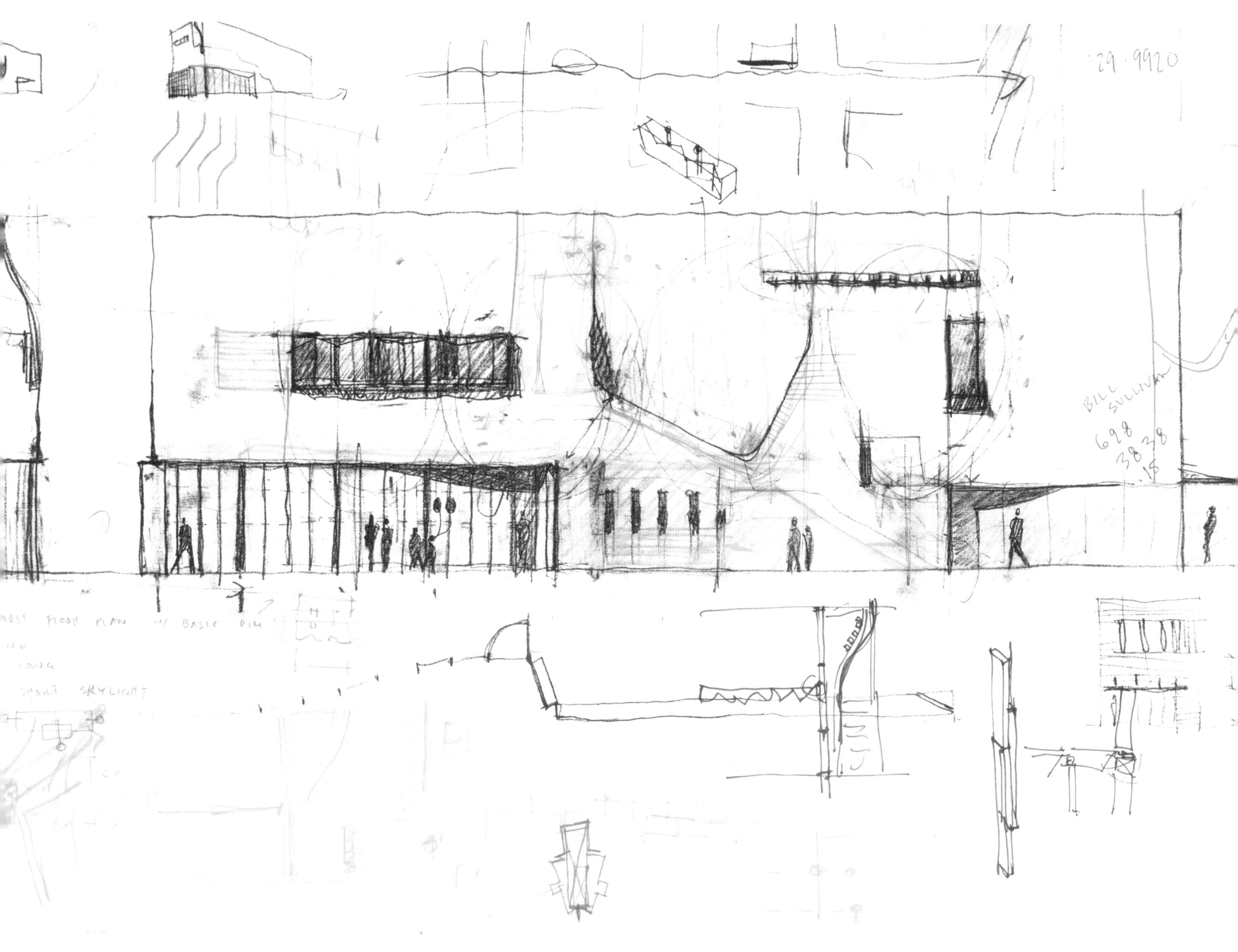
29-9920
BILL SULLIVAN
698 3838 15
FLOOR PLAN W/ BASIC DIM
LONG
SHORT SKYLIGHT

256-257

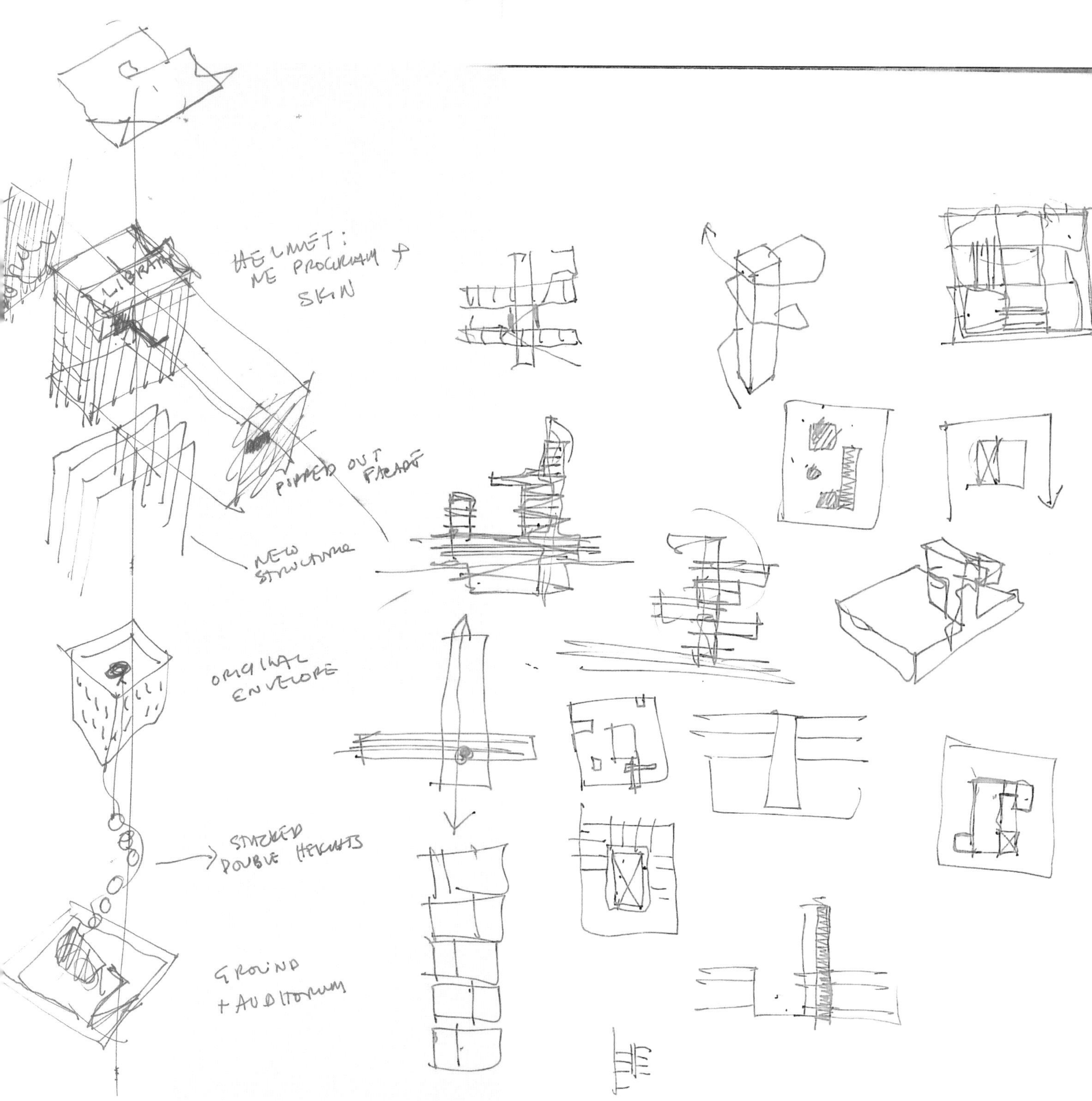

DA建筑事务所（OFFICE DA）

总部位于波士顿的DA建筑事务所是由合伙人莫尼卡·庞塞·德莱昂（Monica Ponce de Leon）和纳德·德黑兰（Nader Tehrani）负责领导。事务所的工作范围从家具到建筑、城市设计和基础设施——所有重点放在工艺、细节和精致上的设计。

广泛的项目涉猎促使设计师用不同的媒介获得作品信息。“我们画草图、数据计算、建模型、使用动画。我们的过程不是线性的，因此我们使用不同的技术来推测不同的可能性：动作、动画；外形、模型；主观、透视等。”“在这里，洛杉矶太阳神府（Helios House，Los Angeles），是用数字化制图绘制的草图[256]，而墨尔本大学（University of Melbourne）的设计则从计算机绘制的草图开始[256，左下]。”

建筑师抓住每个项目的独特性挑战——地段特色、总体需求或文化需求，例如作为建筑转化的催化剂。有时从建筑之外领域引入的，材料和结构技术潜在可能性的调查，是每一个设计的基础。事务所的许多研究是致力于探索如何提高建造的现代模式，调查行业标准以及源于数字化制造过程中的不断发展的技术。然而，当调研完所有的方法和材料之后，DA建筑事务所往往会借助于草图检验它的想法。

“设计是一项映射的工作，通过特定的媒介检验构思，而且反过来，作为一种设计预期模式向媒介本提出问题。简单地说，我们属于迭代式工作，用制图、建模和动画的过程层现信息，并测试方案，最终建成一些东西。”

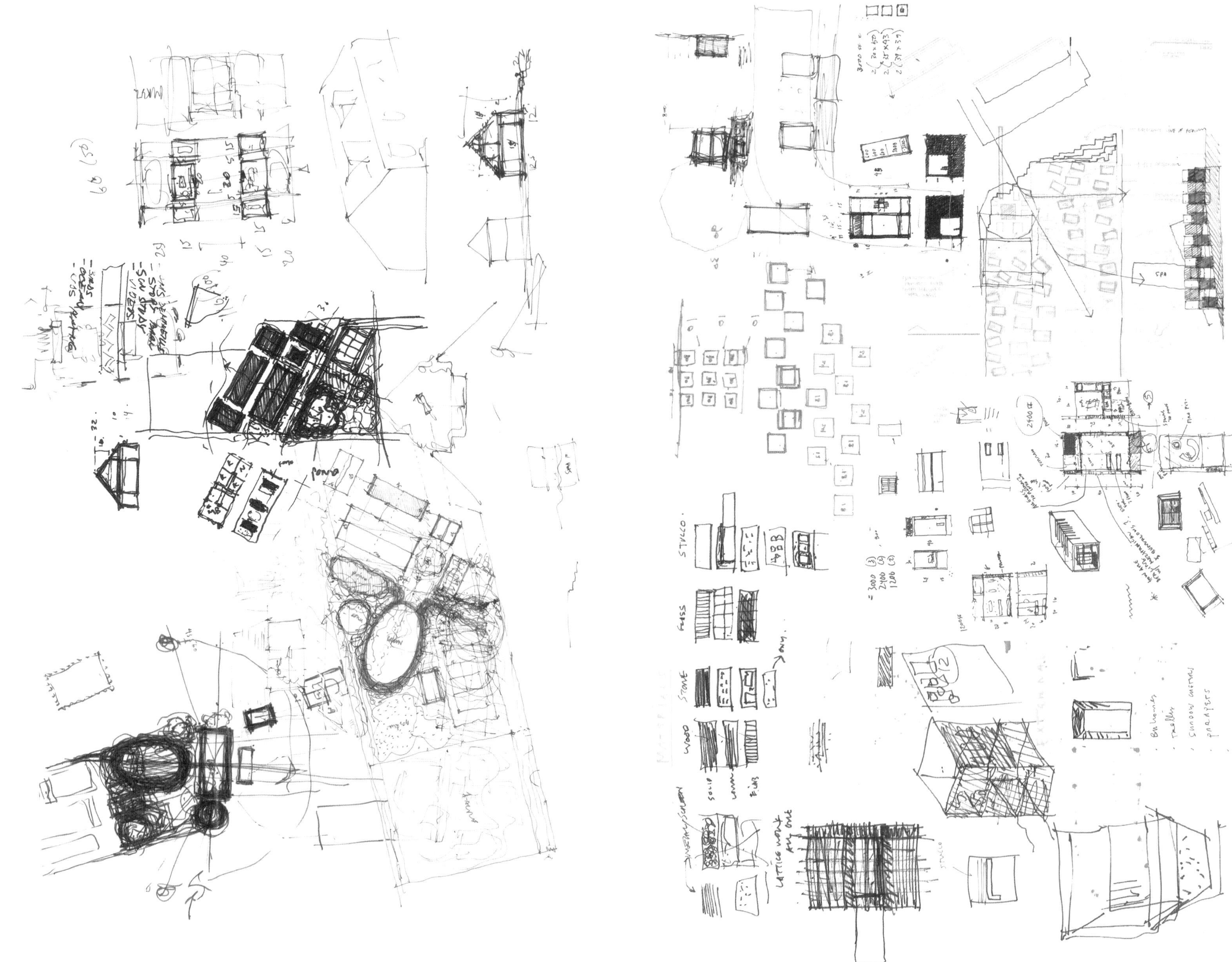

258-259
260-261

查德·奥本海姆建筑事务所（CHAD OPPENHEIM）

查德·奥本海姆是总部设在佛罗里达州迈阿密的奥本海姆建筑设计事务所的创建人，是一位非常成功的年轻建筑师。他已经为自己赢得一位“令人兴奋的设计师”的名声，他的工作范围从单体住宅到多层公寓和拉斯维加斯一处数十亿美元的度假酒店胜地。

作为设计的许多项目已经发表，有些项目仍在建设中，不久将极大地改变迈阿密，尤其是阿联酋的天际线（见码头和海滩大厦，阿联酋；Marina and Beach Tower，UAE[258]）。然而，由于他在西海岸的影响力和计算机生成的超流线型图像——这些图像被用于向潜在客户推销最新的集成住宅项目——奥本海姆喜欢在每个新设计开始时回到原点：“草图是我所有设计的基石。我从一张白纸开始，画我觉得能概括意义的部分、新项目背后的故事。”

从不同的基地会演化出不同的故事：奥本海姆没有一个标志性风格。他的作品与周围的环境联系起来，而且他的绘图从一开始就概括地画出即将生成的景象。

举例来说，奥本海姆的哥斯达黎加卡尔德拉港口的圣锡伦西奥（San Silencio，Port of Caldera，Costa Rica）的设计草图[260，最左边]是有机的和流动的。“该建筑随着山坡和悬崖的轮廓和谐地起伏变化，与地形和环境的节奏同步。”他说。阿联酋海滨大道（Corniche in the UAE）[261]被设想为，“为满足标志性需求的一个图腾——一个半透明的膜内堆叠的组合——从地段的圆形足迹自然地显现。”

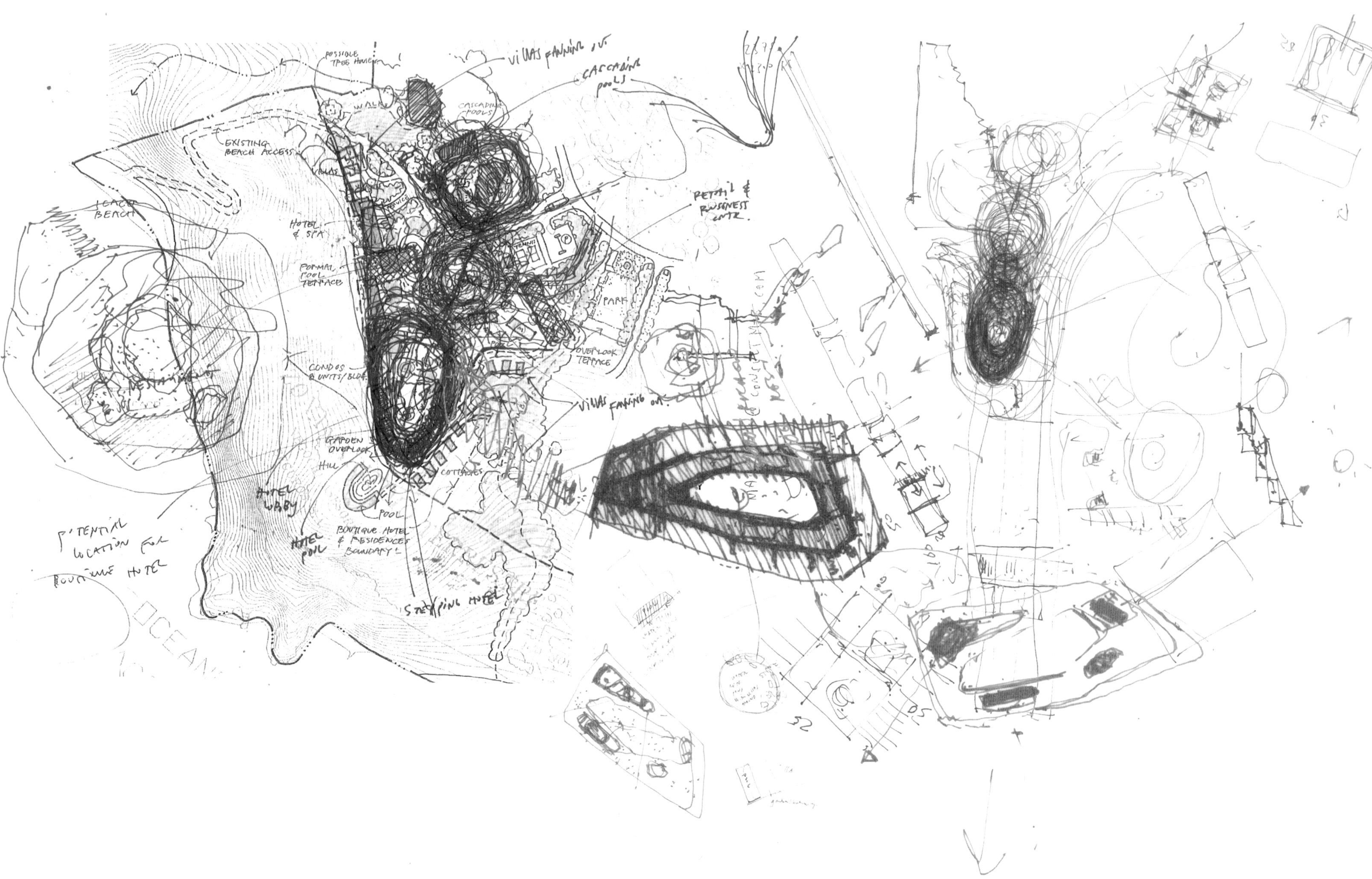

VILLAS FANNING OUT
CASCADING POOLS
WALK
EXISTING BEACH ACCESS
HOTEL & SPA
FORMAL POOL TERRACE
TENNIS
PARK
OVERLOOK TERRACE
CONDOS
GARDEN OVERLOOK
HILL
COTTAGES
POOL
HOTEL LOBBY
HOTEL POOL
BOUTIQUE HOTEL & RESIDENCES BOUNDARY
VILLAS FANNING OUT
STEPPING HOTEL
OCEAN

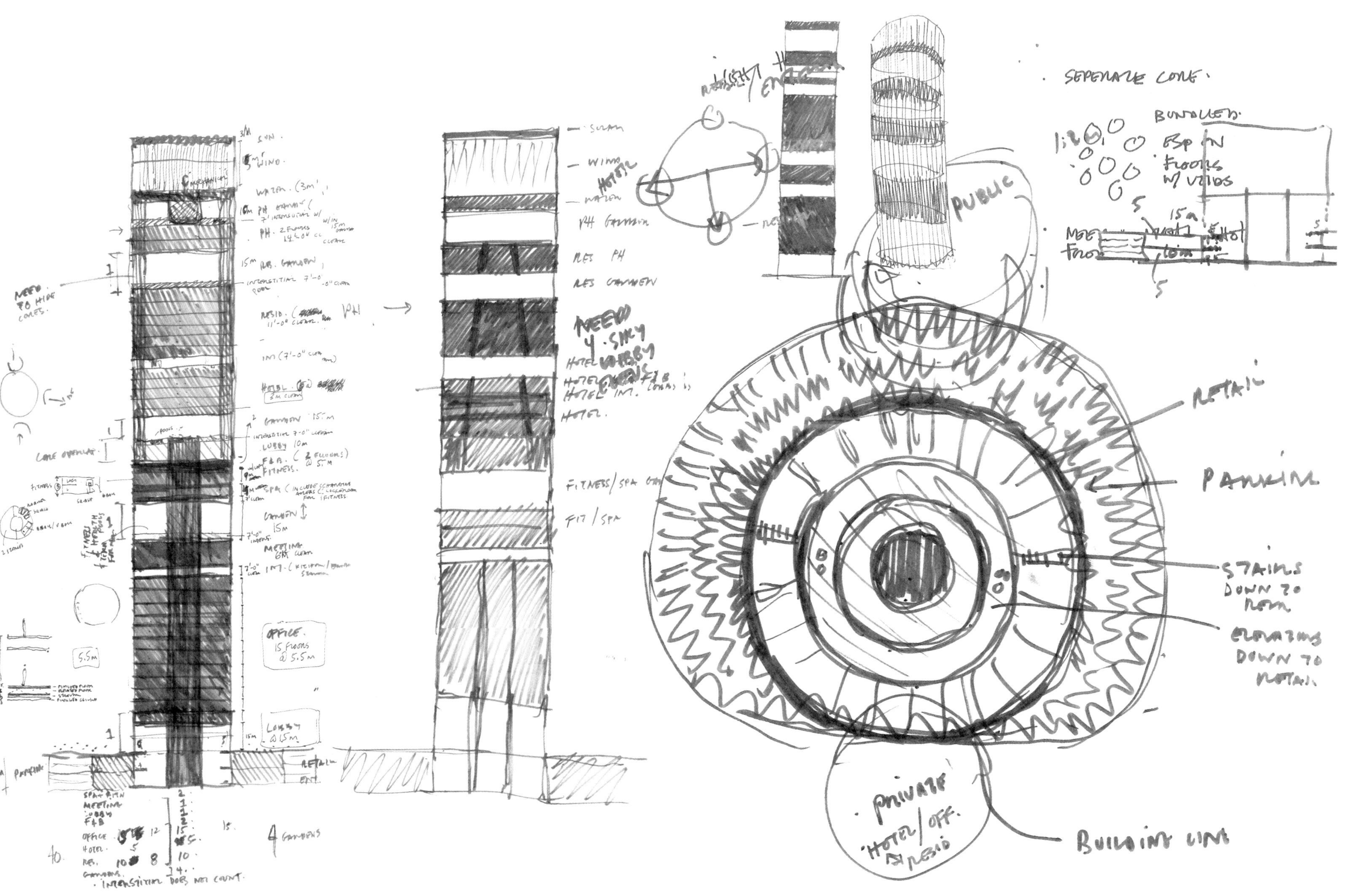

SEPERATE CORE.
BUNDLED
PUBLIC
RETAIL
STAIRS DOWN TO RETAIL
ELEVATORS DOWN TO RETAIL
PRIVATE
HOTEL/OFF.
BUILDING LINE
OFFICE.
15 floors @ 5.5m
LOBBY @ 15m
5.5m
4 GARDENS
FITNESS/SPA
FIT/SPA
RES PH
RES GARDEN
PH GARDEN
HOTEL

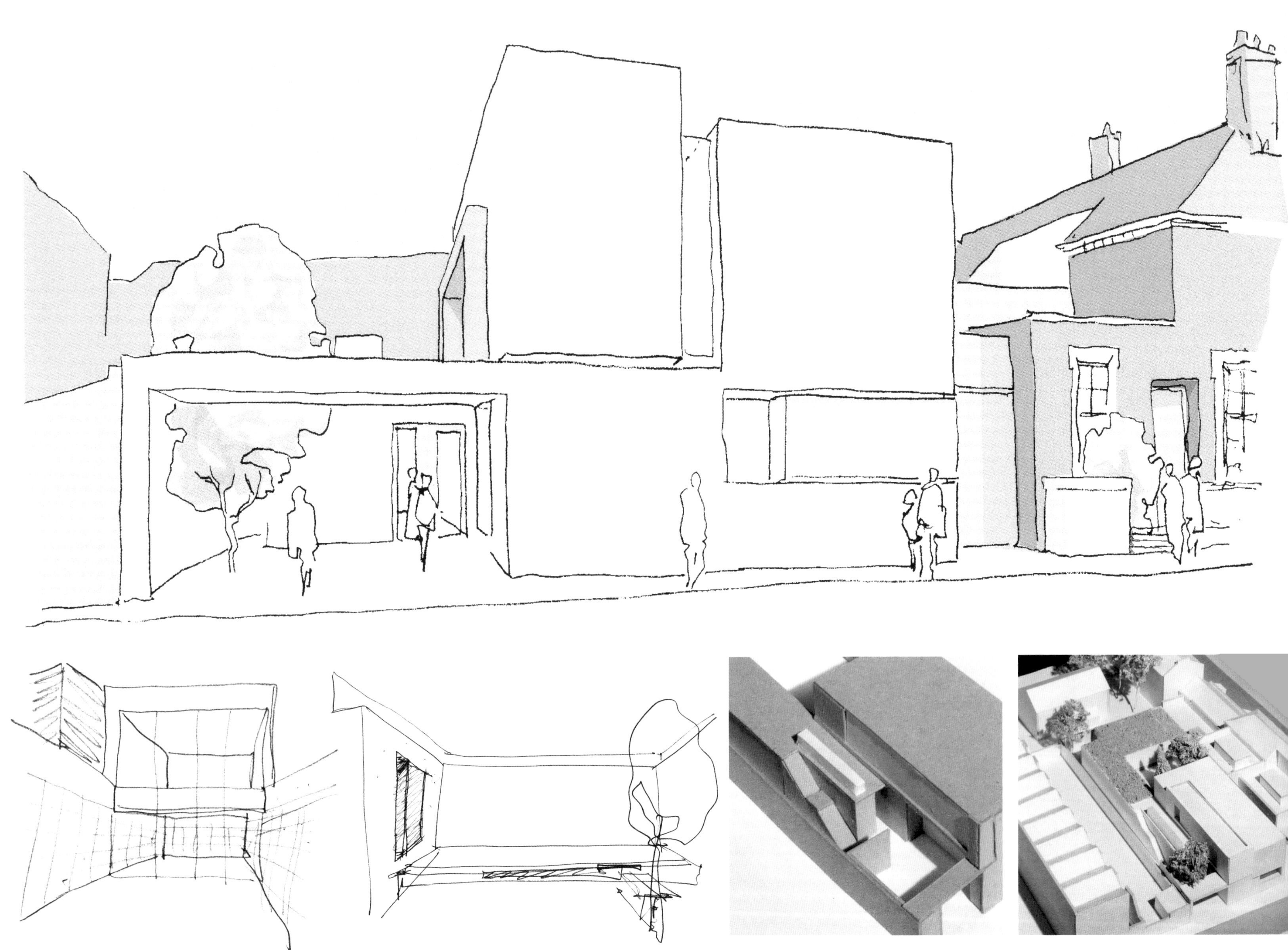

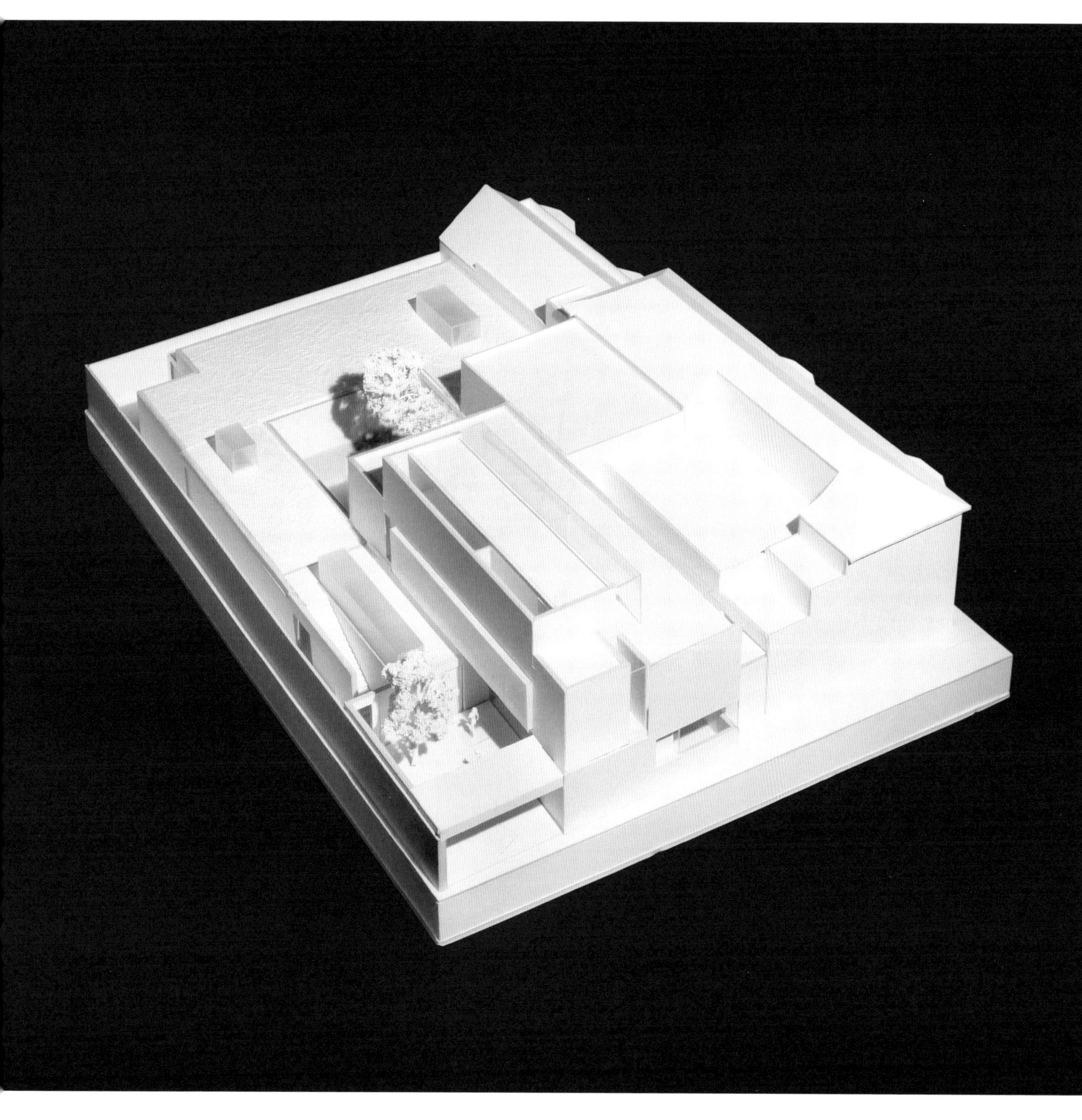

262–263

特里·帕森建筑事务所（TERRY PAWSON）

特里·帕森建筑事务所所长帕森说，“和项目一样，创意来自于宽泛的可能性范畴，并且呈现创意的手段并不是唯一的。然而，在设计过程中的第一个阶段是必需的分析、评估和研究，要尽量了解概述中的关键问题，并找到那些可能同样重要，但还没有被确定的其他问题。”

帕森的最初想法往往会落实在手绘草图[262]上，他形容为“卡通类图解”，以说明开始了解项目发展的原则。通常，这些草图继而被转换成一个模型[263]。在其他时候，这些草图或许是一个参考图像，一幅画、一个地方或另一个建筑：当项目开始合并时，在画图和模型制作的过程中，抽象概念最终被归纳出来。这些页上的图片呈现的是弗农街住宅（Vernon Street House）。

帕森认为，任何类型的图纸或创意的产生都是一个反复的过程。“有时，为了提取或合成一个重要本质，反复画同样的东西，是有必要的。每次深入草图和确定设计方案时就这么做。”

这种徒手画草图、分析和讨论找出每一个地段和主题的个性，并尝试合成一些独特性的东西。帕森说：“我们不寻找任何公式化或形式主义的答案，但视设计过程就像米开朗琪罗雕刻时那样——期望释放人物，深陷在石头中。”

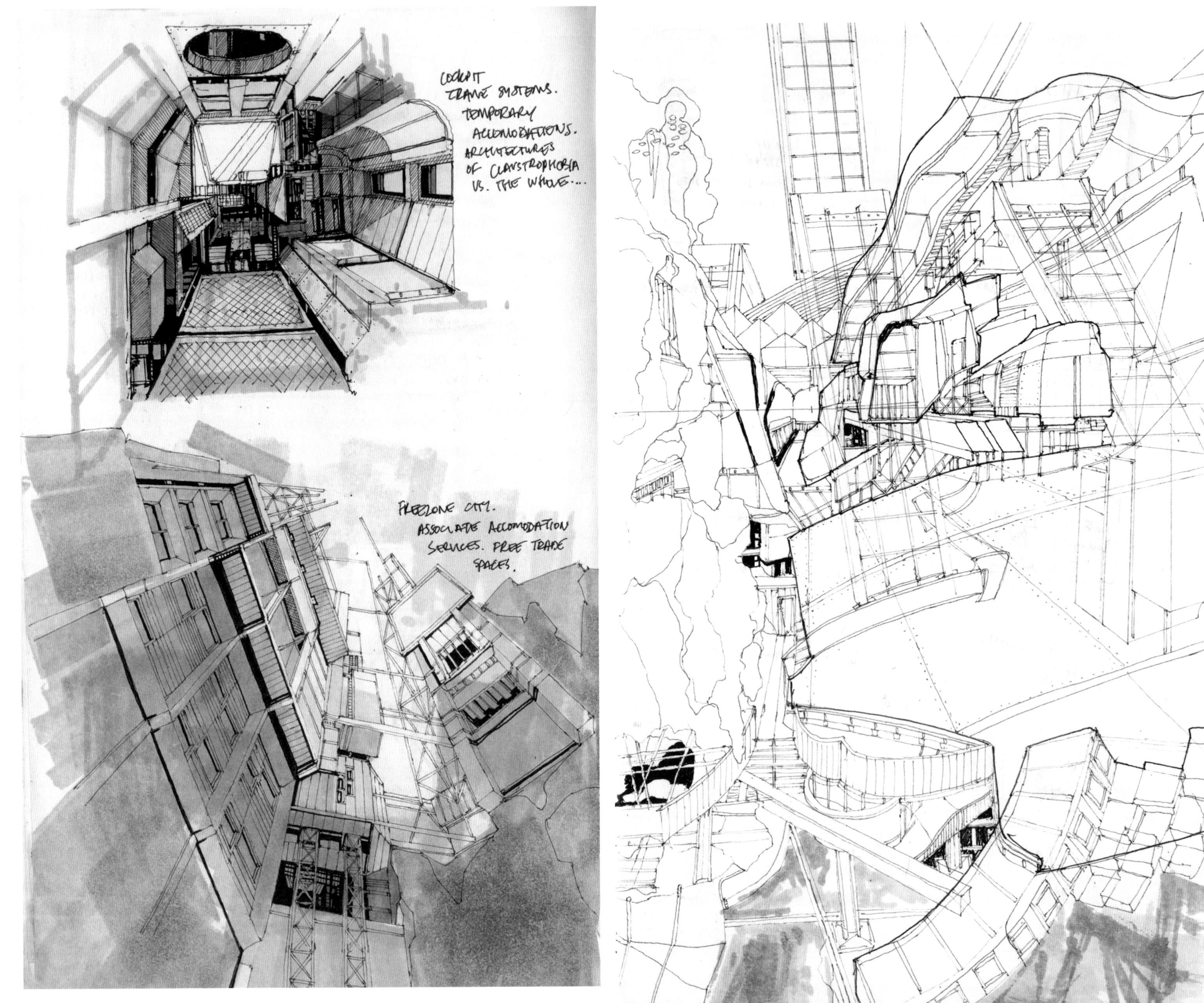
COCKPIT
FRAME SYSTEMS.
TEMPORARY
ACCOMODATIONS.
ARCHITECTURES
OF CLAUSTROPHOBIA
VS. THE WHOLE...
FREEZONE CITY.
ASSOCIATE ACCOMODATION
SERVICES. FREE TRADE
SPACES.

264-265
266-267
268-269

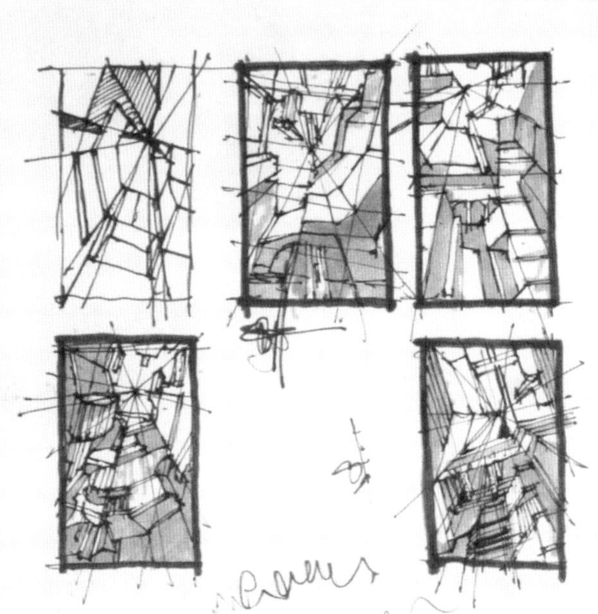

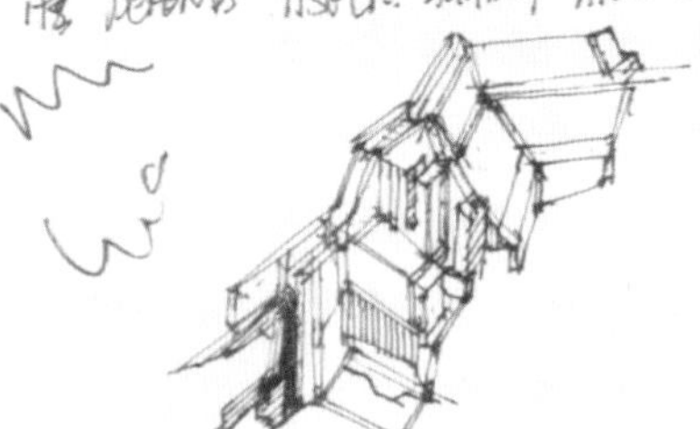

卢克·皮尔森（LUKE PEARSON）

伦敦大学巴特莱特（Bartlett，London）建筑学院的硕士研究生，卢克·皮尔森迅速地在设计和艺术领域崭露头角。在他毕业后不久，他的作品在皇家艺术学院的年度夏季展览会上展出。

皮尔森的草图有一种神秘工业的感觉，但比最初的“技术流”又走得更远。“我一般是在不同的抽象层次上，通过快速的钢笔画建立一系列的概念，同时也研究如何可以开始创建一个将塑造和指导项目的可视化语言。”他解释说。

他也研究了不同介质的边界，在不同的表面上用宽头马克笔来创作一种类似于水彩的融散效果。薄纸允许马克笔渗过一些页融散，“通过纸张的物理性质，开始在写生图册的一页页之间建立起对话”。

皮尔森既是建筑师，也是艺术家，他的硕士毕业论文让他最充分地去探索电脑和手绘图的世界。他说，“我很佩服通过手的运动画出的快速而有说服力的空间绘画。在当今世界，作为调查工具，数字化出品的概念也开始在大学教育和理论实践中兴起，我的工作方法简单易用，同时在手、笔与衬底之间的界面探索无数的可能性。”

DISINTEGRATED RUINS.
BLACKWATER.
BRIGADES FOR HIRE...
FREE ZONE, MILITARISED....
GROWS AROUND INDUSTRIAL
LABOURS...
TESTING ENGINES.
FRAMEWORKS.

TOWN PLANNING E5 MUM. p:28, 30, 59....

OBSERVATIONS ON CONTEMPORARY ARCHITECTURE....

THE SECRETARIAT.

"FUTURE FROZEN SOLIDLY IN THE FORM OF THE PRESENT"

→ TOO TRUE.

EXCAVATIONS? REVEALING THE ANACHRONISMS. → THE ICEBERG

THE MATTE-SPACE BELOW?

GANDY.

UN IN RUINS.

FROM THE GROUND UP: ⇒

the

CONCEPTS FOR AN UNFROZEN FUTURE.

MUMMIFIED.

A TEMPORARY "SIMULACRA" OF AN ARCHITECTURE MOVING FORWARD.

IMAGINARY FIELDS.

SUPPLANT

HACKING INTO THE FROZEN FUTURE

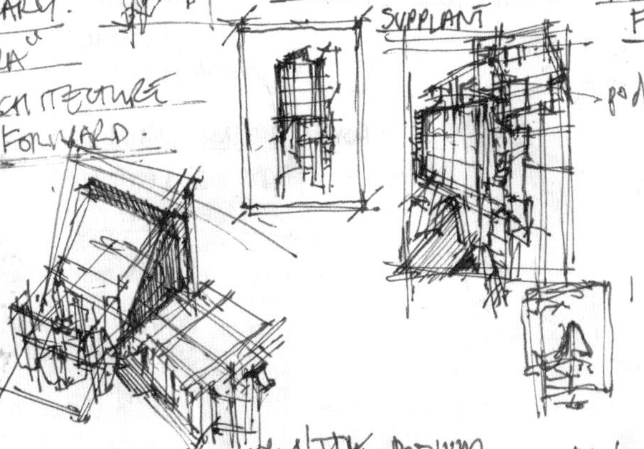

podium?

empire / THE PODIUM

fail / TRANSLATION

reinhabit / CONVERSATION

grows / RESOLUTION.

new world looking at de-technifying processes.

FROM THE GROUND UP: OBSERVATIONS ON CONTEMPORARY ARCHITECTURE, HOUSING, HIGHWAY BUILDING AND CIVIC DESIGN

LEWIS MUMFORD.

UN MODEL AND MODEL UN, NEW YORKER 1947.

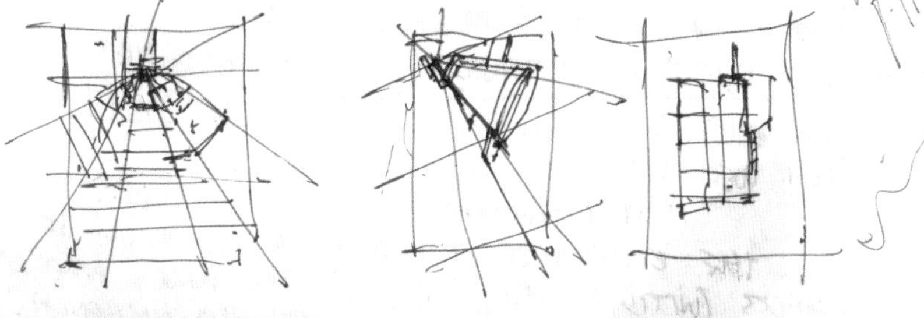

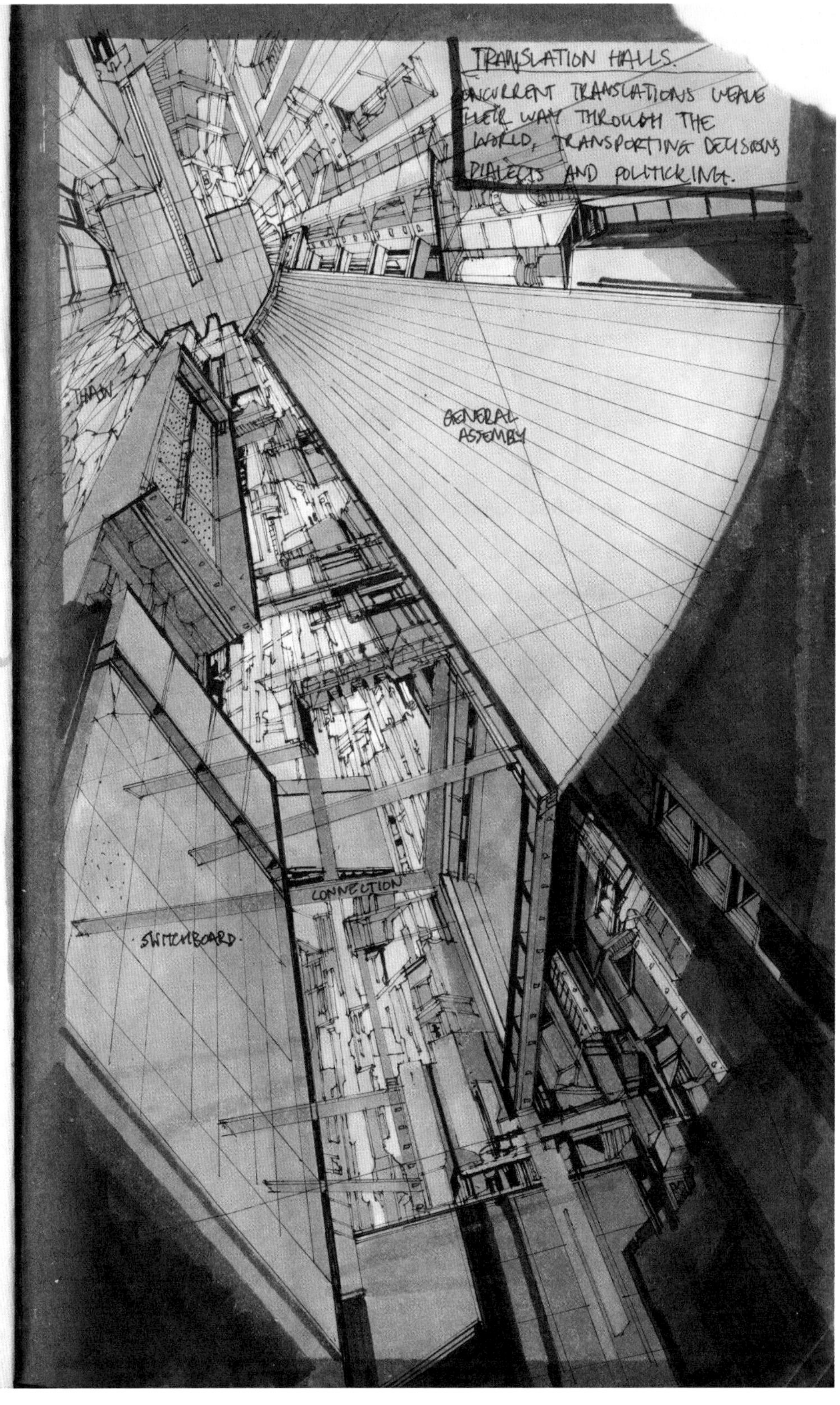

TRANSLATION HALLS.

CONCURRENT TRANSLATIONS WEAVE THEIR WAY THROUGH THE WORLD, TRANSPORTING DECISIONS DIALECTS AND POLITICKING.

GENERAL ASSEMBLY

CONNECTION

SWITCHBOARD.

CHURNING PEANUT BUTTER
ROTORS
VS. DRUMS?

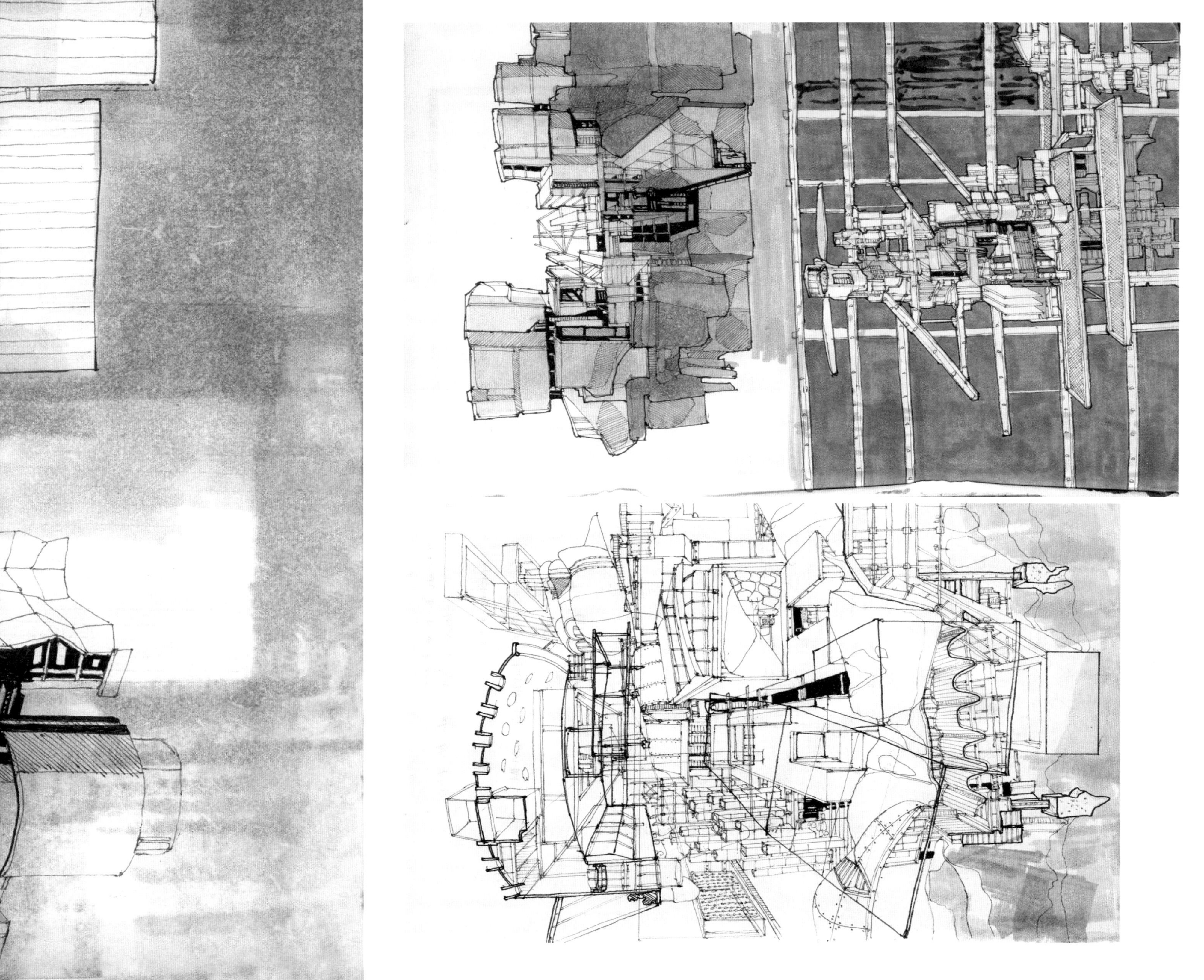

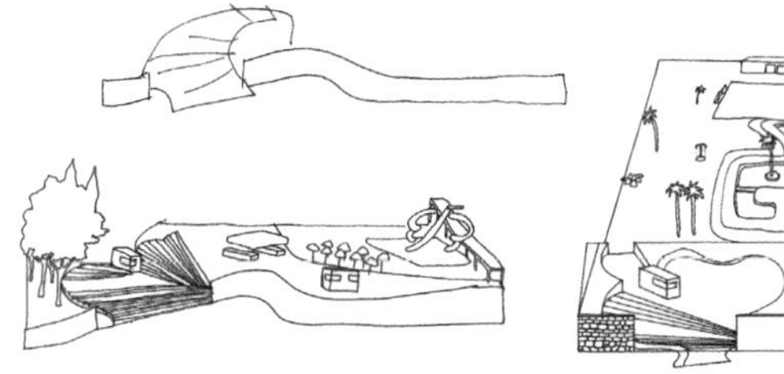

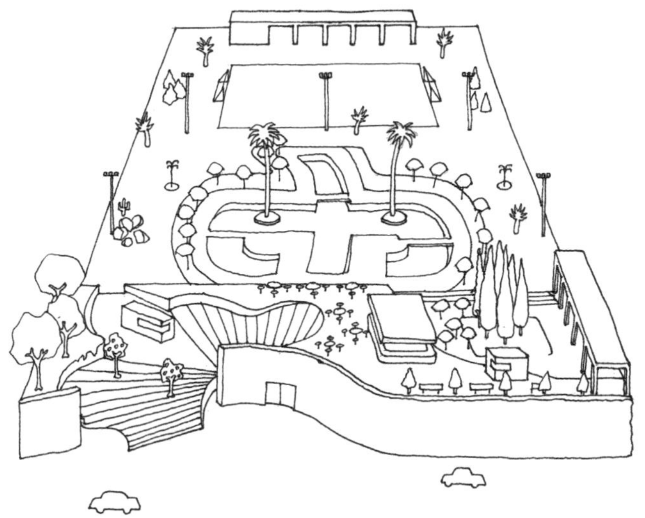

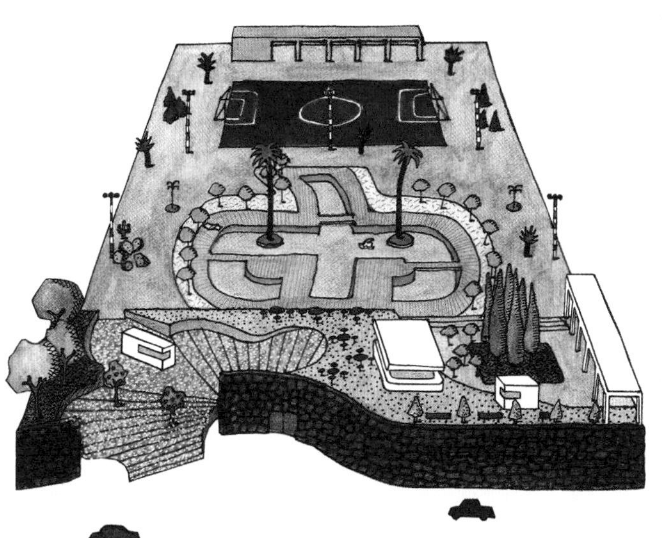

270–271
272–273
274–275

Point Supreme 建筑师事务所（POINT SUPREME ARCHITECTS）

Point Supreme 建筑事务所在 2007 年始建于鹿特丹，合作伙伴康斯坦丁·潘塔兹（Konstantinos Pantazis）和玛丽安娜（Marianna Rentzou）。在 2009 年由贝丝·休斯（Beth Hughes）加入，事务所总部目前设在雅典。

“我们一般创作拼贴画来说明我们的想法，用物理模型来测试它们的空间功能。我们相信反向技术的结合和使用。每个项目都需要用不同的技术工作，每种类型的说明以不同方式沟通交流。我们每一个项目同时使用拼贴画、模型、手绘图、绘画和渲染呈现最终效果。”潘塔兹说。拼贴画有助于同时既抽象又精确的创作，而物理模型提供了一种快速体量化的结果。“这些最初时刻和图解是最重要的。它们都是自生成和无约束的，是一种十分解放的状态，因此承载了最大的创造性。”潘塔兹解释道。

这里展示的是一个由贝纳通举办的公司总部设计竞赛的参赛作品［270］，和希腊阿格里尼翁艾米隆体育中心（Emileon Sport Center, Agrinio, Greece）［271］的草图。接下来的几页该事务所列出“绿化”雅典宣言［272–273］和在迪拜的埃菲尔铁塔再现的竞赛［274–275］。

“所有的后续设计调整来自于图解的完善和发展。在从第一幅图解中提取而来的想象和由限制性［例如由材料、预算和实际场所施加的限制］决定的真实之间有一个意见交换的过程。得到最初的创作冲动通常是无与伦比的，设计的成功取决于我们与最初的图解接近到何种程度。”潘塔兹说。“然而，通过挖掘项目获得丰富性和深度，因此初始草图变为现实的转换不必是完全一致的，捕捉到初始动机的意图和力量是很重要的。”

INTERAMERICAN

VIVID

276–277
278–279

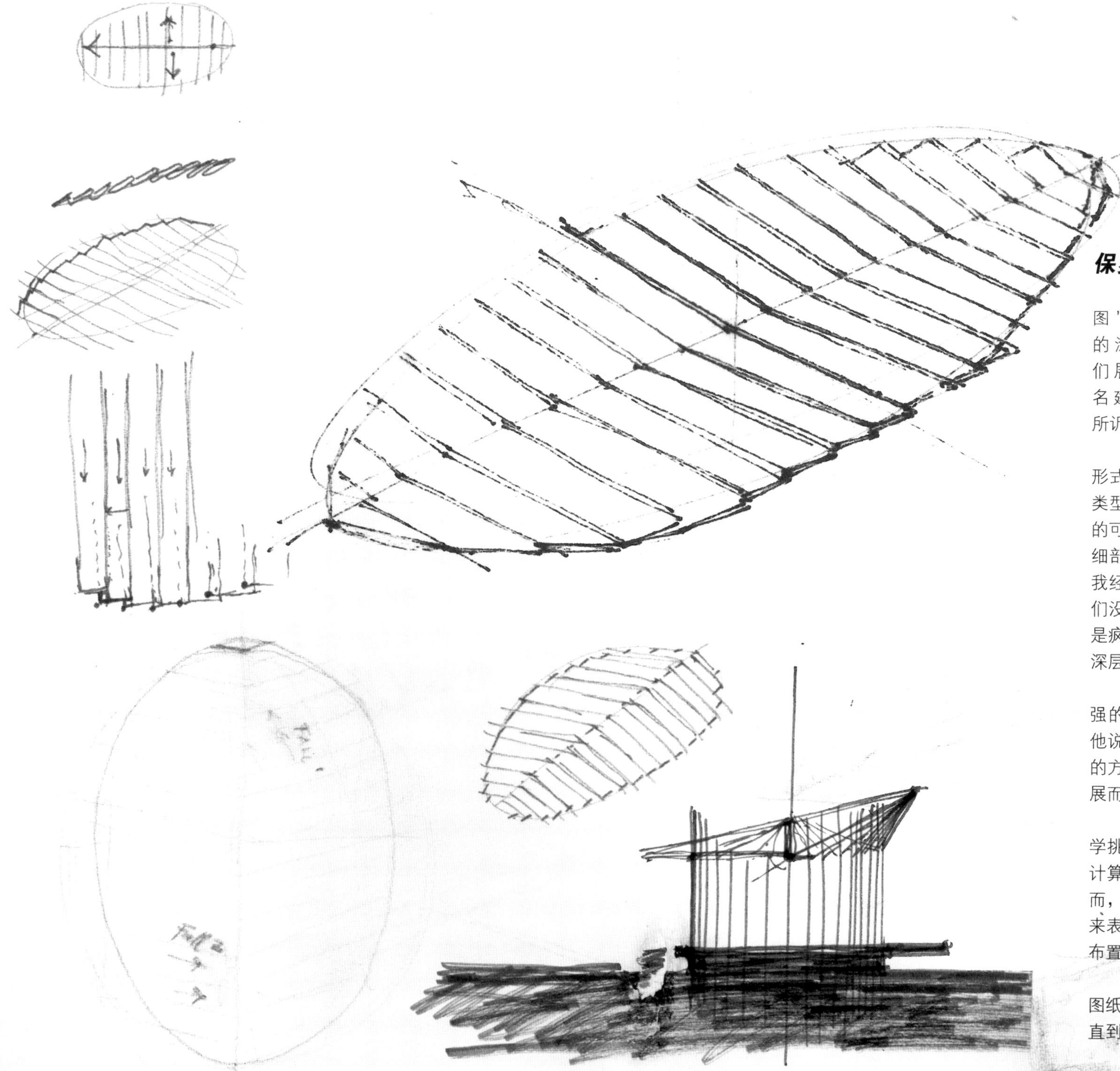

保罗·拉夫（PAUL RAFF）

保罗·拉夫称他的草图为“示意图”，而且原因一望便知。这些潦草的涂鸦很难变成建造形式。然而，它们展现了一个设计构思的闪光点，一名建筑师的初始标记几乎是他的直觉所诉。

“我的示意图常常显示的不是一个建筑形式，而是流动的，或相关的，或其他某种类型的真实思考。”拉夫说。“他们开启想象的可能性，而不是锁住它们。在我的项目中，细部草图的很多创新都是有巨大创造力的。我经常让跟我合作的年轻建筑师认为，当我们没有设计出方案或体量时，绘制施工细节是疯狂的。他们最终明白这种做法是如何更深层次地推动思考深入透彻的建筑设计的。”

拉夫期望从这些初始草图中找到一个很强的方向感——一个项目的推动力的感觉。他说，他也让事物在整个过程中以一个开放的方式发展，期望它明显是从第一个草图发展而来的。

“当一个具体的项目面临着严峻的几何学挑战，而且经常会这样，我们将迅速使用计算机绘图和建模探索它们。”拉夫说。“然而，我们也喜欢绘草图和粗糙的小物理模型来表达想法，主要是在我们工作时，它们被布置在工作室各处是能鼓舞士气的。”

拉夫后来解释说，“我们的所有草图和图纸归档。我们的模型在工作室随处可触及，直到它们最终破碎了。”

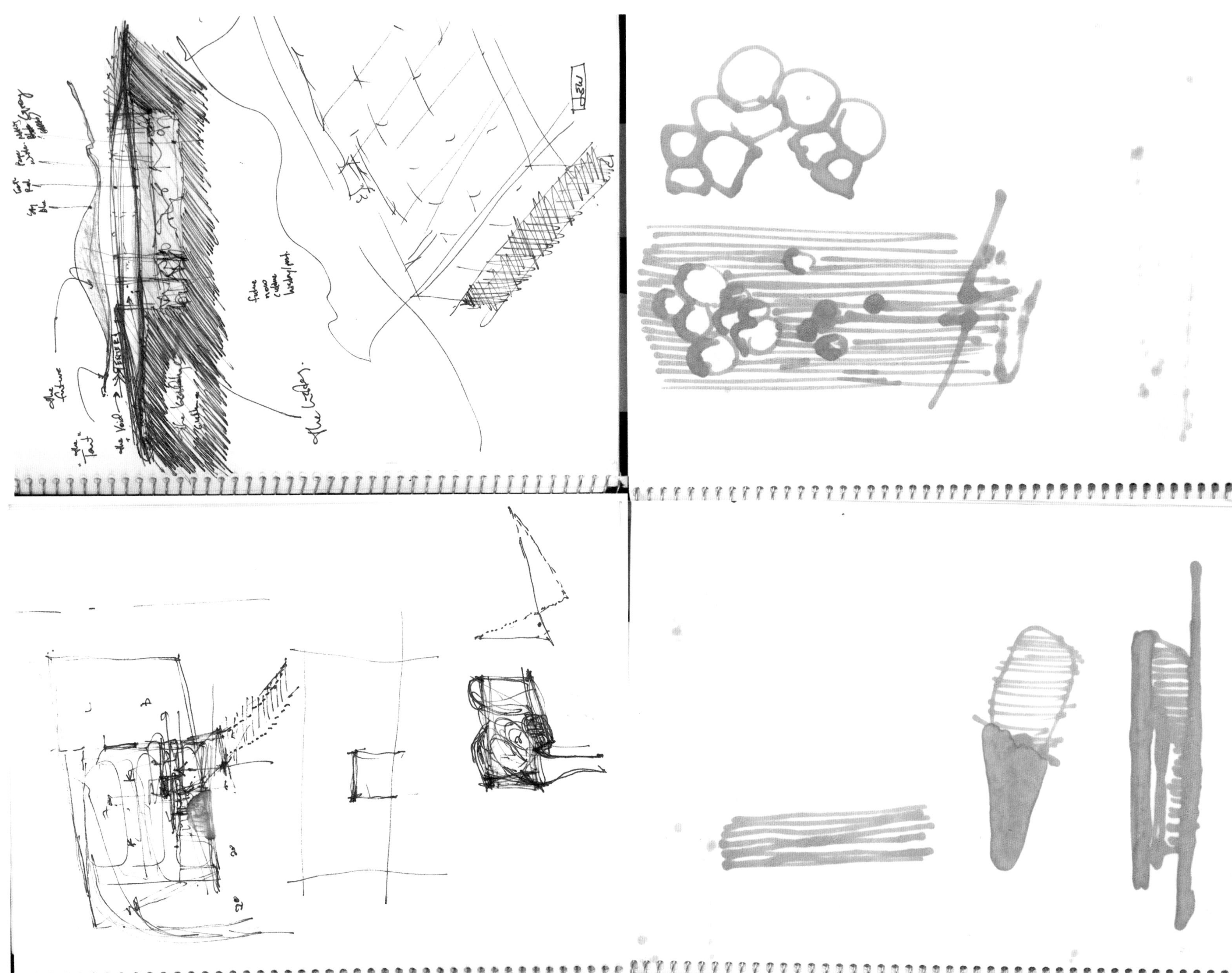

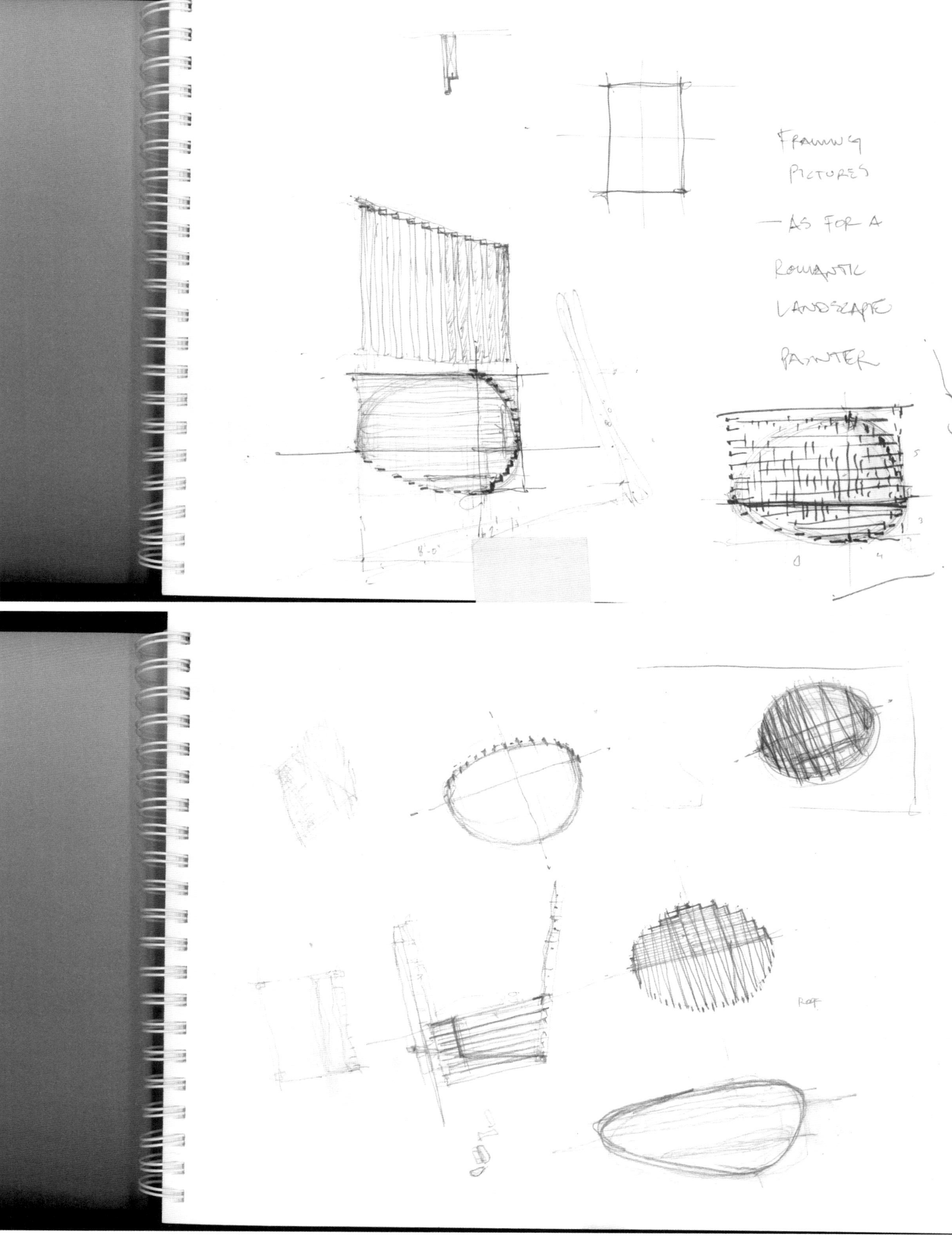
FRAMING
PICTURES
— AS FOR A
ROMANTIC
LANDSCAPE
PAINTER

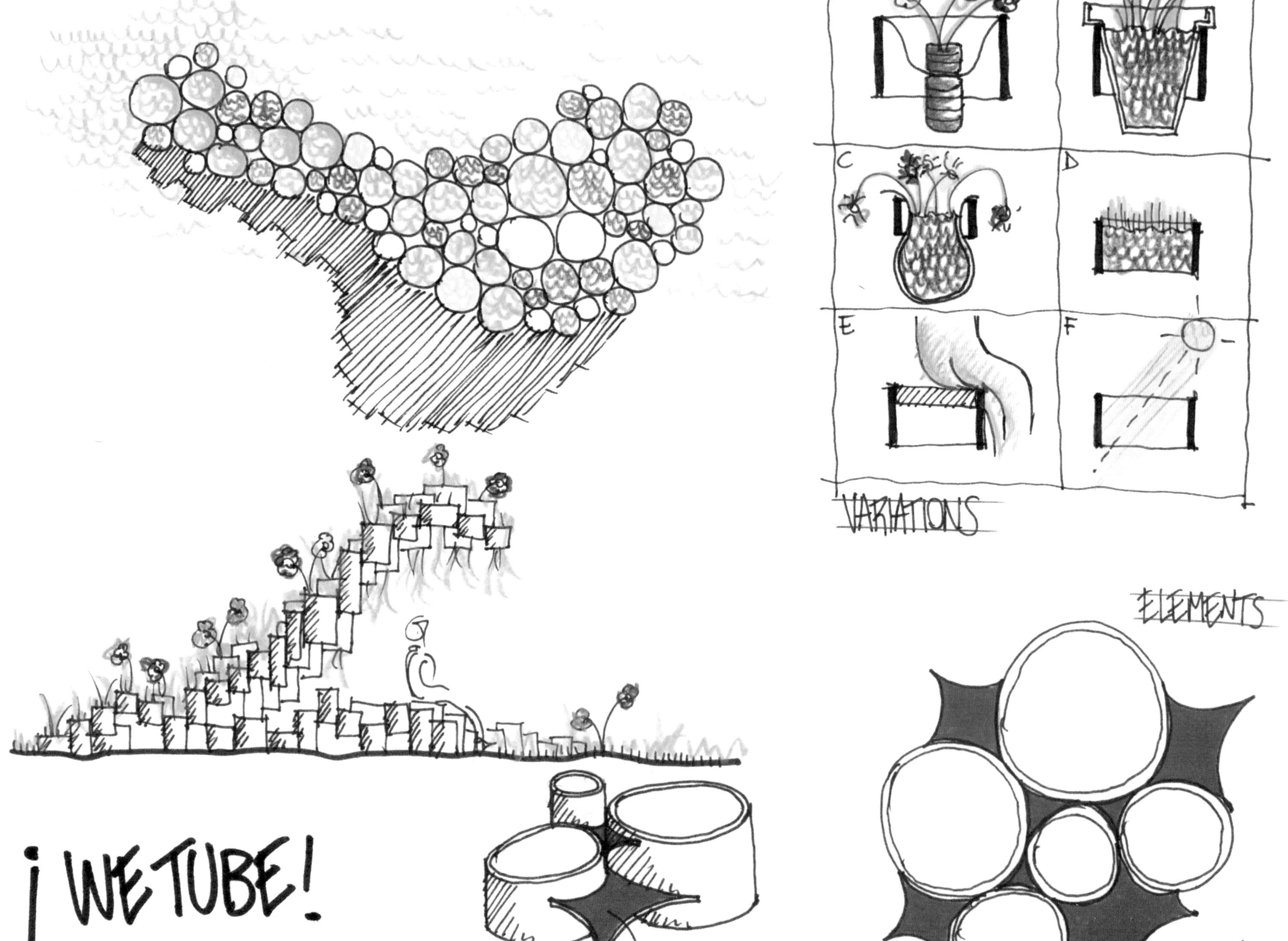
A
B
C
D
E
F
VARIATIONS
ELEMENTS
¡ WETUBE!
JUNCTION SYSTEM
31/03/08

↑ 280-281
↑ 282-283

卡洛·拉蒂（CARLO RATTI）

成立于都灵的卡洛·拉蒂事务所与成员卡洛·拉蒂在麻省理工学院的研究项目紧密关联，事务所的工作重点之一是建立数字技术和建筑之间的联系。

虽然对所有数字化的事物都着迷，但是拉蒂和他的同事并不排斥使用简单的草图来推进他们的想法。拉蒂说，“因为密斯·凡·德·罗说，‘建筑是时代转化为空间的意愿。’如果这是真的，我们将使用以下时间/设计路线：时代精神→概念化草图→图解草图→设计草图→方案设计模型→设计→空间。这一流线包含了许多反馈循环，因此我们觉得这个过程让我们将一个想法转化为物质形态，不断返回到我们最初的假设。”

事务所从讨论项目概念开始，然后使用图表和草图来解释概念。“我们期望我们的草图概念更加接近最终设计，大约我们原始设计草图的80%会在最终设计时实现。”拉蒂说。

然而，从建筑的观点来看，数字革命以后的一个主要问题是受新技术影响的设计过程的方法。我们说：数字文明寻求和发现其建筑表达[La civilisation digitale cherche et trouve son expression architecturale]（对勒·柯布西耶的应答）。

“答案是什么？扩展建筑——加强现实的建筑领域——已经在过去的15年成长起来的概念，建议加强数字世界和现实之间的联系。”拉蒂的强化型建筑号召质疑传统的建筑过程，工作最重要的主题如：可重构性和交互性。令人欣慰的是知道他仍使用草图追求这些目标。在这里，为题为We Tube研究的设计[280-281]，而下一页是云设计，2012年伦敦奥运会点燃观景台[282-283]。

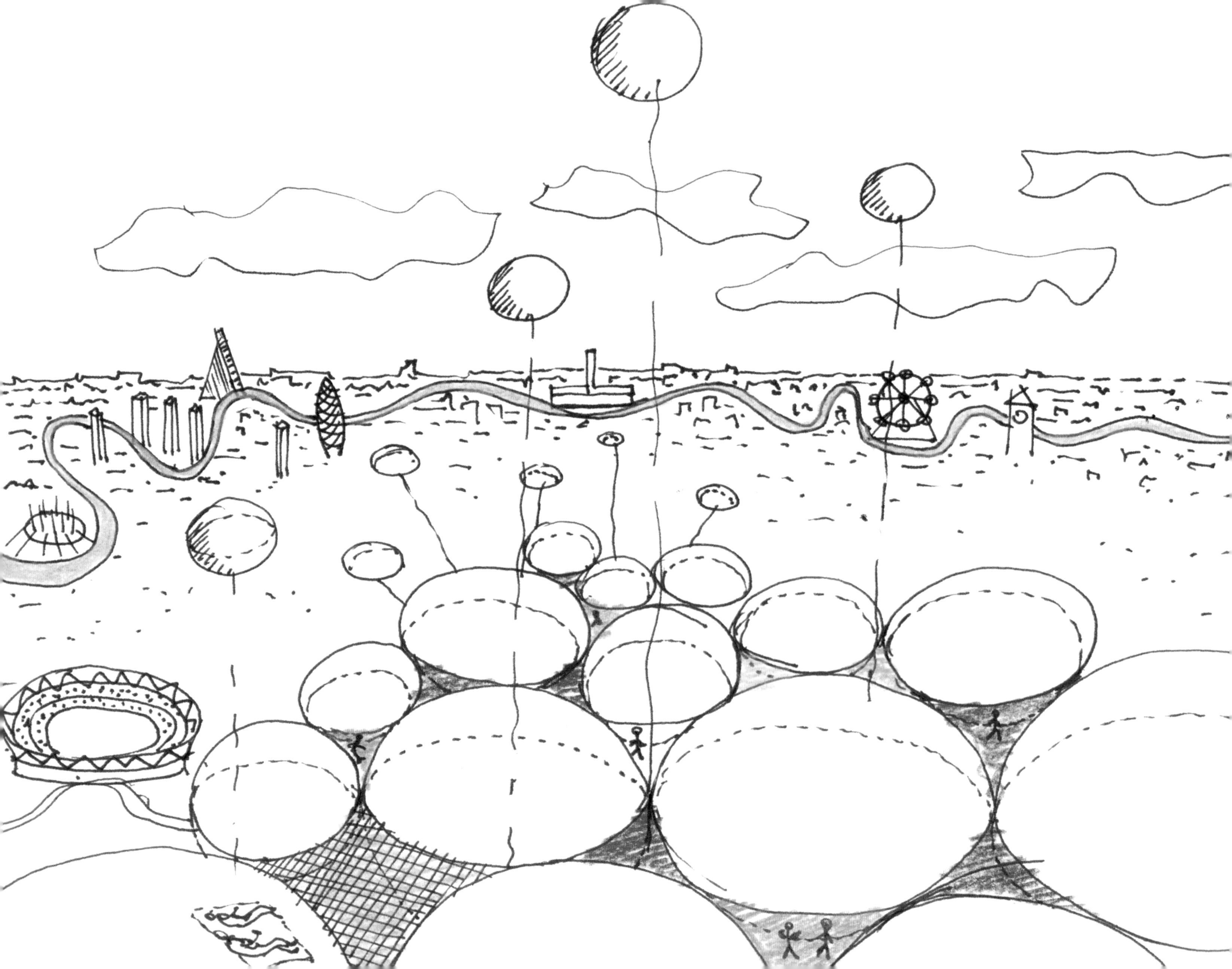

SPORT CENTRUM
Sportbus

284–285
286–287

罗卡·托马尔事务所（ROCHA TOMBAL）

“在我们的办公室，我们享受言论自由。头脑风暴期间人们使用他们喜欢的技术来表达自己。”罗卡·托马尔事务所的安娜·罗卡（Ana Rocha）说。“我本人不是一个计算机绘图员。我们只有能够手绘一切时，才能研究建筑。我们不可以使用电脑绘图展示，因为‘计算机不会思考’。”

罗卡认为当你绘画时，你进入一种与空间深入交流的状态。“幻景，仍然漂浮在你的头脑中，完全通过你的手释放出来。”通过绘画，你发现项目的挑战——如水塔转换为生活空间［284 上，285］等项目需要彻底思考。

“为了及时发现问题所在，在开始做解决方案前，我们要画草图，亲手这样做，不仅通过平面，而且特别是通过透视图，将你与所有阶段联系起来，从效果图解决方案，从概念空间到细部空间，一个完整想法的全部。”她说。（参见各种住房方案的插图［284 下，285-286，287 底］）

“我经常看到年轻建筑师在计算机的帮助下系统地画方案图，而不是‘在’他们设计的空间里思考。我认为那些图纸没有灵魂，没有它们自己的生命。”

罗卡·托马尔使用数字技术以加快获得成果，但那只是专门为生产图纸。“建筑师们常常被迫‘产生’快速设计方案、立面、剖面、技术图纸等，但没有时间将那些元素联系在一起工作。手绘那一刻能够真正改善设计的感性，并有一个新机会去尝试。”罗卡说。

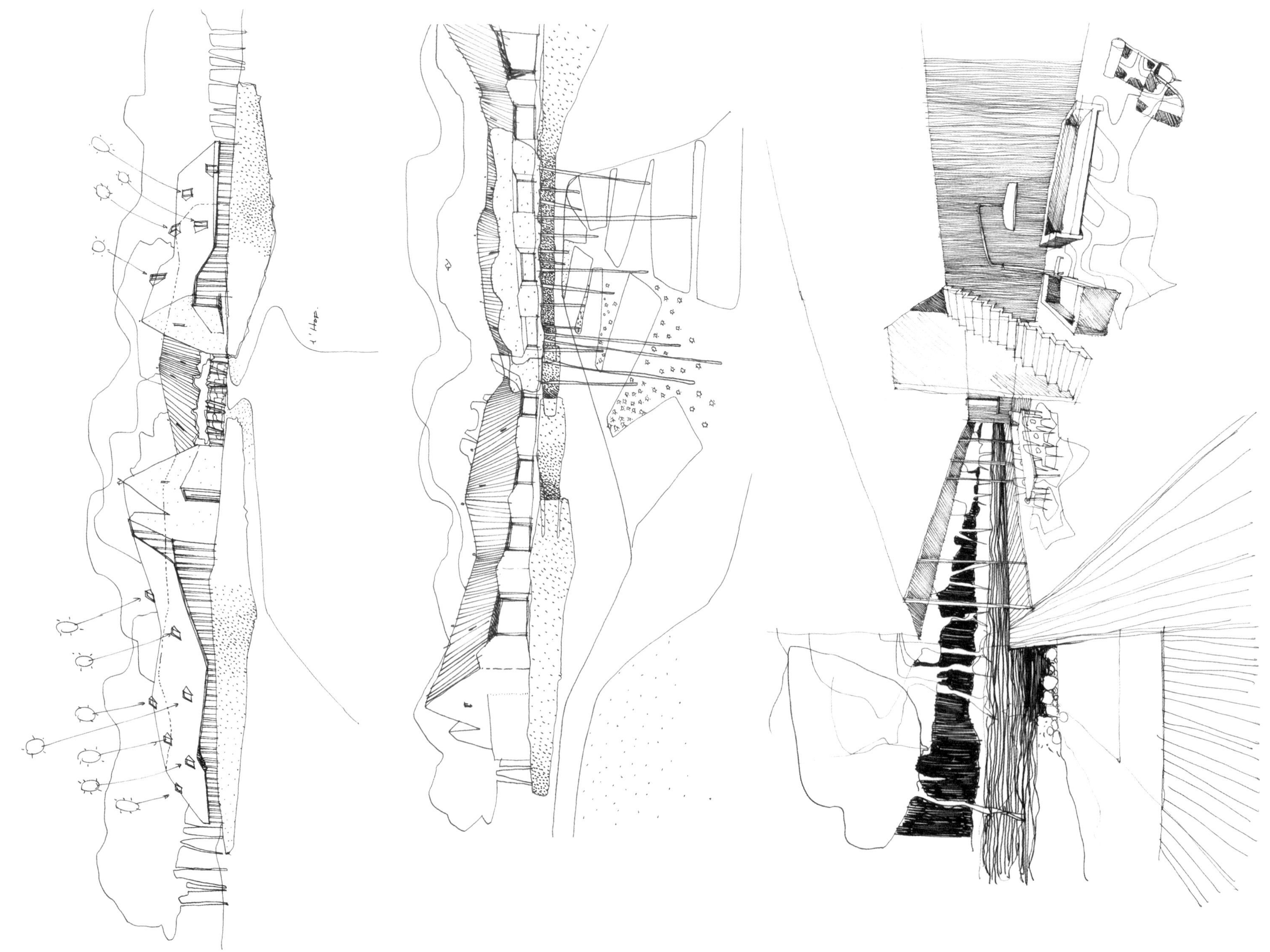

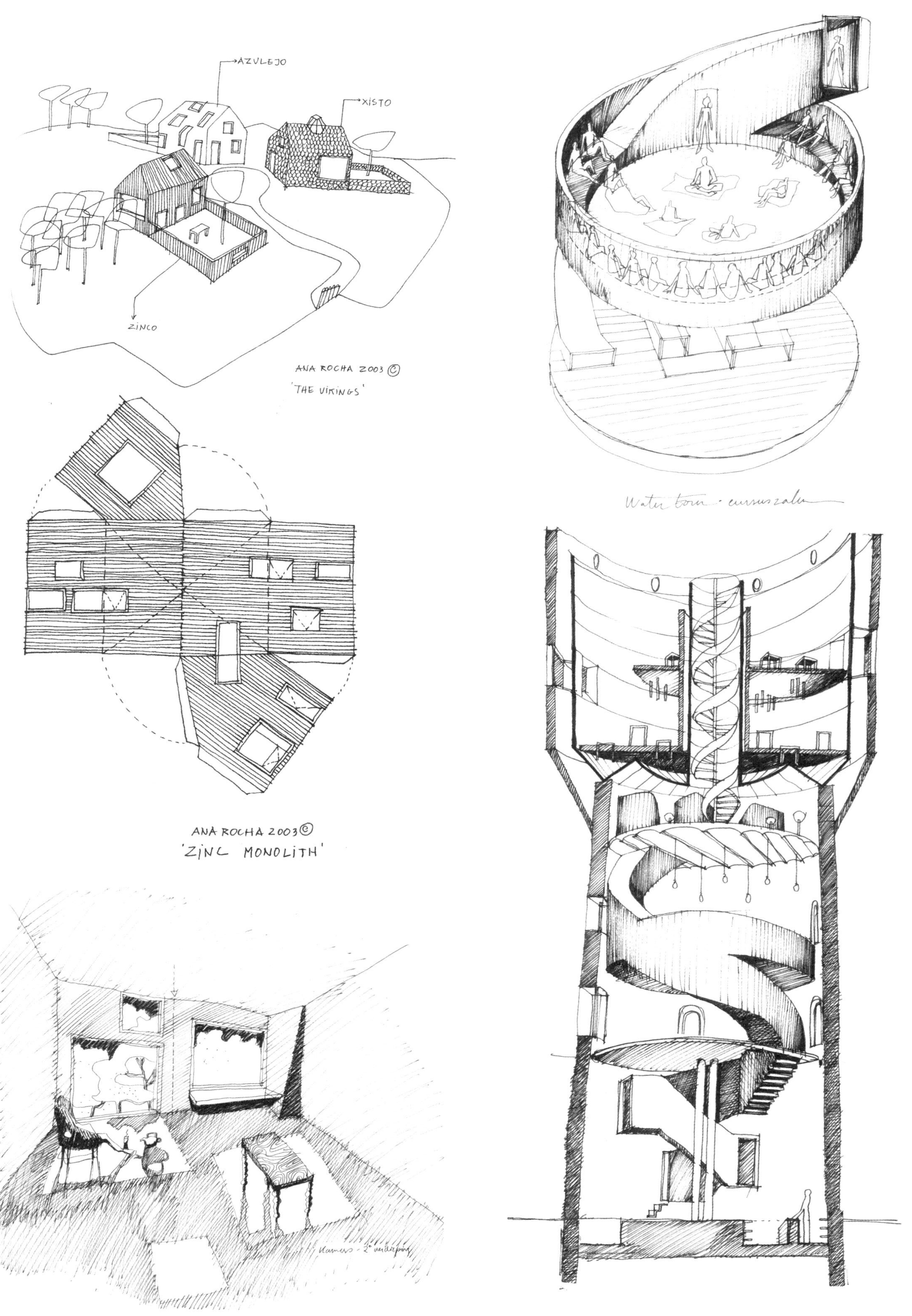
AZULEJO
XISTO
ZINCO
ANA ROCHA 2003 ©
'THE VIKINGS'
ANA ROCHA 2003 ©
'ZINC MONOLITH'

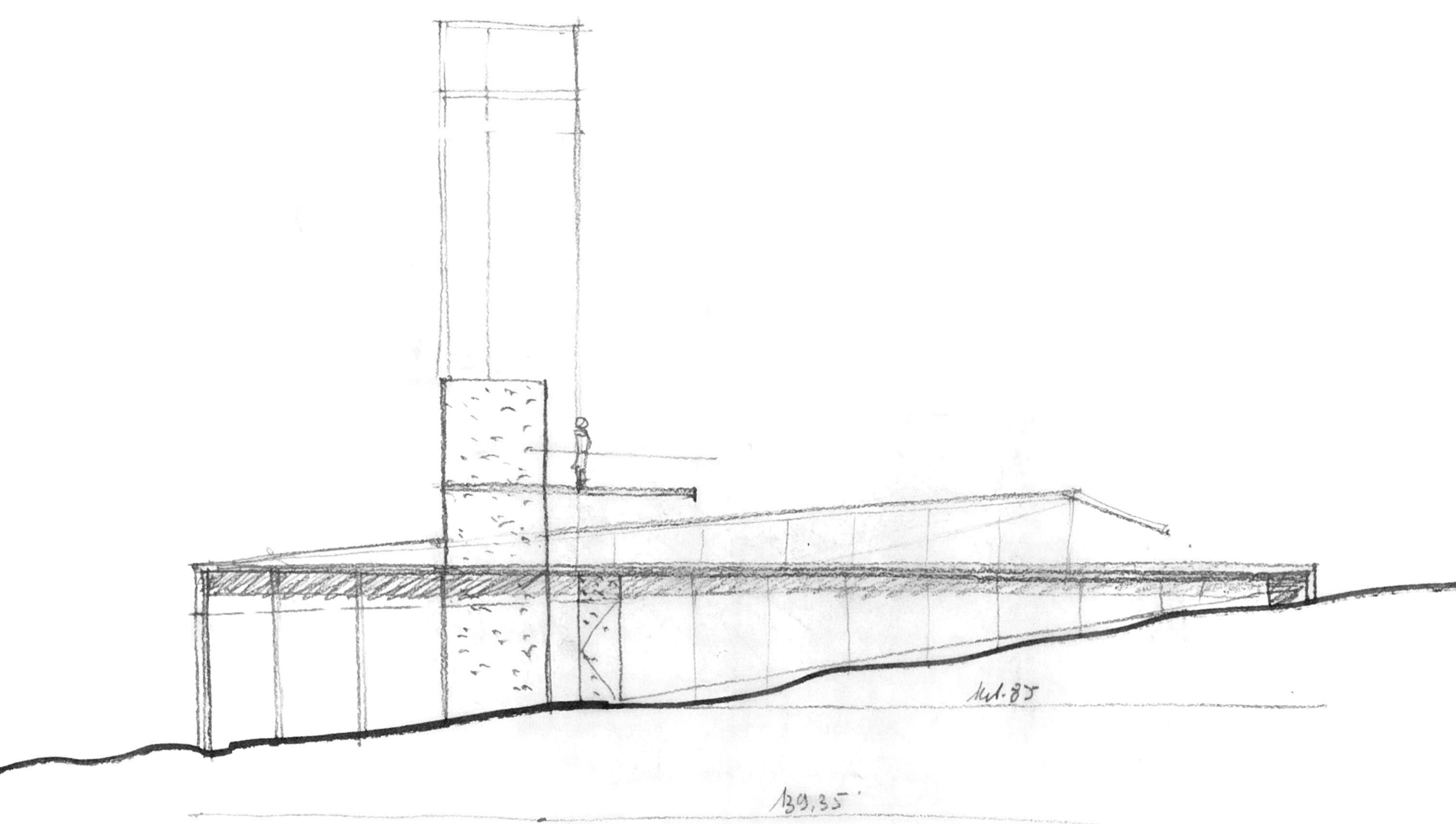
139,35

288-289
290-291

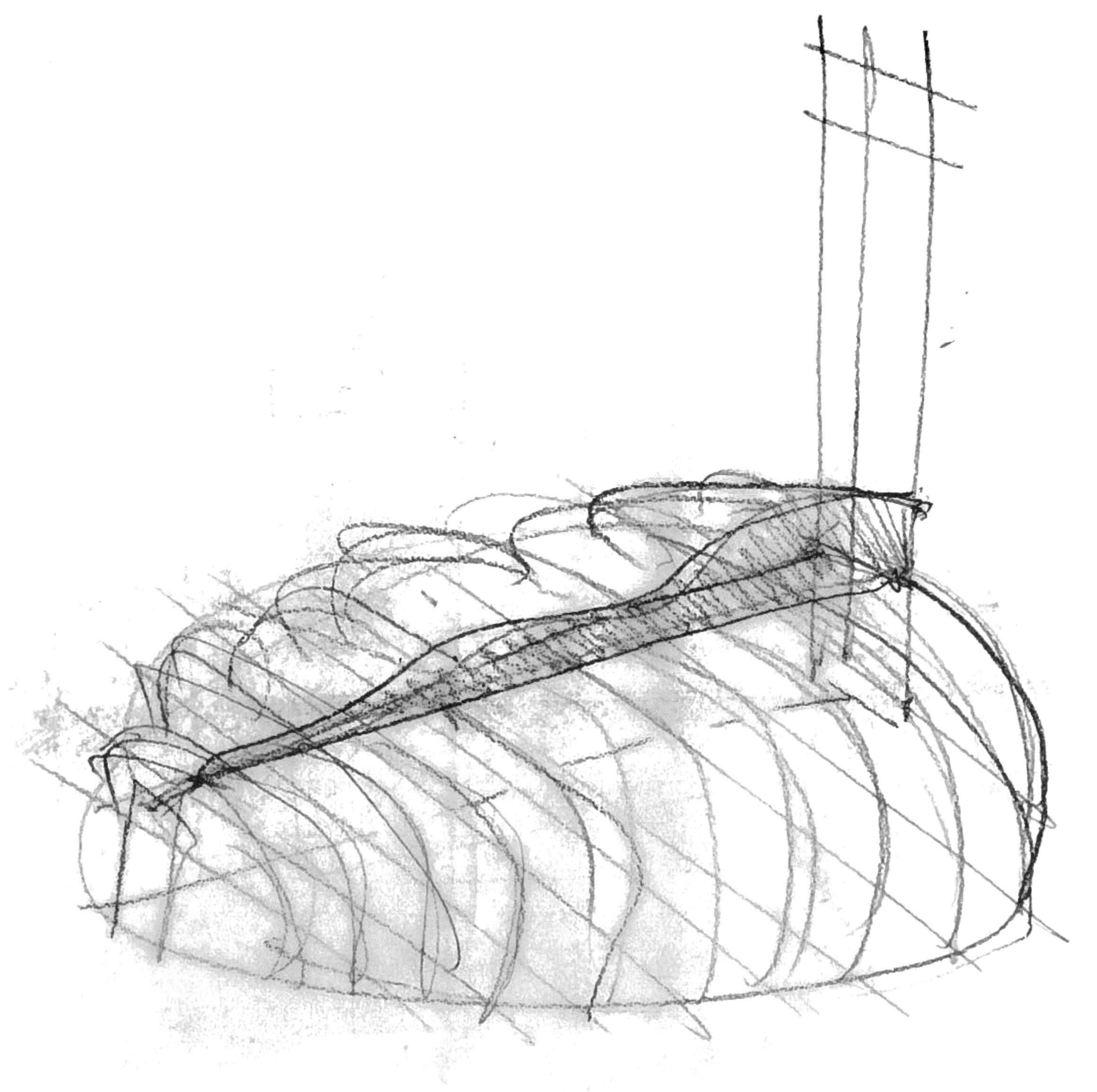

马克·热纳特（MARC ROLINET）

“我把场地、图片、感受（现场草图或文本）的不同照片挂到墙上，然后我和我的团队进行头脑风暴，这时很多小草图和一些小纸模型被创作出来。”热纳特建筑事务所（Rolinet & Associes）的创始人马克·热纳特说。

“然后我让自己独处，去山上或其他安静的地方，挑选主要构思并模拟空间和体量，绘制草图。我必须把自己置于空间之中，在建筑内部感知项目。如果我在现场感受不到空间、光线、作为设计基础建立的互动，我们就从头再来，一遍，又一遍。”

如果对最初的概念满意，热纳特就开始和他的团队进入第二阶段讨论，他们周围有所有图纸、样品材料等。“我认为计算机应该仅被用来作为手绘的支持。而且在这些初始阶段，我不接受电脑图纸，因为它们限制了创作过程。”

正因为概念被如此彻底地探索（它可能比热纳特的项目的其他任何部分需要更长的时间）才使得设计从相对简单的这个点推进。“这是需要很长时间的测试过程，是有趣的部分，也是我们试图使一个想法、一个感觉或一组想法具象化的时刻。”他说。

“对我来说，概念阶段永远不会完成，因为我们正在创造建筑细节、空间，有时是家具的草图甚至小模型，一直是这样。这就是设计的魅力。”草图上是教堂（the Chapelle des Diaconesses）[288-289] 和一个里斯本办公大楼 [290-291]。

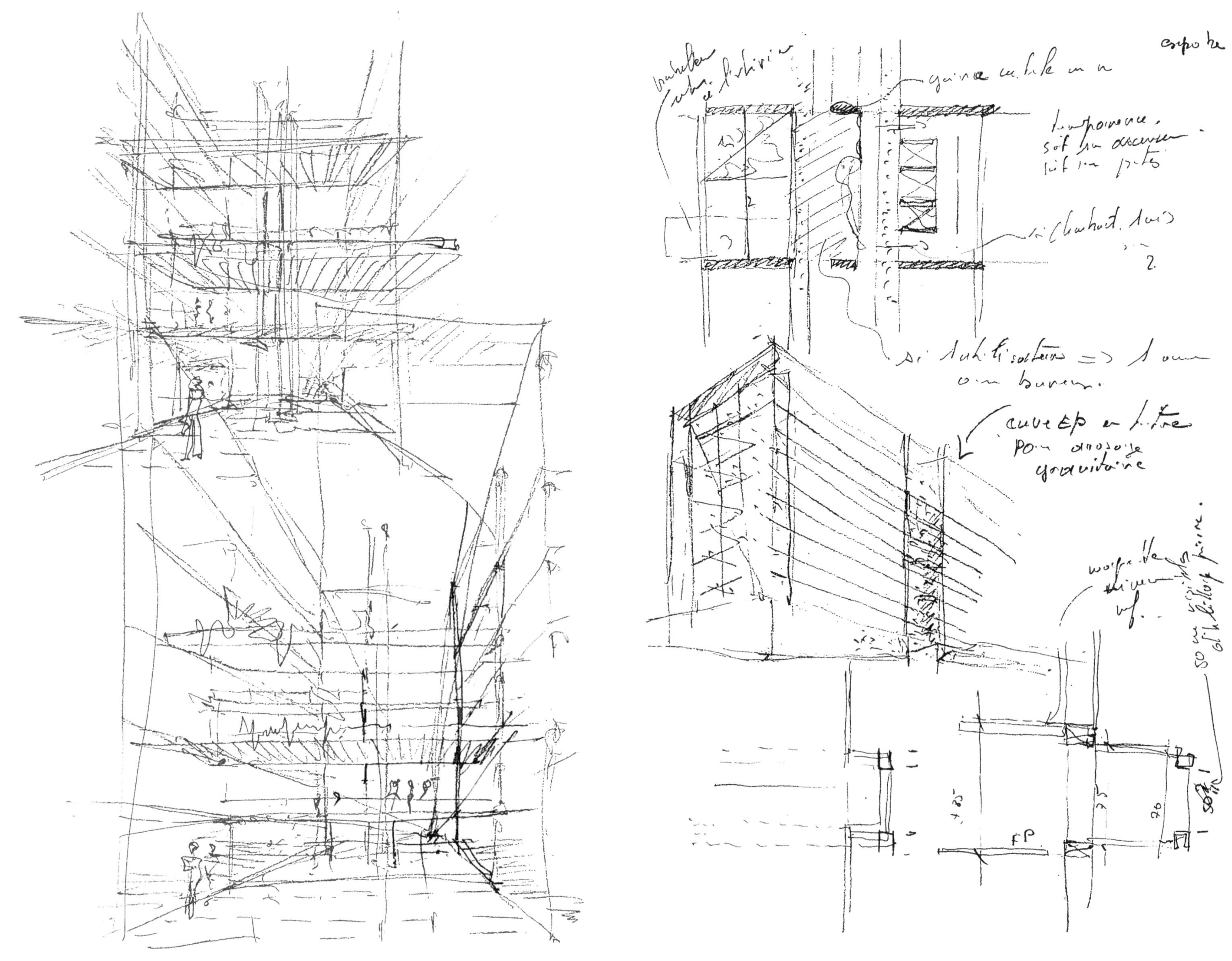

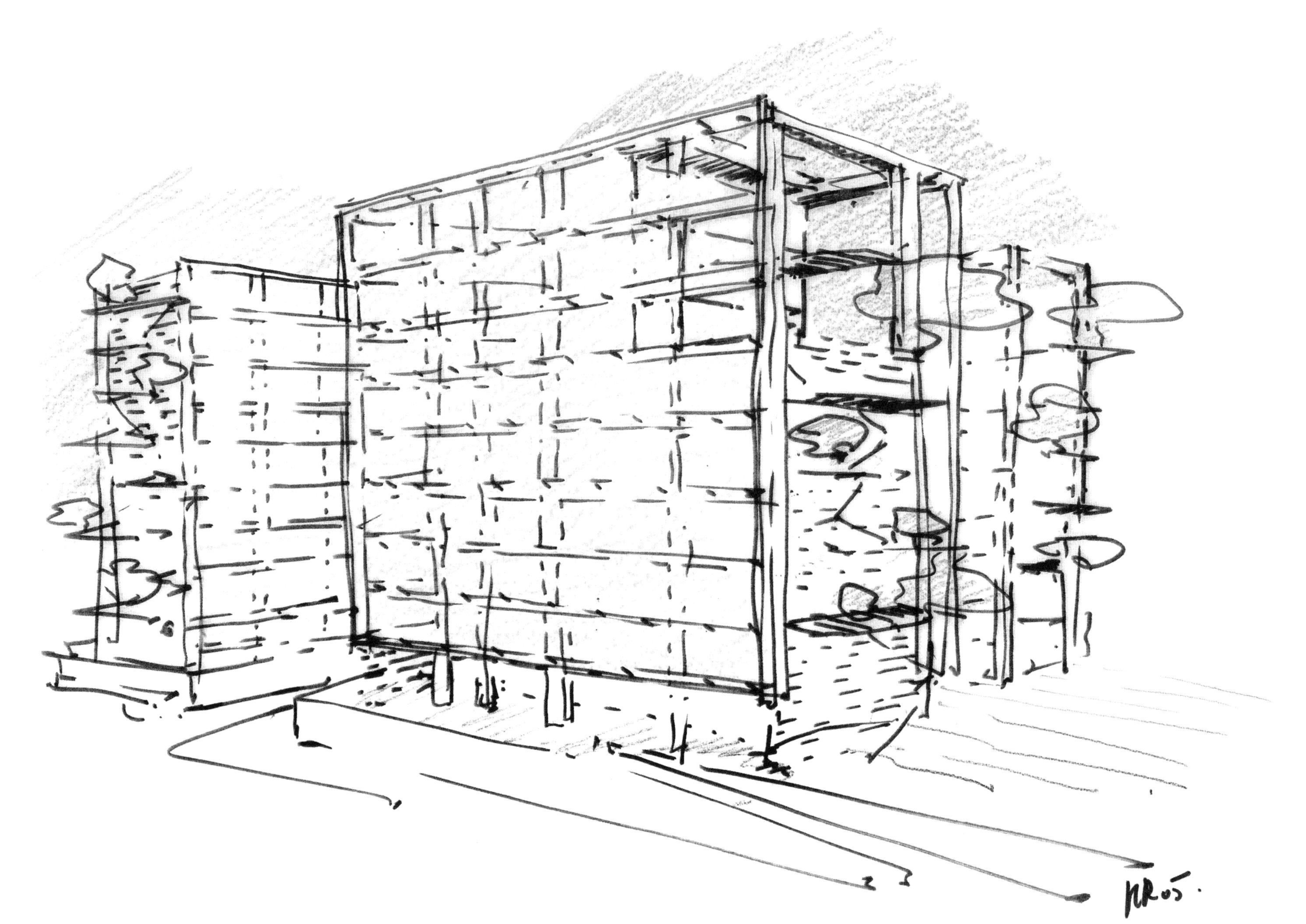

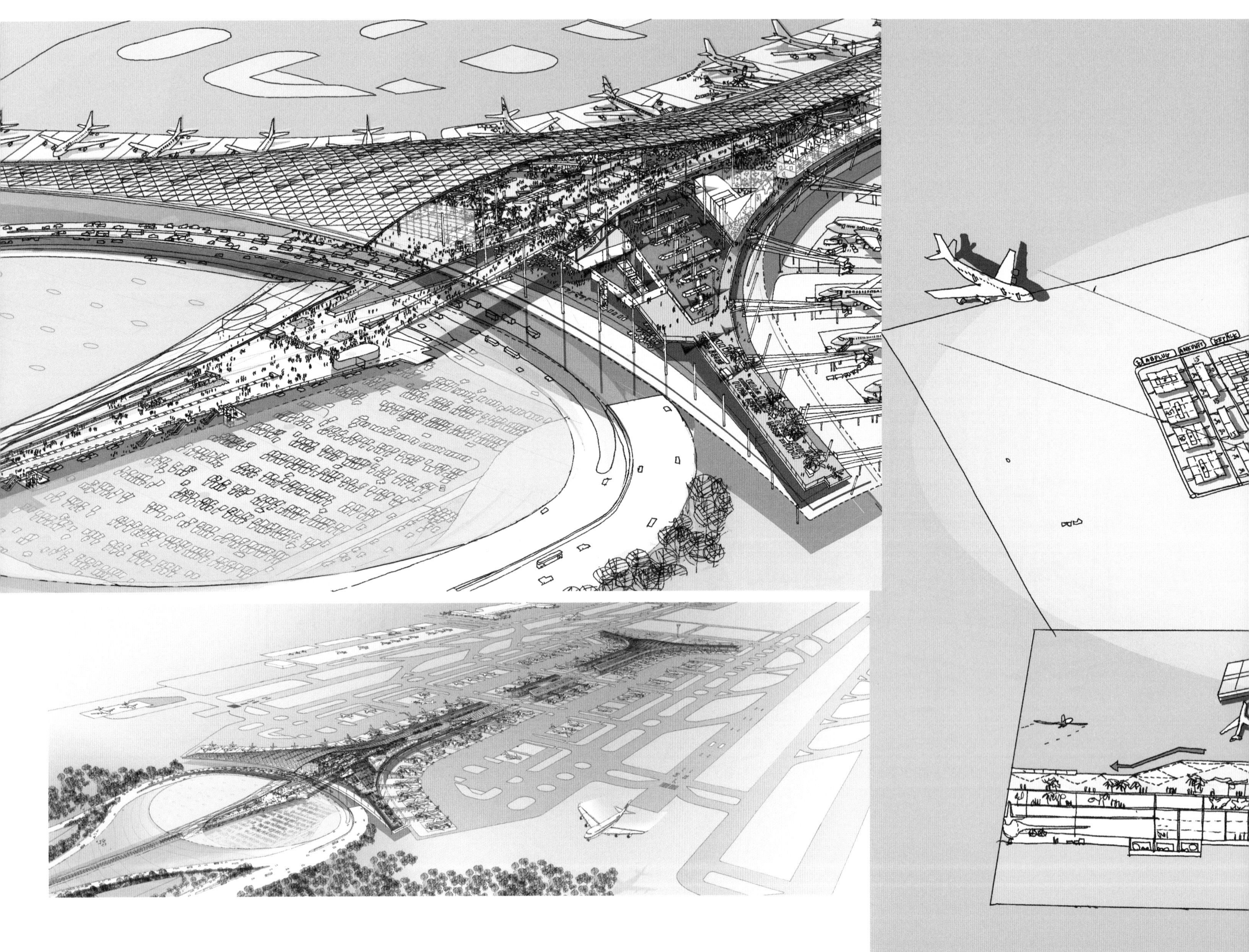

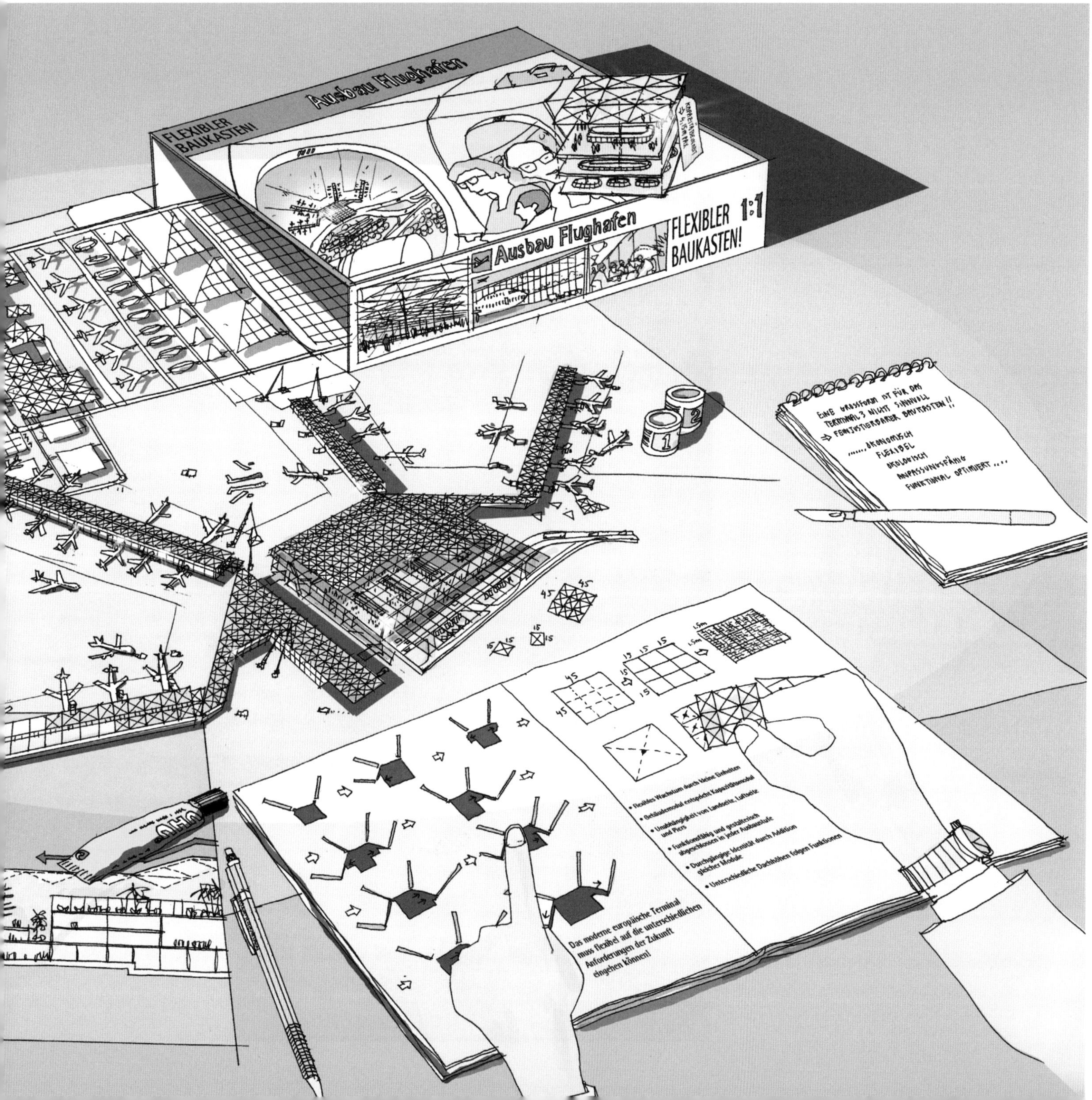

纳林德尔·萨古（NARINDER SAGOO）

“无论到哪里我都随身带一支钢笔。我在任何东西上、在任何地点作画——但我确实喜欢在成卷的描图纸上画，它是我们工作室的最廉价、最常见的材料。”福斯特建筑事务所的合伙人纳林德尔·萨古说。

诺曼·福斯特曾经问萨古为什么他在这种一次性材料上画。他的回答是：它能让人毫无压力地创作艺术作品。“它能缓解你思考如何画，所以头脑专注于画画。”

“我认为绘画是一种语言。有时草图是一种‘快速交谈’，喝着咖啡画出一个想法或一个讨论的图解，有时他们会用更长时间、更多地考虑对话——就像段落与句子的关系。从这个意义上说，草图穿插在整个设计过程中，在许多方面传递决策、方向和话语的信息。”萨古说。

在福斯特工作室图纸呈现形式多种多样——建筑师逐年看到其中变化的特点。“我仍然每天画，但往往那些图纸由我的同事进一步发展成数字渲染和绘画。随着我们的项目逐渐散布到全世界，我们的沟通方式发生了变化。世界各地对我们传统的表达想法的方式反应不同，例如美国建筑师喜欢草图，中国客户通常需要雇主（CGIs）。”萨古说。

这里，萨古的北京机场的图纸[292]补充了这页上面的他的“机场作为一个工具包”的草图[293]，萨古的一张图纸已经被一个同事使用数字绘画技术上色了[294–295]。

“我们有责任学习和思考文化和历史的关联、图示语言的社会环境。然后，我们相应地回应。如果这意味着我们要放弃我们的个人品味和标准，我们习惯于它就可以了。我认为这可以增强我们通过绘画沟通的能力。”

Walking to the Forest Retreat

COME

'Like a building', the cow is part of a sustainable cycle .... using the sun as an energy source, needing fuel and producing waste.... insulating layers etc.

LED's

DURING THE NIGHT, THE COW WILL BE ILLUMINATED BY USING THIS ENERGY

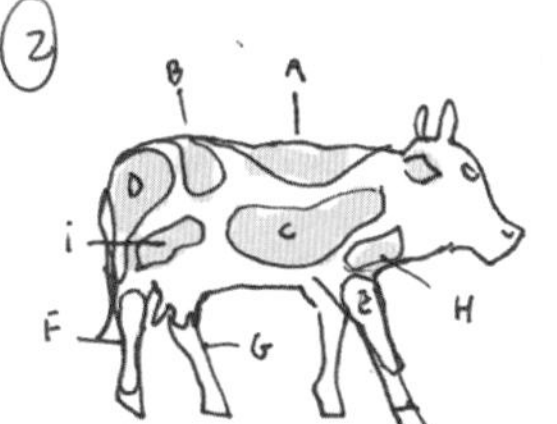

'Like a building' it has its most desirable areas of its aesthetic and physical build up! The Best chops!!

COMMUNICATIONS

HELIPORT

HOT AIR OUT

SOLAR PANELS

EXHAUST AIR VENTS

...INTO GRASS RESTAURANT

FOOD IN...

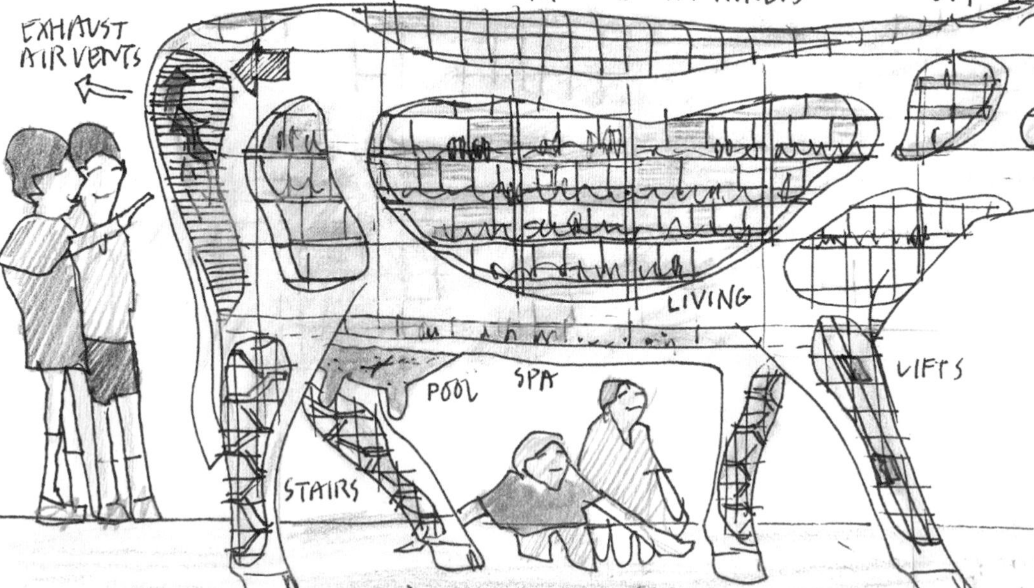

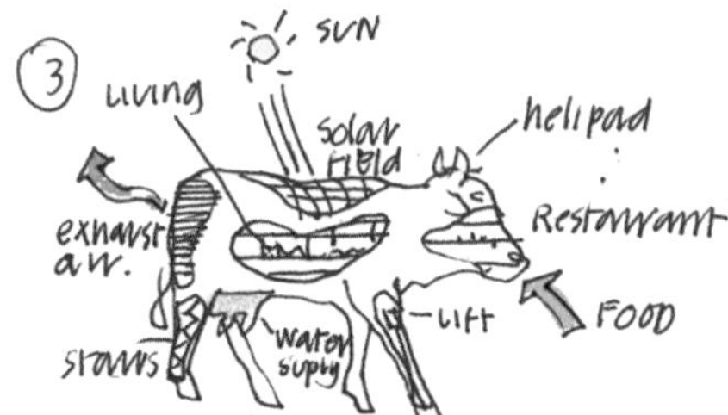

We present this cow 'like a building' telling an analytical story (with humour) of the cow as a 'walking city!'? 'Building'!

HOW TO DO IT:

DRAW DIRECTLY ON THE COW & WATERPROOF

OR

STICK IMAGES ON THE COW & WATERPROOF

'URBAN COW'

NSAGOO
April 2004

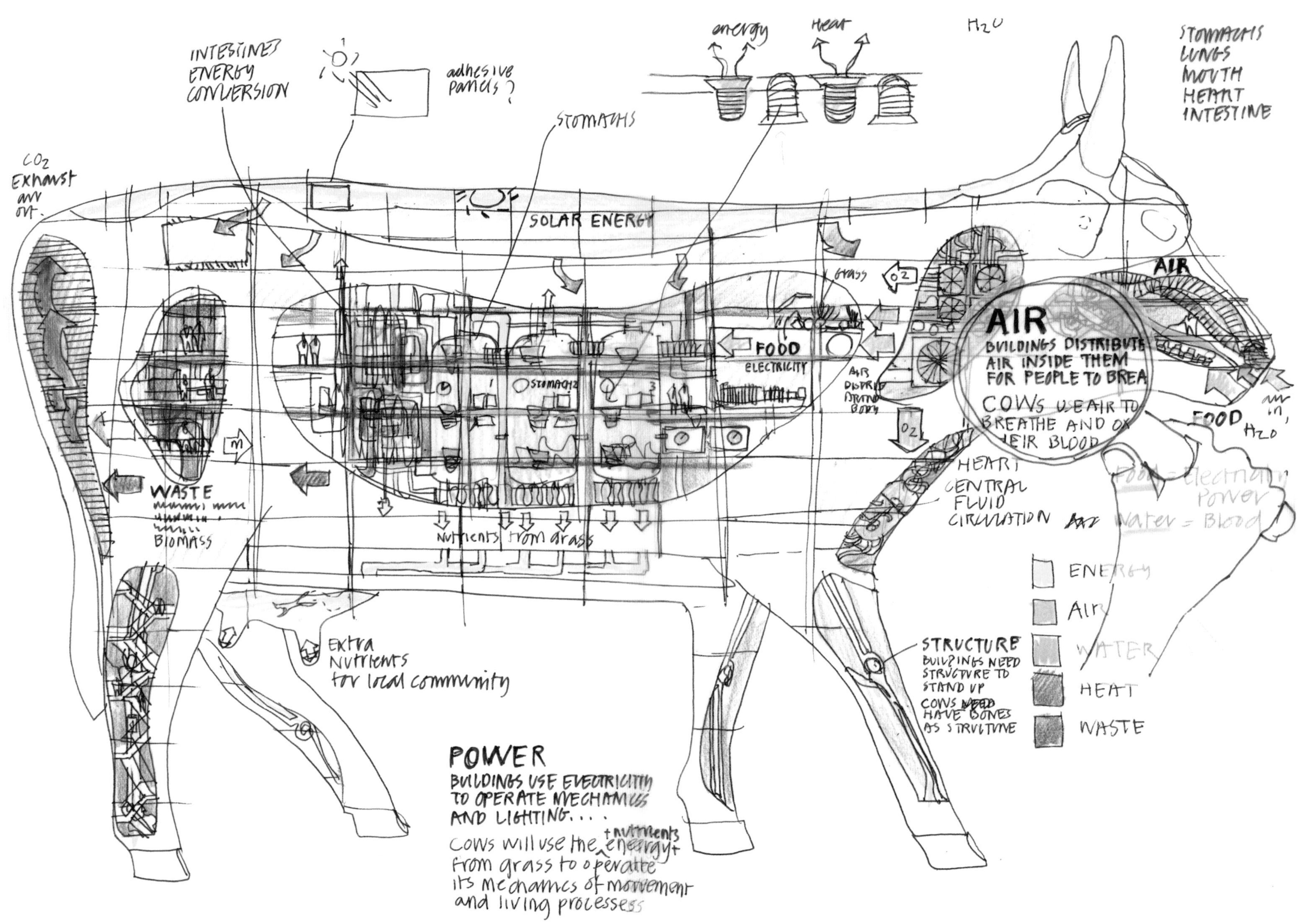

INTESTINES
ENERGY
CONVERSION
adhesive
panels ?
STOMACHS
energy
Heat
H_2O
STOMACHS
LUNGS
MOUTH
HEART
INTESTINE
CO_2
Exhaust
air
out
SOLAR ENERGY
Grass
O_2
AIR
FOOD
ELECTRICITY
STOMACH 2
AIR
BUILDINGS DISTRIBUTE
AIR INSIDE THEM
FOR PEOPLE TO BREA
COWS USE AIR TO
BREATHE AND OX
HEIR BLOOD
FOOD
H_2O
air
in
O_2
HEART
CENTRAL
FLUID
CIRCULATION
Food = Electricity
Power
Water = Blood
WASTE
BIOMASS
nutrients from grass
ENERGY
AIR
WATER
HEAT
WASTE
Extra
Nutrients
for local community
STRUCTURE
BUILDINGS NEED
STRUCTURE TO
STAND UP
COWS HAVE BONES
AS STRUCTURE
POWER
BUILDINGS USE ELECTRICITY
TO OPERATE MECHANICS
AND LIGHTING. . . .
Cows will use the energy + nutrients
from grass to operate
its mechanics of movement
and living processes

298–299

肯·沙特沃斯
（KEN SHUTTLEWORTH）

肯·沙特沃斯从他有记忆以来一直热爱建筑。上大学的时候他的绰号是“肯·钢笔”，他将手绘图作为一种不断提炼和探索创作理念，并向其他人解释这些理念的一种手段。

“当我在莱斯特理工（Leicester Polytechnic）读书时，人们那样叫我。我常画其他人两倍的图纸量，因此他们常说我要给钢降温，因为我画得非常快。”

沙特沃斯曾画一些世界近来最知名的建筑，包括巴塞罗那的Collserola通信塔（Barcelona’s Collserola communications tower）、香港赤鱲角机场（Chek Lap Kok Airport in Hong Kong）、伦敦的瑞士再保险大厦（Swiss Re building in London，俗称“小黄瓜”）和欧洲最高的摩天大楼之一法兰克福商业银行大厦（Commerzbank tower in Frankfurt）。这里的草图展示的是伦敦the Kings Reach大楼（Kings Reach Building）的新设计[299]和利兹风筝塔（Kite Tower, Leeds）的细部[298]。

沙特沃斯事务所成立于2004年，已经汇聚了在他周围能与他很好地工作、有才华的建筑师队伍。“建筑师要锻炼其个性，要锻炼成为艺术家。但在现实中你不能仅凭自己的方式去做，他必须作为一个团队的一部分。”

“我从童年起一直想成为一名建筑师。我总是着迷于此。我从5、6岁大的时候常常画一些房屋和城堡之类的图。”

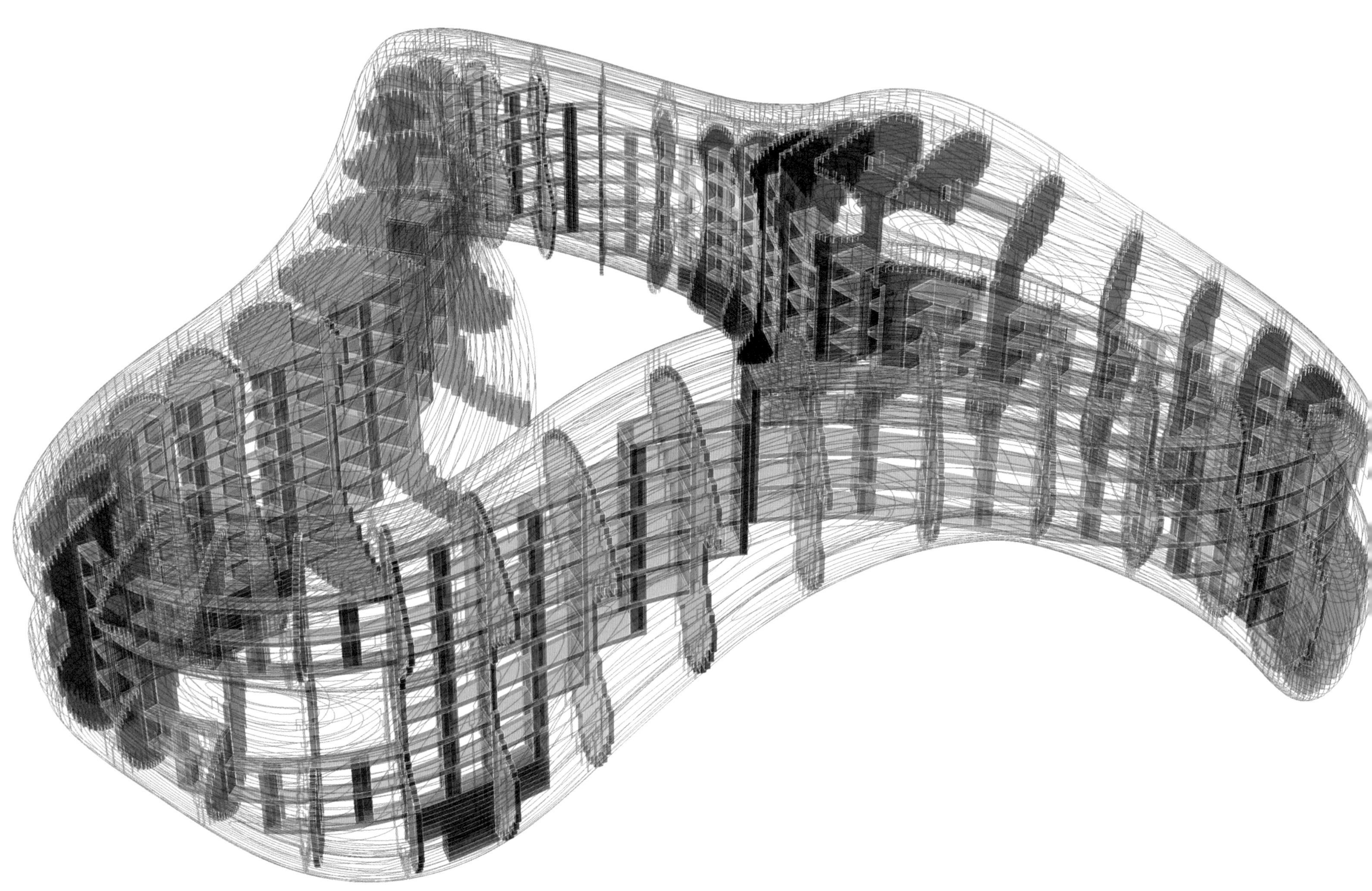

300–301

戴尼西尔·西宾戈（DANECIA SIBINGO）

AA 建筑学院学生戴尼西尔·西宾戈（Danecia Sibingo）是真正受过计算机教育的新一代设计师之一，他比这本书中的许多其他年轻建筑师年轻，他认为使用智能软件是更多的兴奋不已和不寻常的建筑创作处理。

对于浮木亭（Driftwood Pavilion）这个特定的项目[300-301]，西宾戈使用电脑生成的草图来创作构思，它以一个连续的并行的方式调整线的运动，生成用来形成最终方案的漂亮的图纸。

“我的兴趣围绕在这个项目中的雕刻、侵蚀和层叠之中，灵感来自约旦佩特拉城（Jordanian city of Petra）的图像，我试图得到一种感性的并有强大视觉冲击力的空间效果。通过手绘我觉得我很好地控制了我想创建和实现的目标。”西宾戈说。

西宾戈的线条草图随后在犀牛（Rhino）设计程序中建模，项目的雕塑感与浮木建筑的亲和力增强。“线条的流动和波动在雕塑的空间参数中带来了一种新奇感、旅程感和新发现。”西宾戈说。

深入设计浮木馆的一些图像随后在伦敦建筑学会年终展览中展出。这些研究也已在当代设计拍卖场出售。

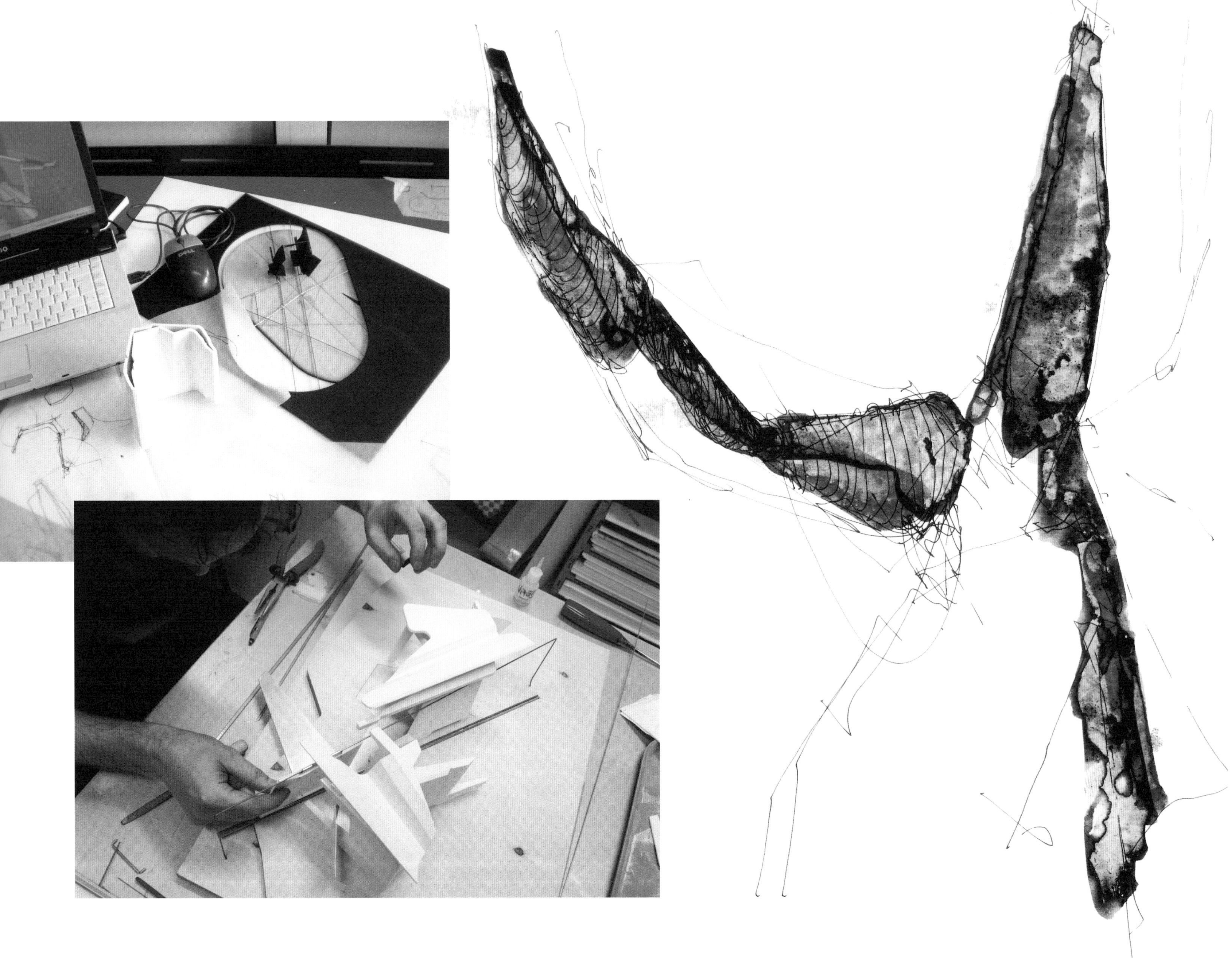

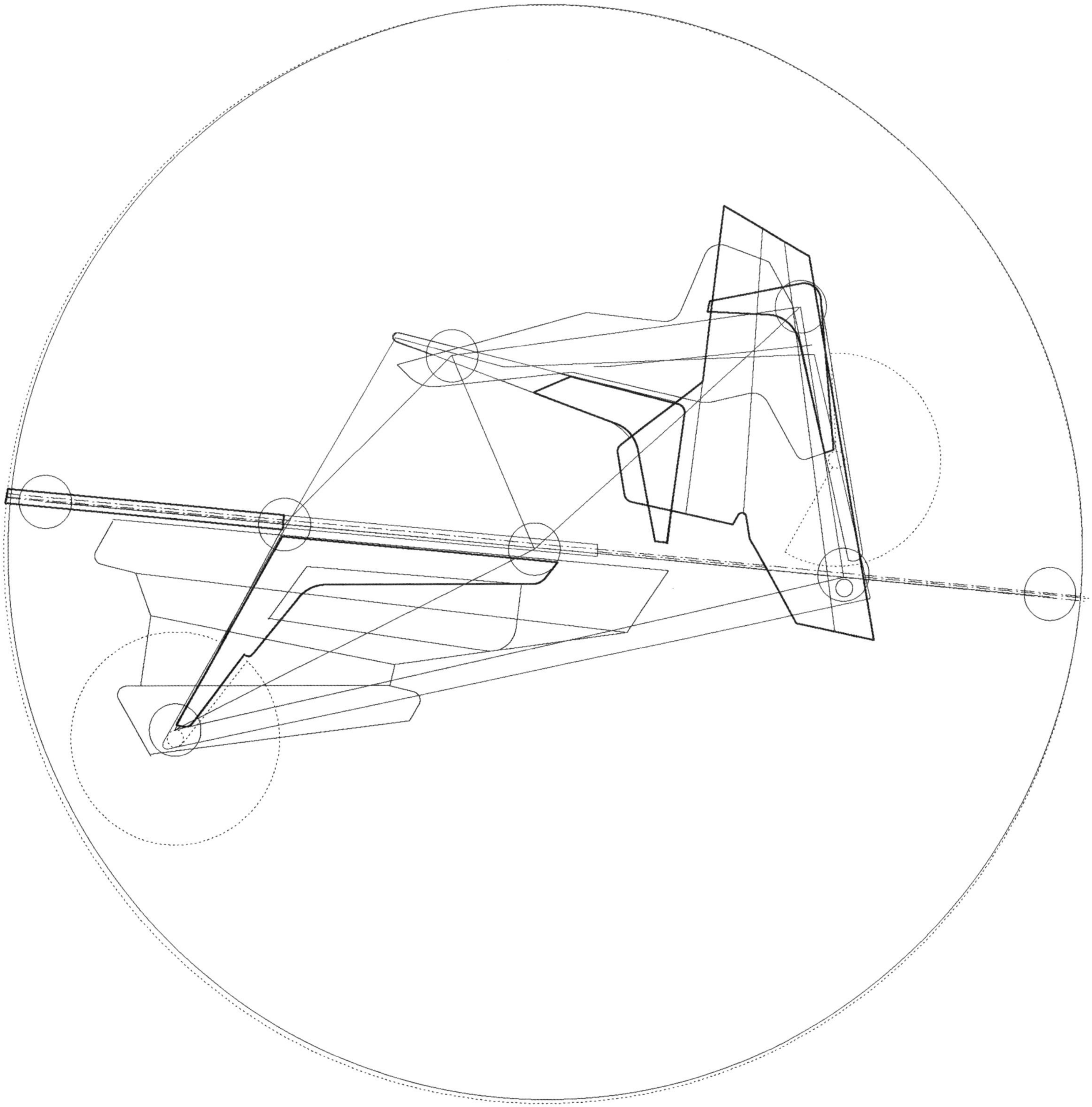

302-303
304-305

16 *（制造商）/SIXTEEN*（MAKERS）

16*（制造商）是一个多学科的作用的事务所，他们游走于理想和现实之间。事务所由一群学者（菲利浦·艾尔斯/Chris Leung、鲍勃/Bob Sheil和伊曼纽尔/Emmanuel Vercruysse）和一个以前的学生尼克（Nick Callicott）组建而成，他们都来自于伦敦大学巴特利特建筑学院（Bartlett School of Architecture in London）——事务所从事的是建筑和科学之间界限模糊的设计实验。

“我们喜欢流线型和动感特征的建筑艺术，这是设计其物理和触觉性后众多被强加的被动结果。”鲍勃（Bob Sheil）解释道。“我们方法的核心是制作预想原型来发现、发展和调试构思，其中一些是从直觉或好奇心开始。”

这种实验方法意味着16*（制造商）工作更像是一个制造商或产品设计师，而不是一个典型的建筑事务所。草图是成果的一部分，他们围着简单的涂鸦、3D模型和按比例缩小的原型坐在一起——所有的同步实验用来解决一个挑战或问题。这里所示[302-305]是一个设计的分阶段成果和在设计55/02（诺森布里亚凯尔德森林公园的一处住所/A Shelter for the Keilder Water and Forest Park，Northumbria）中使用的工具。

“我们坚信纯粹的知识通过使用材料和向专家学习获得，近年来，我们已经开发出一种对数字和模拟生产过程、环境行为、基于时间的现实、响应系统和设计的理解，做适应变化的设计。”Sheil说。

二十多年来，16*（制造商）团队的技能通过试验技术数字化（从手工制作到数码制作）已取得一些进展。“我们的态度常常像‘设计源于制造’一词描述的那样，一个说明设计不是结束而是开始的座右铭。”

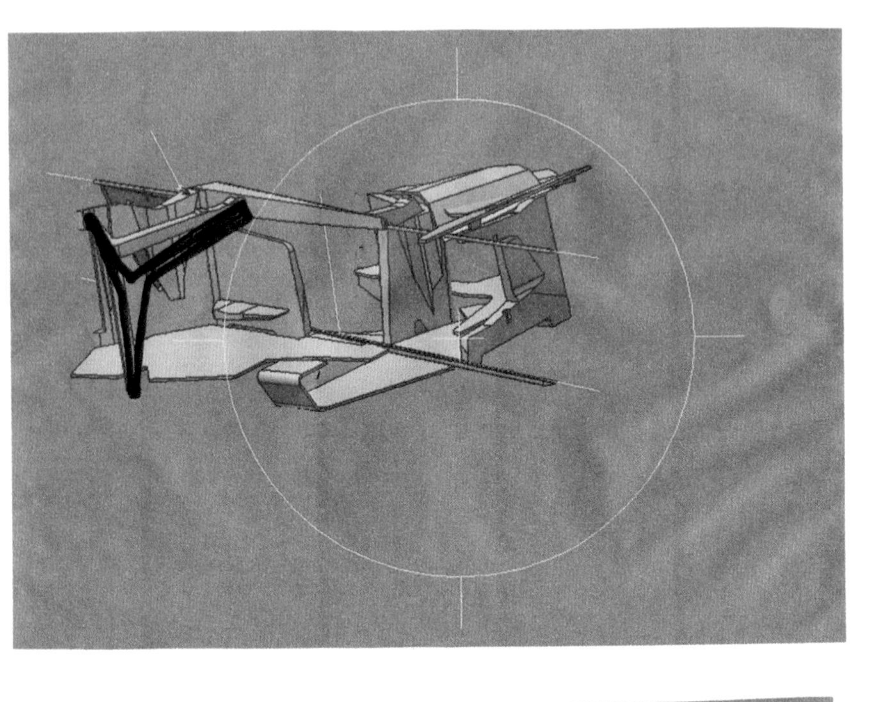

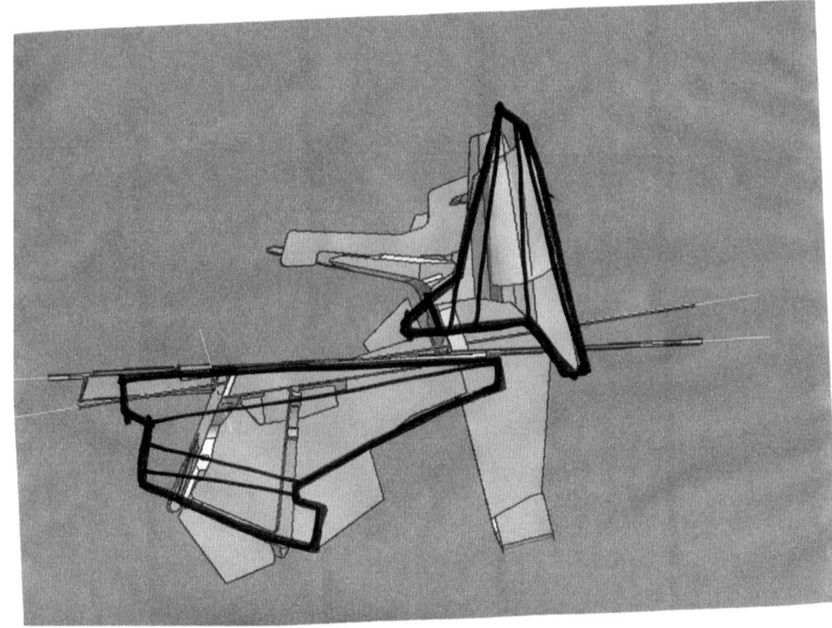

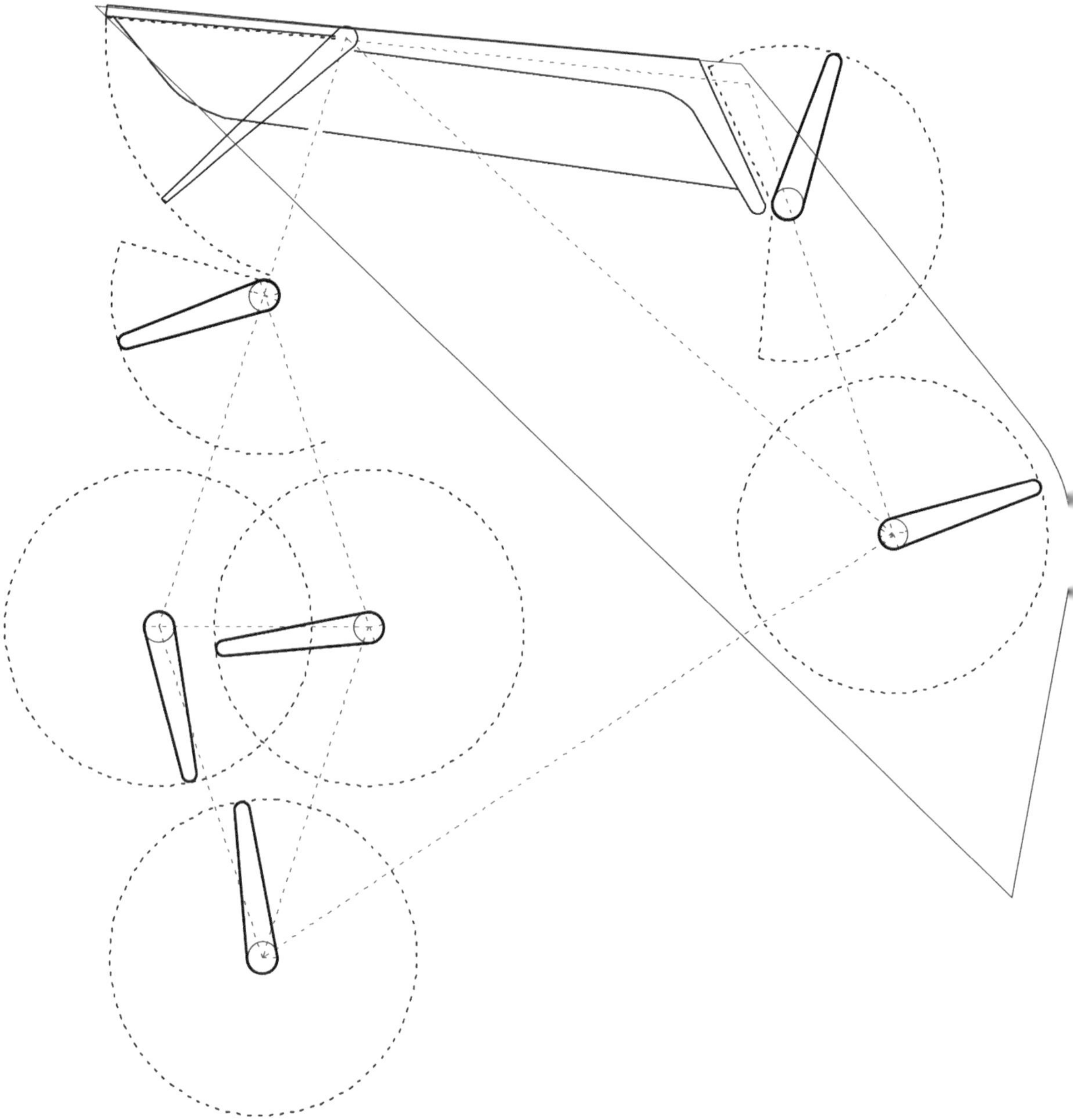

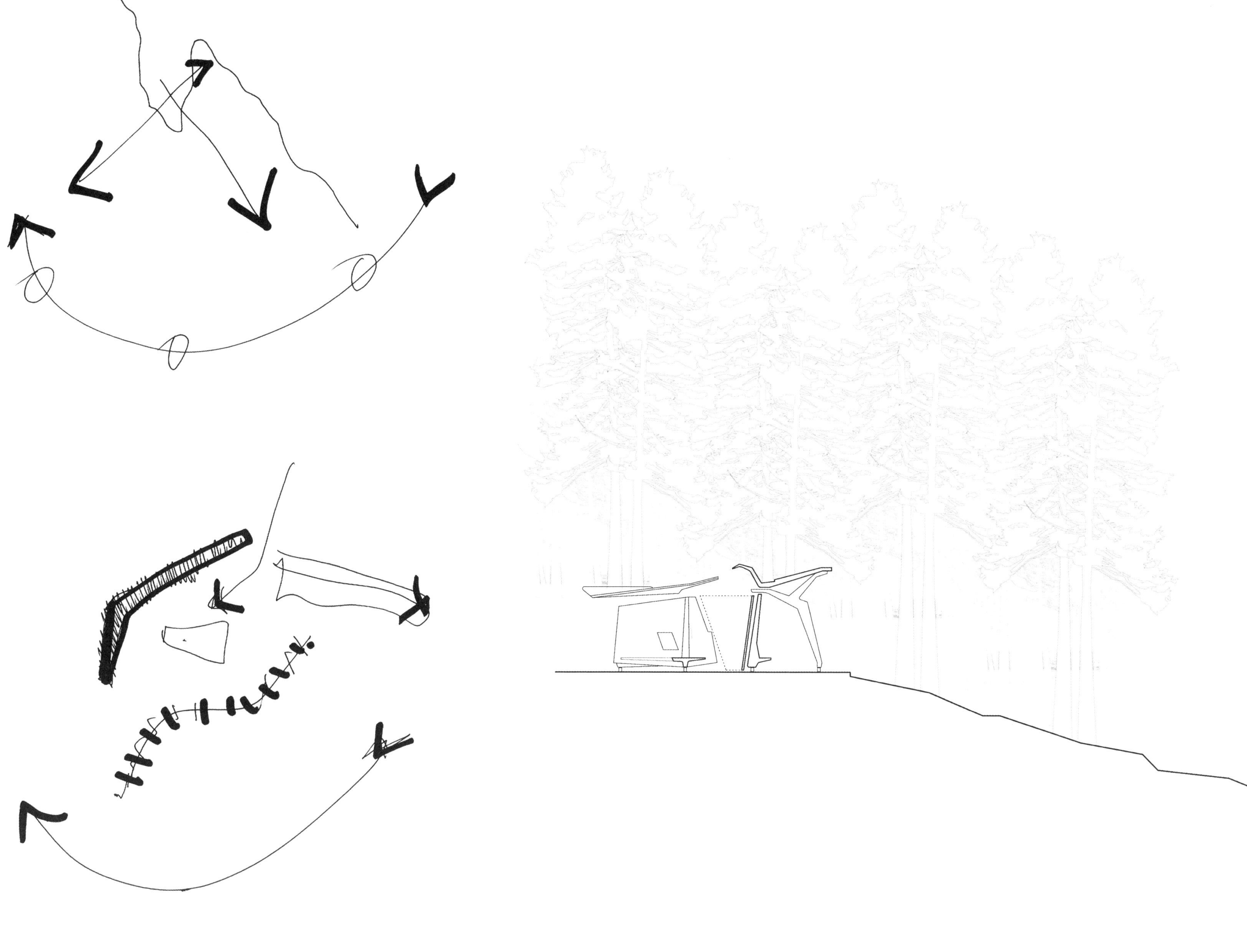

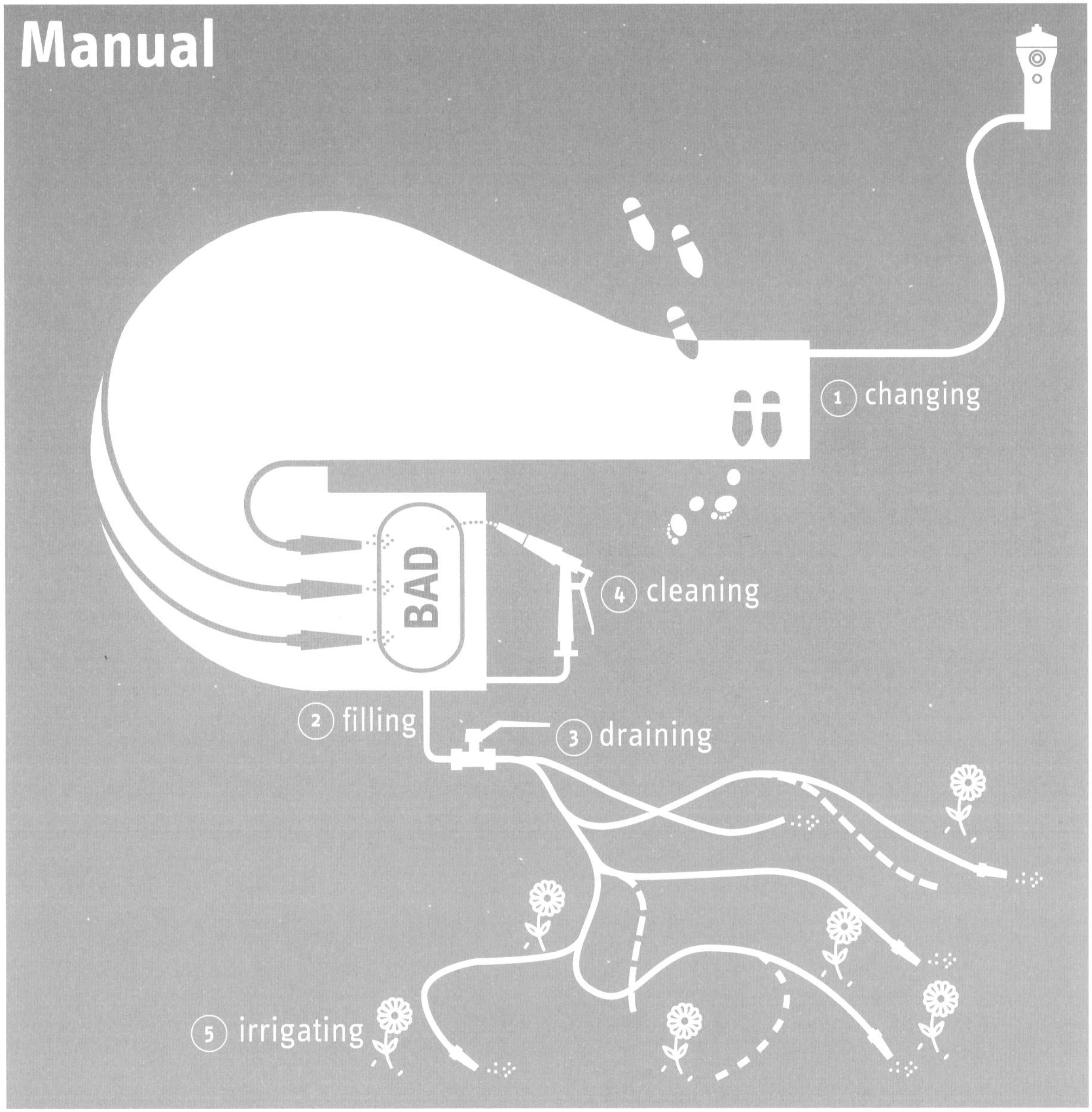

Manual
1 changing
BAD
4 cleaning
2 filling
3 draining
5 irrigating

infrastructure
bath
natural resources

1km
=
150l

+18°C
+36°C

warm
cold

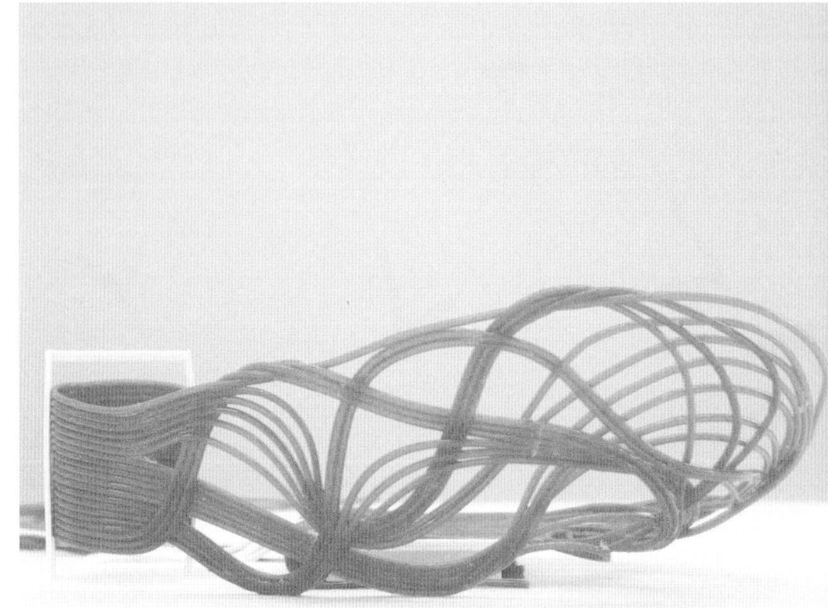

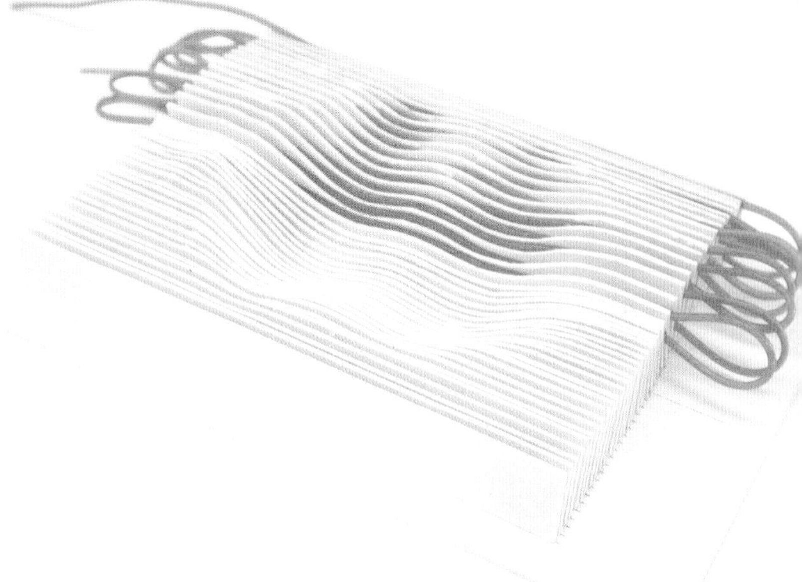

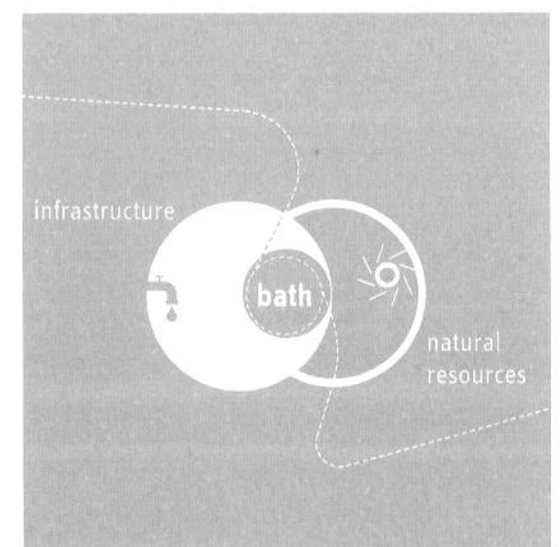

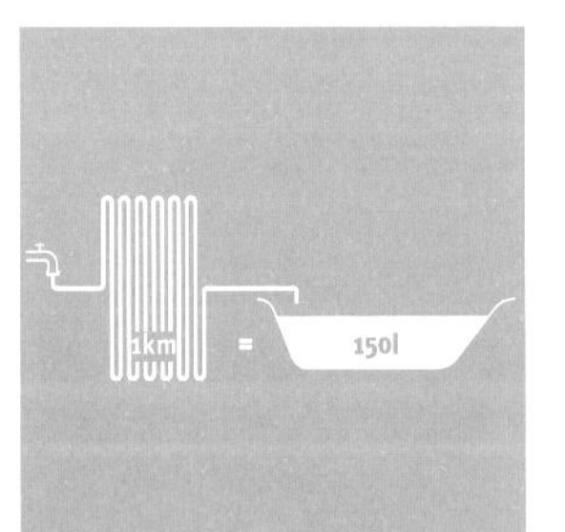

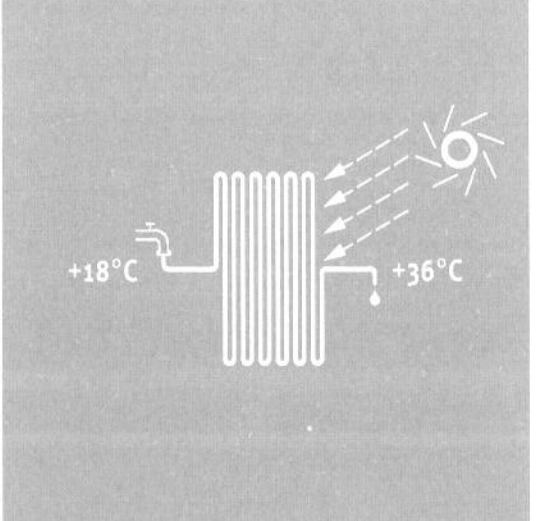

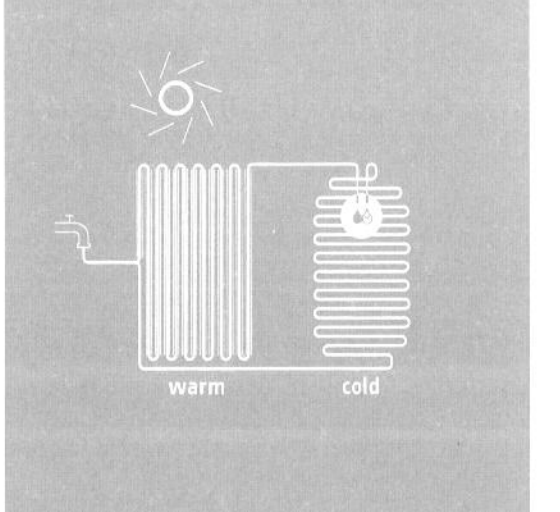

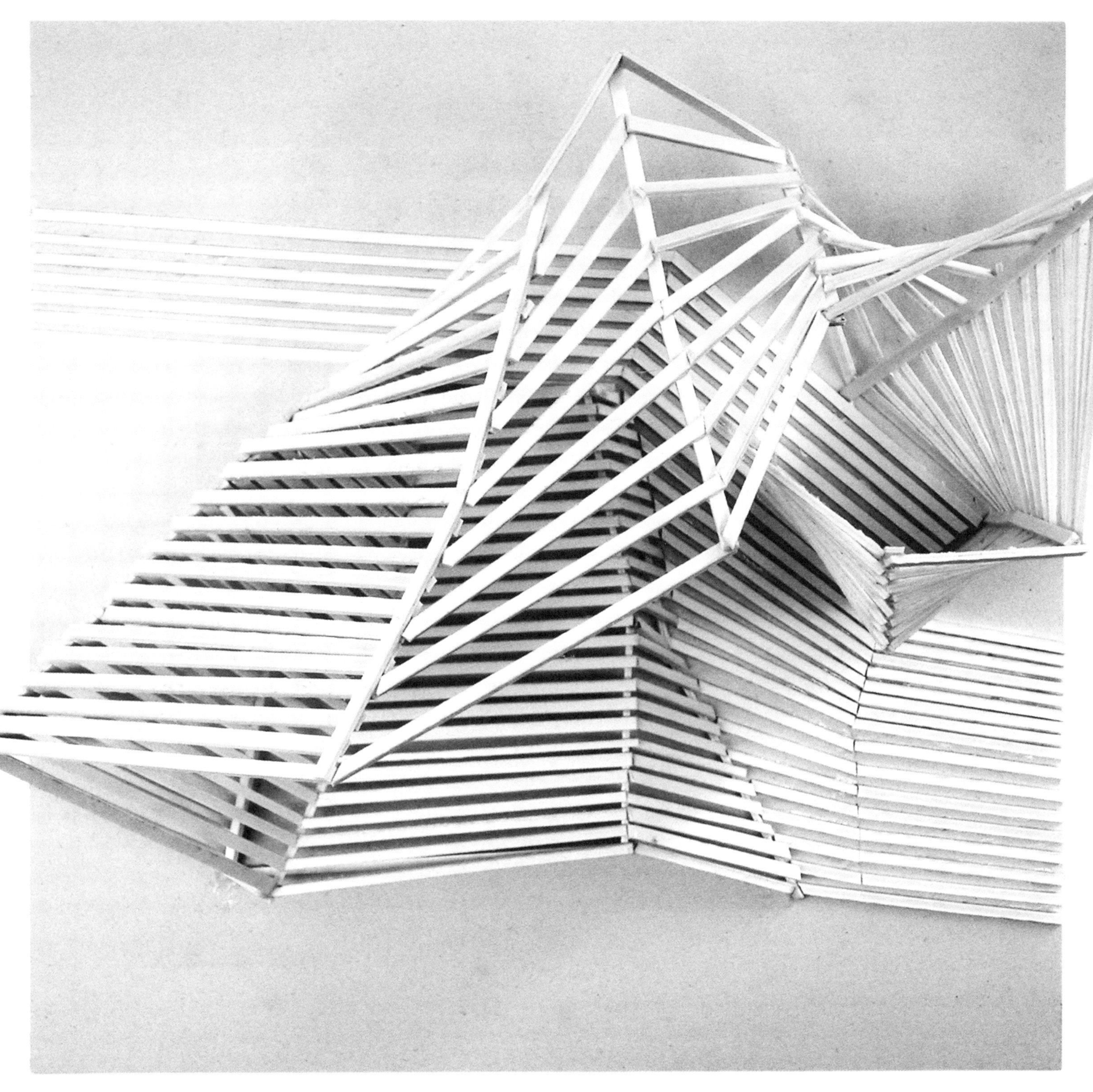

306–307
308–309

SMAQ事务所（SMAQ）

“徒手草图，一方面，可以用一种非常‘触觉的’方式和场所触觉试验；另一方面，它们是阐明关于可能策略的早期直觉的一种方式，铅笔的流动使大脑工作。模型按照同样的线条制作，但当加入3D方面的内容，它们也是测试和评估最初想法的一种方式。”SMAQ事务所的成员Andreas Quednau说。

SMAQ事务所使用徒手草图的组合（参见加州拉水项目/California project LA Water CAD模型[308-309]），图表和拼贴画（见CAD（浴室）[306-307]）。事务所的作图工作主要根据一个项目的概念打磨。“它们可以被画成手册、故事板或儿童读物插图，努力给非专业量讲清楚概念或故事，迫使我们使用不同的讲述方法。”Quednau说。

Quednau了解各种方法和媒介的特点。“手绘草图可能是热身阶段，但一些线条被初始的‘触觉的’方法处理，可能成为项目的基本架构。图解是一个试验场，但有时……指出了项目的本质。拼贴……展开图画。”

Quednau和他的建筑师同事一起工作时，他形容他们输出的就像为“不同的想法或场景的云集，当绘制联系它们的路径、流线或用途时进一步连接和推动设计。”然后大家将拼贴画整合起来，图解说明该项目，设置好场景。“拼贴意味着围绕这个故事展开设计，从近处的材料选择到城市文脉的深远视角。”

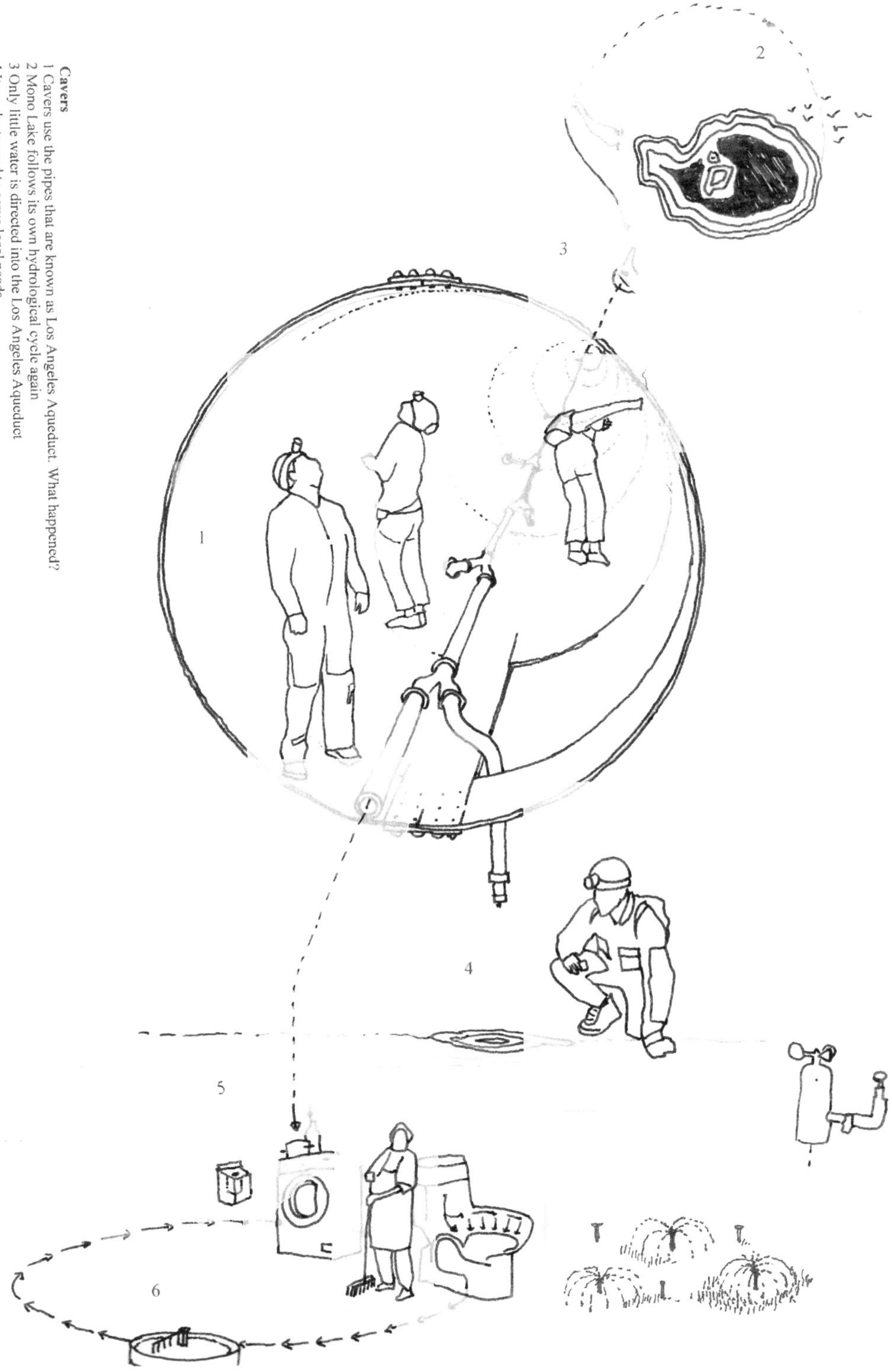

Cavers

1 Cavers use the pipes that are known as Los Angeles Aqueduct. What happened?
2 Mono Lake follows its own hydrological cycle again
3 Only little water is directed into the Los Angeles Aqueduct
4 It can be tapped to serve local needs
5 It arrives in Los Angeles as precious snow melt drinking water
6 All other water is drawn from reclamation while the secret savers of front loading washers, brooming, 1,6-gallon toilets, weather controlled pattern sprinkling have reduced the flow to a reclamation manageable seize.

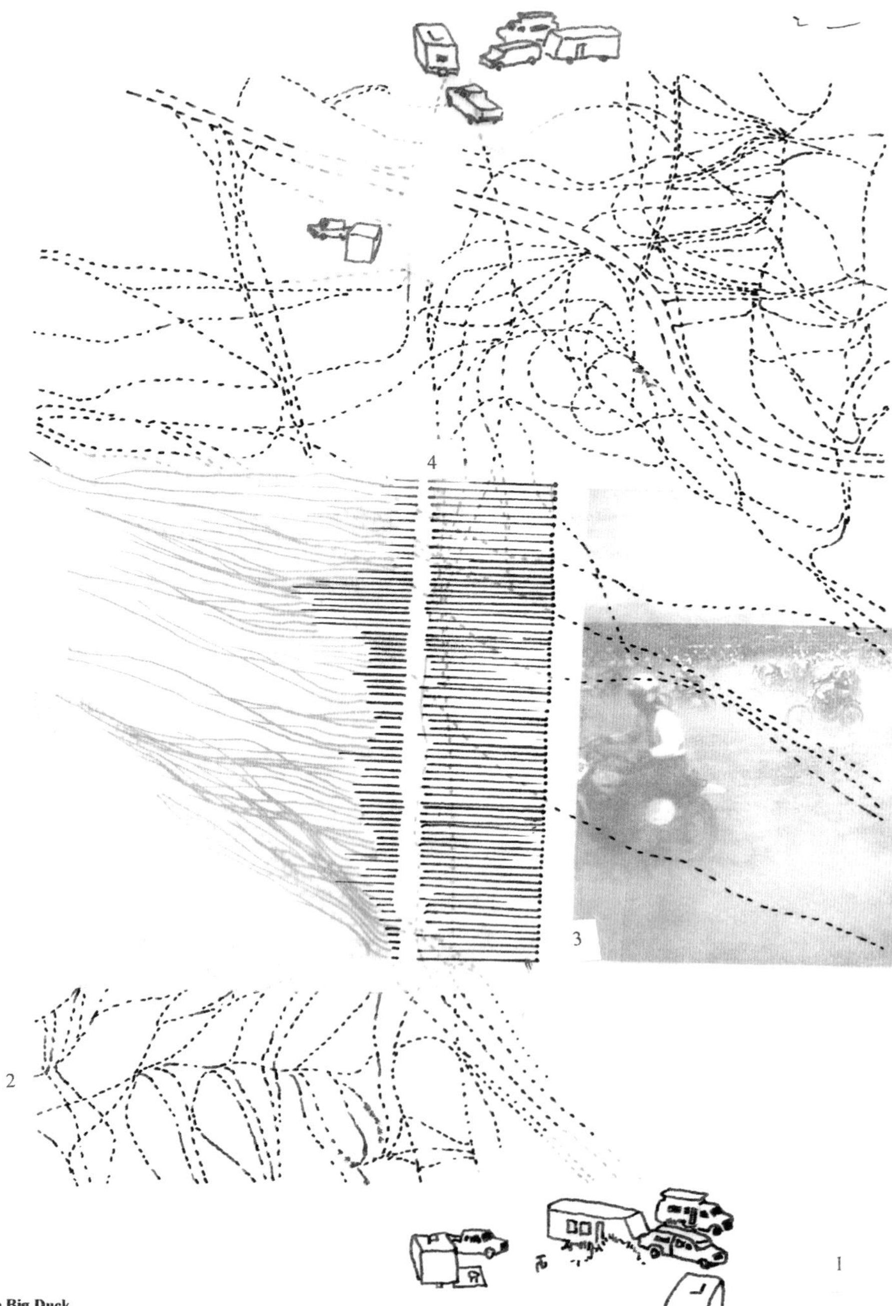

The Big Duck

1 Dirt biker's preparation camps
2 individual uphill and downhill routes, speed routes
3 Noon on Sundays - 70 courageous and skilled bikers wait for the first to move ahead
4 The Big Duck

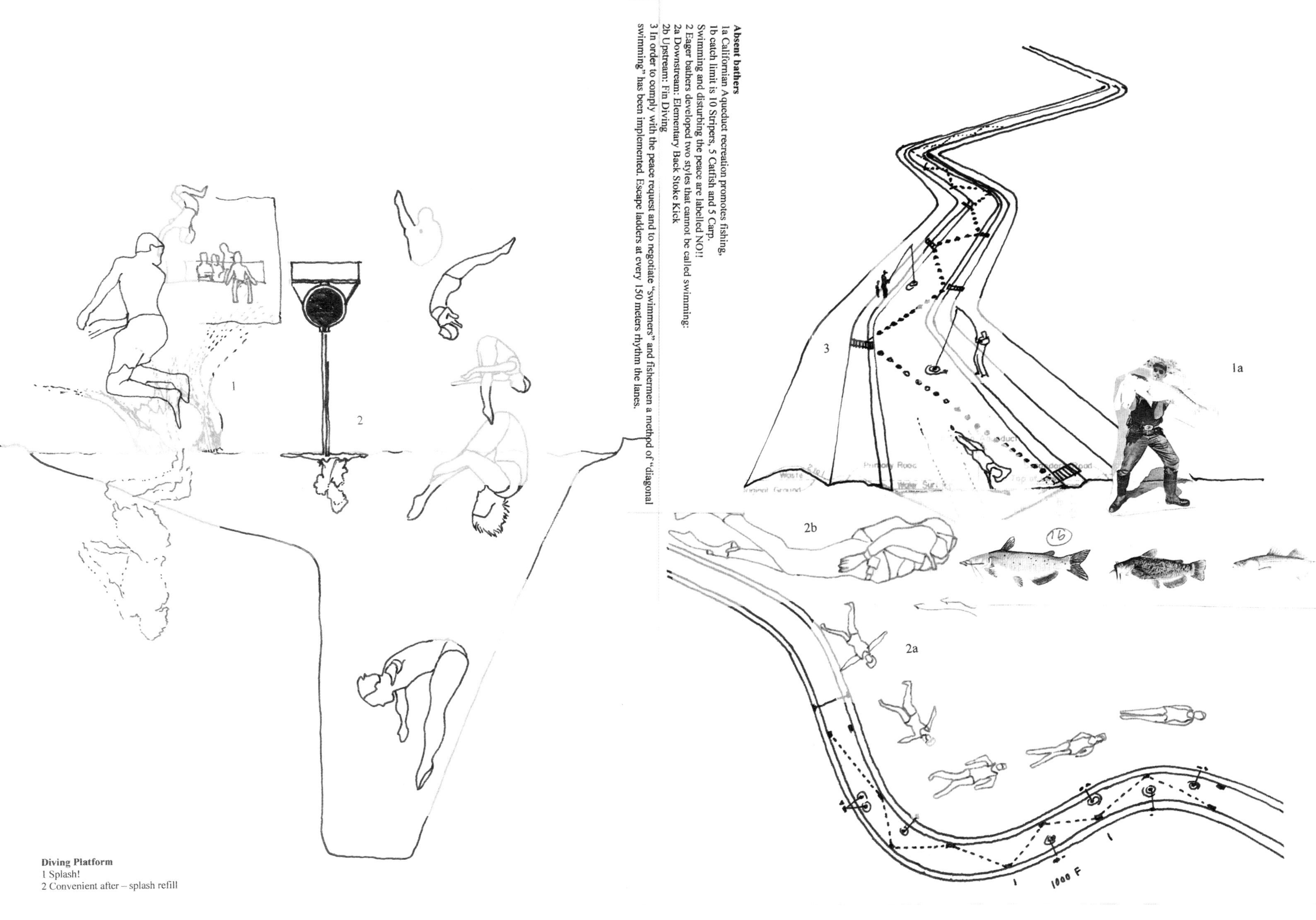

Diving Platform
1 Splash!
2 Convenient after – splash refill

Absent bathers
1a Californian Aqueduct recreation promotes fishing,
1b catch limit is 10 Stripers, 5 Catfish and 5 Carp.
Swimming and disturbing the peace are labelled NO!!
2 Eager bathers developed two styles that cannot be called swimming:
2a Downstream: Elementary Back Stoke Kick
2b Upstream: Fin Diving
3 In order to comply with the peace request and to negotiate "swimmers" and fishermen a method of "diagonal swimming" has been implemented. Escape ladders at every 150 meters rhythm the lanes.

310-311
312-313

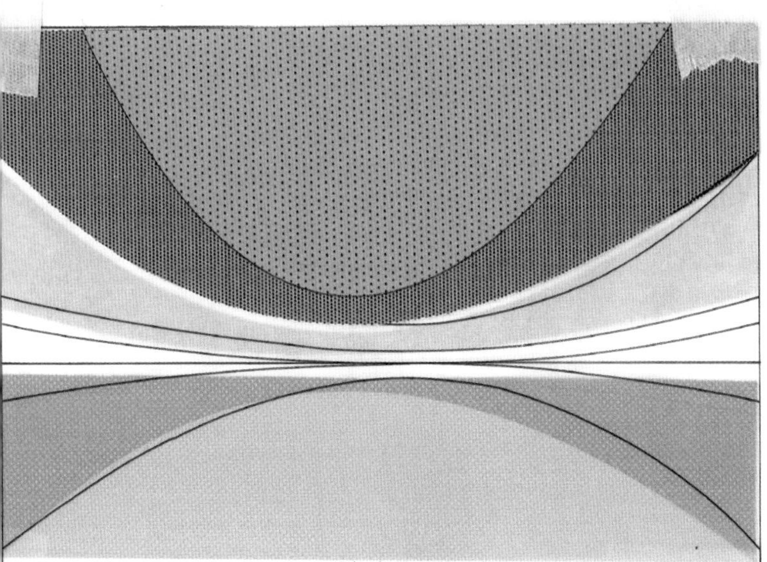

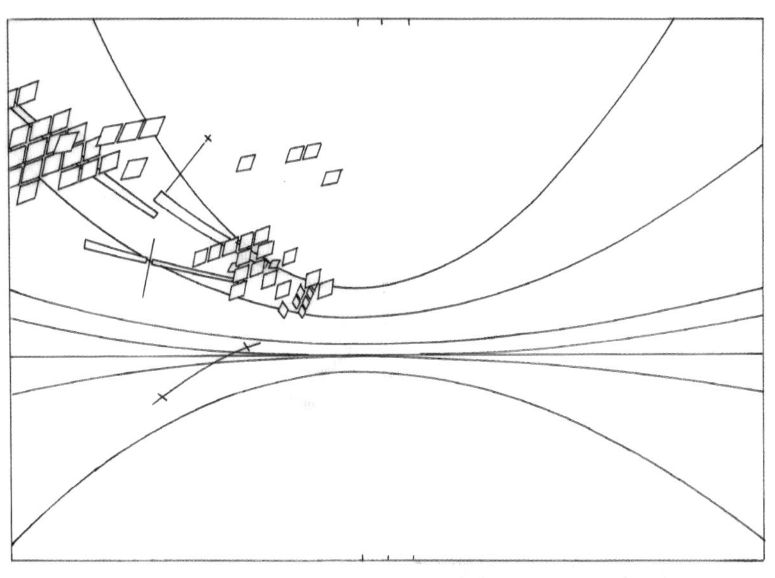

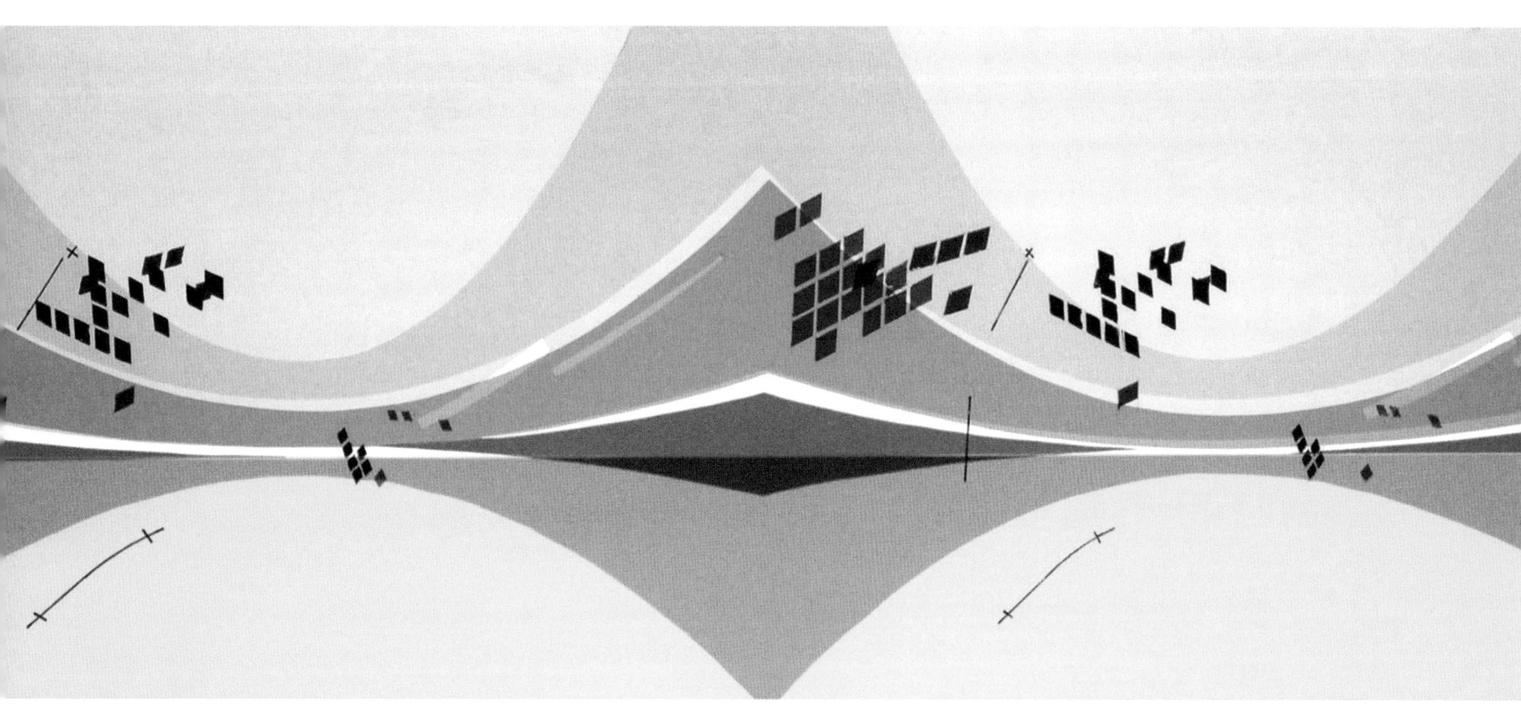

斯莫特·艾伦(SMOUT ALLEN)

马克·斯莫特(Mark Smout)和艾伦·劳拉(Laura Allen)是伦敦大学学院巴特利特建筑学院(Bartlett School of Architecture, University College, London)的讲师。他们的工作遵循两条路线：一条是建筑竞赛，主旨的唯一限定性、场址和规划提供了新调查的依据；另外一条是摸索出设计研究实践的计划和方法的概念设计项目。

斯莫特·艾伦关注自然和人工之间的动态关系，以及增强建筑景观体验如何被显现出来。“我们从事的教师工作给我们通往建筑创作过程捷径的自由。通常意义上，草图是最终的结果，而不是意味着进一步的设计。这样，我们的草图达到了重要性的一个全新水平。”阿伦说。

他们的理论成果转化成美丽的和令人难以置信地精致的分层草图，结合建筑元素，体现了历史的和地理的表征。

“草图可以是非常复杂的、夸张的和反复说明性的，这是我的风格。马克倾向于更精确，但我们都喜欢探索项目的边界和可能性。”艾伦说。

“考虑到这一点，我们的图纸不局限于建筑学的方法，它们更习惯被当作一个观察装置，而不是一个破译构造函数的编码文档。”艾伦解释说。

两人对他们的作品不断推理，画在笔记本上、制作模型、绘制技术图纸。斯莫特·艾伦的书《增强景观》(*Augmented Landscapes*, 2007)解释了他们如何将世界——作为一系列混合的环境，看成一个人类不断地操纵的新自然[310-313]。

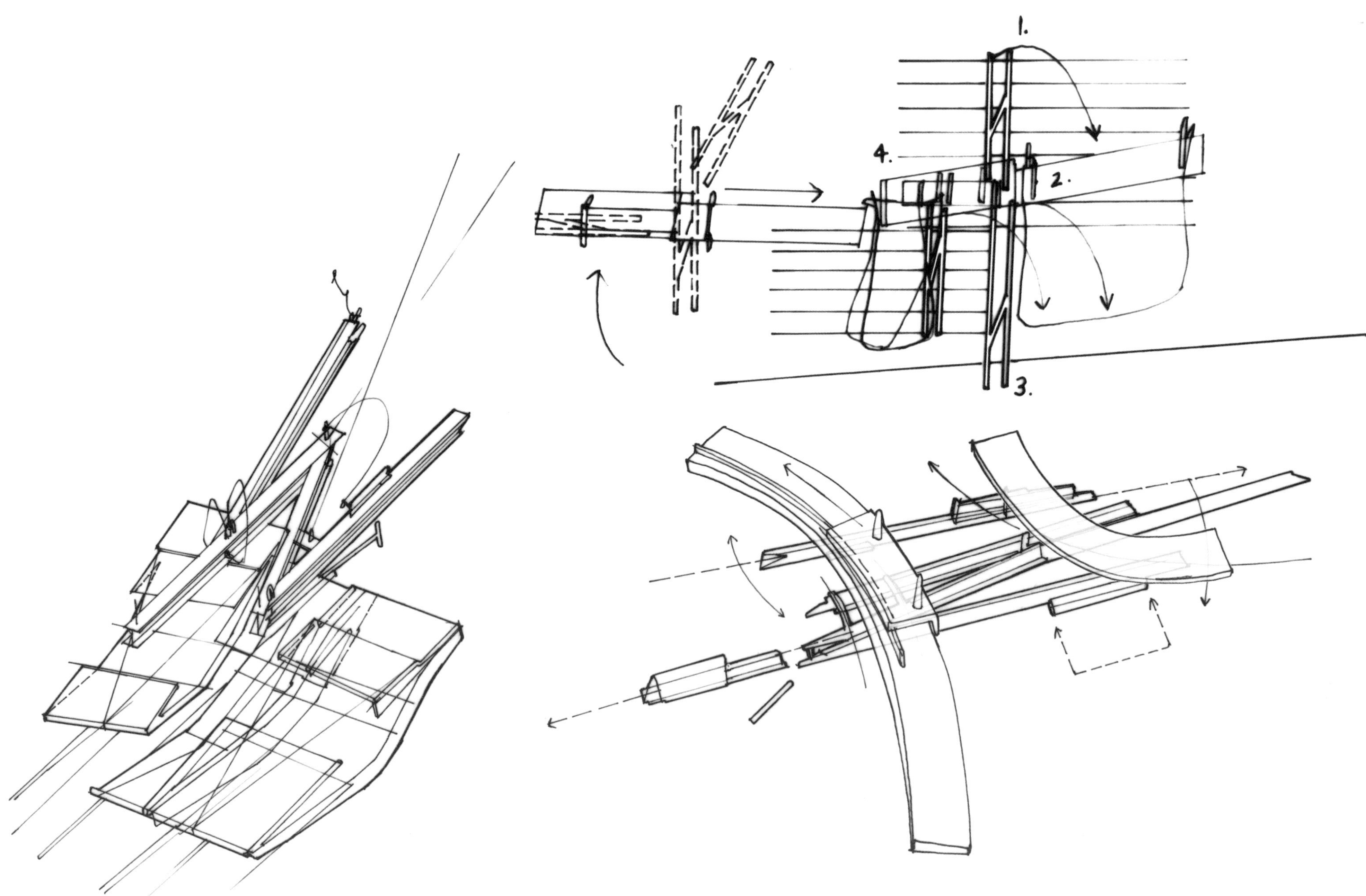
1.
4.
2.
3.

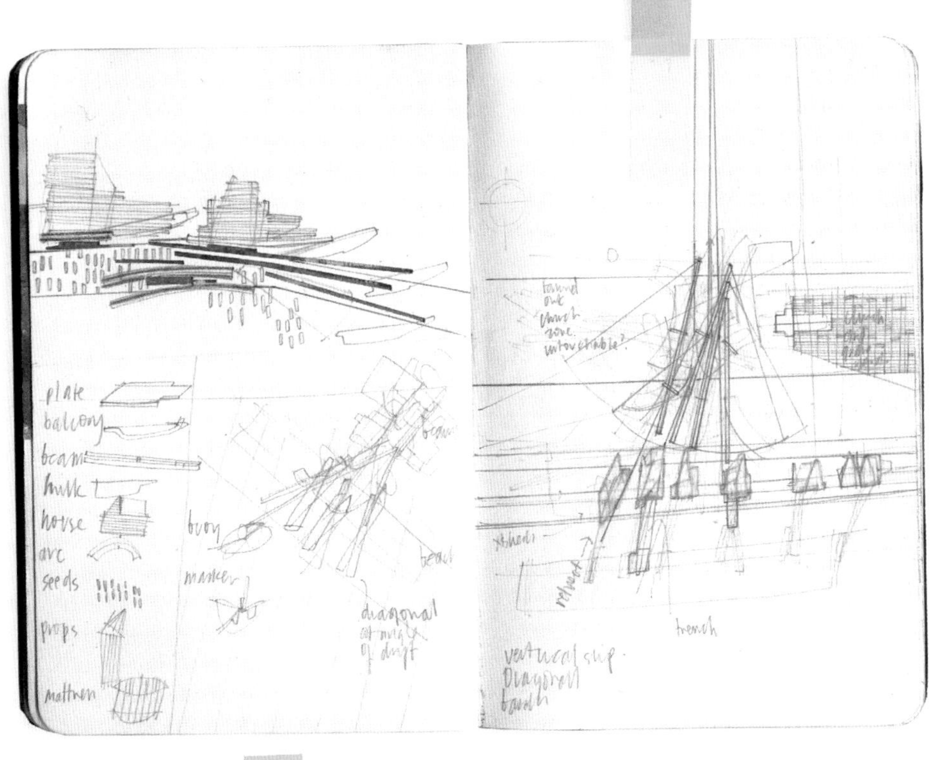

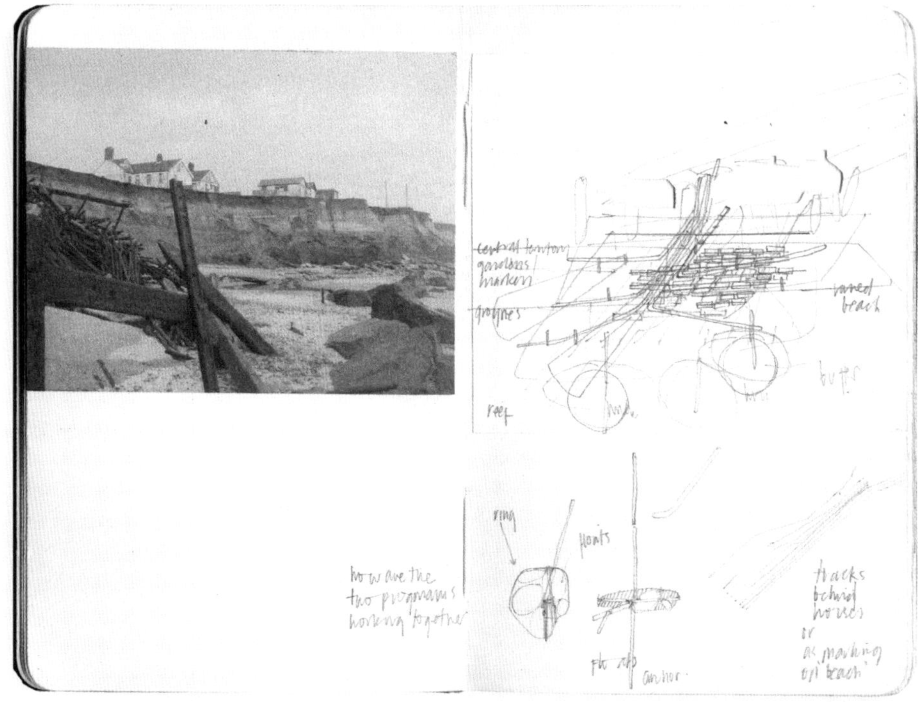

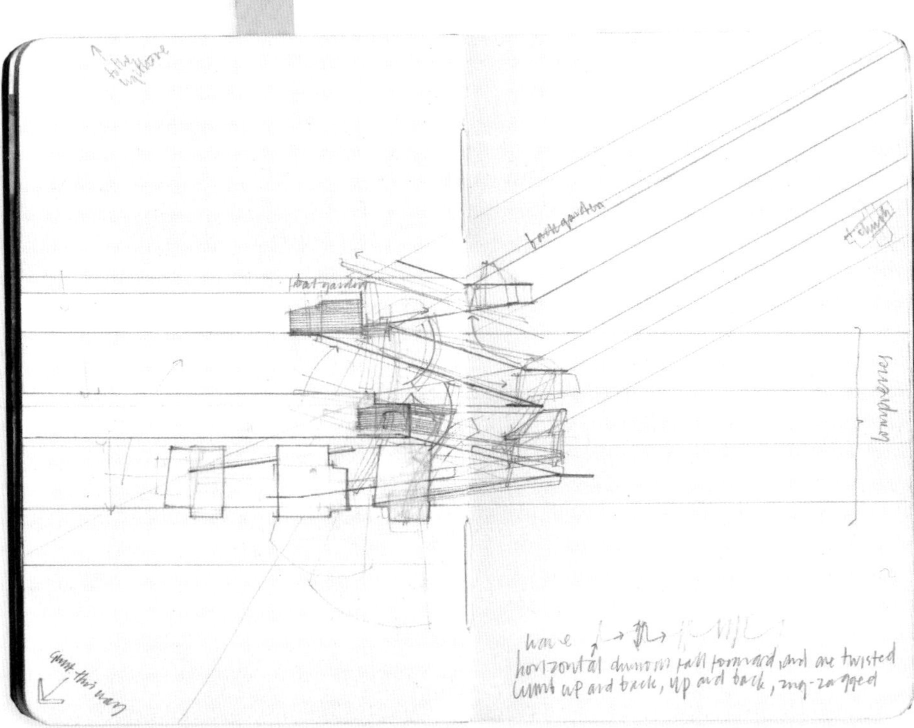

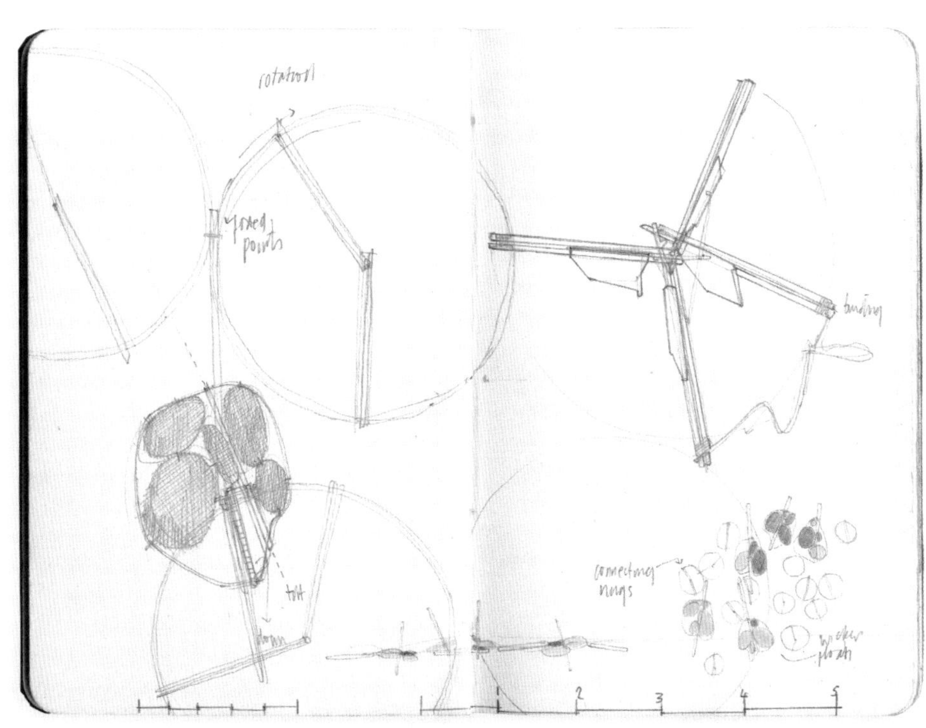

314–315

316–317

尼尔·施佩尔（NEIL SPILLER）

尼尔·施佩尔是伦敦大学巴特利特学院建筑与数字理论方向（Architecture and Digital Theory of the Bartlett School, London）的教授，也是一名执业建筑师。在过去的十年，他一直致力于题为“交流容器”（Communicating Vessels）重大理论项目的研究，目前包括数以百计的草图和图纸[314-317]。

该项目旨在创造建筑、景观、空间、时间、持久性和地理之间的新关系。“这样的想法产生了一个非常丰富的、规范的和超现实主义的建筑语言,潜力巨大。”施佩尔说。“这个项目是一个借助图纸和文字的预言，关于先进技术对未来建筑的持续影响，尤其是涉及虚拟世界、遥感和生物技术。”

施佩尔在他的画板上徒手画草图。事实上，画板本身通常显现在图像中，它的标记和刀划刻过的表面通过图纸被扫描，并用作施佩尔的超现实世界的背景。

在用数字技术把它们放置到操纵背景之前，他主要用笔和墨水工作，他经常画人物的细节或机械实体。草图每次画大约30分钟，但随时间的推移，图纸经常会被叠加大量元素来进行创作。

“一旦它们被完成，我就不想在其原始状态下观察或者考虑绘画，草图和扫描资料的结合让我对数码世界的清晰印象深刻。我喜欢看我的扫描图，像照片一样。再次查看原图纸是为了节省时间，减少失误……”施佩尔说。

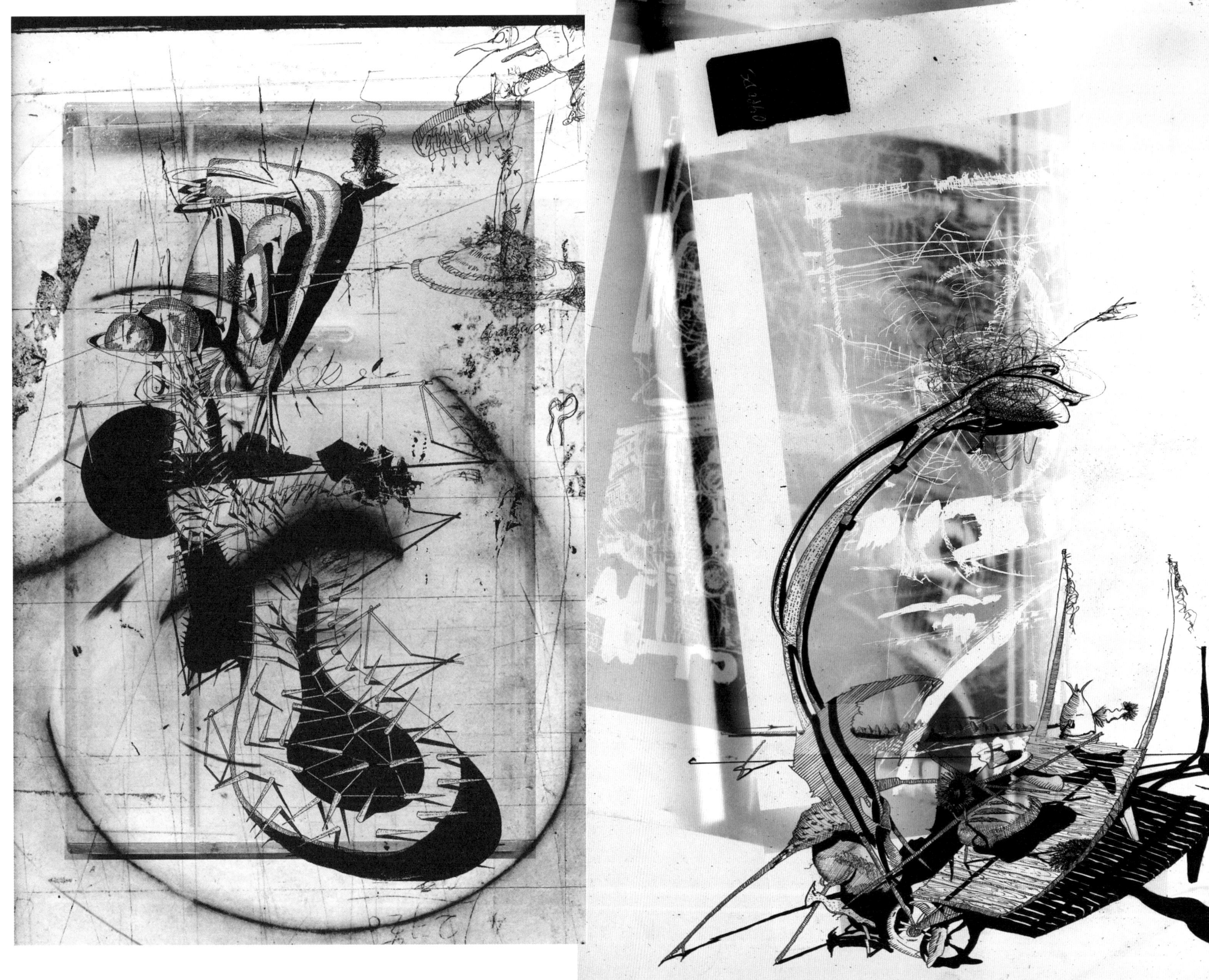

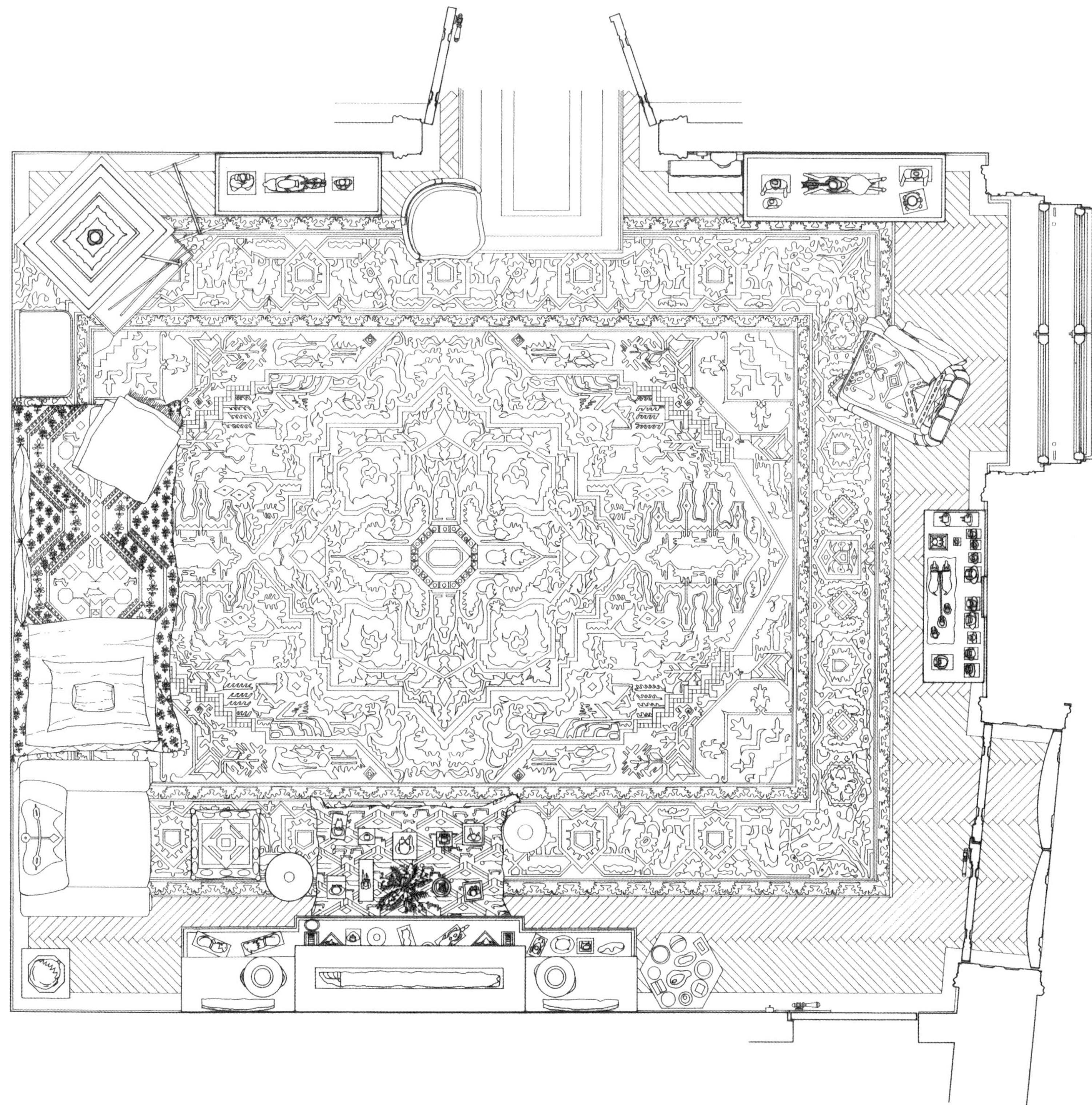

318–319
320–321

纳塔利·萨博提克（NATALIJA SUBOTINCIC）

这些图片是维也纳 Berggasse 19 号（Berggasse 19 in Vienna）西格蒙德·弗洛伊德咨询研究室（Sigmund Freud's Consulting Room and Study at Berggasse 19 in Vienna）重建的一组草图，一个不再存在的空间。

加拿大马尼托巴大学（Achitecture at the University of Manitoba, Canada）的副总和建筑学教授纳塔利·萨博提克，在观察弗洛伊德的信件和图纸时，被他思想中的空间性质所打动，并且想观察他实际居住的空间。"弗洛伊德收集超过 2300 多件古物，把它们放在这两个房间——他的工作环境，这些地方构成了创立精神分析的空间，被嵌入弗洛伊德的心理'结构'，这是我画这些房间并进一步研究它们的目的。"萨博提克说。

她按照 1 ：10 的比例只有墙的空房间草图 [318-321]，然后慢慢地把所有家具都放进去。参考关于弗洛伊德收集品和房间照片的各种出版物，然后萨博提克把每一个项目放在正确的房间的合适的置物架上。早期的底图是徒手手绘的建筑草图，用彩色胶带粘连完成。

"我发现自己不断地把不同的部分拼凑在一起，以便组装和构建整个建筑。'绘画'的过程，不是简单地细致观察一个照片，准确地讲，它让我建立自己的空间及其功能的关系。实际上，图纸让我进入空间徘徊其中。"

"我目前忙于深入阅读和'解释'图纸。我希望能推测出弗洛伊德创造的这些空间世界的性质和意义。"

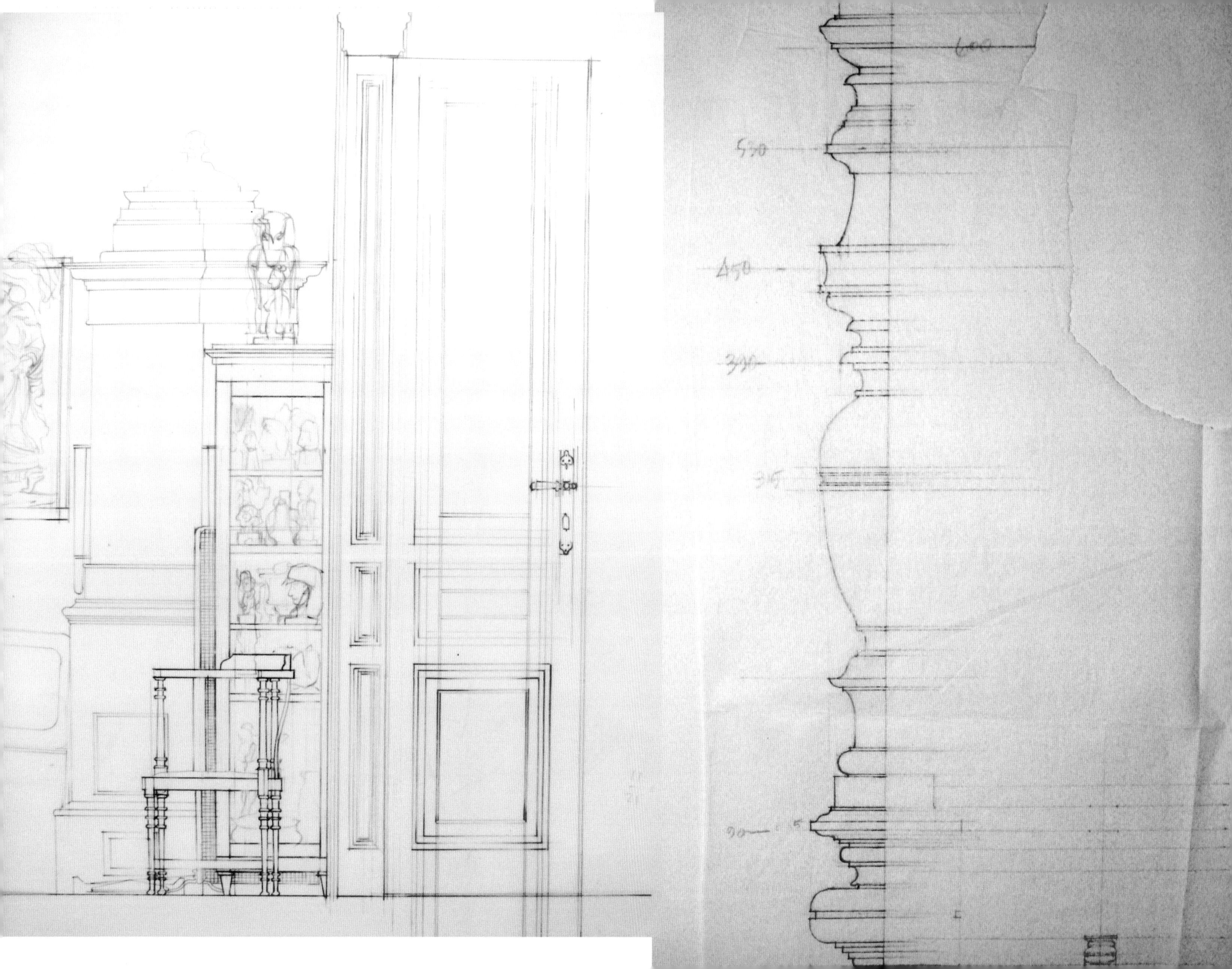

322-323
324-325

TOH SHIMAZAKI

“我们的目标是通过探求空间解决方案创建永恒的建筑，对其使用者来说具有的完整性和持久性的意义。你会发现我们的作品成为城市和乡村地区的标记，表达对一个地区和它居民的情感，”伦敦总部建筑师 TOH SHIMAZAKI 说。

在开始设计时，事务所会根据项目和他们设计师在每个阶段如何感悟，使用不同的方法。Toh shimazaki 经常采用媒介和手法混合的方法工作，包括拼贴、文本、铅笔素描、徒手和计算机绘制的透视草图，扫描仪处理后的草图，以及由卡板、石膏和木头制作的模型。

位于萨里的奥什房子（OSh House，Surrey）[322-323]，要做模型、画草图和拼贴来沟通和深化设计。接下来的几页，三个其他项目在它们的概念设计中会采用不同的方式 [324-325]。

“这些不同的方法使我们找到思路和/或具体细节，当我们开始设计时，我们尽量不想结果。这些方法带我们去一个未知的和发现的地方，这是非常令人兴奋的。”Toh Shimazoki 说。

事务所相信初始草图不用很完善。随着项目的进程，构思会演进。图纸和模型是用来保持项目主体部分的活力。因此，每一个草图、模型或拼贴本身就是一件工艺品。

“每一个设计过程就是一个发现之旅，没有必要将初始设计延续到结束。更确切地说，它更多的是自始至终贯穿一个想法来丰富设计方案。这个甚至一直持续到建筑完成之后。”

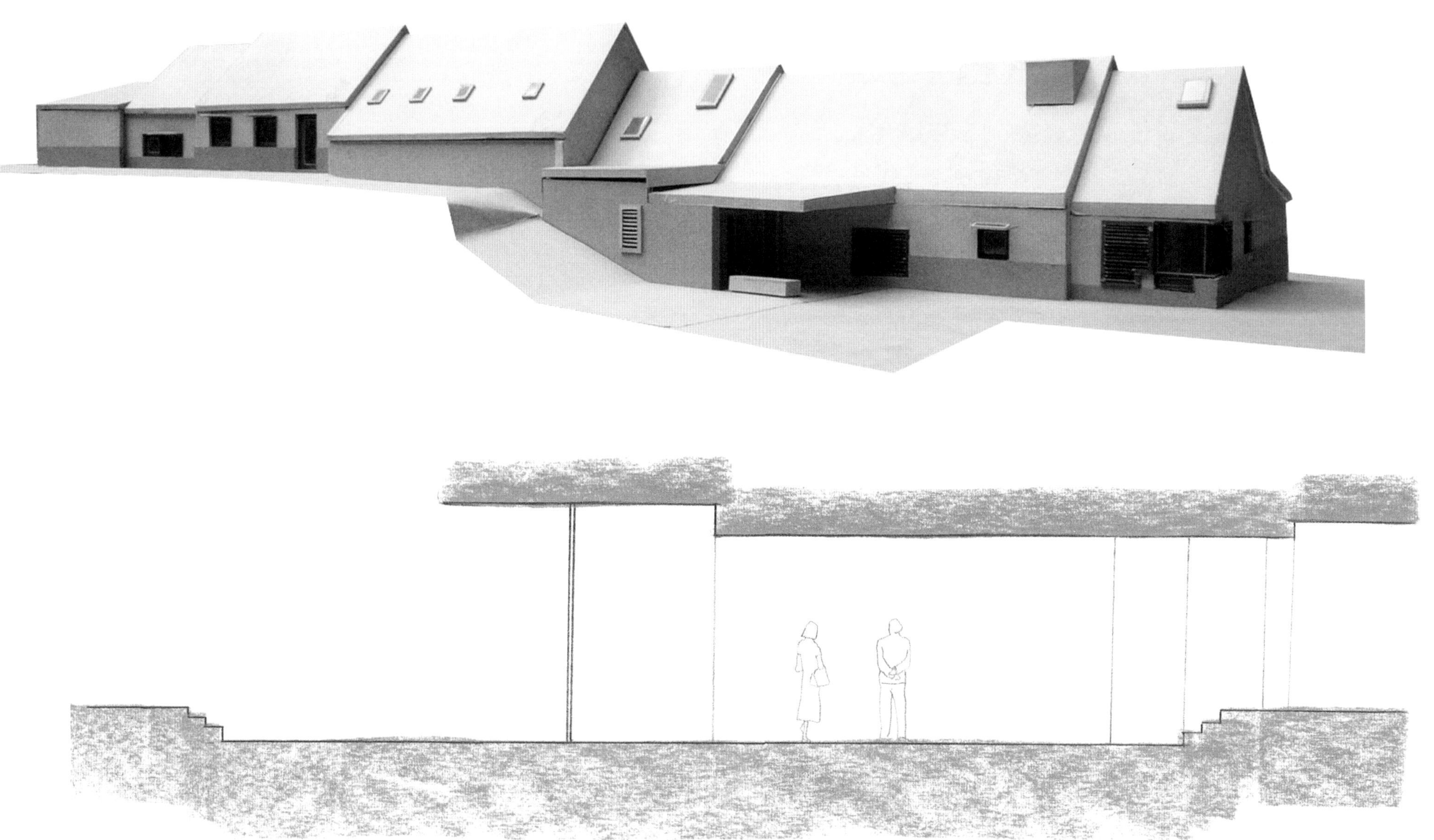

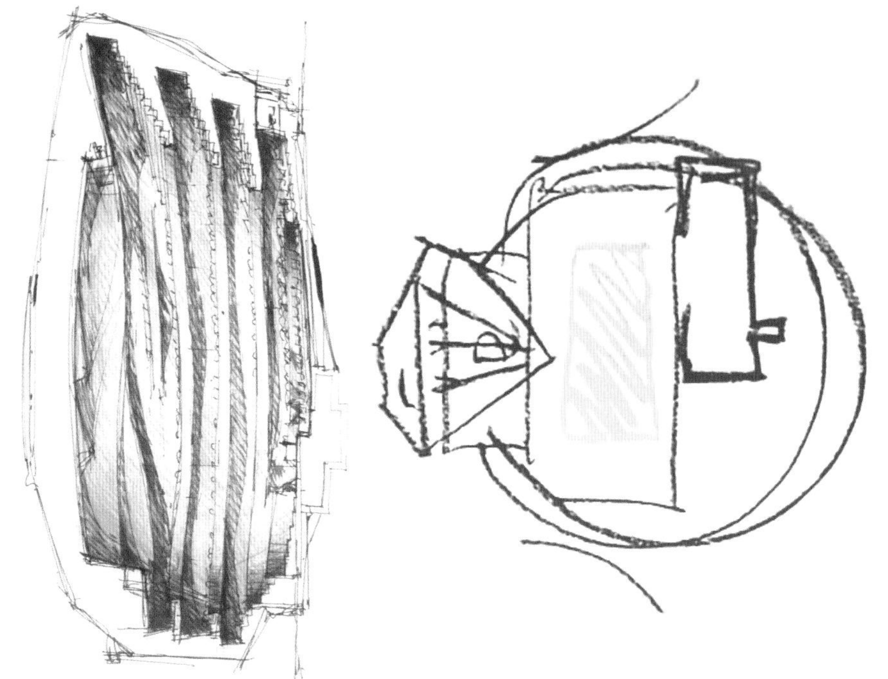

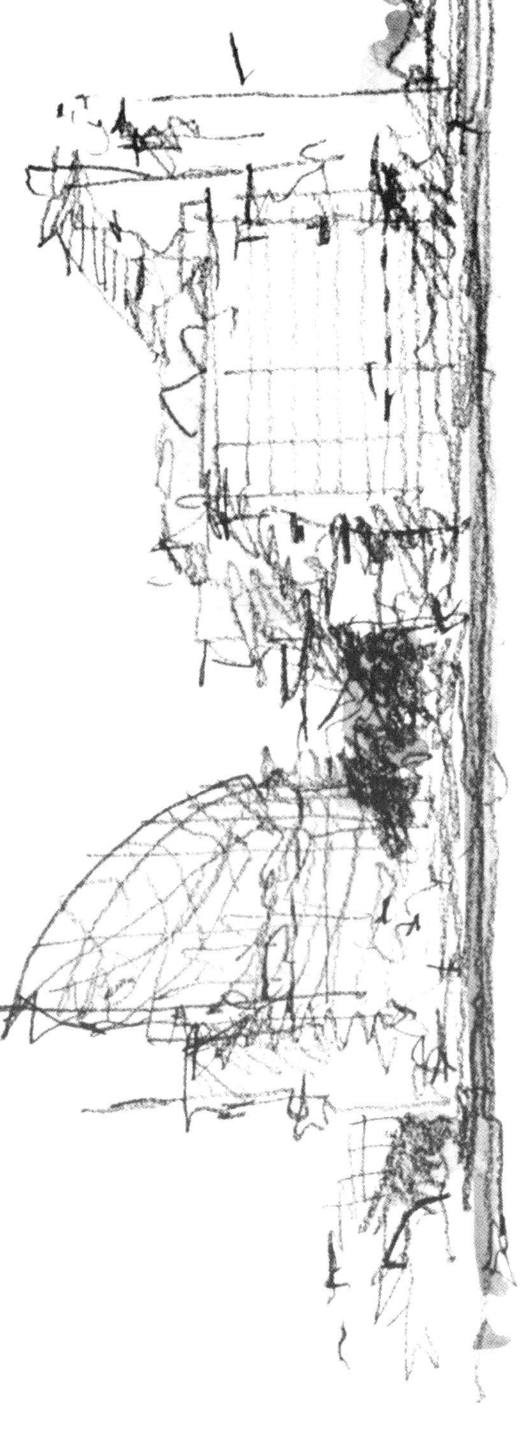

拉斐尔·维诺里事务所（RAFAEL VINOLY）

“我一直画画，因为我乐在其中，我用铅笔、粗笔、木炭和水彩画画，而且我喜欢大尺度的作品。因为我认为它训练人控制比例，并使人思考如此之多的维度和形式。小草图是自娱自乐的练习。”拉斐尔·维诺里建筑师事务所负责人拉斐尔·维诺里说。

维诺里谈到要与初始草图有对话，与它们互动，在思想层面了解它们对他的反馈信息。这或许听起来奇怪，但是他认为你不能以头脑中先入为主的想法开始一个草图。他尝试用水彩、油墨和木炭充实发展想法。

在这里，这幅活泼的圆形画 [326] 是一个第二次世界大战纪念碑的概念设计；旁边是费城凯茂中心（Kimmel Center, Philadelphia）的一个立面图 [327]，而这页的上面是加州斯坦福大学医学中心一副夸张效果的炭笔渲染立面图 [328–329]。

维诺里说，“那些初始草图促使我寻找一个想法。它们被涂涂画画，主要是要找到一个项目可行的正确的路线。与你的工作进行这种对话是基础，为了构思出下一个想法，你要与绘图、你的构思、草图的记忆以及过去想法相互交流。草图不是思维过程的一部分，对我来说，它就是思维的过程。”

为此，他被 21 世纪的“剪切”和“粘贴”思维所困扰。他认为年轻建筑师想法单纯照搬丰富的资料并把它们整合在一起。“这种没有任何原创性的拼凑构思、创作拼贴画是在创建相像类似的建筑，”他说。“人们需要学习作画，放慢脚步，欣赏那份用铅笔和纸思考的美丽。”

“我的大多数建筑看起来跟原始草图很一致。这是因为它们来自于一个清晰的概念，一种出自思考和倾听我心里、记忆和速写本告诉我的思想。”

'08

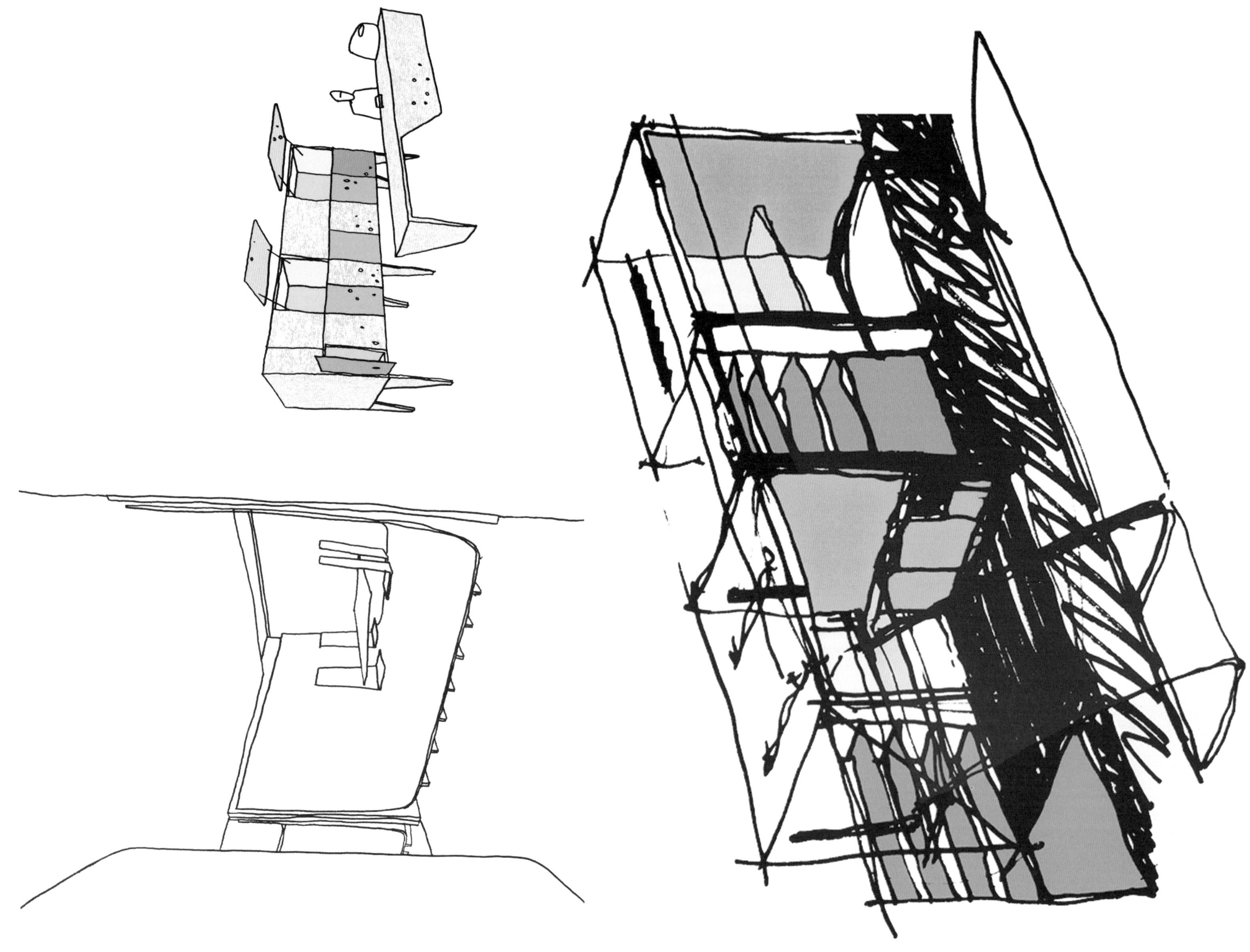

330–331
332–333

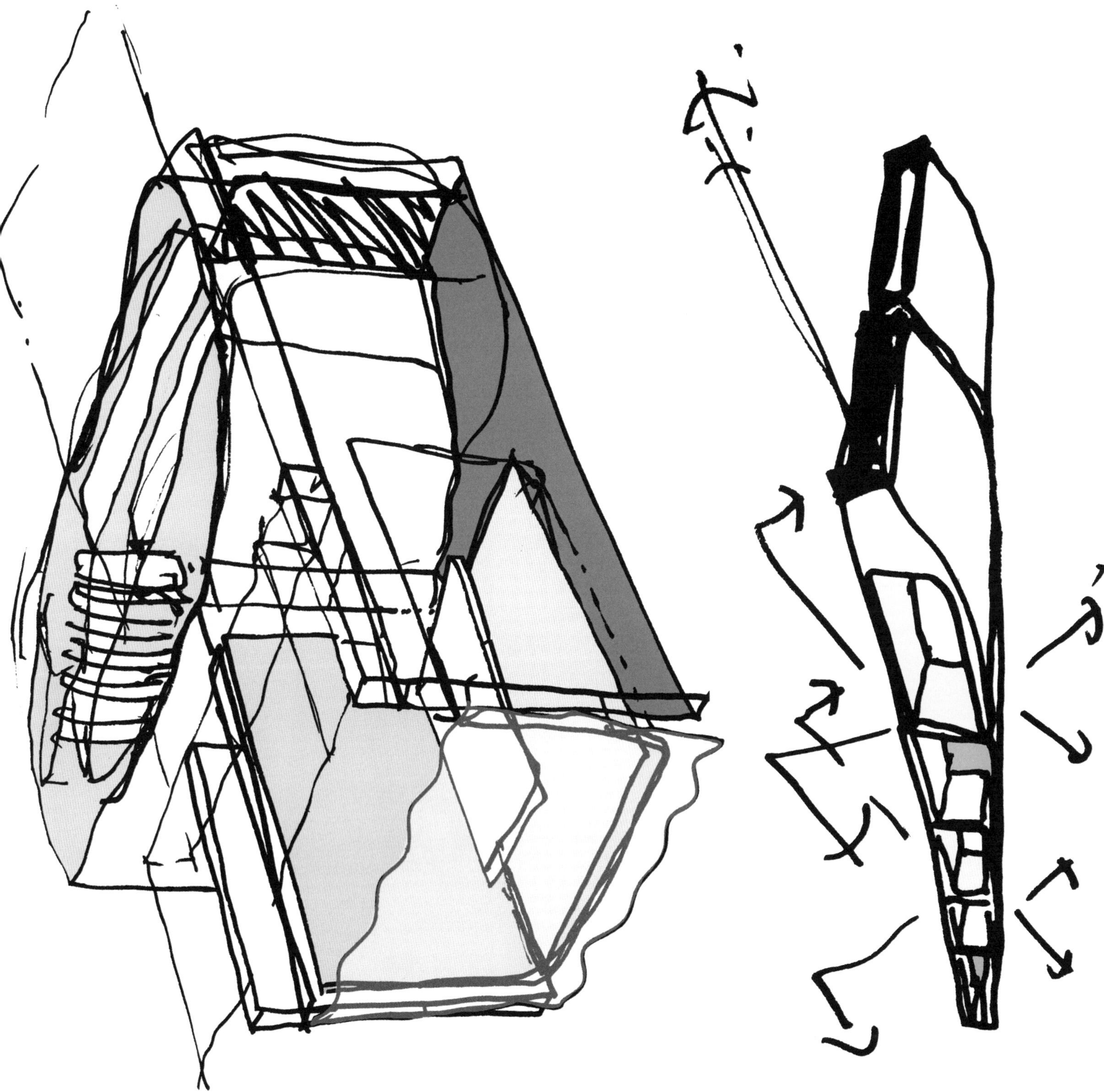

沃克·布什尔建筑师事务所（WALKER BUSHE ARCHITECTS）

“在第一阶段，我们喜欢的绘图工具是软铅的粗铅笔，其次是各种粗体的黑色毡制粗头马可笔，”沃克·布什尔建筑师事务所的建筑师说。“一般而言，当设计框架建立起来时钢笔会变得更细，细节是检验初始设计可行所必需的。”

在两张图纸上对照勾画是值得提倡的。在工作室，设计团队召集建筑师协同工作，由于事务所相信草图语言是独立但并行的语言描述：在画草图之前，他们可以提供一些深层次的建议。

在早期设计阶段，沃克·布什尔建筑师事务所的建筑师做初步的卡板模型，其中一些给出了材质细节。这些都是费尽心思地做出的模型，便捷、粗糙，期待“幸福的偶遇”。

“为了探索设计，推动设计对话，我们所有的方案都用草图为起点发展。”沃克·布什尔说。这个体系指导实践中，只使用几个草图来处理主要的设计活动（知道参数解决方案），然后继续推进，探索能证明是可持续发展的肥沃区域。这种融合常常有助于设计中得到一个问题的最佳解决方案。

“更快捷和‘半自动’的草图，更有可能是，由此而产生的想法会为进一步设计开发提供更多可能的解决方案。而且，最初的表现越是‘草’，客户就越觉得它们能够有助于早期设计过程，而不会破坏另外的可以充分发展和完成的计划。”

Cabanon

The Field Of Hope

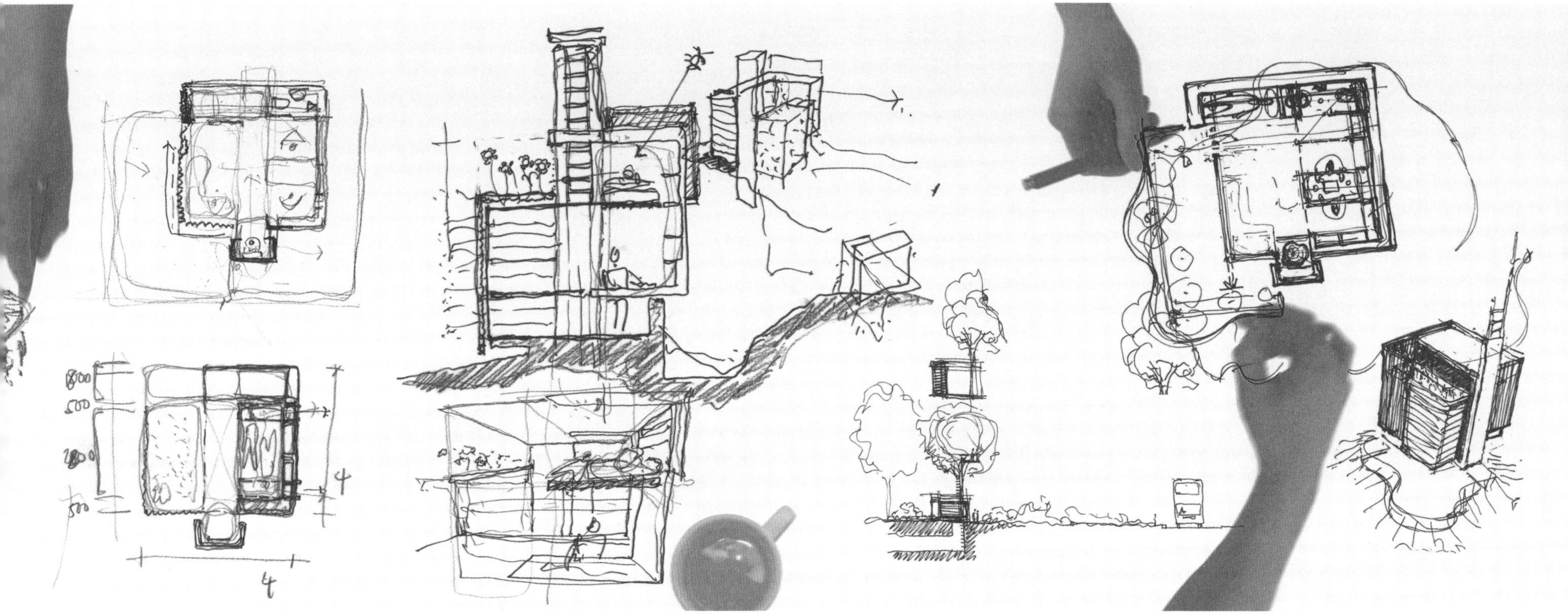

334-335

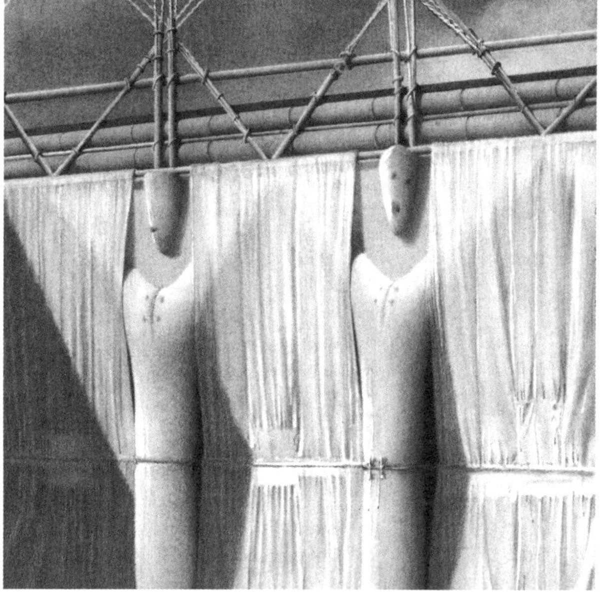

马克·韦斯特（MARK WEST）

马克·韦斯特的“爆炸”图通过重新审视建筑师画的线条来源，转换了我们认知草图的方式。

加拿大马尼托巴大学建筑学副教授韦斯特说，“石墨是碳的晶体形式，工业上被用作干润滑剂。”他继续解释，石墨的性质是“又湿又滑”。

韦斯特描述绘图作为一种拉动：通过润滑剂拉你的手。他说，这种感觉有点像用你的手指移动润滑脂，尽管这一切都发生在一个“超薄”空间，而且是微观的、半透明层粘在纸上的瞬间表层景观。

“在‘爆炸’图中，基本的动作是来自铅笔和纸之间相互作用的图像解读：图形暗示它们自己，”韦斯特解释道，“确切地说他们……也在迷茫中”——用兴趣的眼光来捕捉和打磨形式。

这些图像不仅是被观察的，而且也是被感受的。当结合了石墨亲和、流畅的特征，纸的肌理质感让草图绘制者感觉到铅笔尖的形状（“首先一个圆锥体，然后切去顶端的一部分，对一支圆珠笔凌乱地侵蚀一样地雕凿，差得太远了……现在削尖到一点等等”）当它与纸相互作用时——通过感知挖掘形式。但这种关系是脆弱的。任何太随意的事物或将会化为泡影：建筑师仅仅在纸上标上记号而结束，而潜在的周围幻觉的迷人光环将会消失。

“这样，最终的图像包含和掩盖了许多以前的形式和构成画面形态的想象，他们是‘在那里’，但不再现自己。这样一个图画的作者持有故事里面的画面的秘密知识。图纸感觉更有活力，因为它的内部地质情况，它的隐藏层次和过去的化身。”韦斯特解释到。

Houses of Parliament
20th June 2004
St Mary-le-Strand
James Gibbs
8th August '05

336-337

艾德·威廉姆斯(ED WILLIAMS)

“草图是一种了解建筑如何被组合在一起的宝贵方法，是记录在一个特定的时间我感觉到什么的一个很好的方法，甚至天气是什么样子。我有一本构思的记录本，我几乎随身携带，以防我想什么或想到一个有趣的主意。”

普里斯特建筑师事务所(Fletcher Priest Architects)伦敦总部设计师艾德·威廉姆斯的一系列草图中都是简单而合理的建议。他坚信草图速写艺术是一种不可替代的记录瞬间的工具。“画草图是记录构思——在纸上做标记，最直接的方法。计算机会限制并使设计方法迟钝……美丽的计算机渲染图纸往往掩盖糟糕的设计。如果你能在房间里与客户画出想法，他们能感觉到更多参与到设计过程中，并且从一开始全心地投入。”在这里，我们看到威廉旅行的各种草图[336-337]。

对于Bevis Marks，在伦敦一个办公项目，在预应用全过程中，威廉姆斯坚持向城市规划者呈送草图。这有助于开发设计，实现对评论的快速回应并清楚地表明设计还在发展阶段。

“一般而言，第一个想法是最好的想法，而且这些通常都蕴含在草图中。”威廉姆斯说。“Bevis Marks的初始概念比完成的设计更大胆，更容易被感受到对文脉的回应，但并不像建筑艺术那样大胆和令人兴奋。”

THE ISLAND CAFE
southwark bridge road

338-339
340-341

威瑟福特·沃森·曼恩建筑事务所（WITHERFORD WATSON MANN ARCHITECTS）

威瑟福特·沃森·曼恩建筑事务所的透视草图不是常规的干干净净的建筑图纸：它们装饰有喧闹、树木、生活线索。“我们认为这是一种人们对于如何使用和看待空间的移情，”威廉·曼恩说。“他们不会去看建筑精确的细节；他们通过文脉交流和物质、社会线索的模糊不清来看待城市。”

图纸还包括大量的文脉，特定的区域或建筑物可能只占图像的 25%。事务所认为，这种方式注明了发生事件的位置，包括生活问题强加给你的——不只是你给自己设定的。这里的所有图像展示了泰晤士河南部伦敦大面积区域潜在的再开发研究的一部分[338-341]。

“一个抽象的图解总是很好，但你如何来理解原有的诸如秩序或是清晰度一类的因素才是是至关重要的。”曼恩说。他对于计算机与手绘的争论有同样的观点：在 A1 画纸上，你的眼睛可以在概观和细节之间无缝地缩放自如。在 17 寸屏幕上，你可以放大到细节，但是你失去了概观；或缩小，你得到全貌但失去了细节。

“显然我们使用 CAD，但是我们的工作方式是打印，然后在打印图纸上做标记或绘制。这可能是非常传统的，但当一个人开始与我们合作时，我们必须指出，我们不会指着计算机屏幕上彩色线段进行讨论。”

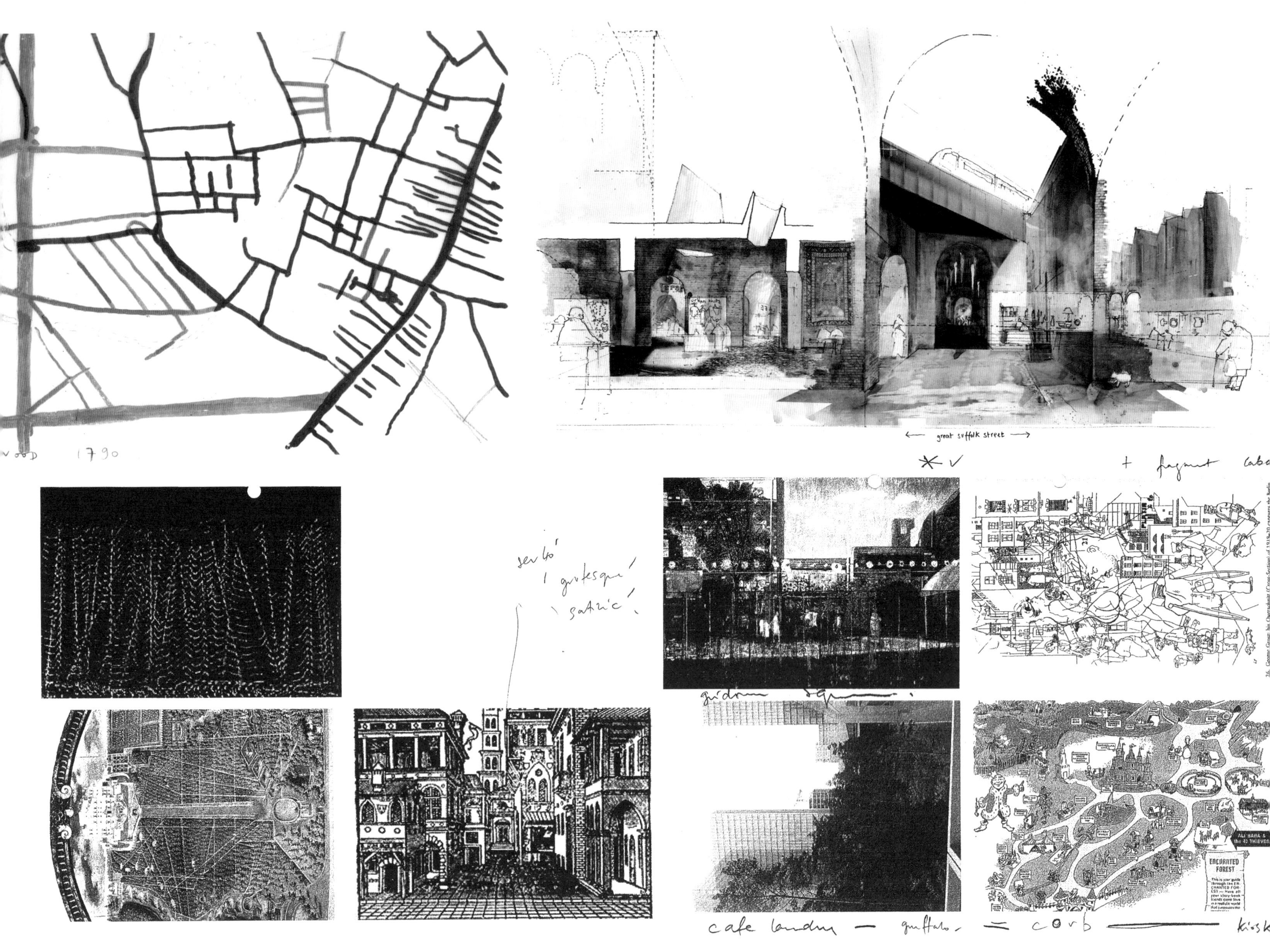
vood 1790
great suffolk street
serlio'
'grotesque'
'satiric'
+ fragment
cafe landmy — gufttalo — corb — kiosk
ALI BABA & the 40 THIEVES
ENCHANTED FOREST

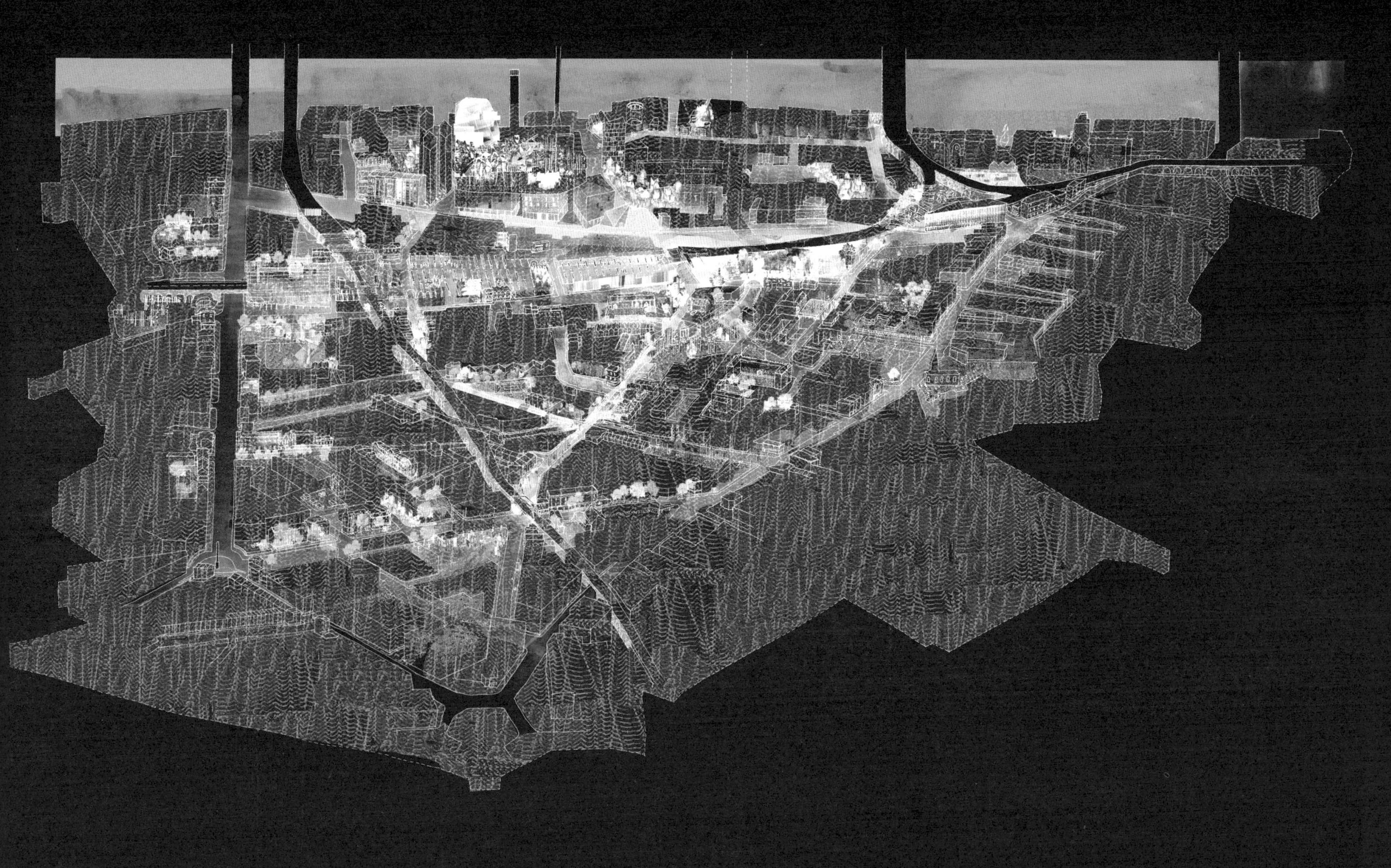

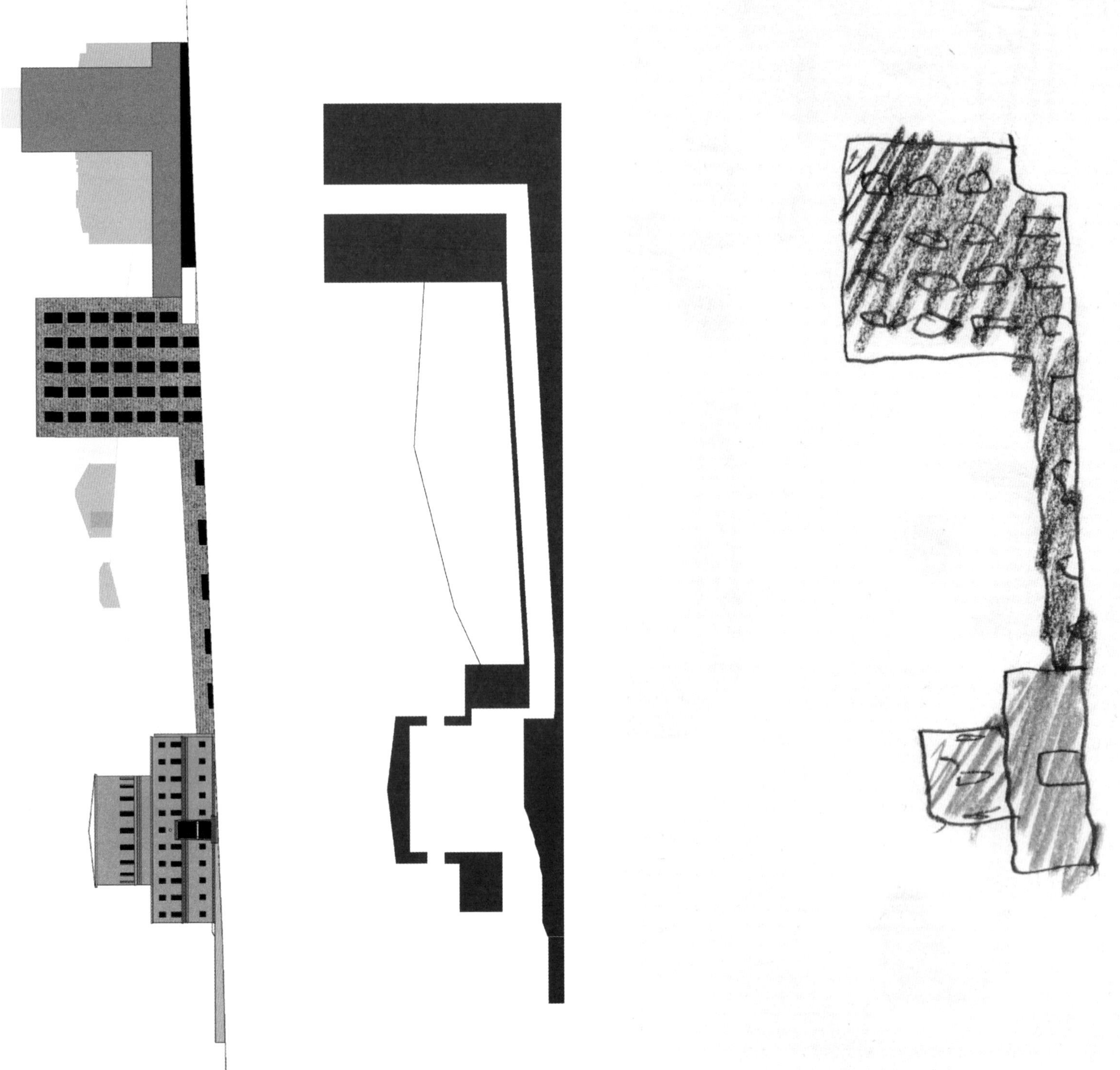

342–343

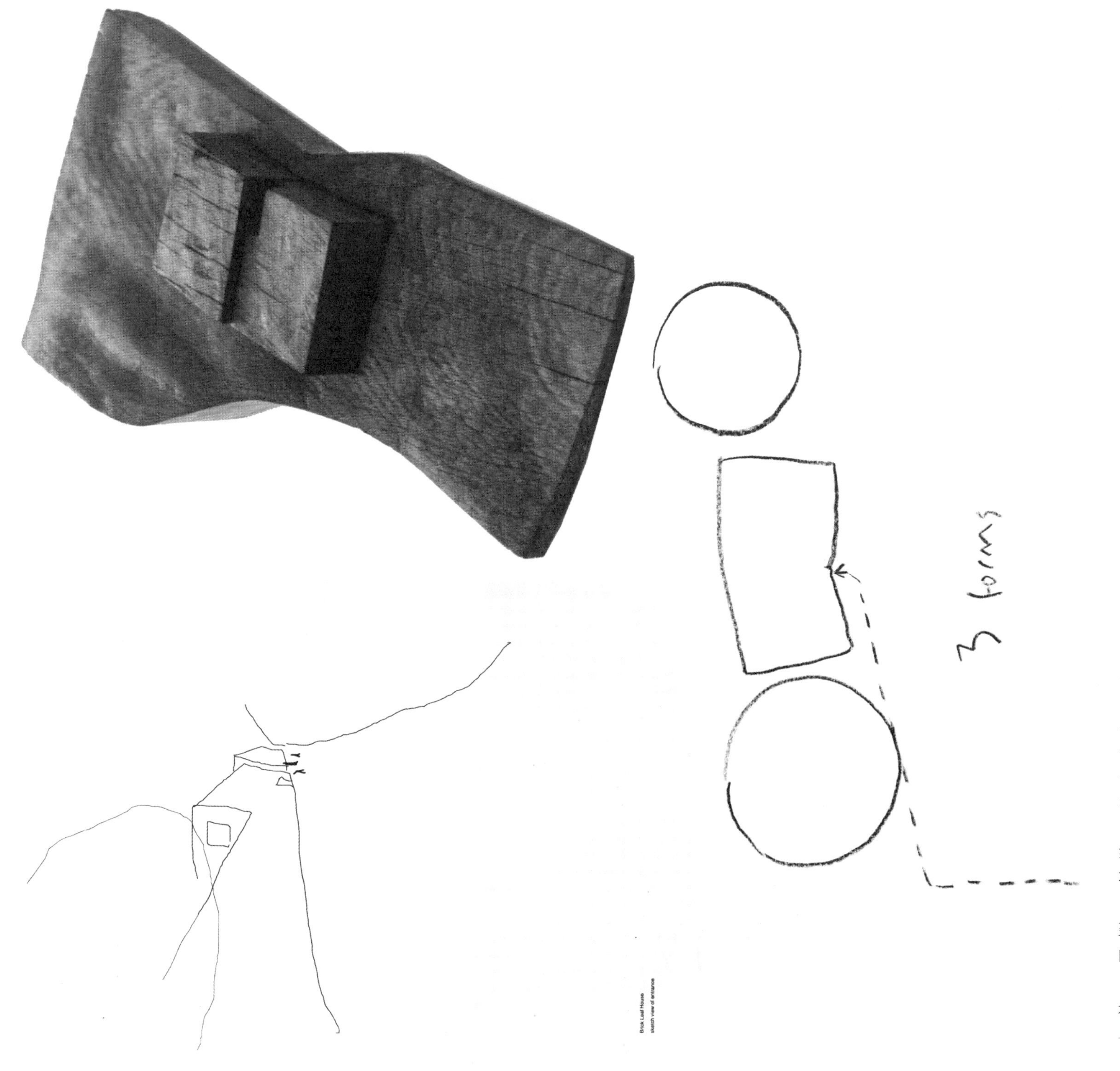

乔纳森·沃尔夫建筑事务所（JONATHAN WOOLF）

“并不是先有构思再进行图解的，事实上往往它是相反的。”伦敦乔纳森·沃尔夫建筑事务所的乔纳森·沃尔夫说。“我相信我们无法解释项目如何找到它第一反应的构思的，但一般只承认通过持续地研究，最好的想法显露出来，这是一个经验过程。”

为了建立一个项目的图像，沃尔夫习惯将模型、草图和比例图样结合在一起工作。这使任何想法都能“拿到桌面上讨论”。比例图解是用于分析和质疑方案中的空间关系的层次结构，也就是实体模型和预先的研究。

“通常我们可以生成一系列的实验性构思，并且将他们放在一起玩味比较，最后在其中一个发展。实体模型对我们更有用，尤其是代表性的模型，它抽取了关键方面……为设计概念提供一个清晰的视角。”

“我们核实过物体的基本尺寸之后，用手绘草图。这非常重要，因为手绘草图关于现状的部分往往是靠不住的。”沃尔夫说。

一旦尺度问题解决了，沃尔夫就用草图建立项目的核心价值观——他认为的“形式的遗传密码。”

沃尔夫说：“对我来说，标志性的草图就是项目的最终结果。它‘证明’了作品，并且通常是在模型之后完成的，好像画静物。”

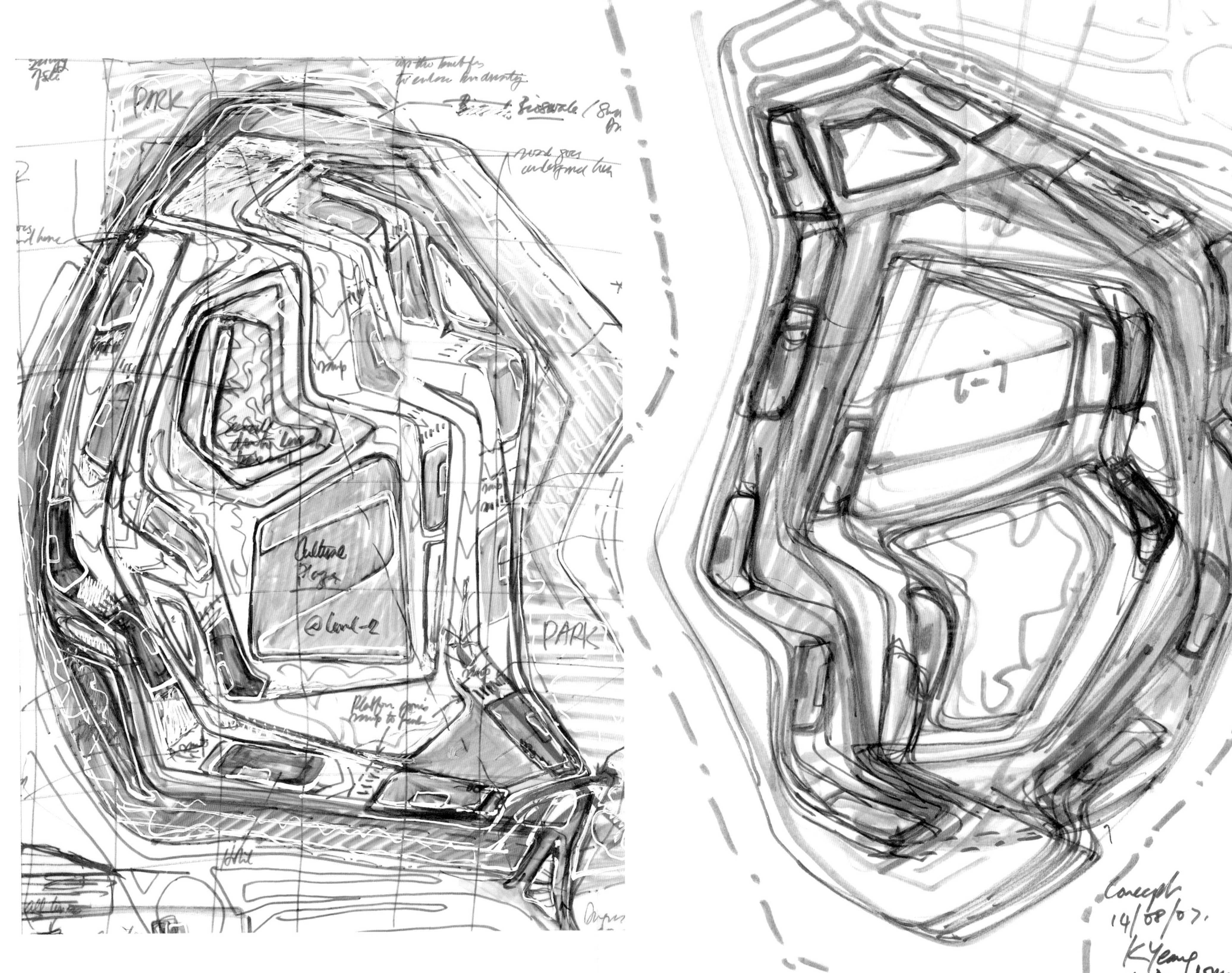
PARK
Culture Plaza
@ Level-2
PARK
Concept
14/08/07.
K Yeang

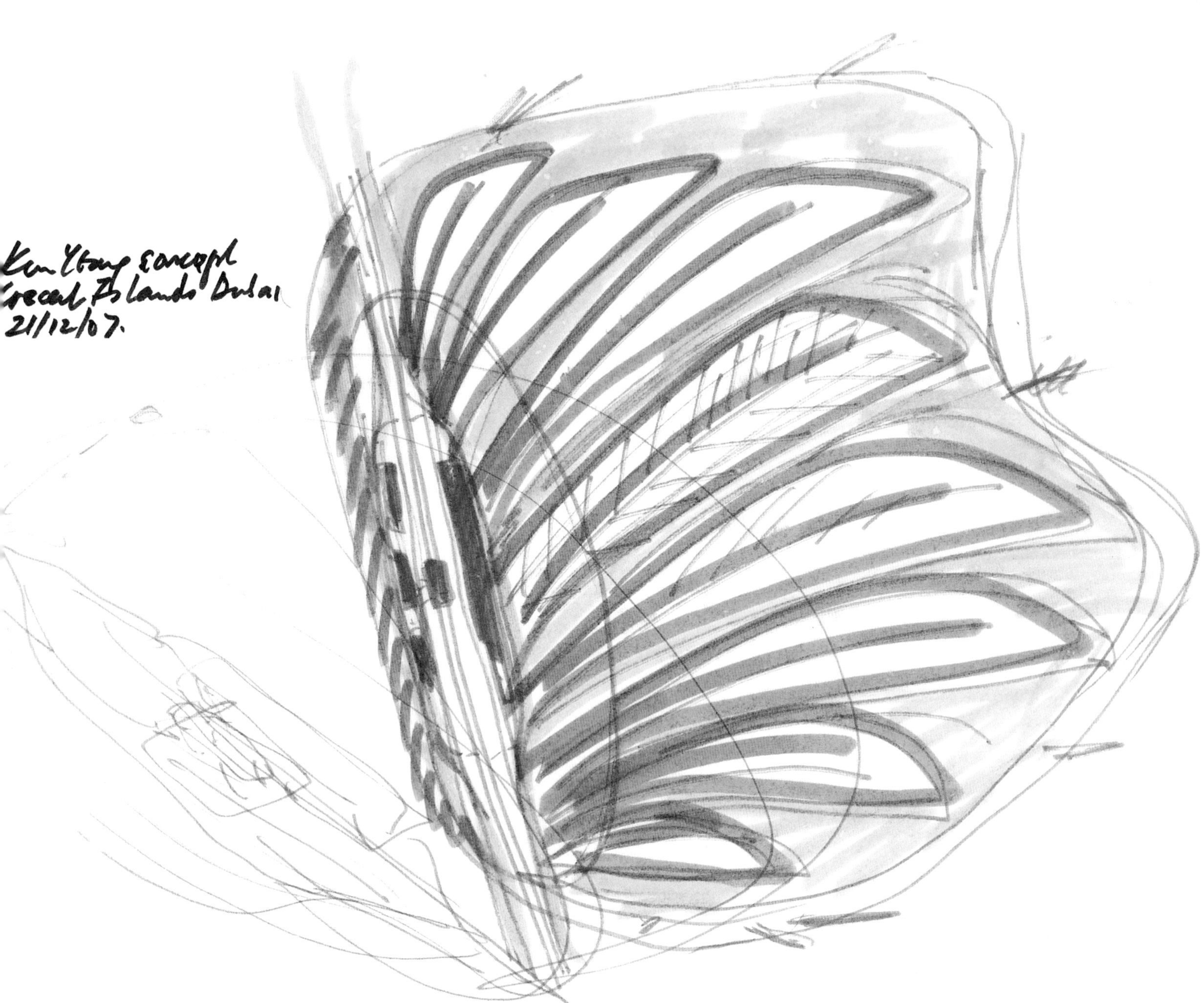

杨经文（*KEN YEANG*）

世界著名的建筑师杨经文，与卢埃林·戴维斯·耶安格（Llewelyn Davies Yeang）、汉沙（T.R.Hamzah）——杨建筑事务所合伙人，因他的建筑和更大的总体规划环境设计而著名。然而，当构想项目时，无论大小，他都从手绘草图开始。“通常我以空间关系和方案构型布局的计划或构思开始，但常常会一次又一次画它，直到项目的审美感觉不错。”杨经文说。

“一切围绕着绿化概念［确保所有项目是环保的需要］并且与地段呼应，所以有时我让一名助理去确定一个建筑形式选择或场所布置，以及环境分析的范围，我把它作为一个出发点。”

这些初期想法的结果是杨经文和他的团队在3D模型中推敲形态和美学的设计“模板”。如果它们不可行，他再一次重新开始，虽然通常没这个必要。“大约我设计的80%在落成时会实施。”杨经文说。通常根据直觉的第一个草图，最终成为最好的解决方案。

这里，杨经文的流态风格特征描绘了伊斯坦布尔佐鲁生态城（Zorlu Ecocity，Istanbul）设计[344]和迪拜新月岛（Dubai Crescent Islands）[345]。“绿色设计理论和技术方面同期并行，加上不断地追求……创新带动我们的设计，我们也在寻求获得一种绿色或生态美学，试图定义一个绿色建筑或绿色总体规划应该看起来怎样。”杨经文说。这是通过技术和草图相结合取得的。

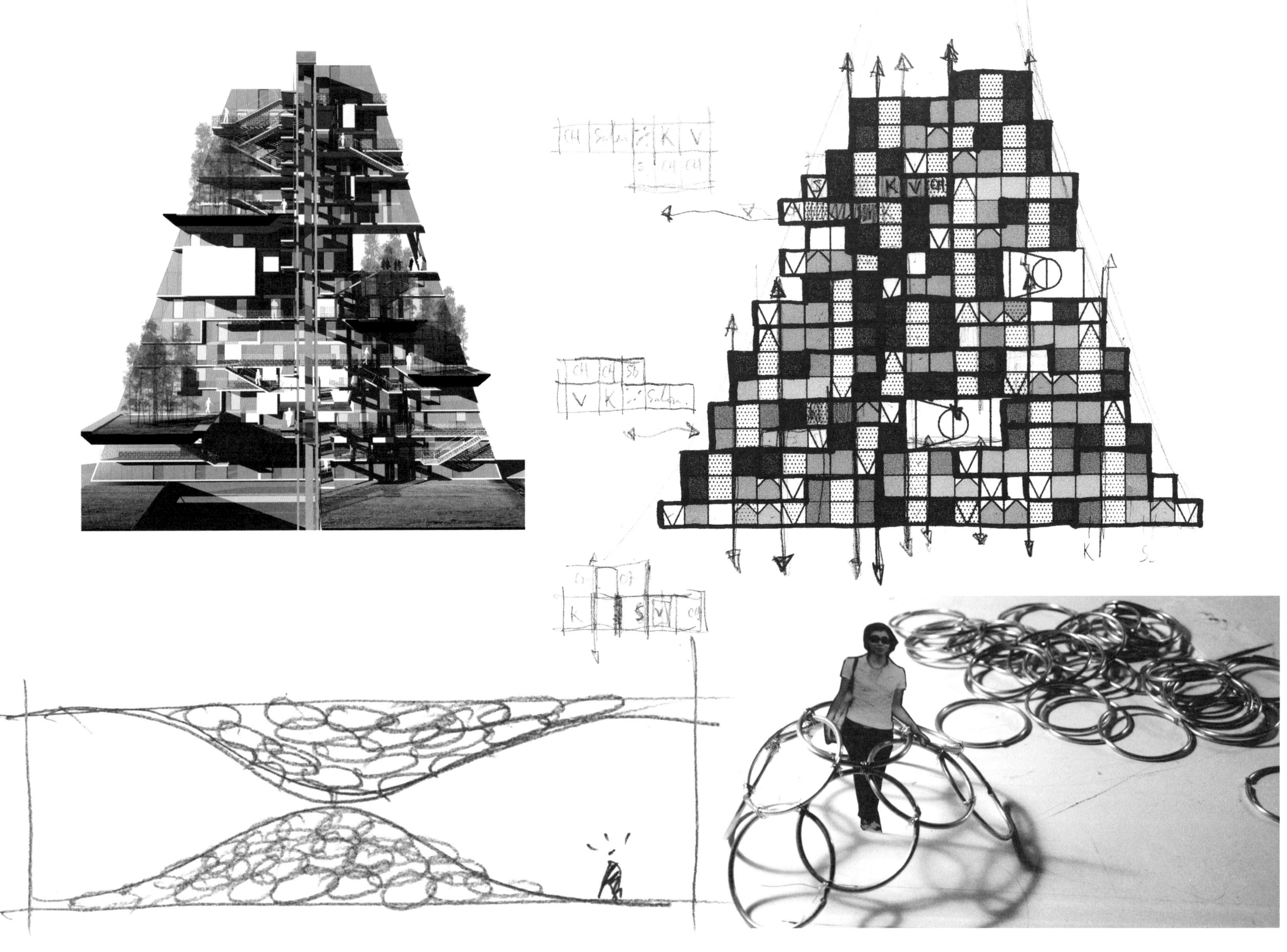

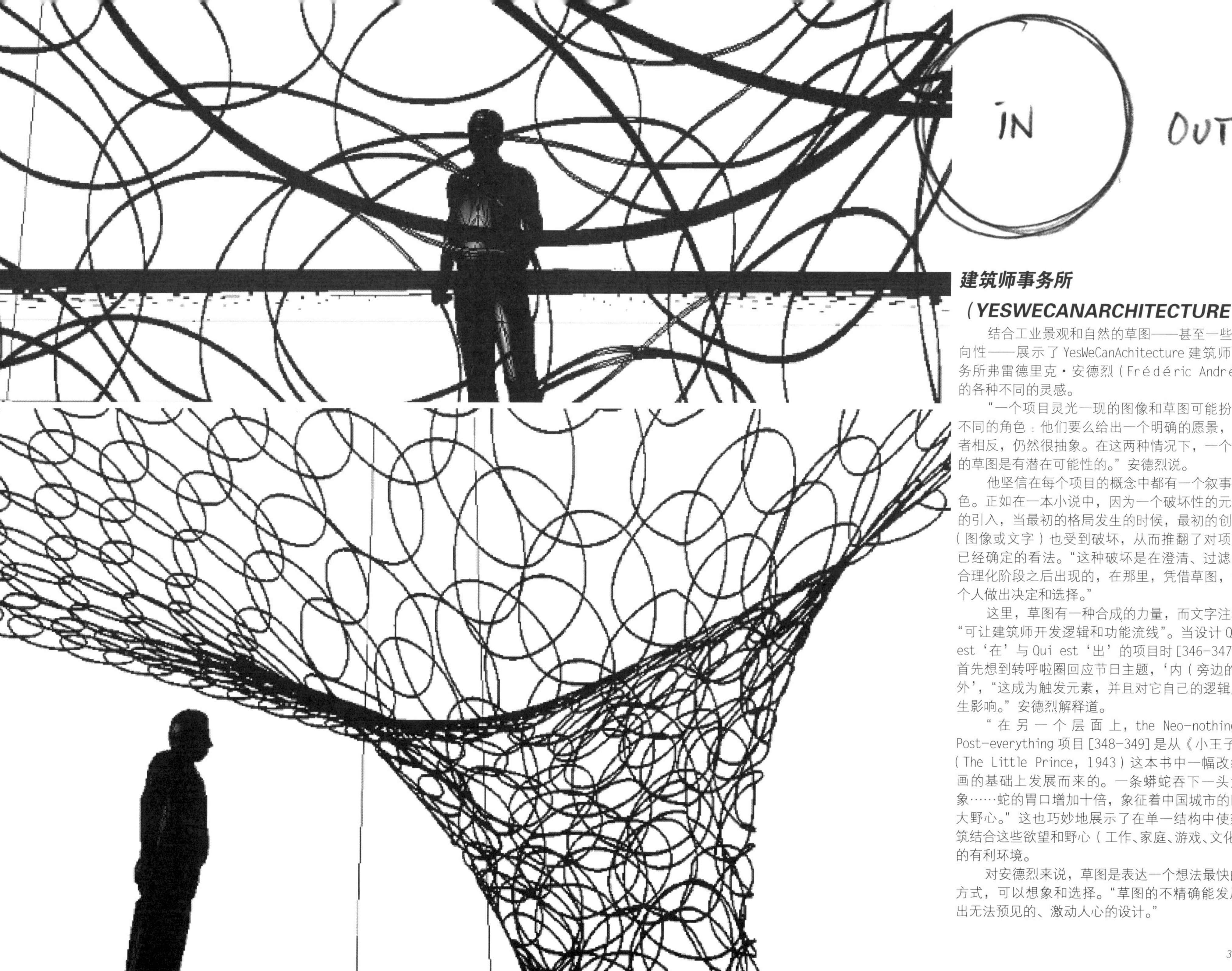

建筑师事务所（YESWECANARCHITECTURE）

结合工业景观和自然的草图——甚至一些意向性——展示了YesWeCanAchitecture建筑师事务所弗雷德里克·安德烈（Frédéric André）的各种不同的灵感。

“一个项目灵光一现的图像和草图可能扮演不同的角色：他们要么给出一个明确的愿景，或者相反，仍然很抽象。在这两种情况下，一个好的草图是有潜在可能性的。”安德烈说。

他坚信在每个项目的概念中都有一个叙事角色。正如在一本小说中，因为一个破坏性的元素的引入，当最初的格局发生的时候，最初的创意（图像或文字）也受到破坏，从而推翻了对项目已经确定的看法。“这种破坏是在澄清、过滤和合理化阶段之后出现的，在那里，凭借草图，一个人做出决定和选择。”

这里，草图有一种合成的力量，而文字注释“可让建筑师开发逻辑和功能流线”。当设计Qui est‘在’与Qui est‘出’的项目时[346-347]，首先想到转呼啦圈回应节日主题，‘内（旁边的）外’，“这成为触发元素，并且对它自己的逻辑产生影响。”安德烈解释道。

“在另一个层面上，the Neo-nothing，Post-everything项目[348-349]是从《小王子》（The Little Prince，1943）这本书中一幅改编画的基础上发展而来的。一条蟒蛇吞下一头大象……蛇的胃口增加十倍，象征着中国城市的巨大野心。”这也巧妙地展示了在单一结构中使建筑结合这些欲望和野心（工作、家庭、游戏、文化）的有利环境。

对安德烈来说，草图是表达一个想法最快的方式，可以想象和选择。“草图的不精确能发展出无法预见的、激动人心的设计。”

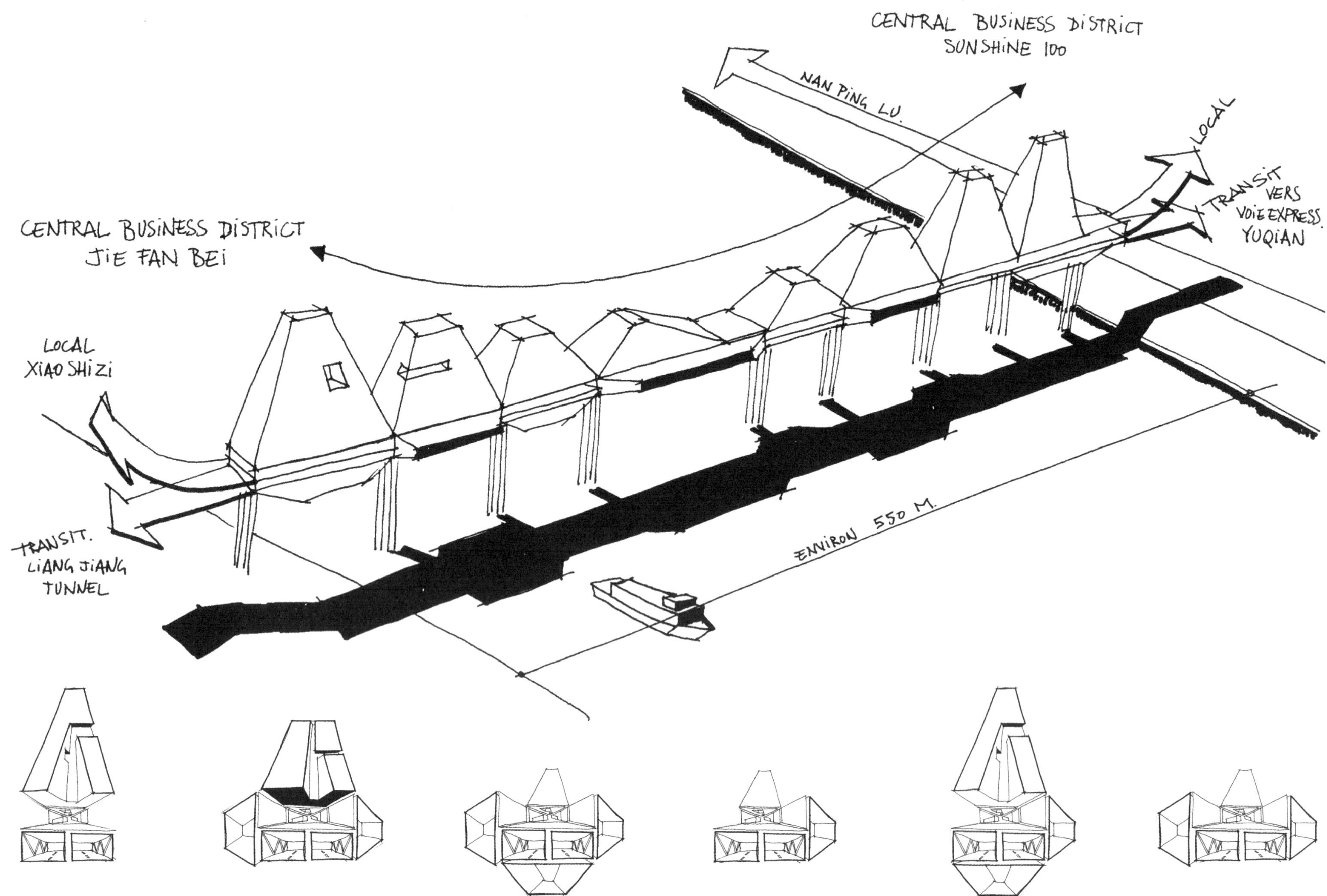
CENTRAL BUSINESS DISTRICT
SUNSHINE 100
NAN PING LU.
LOCAL
TRANSIT
VERS
VOIE EXPRESS.
YUQIAN
CENTRAL BUSINESS DISTRICT
JIE FAN BEI
LOCAL
XIAO SHIZI
TRANSIT.
LIANG JIANG
TUNNEL
ENVIRON 550 M.

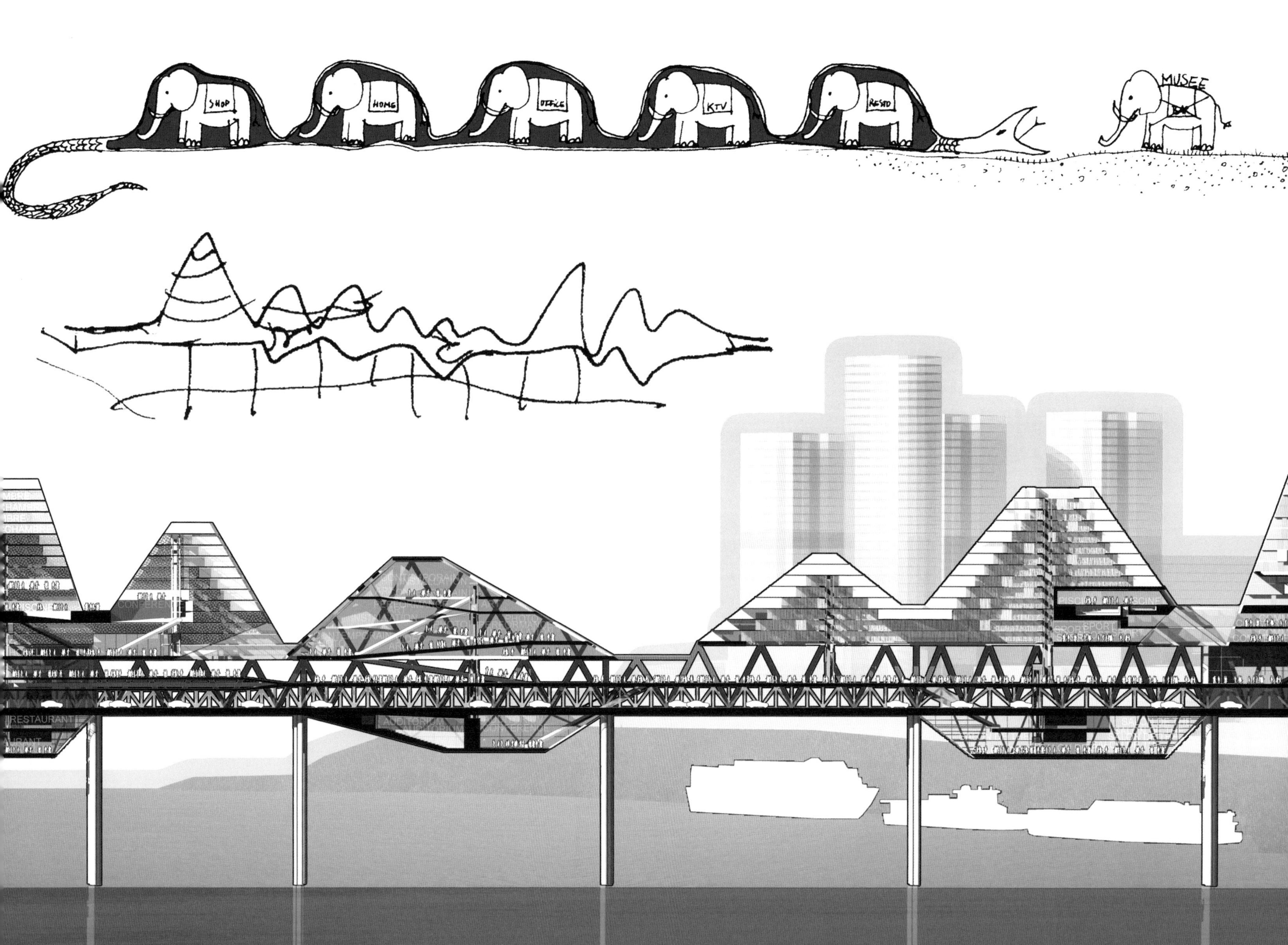

SHOP
HOME
OFFICE
KTV
RESTO
MUSEE
RESTAURANT

吉原麦基建筑事务所（*YOSHIHARA MCKEE ARCHITECTS*）

吉原麦基建筑事务所成立于 1996 年，在纽约和东京设有办事处。桑德拉·麦基（Sandra Mckee）是纽约福特汉姆大学（Fordham University，New York）的一个兼职教授，而在转入学习建筑之前，吉原弘树获得日本名古屋大学（Nagoya University，Japan）物理学博士学位。

“我们通常从再生纸背面几乎难以辨认的涂鸦开始设计过程，想法太模糊以致不能画出完整的图纸。然后，我们转到描图纸和速写本，描图纸可以让我们迅速添加在速写本上形成的、几近于意识流的想法。”建筑师说。

吉原麦基结合模型和草图，拍照片并在照片上面画草图，或者在计算机制图上画草图。从在大比例模型上大量研究并且逐渐细化开始，他们使用模型研究空间的影响。麦基解释说，“初始草图让你完全自由地释放你的想法，这些承载着越来越多构思的草图被叠加在一起，结果是都同等重要的事物纠缠在一起。这是体验你漫无边际的想法的一种好方式。”

然后建筑师的模型被更多的规范调整深化，迫使他们思考空间的组织方式，并给出无法在纸上交流的鸟瞰视角方面的设计。

麦基解释说，“画草图的过程是一种思考的方式，一种关注问题的方式，它不是最终结果。有时页面被几种想法的草图完全覆盖，你必须再次结合草图，回到最初的想法。我们最后的图纸不是过于复杂，它们是直接并且切中要点的 。”

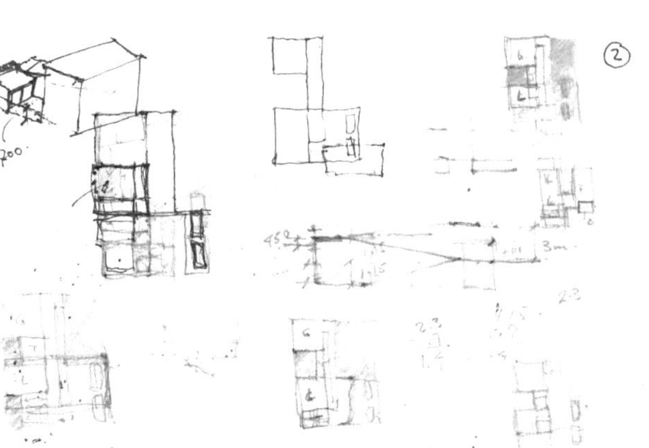

著作权合同登记图字：01－2013－1717 号

图书在版编目（CIP）数据

建筑大师设计草图 /（英）琼斯编著；丁格菲，李鸽译．—北京：中国建筑工业出版社，2015.12
ISBN 978－7－112－18418－7

Ⅰ．①建… Ⅱ．①琼…②丁…③李… Ⅲ．①建筑设计－世界－现代－图集 Ⅳ．①TU206

中国版本图书馆 CIP 数据核字（2015）第205500号

责任编辑：程素荣 李 鸽
责任校对：张 颖 关 健

建筑大师设计草图
[英] 威尔·琼斯 编著
丁格菲 李鸽 译
*
中国建筑工业出版社出版、发行（北京西郊百万庄）
各地新华书店、建筑书店经销
北京嘉泰利德公司制版
利丰雅高印刷（深圳）有限公司 印刷
*
开本：965×1270毫米 1/16 印张：22 字数：300千字
2016 年 5月第一版 2016 年 5月第一次印刷
定价：**168.00**元
ISBN 978－7－112－18418－7
(27661)